石油天然气类专业规划教材

油库工艺与设备

第二版

贾如磊　主编

杨　斌　主审

化学工业出版社

·北京·

本书以石油化工企业储运系统工作需要为出发点，在介绍石油库基础知识的基础上，依次介绍石油库各个分区的设备和工艺。主要内容包括：石油库基础知识、储油区布置及储油设备、管道阀门基础知识、油泵、装卸区设备与工艺、油库管道工艺和油品蒸发损耗及其管理。

本书突出企业对员工生产设备“四懂”（即懂原理、懂结构、懂性能、懂用途）要求，注重新标准、新工艺、新设备的引入和讲解。

本书可作为普通高等学校油气储运工程专业和高职高专油气储运技术以及工业分析、炼油技术等专业教材，也可作为石油化工企业工程技术人员重要的参考资料。

图书在版编目（CIP）数据

油库工艺与设备/贾如磊主编．—2版．—北京：化学工业出版社，2020.4（2021.8重印）
石油天然气类专业规划教材
ISBN 978-7-122-36100-4

Ⅰ.①油…　Ⅱ.①贾…　Ⅲ.①油库-工艺学-教材②油库-设备-教材　Ⅳ.①TE972

中国版本图书馆CIP数据核字（2020）第020788号

责任编辑：高　钰　　文字编辑：陈　喆
责任校对：宋　夏　　装帧设计：刘丽华

出版发行：化学工业出版社（北京市东城区青年湖南街13号　邮政编码100011）
印　　装：北京捷迅佳彩印刷有限公司
787mm×1092mm　1/16　印张19½　字数478千字　2021年8月北京第2版第2次印刷

购书咨询：010-64518888　　售后服务：010-64518899
网　　址：http://www.cip.com.cn
凡购买本书，如有缺损质量问题，本社销售中心负责调换。

定　　价：68.00元

前言

《油库工艺与设备》第一版自2012年出版发行以来，逐渐得到一些学校的使用和认可。过去的七八年时间，是我国石油化工产业和石化储运装备、工艺快速发展的时期，也是相关技术标准规范的快速修订时期。为了适应国家“应用型本科”“工程专业认证”和职业教育“产教融合，校企合作”等教育方针，基于将最有用的知识和技术教授给学生的出发点，我们修订了本书。修订的主要工作如下：

1. 依据GB 50074—2014《石油库设计规范》、GB 50160—2008《石油化工企业设计防火规范［2018年版］》等标准定义，结合石化储运系统实际生产现状，将石油库储运对象调整到易燃可燃液体化学品，而不再局限在“原油、成品油等”狭义油品上，相应地增加了“液化烃”储运设备和工艺内容。

2. 依据最新标准规范将原“油罐”全部替代为“储罐”来写，即包括了常压储罐、低压储罐、压力储罐、低温储罐，相应的储罐选择依据也发生了变化。

3. 大量查证引用国内外最新技术标准规范文件，替代或摒弃淘汰的标准、工艺和设备，努力争取不出现过时的或不当的说法和数据；共计引用国内外技术标准规范文件百余部，并在附录中罗列了出来，以备读者参考。

4. 在一些石化企业和主流设备厂家的支持下，引用了一些主流设备资料，使得本书内容更接近生产现场实际情况。

5. 增加了大量的思考题和习题内容，并附上了习题参考答案。

本书的内容已制作成用于多媒体教学的PPT课件，并将免费提供给采用本书作为教材的院校使用；附录中列出的本书涉及到的标准法规也可免费提供。如有需要，请发电子邮件至cipedu@163.com获取，或登录www.cipedu.com.cn免费下载。

本书修订由贾如磊教授主编。第一、六和七章由潘鑫鑫编写，第二、三、五章由贾如磊编写，第四章由龚辉编写。全书由贾如磊策划统稿，由兰州城市学院杨斌教授主审。

编　者

2019年10月于兰州

前言

2019年10月于兰州

第一版前言

《油库工艺与设备》是油气储运技术专业主干课程，主要讲述石油库基本知识、基本理论及设备的使用维护方法。主要内容包括：油库概况、储油设备、输油管路、油泵及装卸油设施设备的结构、性能、安装设计、安装及使用维护方法，油库工艺流程和部分操作规程，以及油品蒸发损耗规律与降耗措施等。

本书编写目的在于培养学生对油库的基本认知，使学生掌握油库生产工艺和各种设备的基本结构原理及其使用和维护基本知识。本书主要特点在于三个“紧密结合”：

1. 紧密结合油品储运生产实际，紧跟行业工艺与设备的发展，力求学生通过学习上岗后所学即所用、所用即所学。

近年来，随着科学技术的快速发展，油库中出现了许多新工艺与新设备，如汽车下部装车技术、油气回收技术、潜油泵与管道泵联合卸油技术等。这些技术在油品储运行业得到应用并迅速普及，迫切需要给学生讲清楚。本书策划中着重突出了这些内容。

2. 紧密结合最新的国家标准与企业技术标准和规范。

近年来国家标准和企业技术标准、规范修订较多，本书严格按《石油库设计规范》（GB 50074—2002）、《储油库大气污染物排放标准》（GB 20950—2007）、《立式圆筒形钢制焊接油罐设计规范》（GB 50341—2003）、《小型石油库及汽车加油站设计规范》（GB 50156—1992）、《中国石化销售企业油库建设标准（试行）》（2005）等最新版本的国家标准和企业技术标准、规范编写。

3. 紧密结合石油产品精制工（行业名称油品储运调和操作工）国家及行业职业技能标准，以利于学生参加职业技能的培养和考证工作。

本书由兰州石化职业技术学院贾如磊、中国石油兰州石化公司储运厂龚辉主编，兰州石化职业技术学院马秉骞教授主审。第一章、第二章、第四章第一节至第三节由贾如磊撰写，第三章及第四章第四节由潘鑫鑫撰写，第五、六章由龚辉撰写，第七章由兰州城市学院杨斌撰写。潘鑫鑫负责校稿。全书由贾如磊负责策划和统稿。

由于编者水平有限和编写时间比较仓促，书中难免存在疏漏，恳切希望读者批评指正！

编 者

2012 年 8 月

第一版前言

目录

第一章 石油库概述

第一节 石油库作用与分类

石油库（oil depot）是指收发、储存原油、成品油及其他易燃和可燃液体化学品的独立设施。从这个概念可以看出，石油库的生产对象是原油、成品油及其他易燃和可燃液体化学品。考虑到石油化工生产所面对的介质除狭义油品概念外，还有如苯、对二甲苯等石油衍生物及其他一些化工液体。它们具有与油品相似的易燃和可燃属性，其储运、运输操作与管理也相似，故统一纳入石油库概念，解决了以往液体化工品库没有适用规范的问题。本书以讲述传统油库（即原油、成品油库）为主，兼顾化工液体库。

石油库是协调原油生产加工、成品油及化工液体供应与运输的纽带，是国家石油储备和供应的基地，它对于保障国防和促进国民经济高速发展具有相当重要的意义。

随着我国石油、石化及煤化工的飞速发展，油库发展也很快，除此之外，军队、航空、交通、电力、冶金等部门也建有各种类型的油库，以保证运输和生产的正常进行。

一、油库的类型

油库的类型很多，大体上可从以下几个方面进行分类。

1. 按照油库的管理体制和业务性质分类

根据油库的管理体制和业务性质，油库可分为独立油库和企业附属油库两大类型。

独立油库是指专门接收、储存和发放油品的独立企业和单位。独立油库又可分为商业油库和军用油库。

① 商业油库可细分为储备油库、中转油库、分配油库；主要是供销系统（如中国石油天然气集团有限公司销售公司和中国石油化工集团有限公司销售公司）油库和国家储备库。

② 军用油库可细分为储备油库、供应油库和野战油库。

附属油库则是工业、交通，铁路、航空机场、内燃机制造厂、热电厂等有关部门或企业为了满足本部门的需要而设置的油库。企业附属油库又可分为油田原油库、炼油厂的原油库和成品油库、机场和港口油库、其他工业企业附属油库。

2. 按照油库的主要储油方式分类

根据油库的主要储油方式，油库可分为地面油库、隐蔽油库、山洞油库、水封石洞油库和海上油库等。

(1) 地面油库

油罐建于地面上的油库称为地面油库，是分配、供应和一般企业附属油库的主要建库形式。目前，新建油库多为地上储油形式。地上油库的优点是投资省，易建设，施工快，便于使用管理，易于检查维修。它的缺点是占地面积较大，地面温差大，温度高，油品蒸发损耗较严重，着火危险性也较大；同时由于油库建于地上，目标大，战时易遭到敌方破坏，因此不适宜作为需要防护的储备油库和某些重点油库。

（2）隐蔽油库

隐蔽油库是将储油罐部分或全部埋入地下，上面覆土（覆土厚度不小于 0.5m）作为伪装并提供一定防护能力，在空中和库外不能直接看到储油设施的一种地下储油库。油罐的基础在地面以下，但油罐罐顶仍在地上的油库为半地下油库；整个油罐都在地面以下的油库称为地下油库。

隐蔽油库由于土壤的保温作用，使得油品的储存温度低、昼夜温差小，减少了油品在储存期间的蒸发损耗，且油品不易变质，着火危险性也小；但是由于储油罐部分或全部埋入地下，为了使储油罐不致因外部土压而引起破坏，必须加筑钢筋混凝土或其他护墙形成罐室，因此在投资和工期上都大大超过地面库。另外，这类油库使用管理不便，检修亦较困难，近年已很少建设。

（3）山洞油库

山洞油库是将储油罐建设在人工开挖的洞室或天然的山洞内。由于储油罐建筑在坚实的山体内，不仅隐蔽条件好，而且也有较强的防护能力。因此，我国一般大型战略储备油库和军用油库多采用山洞库。山洞油库一般除能见到装卸油等少量设施外，其他主要储油设备均不暴露在外。

（4）水封石洞油库

水封石洞油库利用地下岩体的整体性和稳定的地下水位，将需要储存的油品封存于地下洞室中；储油罐便是在岩体里开挖的人工石洞。由于洞内油品被周围岩石内的地下水包围，因此除少量地下水渗入洞内之外，油品不致外渗。水封石洞油库的石洞储油容量可高达数十万立方米；这种油库与地面油库相比，节省钢材，造价低，占地面积少。由于受地下水影响，储存油品温度稳定，油品储存损耗小，储存安全，同时隐蔽性好，有利于战备。但它需要有稳定的地下水位，而且其他的技术条件也较复杂，库址也难以选择。目前，这种油库大多建在浙江、福建等沿海地区。

（5）海上油库

海上油库是为适应海上石油开采而发展起来的。近年来，一些国家为了减少陆上用地、增大石油储备能力，也正在研究海上储油问题。这类油库一般用以接收和转运原油，其形式可分为漂浮式和着底式两大类。漂浮式油库是将储油设施制成储油船或储油舱，让其漂浮在海面上组成储油系统；着底式是将储油设施制成油罐，并将其固着于海底形成水下储油系统。

3. 其他分类方法

油库还可按照运输方式分为水运油库、陆运油库和水陆联运油库，以及按照储存油品的种类分为原油库、成品油库等，但通常都是以经营管理体制和储油方式来划分。

二、油库的业务

不同类型的油库其业务性质也不同，设计油库时必须考虑到它们的各自业务特点和要求。油库的业务大体上可分为下述四个方面：

① 生产基地用于集积和中转油料；

② 供销部门用于平衡消费流通领域；

③ 企业部门用于保证生产；

④ 国家储备部门用于战略储备，以保证非常时期需要。

矿场原油库以及海上采油设置的油库是一种集积和中转性质的油库，它的业务特点是储存品种单一、收发量大、周转频繁。

矿场油库一般是管道来油，火车装油外运或利用长输管线向外输油。它的储油容量必须保证油田正常生产和正常输油，不能因容量不足而影响油田正常生产。因此，油田的矿场油库都拥有较大容量的储油设备和较大的装油栈桥和输油泵房，以便及时地接收和输转油田来油。矿场原油库是油田输储油品的核心单位。

海上油库一般是集积海上平台生产的原油，并输转到有关部门。当海上平台离岸比较近时，原油可经海底管线送往陆上油库；但当油井位置离陆地较远时，建立海上油库则是经济和方便的。产油量少、海象条件稳定的地区，可建立单点系泊泊位，系留油舱作为储油罐；但在储油量大、海象条件不良的地区，则必须建立海上储油库。

供销部门的分配油库和部队的供应油库都是直接面向消费单位的一个流通部门，它们直接为国民经济各部门和部队服务；其业务特点是油品周转频繁，经营品种较多，每次数量不一定很大，一般是铁路或油轮（水运油库）来油，桶装和汽车罐车或油驳向外发油。因此，这类油库有较大的收发油系统和较多的桶装仓库、桶堆场和相应的修洗桶设备，有的还有润滑油调和及再生装置。

炼油厂的原油库、成品油库以及机场、港口等油库是企业附属油库，其主要业务是保证炼油厂的生产正常进行。

炼油厂的原油库和成品油库是炼油厂接收原油和发放成品油的机构，对保证炼油厂生产有相当重要的作用。当矿场来油含水量不能满足炼油工艺要求时，往往在原油库中设置一些脱盐、脱水的预处理设备；在成品油库则设有油品调和设备，以便将装置进来的半成品按照国家标准调制成一定的成品。这两种油库都是炼油厂的一部分，所以油库的位置需按炼油厂的总体设计决定。

机场或港口油库是一种专业性很强的油库。它的主要任务是给飞机和船舶加油，油库的设施和容量，根据飞机和船舶的要求决定。这类油库多设在机场和港口附近，并尽可能加以隐蔽和防护。

储备油库的主要任务是为国家储存一定数量的后备油料，以保证市场稳定和紧急情况下的用油。储备油库的容量和位置一般是根据经济和国防上的要求来决定的。战略石油储备制度起源于1973年中东战争期间。当时，由于石油输出的组织（欧佩克）中石油生产国对美国和西方发达国家采取了石油禁运政策，导致西方出现了能源危机，发达国家便联手成立了国际能源署，成员国纷纷储备石油，以应对石油危机。当时国际能源署要求成员国至少要储备60天的石油，主要是原油。20世纪80年代第二次石油危机后，他们又规定增加到90天，主要包括政府储备和企业储备两种形式。目前，世界上只有为数不多的国家战略石油储备达到90天以上，其中，日本是161天，美国是158天，德国是127天，韩国是109天。

2003年，我国开始启动第一期国家战略石油储备计划，在海岸沿线的黄岛、大连、镇海、舟山建设四大地上石油储备基地，这四个战略石油储备基地已于2008年全面投用；储备总量1640万立方米，约合1400万吨。二期工程建设8个石油储备基地，包括广东湛江和惠州、甘肃兰州、江苏金坛、辽宁锦州及天津等；总储备能力可达3753万吨。三期工程规划库容2680万立方米，约合1.69亿桶，与第二期工程相同。2020年整个项目一旦完成，我国的储备总规模将达到100天左右的石油净进口量，将国家石油储备能力提升到约8500

万吨，这也是国际能源署（IEA）规定的战略石油储备能力的“达标线”。

石油储备库的特点是容量大、储存时间长、周转系数小、品种比较单一。因储备库大多具有重要的战略意义，所以对油库本身的防护能力和隐蔽要求都较高。因此，储备库大都建成地下库或山洞库。

上述各类油库，尽管业务特点各不相同，但其主要作业和设施基本上是一致的；只是各种设施由于业务的差异，有着不同的数量和大小。

油库的主要设施是围绕油品的收发和储存来设置的。其中包括：装卸油栈桥或码头、装卸油泵房、储油罐、灌桶间、汽车发放站台等主要设施以及水、电、蒸汽、修洗桶等辅助设施。在油库经营中，除了保证油品能顺利而经济地收发外，还应特别注意安全，这是因为油料是易燃物品，管理不当或疏忽，将会带来不可弥补的损失。在油库设计、使用中，这个问题都要充分考虑；设计上要保持足够的安全距离，并有可靠的消防系统。

第二节　油库分级与分区

一、油库等级

石油库储存的都是易燃或可燃油品，油库的容量越大，油品的种类越多，业务范围越广，其危险性也越大。因此从安全角度出发，根据油库总储油量的大小，把它分成若干等级并制定与之相应的安全防火标准，以保证油库建设更合理并能长期安全运行。现行国家标准 GB 50074—2014《石油库设计规范》根据油罐总容量的大小将石油库划分为六个等级，详见表 1-1。

表 1-1　石油库等级划分

等级	石油库储罐计算总容积 TV/m^3
特级	1200000≤TV≤3600000
一级	100000≤TV<1200000
二级	30000≤TV<100000
三级	10000≤TV<30000
四级	1000≤TV<10000
五级	TV<1000

注：1. 表中 TV 不包括零位罐、中继罐和放空罐的容量。

2. 甲 A 类液体储罐容量、Ⅰ级和Ⅱ级毒性液体储罐容量应乘以系数 2 计入储罐计算总容量，丙 A 类液体储罐容量可乘以系数 0.5 计入储罐计算总容量，丙 B 类液体储罐容量可乘以系数 0.25 计入储罐计算总容量［按 GBZ230《职业性接触毒物危害程度分级》的规定，毒物毒性程度划分为极度危害（Ⅰ级）、高度危害（Ⅱ级）、中度危害（Ⅲ级）和轻度危害（Ⅳ级）；石化行业涉及的Ⅰ级主要有丙烯腈，Ⅱ级主要有苯胺、三氯乙烯、苯酚等，详见标准］。

油库等级划分是为了在选择库址及工艺设计时，将油库容量的大小作为采取不同技术标准和安全措施的主要依据。在油库设计与建设中，要严格根据不同石油库等级，在满足生产的前提下采取相应的安全措施。

其中，特级石油库（super oil depot）是指既储存原油也储存非原油类易燃和可燃液体，且储罐计算总容量大于或等于 1200000m^3 的石油库。如果是原油储罐容量大于或等于 1200000m^3 的石油库，则称为石油储备库，应符合 GB 50737《石油储备库设计规范》的有关规定。

特级石油库有两个特征：一是原油与非原油类易燃和可燃液体共存于同一个石油库；二是储罐计算总容量大于或等于 1200000m^3。特级石油库一般都是商业石油库，商业石油库往往需要成品油（燃料类易燃和可燃液体）、液体化工品（非燃料类易燃和可燃液体）和原油多品种经营，且这样的混存石油库规模往往比较大，发生火灾的概率也比较大，需要采取更严格的安全措施。

二、石油库储存油品火灾危险性分类

考虑到油品种类复杂，且各自的危险程度不同；对于相同规模的油库，其储存油品种类不同，油库的危险性也不同（表 1-2）。可燃液体火灾危险性的最直接的指标是蒸气压；蒸气压越高，危险性越大。但可燃液体的蒸气压较低，很难测量。所以，世界各国都是根据可燃液体的闪点（闭杯法）确定其火灾危险性的。油品的闪点越低，表明其越易燃烧，危险性也越大。油品危险性分类的目的，是为了按照油品的易燃程度，区别对待。不同类别的油品，其消防要求不同。

表 1-2 石油库液化烃、易燃和可燃液体的火灾危险性分类

类别		特征或液体闪点 F_t/℃	举例
甲	A	15℃时蒸气压力大于0.1MPa的烃类液体及其他类似的液体	液化氯甲烷，液化乙烯，液化乙烷，液化环丙烷，液化丙烯，液化丙烷，液化环丁烷，液化新戊烷，液化丁烯，液化丁烷，液化氯乙烯，液化环氧乙烷，液化丁二烯，液化异丁烷，液化石油气，二甲胺，三甲胺，二甲基亚硫，液化甲醚（二甲醚）
	B	甲A类以外，$F_t<28$	原油，石脑油，汽油，戊烷，异戊烷，异戊二烯，己烷，异己烷，环己烷，庚烷，异庚烷，辛烷，苯，甲苯，乙苯，邻二甲苯，间、对二甲苯，甲醇、乙醇、丙醇、异丙醇、异丁醇，石油醚，乙醚，乙醛，环氧丙烷，二氯乙烷，丙酮，丁醛，醋酸异丁酯，甲酸丁酯，丙烯酸甲酯，甲基叔丁基醚，吡啶，液态有机氧化物
乙	A	$28\leqslant F_t<45$	煤油，喷气燃料，丙苯，异丙苯，环氧氯丙烷，苯乙烯，丁醇，戊醇，异戊醇，氯苯，乙二胺，环已酮，冰醋酸，液氨
	B	$45\leqslant F_t<60$	轻柴油，环戊烷，硅酸乙酯，氯乙醇，氯丙醇，二甲基酰胺，二乙基苯
丙	A	$60\leqslant F_t\leqslant 120$	重柴油，20号重油，苯胺，锭子油，酚，甲酚，甲醛，糠醛，苯甲醛，环己醇，甲基丙烯酸，甲酸，乙二醇丁醚，乙二醇，丙二醇，辛醇
	B	$F_t>120$	蜡油，100号重油，渣油，变压器油，润滑油，液体沥青，二乙二醇醚，三乙二醇醚，甘油，二乙二醇，三乙二醇

液化烃（liquefied hydrocarbon）是指在 15℃时，蒸气压大于 0.1MPa 的烃类液体及其他类似的液体，包括液化石油气、液体乙烯、液态丙烯等。

若液体或液体混合物，其闭杯试验闪点不高于 60℃，或开杯试验闪点不高于 65.6℃，则称为易燃液体（inflammable liquid）。

但是，表 1-2 的规定只是常温下储存易燃和可燃液体的火灾危险性分类。在实际生产中，还应考虑到介质的操作温度（operating temperature）。操作温度是指易燃和可燃液体在正常储存或输送时的温度；操作温度越高，易燃和可燃液体火灾危险性越高。国家标准要求判断火灾危险性还应符合下列规定：

① 操作温度超过其闪点的乙类液体应视为甲 B 类液体，如柴油加氢反应器温度在 400℃左右，则此时柴油火灾危险性视为甲 B 类；

② 操作温度超过其闪点的丙 A 类液体应视为乙 A 类液体；

③ 操作温度超过其沸点的丙 B 类液体应视为乙 A 类液体；

④ 操作温度超过其闪点的丙 B 类液体应视为乙 B 类液体；

⑤ 闪点低于 60℃但不低于 55℃的轻柴油，其储运设施的操作温度低于或等于 40℃时，

可视为丙 A 类液体。

三、油库分区

依据生产性质、油气积聚程度与危险性的不同，石油库内采用分区布置，以便采取不同的设计、建设与管理要求。石油库的总平面布置宜按储罐区、易燃和可燃液体装卸区、辅助作业区和行政管理区分区布置，储罐区和装卸区合称为生产区。其中装卸区还可细分为铁路装卸区、水运装卸区、公路装卸区等，每个区都有其特定的功能和用途。

石油库各区内的主要建（构）筑物或设施，宜按表 1-3 的规定布置。

表 1-3 石油库各区内的主要建（构）筑物或设施

序号	分区		区内主要建(构)筑物或设施
1	储罐区		储罐组、易燃和可燃液体泵站、变配电间、现场机柜间等
2	易燃和可燃液体装卸区	铁路装卸区	铁路罐车装卸栈桥、易燃和可燃液体泵站、桶装易燃和可燃液体库房、零位罐、变配电间、油气回收处理装置等
		水运装卸区	易燃和可燃液体装卸码头、易燃和可燃液体泵站、灌桶间、桶装液体库房、变配电间、油气回收处理装置等
		公路装卸区	灌桶间、易燃和可燃液体泵站、变配电间、汽车罐车装卸设施、桶装液体库房、控制室、油气回收处理装置等
3	辅助作业区		修洗桶间、消防泵房、消防车库、变配电间、机修间、器材库、锅炉房、化验室、污水处理设施、计量室、柴油发电机间、空气压缩机间、车库等
4	行政管理区		办公用房、控制室、传达室、汽车库、警卫及消防人员宿舍、倒班宿舍、浴室、食堂等

注：企业附属石油库的分区，尚宜结合该企业的总体布置统一考虑。

1. 储罐区

油库中用一组闭合连接的防火堤将一组油罐围起来，形成油罐组（a group of tanks）；由一个或若干个油罐组构成的区域，叫做储罐区（tank farm）。储罐区除储罐组外，还有易燃和可燃液体泵站、变配电间、现场机柜间以及必要的消防设施等，其主要设备是储油罐。储罐区是石油库中储存大量易燃和可燃液体的区域，也是石油库的核心部位。

储罐区的功能，首要的是储存油品、保证供油，同时对油库的进油和出油起调节和缓冲作用。

储罐区由于储存着大量散装油品，所以要特别注意防火安全问题，应严格按照《石油库设计规范》的有关规定设置安全设施（包括防火堤、消防系统、防雷及防静电接地设施和必要的监测仪表等），以保证生产安全。

根据储油的种类，储罐可选用拱顶罐、浮顶罐或内浮顶罐；化工液体依据其储存温度、压力等参数，可选用球罐、低温储罐、低压储罐等储罐类型。

从油罐区安全角度考虑，甲 B、乙类和丙 A 类油品储罐可布置在同一油罐组内；甲 B、乙和丙 A 类油品储罐不宜与丙 B 类油品储罐布置在同一油罐组内。对于轻油罐区，常设有可靠的消防设施（如固定式或半固定式泡沫灭火系统）和环形道路，还设有两个出口，能有效地控制外来人员和车辆入内。罐区通常设有阻油阻火设施，以及可靠的防跑、冒、漏与火灾监视手段；油罐区上方不得有架空电线或电话线通过，绿化时要考虑一旦发生火灾，扑救时不受影响，严禁堆放易燃和可燃物品；油罐区应设醒目的警示牌，泵房、变配电间、消防泵房可根据具体情况设置在相关区域。

2. **易燃和可燃液体装卸区**

石油库的装卸区是油品进出油库的一个操作部门，它是保证油品正常周转、油库的经常业务得以不断进行的重要部门，它的主要设施是泵房和装卸器材等。由于装卸作业区作业方式和任务不同，可分为铁路装卸区、水运装卸区、公路发放区和管道收发区；每个油库根据生产任务和运输条件，可设置一种或几种装卸设施。

（1）铁路装卸区

铁路装卸区是油库通过铁路运输工具装卸散装油品和桶装油品而设的区域，主要设施有铁路专用线、油品装卸栈桥、鹤管、装卸油泵房、输油管道、计量器具室、桶装油品装卸平台和桶装库房、空压机和真空系统等；有的油库设有防气阻装置；寒区还设有加温暖房；当采用自流下卸时，还会有零位油罐等。

铁路装卸区的功能是将由铁路运来的油品卸入油库的储油罐，或将油库油罐内的油品装入铁路油罐车，运至各用户。

铁路运油的特点是灵活、辐射面广，能充分利用四通八达的铁路网把油品运至全国各地；铁路运输比水路运输灵活性大，比汽车运输量大，且运输成本低。

（2）水运装卸区

设置在沿海或靠近江河（具备内河运输能力）地区的石油库，油品往往用油轮或油驳通过水路来运输。这时石油库就在沿海或沿江河有条件的地段设置水运装卸区，接卸从油轮或油驳运来的油品和向油轮、油驳发运油品；其主要设施有码头、趸船、泵房（可设置在趸船或码头上）以及装卸油桶的起重设备和输送设备等。较大型的装卸油码头上，还要适当考虑设置向油船供应生活用水、生活用品和燃料油等必需品，并接收和处理含油压舱水的设施。

（3）公路装卸区

目前，大多数分配油库的作业都是铁路或水运来油，再通过公路或水运用汽车罐车或油驳以及桶装向外发油，它的发放对象主要是加油站和用户。一般不靠江河的油库，几乎进入油库的所有油品都要通过公路向外发出，发油频繁。这个区的主要设施有：汽车装卸油设备、灌桶间、高架罐、桶装站台、汽车油罐车库、业务管理室等。公路运输虽然有运输能力低、成本高的缺点，但是通过发达的公路网，能灵活、方便、及时地将油品送到用户是它的最大优点。

本区车辆多、外来人员复杂，火灾事故率最高，特别是明火、静电和杂散电流窜入引发的火灾事故，跑、冒、漏、混油等事故也常有发生，严重程度虽不及罐区，但也应在安全方面重点管理、监督、检查和完善相应的防范设施。

除上述三种装卸区外，许多企业油品进出方式还大量采用管道收发油方式，也就是还存在着长输管道输油收发区。

近年来，伴随着我国油气消费量和进口量的增长，油气管网规模不断扩大，建设和运营水平大幅提升，基本适应经济社会发展对生产消费、资源输送的要求，基础设施网络基本成型。随着西部、漠河—大庆、日照—仪征—长岭、宁波—上海—南京等原油管道，兰州—郑州—长沙、兰州—成都—重庆、鲁皖、西部、西南成品油管道等一批长距离、大输量的主干管道陆续建成，联络线和区域网络不断完善。截至 2017 年底，中国油气长输管道总里程累计约为 13.31 万千米，其中天然气管道约 7.72 万千米，原油管道约 2.87 万千米（已扣减退役封存管道），成品油管道约 2.72 万千米。

依据 2017 年国家发展改革委与国家能源局印发的《中长期油气管网规划》，到 2020 年，全国油气管网规模达到 16.9 万千米，其中原油、成品油、天然气管道里程分别为 3.2 万千米、3.3 万千米、10.4 万千米。到 2025 年，全国油气管网规模达到 24 万千米，原油、成品油、天然气管网里程分别达到 3.7 万千米、4.0 万千米和 16.3 万千米；网络覆盖进一步扩大，结构更加优化，储运能力大幅提升；全国各省区市成品油、天然气主干管网全部连通，100 万人口以上的城市成品油管道基本接入，50 万人口以上的城市天然气管道基本接入。

管道输送规模不断提高。2015 年，我国一次运输中原油管道运量达到 5 亿吨，约占原油加工量的 95%；成品油管道运量达到 1.4 亿吨，约占成品油消费的 45%。管道和铁路、水路、公路等交通方式分工合作、相互补充，共同形成我国油气运输体系。在输油管道的首站和末站，以及大量的分输站都有油库需要对油品进行收发作业。

长输管道输油比铁路运输、水路运输、汽车运输油品更安全可靠、迅速有效，受外界的影响小、油品的损耗小、油品质量有保证、运输费用低，总之优点较多，但基建投资较大。

油品通过长输管道输入油库，进库后可直接送入相应的储油罐。但应根据需要，在罐区外适当位置设置长输管道用隔离塞（或清管器）接收设备和油品计量设备。油品通过长输管道输出油库时，油库内设输油泵房，泵房内的机泵组一般按长期连续输送要求考虑；作为输油的始端，应根据工艺要求和油品性质，考虑是否设隔离塞（或清管器）发送设备、油品加温设备、油品计量仪表与油品接收单位的直通通信设备等。

3. 辅助作业区

油库的生产经营活动中，除了上述生产设施外，尚需有一些相应的辅助设施，如锅炉房、变配电间、机修间、材料库、化验室、供水排水系统、消防设施（消防泵房、消防车库、消防水池）及污水处理设施等。这些设施是保证油库正常运转不可缺少的，但它们在操作上是独立的体系，因此把这些设施相对地集中在一个区域，组成辅助作业区，既便于管理，又有利于安全。

辅助作业区也有安全距离要求，消防系统一般在满足安全距离要求下尽可能靠近油罐区；锅炉房则通常设在离油罐区 35m 以上的侧风和下风向；化验室在满足安全距离的要求下尽可能靠近收发区和储存区。

4. 行政管理区

这个区是油库的行政和业务管理区域，是生产管理中心；主要设施有办公室、食堂、医务室、文化娱乐场所和汽车库等。它担负着油库的三大任务：

① 指挥生产，保证油品安全装卸和储存，并作好运行记录；

② 贸易活动，进行油品的调入和销售；

③ 保护油库安全，其主要设施有办公室、营业室、消防人员宿舍等。

石油库的行政管理区宜设围墙与其他区隔开，且应有单独的出入口，以便于对外联系业务并使外来人员不得随意进入生产区，以保证安全生产。

油库的生活设施，如家属宿舍、娱乐活动场所等公共设施应设置在库外，并离库区一定距离。

在实际的油库布置中，没必要一定要将油库分为四区。通常，四级石油库辅助生产区和行政管理区的建筑物和构筑物可合并布置，五级石油库的装卸油作业区、辅助生产区和行政管理区可合并布置。

第三节　石油库总体规划和选址

一、库址选择原则

《石油库设计规范》编写组提出的“库址选择原则”可供参考：

① 储存原油、汽油、煤油、柴油等大宗油品的石油库库址选择，应考虑产、供、运、销的关系和国家有关部门制定的油品储运总流向的要求。

② 石油库的库址，应选在交通方便的地方。以铁路运输为主的油库，应靠近有条件接轨、铁路干线能满足油品运输量要求的地方；以水运为主的石油库，应靠近有条件建设装卸油码头的地方，且水运航道稳定，油品四季运输畅通。

③ 选择石油库库址时，应充分考虑库内与库外交通及市政工程的衔接、配套（如供电、供水、通信等），既尽量减少建库投资又能保证石油库与外保持必要的联络。

④ 为城镇服务的商业石油库的库址，在符合城镇环境保护与防火安全要求的条件下，应靠近城镇，以便减少运输距离，保证及时供油。

⑤ 石油库库址选择时，应贯彻执行节约用地的原则，库址及库外需修建的市政工程、交通道路等，应尽量不占或少占耕地，按照当地规划部门的要求，符合当地城镇总体规划及农田基本建设要求。

⑥ 石油库选址应符合现行国家标准 GB 50074《石油库设计规范》的其他规定。如一、二、三级石油库的库址，不得选在地震基本烈度为 9 度及以上的地区等。这一规定，主要是考虑在这类地区建库如发生强烈地震，储罐破裂的可能性大，对附近工矿企业的安全威胁大，经济损失严重。

二、石油库总平面布置的一般要求

油库平面布置的目的是合理地确定油库各设施的位置，以保证油库有一个安全的环境，使得油品的储存、输转以及收发作业能够顺利地进行。合理地确定油库各项设施之间的安全距离，是防火工作的重要内容之一。

在油库中，一般是将各种不同的生产设施进行分区布置。

1. 装卸区布置的一般要求

油库装卸区的位置取决于铁路专用线的进库方位和码头位置。铁路收发区必须与铁路进线一致，水运收发区必须靠近码头。因此，在选择铁路进线或码头时，就要大体考虑到油库的布置。不过，铁路专用线在库内的位置和标高与专用线接轨点的位置、标高以及沿线地形有很大关系，码头位置也与河床有关，一般装卸区都是按照已定的进线（或码头）位置来考虑的。

(1) 铁路装卸区的布置

铁路装卸区宜布置在油库的边缘地带。这样不致因铁路油罐车的进出而影响其他各区的操作管理，也减少铁路与库内道路的交叉，有利于安全和消防。

铁路线如与石油库出入口的道路相交叉，则常因铁路调车作业影响石油库正常车辆出入，平时也易发生事故，尤其是在发生火灾时，可能妨碍外来救护车辆的顺利通过。

因为铁路装卸区经常装卸油品，石油蒸气浓度大，所以为了预防火灾，应尽量布置在辅助生产区的上风，并和其他建（构）筑物保持一定安全距离。

(2) 水运装卸区的布置

水运装卸区的内河装卸油品码头应建在其他相邻码头或建（构）筑物的下游，如确有困难时，在设有可靠的安全设施条件下，亦可建在上游。

海港（包括河口港）装卸油品码头不宜与其他码头建在同一港区水域内，主要是考虑一旦油船或油码头发生火灾，船舶就会撤离困难，特别是当装卸油码头设在港区进出口附近时，船舶根本无法撤离，将会造成严重损失。但确有困难时，在设有可靠的安全设施条件下（如加强消防和防污染等措施），亦可建在同一港区水域内。

（3）公路装卸区的布置

公路装卸区应布置在石油库面向公路的一侧、油库出入口附近，并尽量靠近公路干线，以便与公路干线衔接。该区是外来人员和车辆来往较多的区域，宜设围墙与其他各区隔开，并应设单独的出入口；外来车辆可不驶入其他各区，出入方便、比较安全。在出入口处应设业务室、休息室，外来人员只限在该区活动，更有利于安全管理。

装卸区的场地要根据来车的车型大小和来车量规划行车线路、倒车和回车面积；出入口外应设停车场，待装车辆在此等候，有秩序地进库装油，不致使库内秩序混乱，也不致由于待装车辆停在公路上影响公共交通。

2. 储罐区布置要求

储罐区是油库平面布置的重点，油库中绝大多数油品都储存在这里，它是油库的核心要害部位，要特别注意它的安全。

储罐区的位置在工艺上应使收发油的作业都比较方便、输油线路短。一般油罐排列的顺序是轻质油罐离装卸油泵房较远，重质油罐离装卸油泵房较近，大多是汽油、煤油、柴油的顺序，这样排列在工艺上是有利的。因为轻质油品的黏度比较小，不需要加热，管线稍长一些其摩阻损失增加不大；对于黏度较大、凝点较高的重质油品油罐，如果布置在较远的位置，则由于管线增长，相应的加热保温设施也要增加，不仅管线的摩阻损失增加，而且管线的建设投资费用也要增加。

储罐区内储存大量油品，如果发生火灾，则不仅油库本身遭受重大经济损失，而且危及周围地区的安全。所以，油罐区的防火安全问题特别重要。在各级油库中，罐区及其内油罐的布置必须遵照国家有关消防安全技术规定，保证罐区内外的防火间距符合要求，这样即使油品的蒸气扩散到有火源的场所，由于已被稀释到很小的浓度，也不致形成火灾的有害之源。同时，区内各罐之间保持一定的安全间距还能防止一个罐着火时，殃及其他油罐。

油罐应集中布置。当地形条件允许时，油罐宜布置在比卸油地点低、比灌油地点高的位置，但当油罐区地面标高高于邻近居民点、工业企业或铁路线时，必须采取加固防火堤等防止库内油品外流的安全防护措施。

油罐区比灌油点高的优点是：有利于泵的吸入，不需要再把泵房的标高降得很低或建地下泵房；有条件时，还可实现自流作业，节约能量，在停电情况下仍能维持自流发油，不影响石油库发油作业。油罐区都设有防火堤，万一油罐破裂，也不致使油品流出堤外影响其他。

其他具体要求详见第二章。

3. 辅助生产区的布置

石油库的辅助生产设施主要是为生产设施服务的，但在操作上亦有其独立体系。所以，一般将这些设施集中布置形成辅助生产区，以便于管理、保证安全。但这些设施的功能和布置要求各不相同，布置时亦应根据具体情况灵活处理。各类辅助生产设施的一般布置要求如下。

（1）消防站

消防站包括消防泡沫泵房、消防水泵房、消防水池、消防人员办公室及宿舍、训练场地和消防车库等。它的服务对象主要是储罐区和装卸区，所以应尽量靠近储罐区布置。

消防泡沫泵房宜与消防水泵房合建，其位置靠近油罐区，且应满足启动泵后，将泡沫混合液送到最远一个油罐的时间不超过 5min 的要求。消防车库的位置应满足在接到火警后，消防车到达火灾现场的时间不超过 5min 的要求。

（2）污水处理设施

污水处理设施的位置应根据地形，布置在便于接收各种污水并适合处理后污水排放的地点。同时应处于行政管理区和生活区的最小频率风向的上风侧，并保持一定的距离。

（3）变配电间

电压为 10kV 及 10kV 以上的变配电间，应单独设置；亦可和自备柴油发电机组的机房毗邻布置。独立变配电间应尽可能布置在供电负荷中心，一般靠近消防泵房或主要油泵房。

电压 10kV 以下的变配电间，可与消防泵房或主要油泵房毗邻布置，但要符合有关防爆距离的规定。变配电间的位置也要便于连接外线。

（4）锅炉房

锅炉房是有明火的辅助生产设施，它的位置应在储罐区、油品装卸区的最小频率风向的上风侧，并尽可能布置在供热负荷中心，以便尽量缩短管道、减少热能损耗及方便凝结水回收。另外，还应考虑到燃料（如煤）运进和灰渣运出的方便。

（5）机修间及材料库

机修间及材料库宜相邻布置。机修间是有明火的辅助设施，它应位于储罐区、油品装卸区及其他有油气散发的车间最小频率风向的上风侧，还应考虑材料运送的方便；若有修、洗桶间时，应与灌桶和堆桶设施联合考虑，合理布置，以便于生产操作。

4. 石油库内道路的布置

石油库内道路的布置应符合下列规定。

① 石油库内的储罐区是火灾危险性最大的场所，故应设环形消防车道，以利于消防作业。四、五级石油库，山区或丘陵地带的石油库油罐区因地形或面积限制，建环形道确有困难时，可以设有回车场的尽头式消防道路。但有回车场的尽头式道路，车辆行驶及调动均不如环形道路灵活，一般不宜采用。

② 石油库通向公路的车辆出入口（公路装卸区的单独出入口除外），一、二、三级石油库不宜少于两处，四、五级石油库可设一处。

石油库的出入口如只有一个，那么在发生事故或进行维护时就可能阻碍交通。尤以库内发生火灾时，外界支援的消防车、救护车、消防器材及人员的进出较多，设两个出入口就比较方便。

③ 油罐中心与最近的消防道路之间的距离不应大于 80m；相邻油罐组防火堤外堤脚线之间应留有宽度不小于 7m 的消防通道，以利于消防车辆的通行和调度，能及时转移到有利的扑救地点。

④ 消防道路与防火堤外堤脚线之间的距离不宜小于 3m。

⑤ 铁路装卸区应设消防道路，并且宜与库内道路构成环形道，也可设有回车场的尽头式道路。铁路装卸区着火的概率虽小，着火后也较易扑灭，但仍需要及时扑救，故规定应设消防道路，并宜与库内道路相连形成环形道路，以利于消防车的通行和调动。考虑到有些石油库受地形或面积的限制，故规定可设有回车场的尽头式道路。

⑥ 汽车油罐车装卸设施和油桶灌装设施必须设置能保证消防车辆顺利接近火灾场地的消防道路。

⑦ 一级石油库的油罐区和装卸区消防道路的路面宽度不应小于 6m，转弯半径不宜小于

12m；其他级别石油库的油罐区和装卸区消防道路的路面宽度不应小于 4m。

⑧ 库内道路宽度，包括道路侧压实的路肩不低于 6m；如有道路边沟，有条件时设护坡石固定。道路平整坡度、路基、路面、转弯半径等均应符合设计要求。

5. 行政管理区布置要求

行政管理区宜设围墙（栅）与其他各区隔开，并应设单独对外的出入口。这条规定主要考虑防止和减少外来人员进入或通过生产作业区，以利于安全。

6. 油库内主要建筑物、构筑物的防火距离

当可燃性混合气体发生爆炸或其他因素破坏时，事故中心到能保护人身安全、建筑物的破坏限制在允许限度内的最小距离称为防火距离。油库内各建筑物、构筑物之间要有一定的防火距离。一般来讲，经常散发油蒸气的油罐、装卸油设施与其他建筑物、构筑物的距离应大一些。

石油库内各建筑物、构筑物之间防火距离的确定，主要是考虑到发生火灾时，它们之间的相互影响。石油库内经常散发油气的油罐和铁路、公路、水运等油品装卸设施同其他建筑物、构筑物之间的距离应该大些。

罐与其他建筑物、构筑物之间防火距离的确定按如下规定。

① 确定防火距离的原则：

a. 避免或减少发生火灾的可能性。火灾的发生必须具备可燃物质、空气和火源三个条件。因此，散发可燃气体的储罐与明火的距离应大于在正常生产情况下可燃气体扩散所能达到的最大距离。

b. 储罐容量及易燃和可燃危险性的大小规定不同的防火距离。

c. 在相互不影响的情况下，应尽量缩小建筑物、构筑物之间的防火距离。

d. 在确定防火距离时，应考虑操作安全和管理方便。

② 油罐火灾情况：根据调查材料统计，绝大部分火灾是由明火引起的（炼厂的统计为 67%，商业油库比例更大），而以外来明火引起的较多。如油品经排水沟流至库外水沟，库外点火，火势回窜引起火灾，这种情况以商业库为多。其他原因则有雷击、静电等。

③ 油罐散发油气的扩散距离：

a. 清洗油罐时油气扩散的水平距离，一般为 18～30m；

b. 油罐进油时排放的油气扩散范围，水平距离约 11m；垂直距离约 1.3m。

④ 油罐火灾的特点：

a. 油罐火灾概率低；

b. 起火原因多为操作、管理不当；

c. 如有防火堤，则其影响范围可以控制。

⑤ 油罐与各建筑物、构筑物的防火距离：决定油罐与各建筑物、构筑物的防火距离，首先应考虑油罐扩散的油气不被明火引燃以及油罐失火后不致影响其他建筑物和构筑物。据国外资料介绍，石油库内油罐与各建筑物、构筑物的防火距离均趋于缩小。英国石油学会《销售安全规范》规定，油罐与明火和散发火花的建筑物、构筑物的距离为 15m。日本丸善石油公司的油库管理手册，是以油罐内油品的静止状态和使用状态分别规定油罐区内动火安全距离的，其最大距离为 20m。油罐着火后对附近建筑物和构筑物的影响、扑灭火灾的难易，随罐容的大小、油罐的型式及所储油品性质的不同而有所区别。表 1-4 中的距离是以储存甲、乙类油品的浮顶油罐或内浮顶油罐，储存丙类油品的立式固定顶油罐等为基准，按罐容的大小而制定的。

表 1-4 石油库内建（构）筑物、设施之间的防火距离

m

序号	建(构)筑物和设施名称		易燃和可燃液体泵房		灌桶间		汽车罐车装卸设施		铁路罐车装卸设施		液体装卸码头		桶装液体		隔油池		消防车库、消防泵房	露天变配电所变压器、柴油发电机间		独立变配电间	办公用房、中心控制室、宿舍、食堂等人员集中场所	铁路机车行走线	有明火及散发火花的建(构)筑物及地点	油罐车库	库区围墙	其他建(构)筑物	河海岸边
			甲B、乙类液体	丙类液体	甲B、乙类液体	丙类液体	甲B、乙类液体	丙类液体	甲B、乙类液体	丙类液体	甲B、乙类液体	丙类液体	甲B、乙类液体	丙类液体	$30m^3$及以下	$30m^3$以上		10kV及以下	10kV以上								
1	外浮顶储罐、内浮顶储罐、覆土立式油罐、储存丙类液体的立式固定顶储罐	V≥50000	20	15	30	25	30/23	23	30/23	23	50	35	30	25	25	30	30	40	40	50	40	60	35	35	28	25	30
2		5000<V<50000	15	11	19	15	20/15	15	20/15	15	35	25	20	15	19	23	16	25	30	25	38	19	26	23	11	19	30
3		1000<V≤5000	11	9	15	11	15/11	11	15/11	11	30	23	15	11	15	19	23	19	23	19	30	19	26	19	7.5	15	30
4		V≤1000	9	7.5	11	9	11/9	9	11	11	26	23	11	9	11	15	19	15	23	11	23	19	26	15	6	11	20
5	储存甲B、乙类液体的立式固定顶储罐	V>5000	20	15	25	20	25/20	20	25/20	20	50	35	25	20	25	30	35	32	39	32	50	25	35	30	15	25	30
6		1000<V≤5000	15	11	20	15	20/15	15	20/15	15	40	30	20	15	20	25	30	25	30	25	40	25	35	25	10	20	30
7		V≤1000	12	10	15	11	15/11	11	15/11	11	35	30	15	11	15	20	25	20	30	15	30	25	35	20	8	15	20
8	甲B、乙类液体地上卧式储罐		9	7.5	11	8	11/8	8	11/8	8	25	20	11	8	11	15	19	15	23	11	23	19	25	15	6	11	20
9	覆土卧式油罐、丙类液体地上卧式储罐		7	6	8	6	8/6	6	8/6	6	20	15	8	6	8	11	15	11	15	8	18	15	20	11	4.5	8	20

续表

序号	建(构)筑物和设施名称		易燃和可燃液体泵房		灌桶间		汽车罐车装卸设施		铁路罐车装卸设施		液体装卸码头		桶装液体		隔油池		消防车库、消防泵房	露天变配电所变压器、柴油发电机间		独立变配电间	办公用房、中心控制室、宿舍、食堂等人员集中场所	铁路机车行走线	有明火及散发火花的建(构)筑物及地点	油罐车库	库区围墙	其他建(构)筑物	河海岸边
			甲B、乙类液体	丙类液体	甲B、乙类液体	丙类液体	甲B、乙类液体	丙类液体	甲B、乙类液体	丙类液体	甲B、乙类液体	丙类液体	甲B、乙类液体	丙类液体	$30m^3$及以下	$30m^3$以上		10kV及以下	10kV以上								
10	易燃和可燃液体泵房	甲B、乙类液体	12	12	12	12	15/15	11	8/8	6	15	15	12	12	15/7.5	20/10	30	15	20	15	30	15	20	15	10	12	10
11		丙类液体	12	9	12	9	15/11	8	8/6	6	15	11	12	9	10/5	15/7.5	15	10	15	10	20	12	15	12	5	10	10
12	灌桶间	甲B、乙类液体	12	12	12	12	15/11	11	15/11	11	15	15	12	12	20/10	25/12.5	12	20	30	15	40	20	30	15	10	12	10
13		丙类液体	12	9	12	9	15/11	8	15/11	11	15	11	12	9	15/7.5	20/10	10	10	20	10	25	15	20	12	5	10	10
14	铁路罐车装卸设施	甲B、乙类液体	15/15	15/11	15/11	15/11	—	—	15/11	15/11	15	15	15/11	15/11	20/15	25/19	15/15	20/15	30/23	15/11	30/23	20/15	30/23	20	15/11	15/11	10
15		丙类液体	11	8	11	8	—	—	15/11	11	15	11	11	8	15/7.5	20/10	12	10	20	10	20	15	20	15	5	11	10
16	汽车罐车装卸设施	甲B、乙类液体	8/8	8/6	15/11	15/11	15/11	15/11	有详细规定		20/20	20/15	8	8	20/10	25/12.5	12	10	20	10	20	15	20	15	5	10	10
17		丙类液体	6	6	11	11	15/	11			20	15	15	15	25/19	30/23	25	20	30	15	45	20	40	20	—	15	—
18	液体装卸码头	甲B、乙类液体	15	15	15	15	15	15	20/20	20	有详细规定		15	11	20/10	25/12.5	20	10	20	10	30	15	30	15	—	12	—
19		丙类液体	15	11	15	11	15	15	20/15	15			12	12	15/7.5	20/10	20	15	20	12	40	15	30	15	5	12	10

续表

序号	建(构)筑物和和设施名称		易燃和可燃液体泵房		灌桶间		汽车罐车装卸设施		铁路罐车装卸设施		液体装卸码头		桶装液体		隔油池		消防车库、消防泵房	露天变配电所变压器、柴油发电机间		独立变配电间	办公用房、中心控制室、宿舍、食堂等人员集中场所	铁路机车行走线	有明火及散发火花的建(构)筑物及地点	油罐车库	库区围墙	其他建(构)筑物	河海岸边
			甲B、乙类液体	丙类液体	甲B、乙类液体	丙类液体	甲B、乙类液体	丙类液体	甲B、乙类液体	丙类液体	甲B、乙类液体	丙类液体	甲B、乙类液体	丙类液体	$30m^3$及以下	$30m^3$以上		10kV及以下	10kV以上								
20	桶装液体库房	甲B、乙类液体	12	12	12	12	15/11	11	8/8	8	15	15	12	10	10/5	15/7.5	15	10	10	10	25	10	20	10	5	10	10
21		丙类液体	12	9	12	10	15/11	8	8/8	8	15	11	12	10	10/5	15/7.5	15	10	10	10	25	10	20	10	5	10	10
22	隔油池	$150m^3$及以下	15/7.5	10/5	20/10	15/7.5	20/15	15/7.5	25/19	20/10	25/19	20/10	15/7.5	10/5	—	—	20/15	15/11	20/15	15/11	30/23	15/7.5	30/23	15/11	10/5	15/7.5	10
23		$150m^3$以上	20/10	15/7.5	25/12.5	20/10	20/19	20/10	30/23	25/12.5	30/23	25/12.5	20/10	15/7.5	—	—	25/19	20/15	30/23	20/15	40/30	20/15	40/30	20/15	10/5	15/7.5	10

注：1. 表中V指储罐单罐容量，单位为m^3。

2. 序号14中，分子数字为未采用油气回收设施的汽车罐车装卸设施与建（构）筑物或设施的防火距离，分母数字为采用油气回收设施的汽车罐车装卸设施与建（构）的防火距离。

3. 序号16中，分子数字为用于装车作业的铁路线与建（构）筑物或设施的防火距离，分母数字为采用油气回收设施的铁路罐车装卸设施或仅用于卸车作业的铁路线与建（构）筑物的防火距离。

4. 序号14与序号16相交数字的分母，仅适用于相邻装车设施均采用油气回收设施的情况。

5. 序号22、23中的隔油池系指设置在罐组防火堤外的隔油池，其中分母数字为有盖板的密闭式隔油池与建（构）筑物或设施的防火距离，分子数字为无盖板的隔油池与建（构）筑物或设施的防火距离。

6. 罐组专用变配电间和机柜间与石油库内各建（构）筑物或设施的防火距离应与易燃和可燃液体泵房相同，但变配电间和机柜间的门窗应位于易燃液体设备的爆炸危险区域之外。

7. 焚烧式可燃气体回收装置应按有明火及散发火花的建（构）筑物及地点执行，其他形式的可燃气体回收处理装置应按甲、乙类液体泵房执行。

8. Ⅰ、Ⅱ级毒性液体的储罐、设备和设施与石油库内其他建（构）筑物、设施之间的防火距离，应按相应火灾危险性类别在本表规定的基础上增加30%。

9. “—”表示没有防火距离要求。

7. 其他布置要求

① 石油库应设高度不低于2.5m的非燃烧材料的实体围墙；山区或丘陵地带的石油库可设置镀锌铁丝网围墙；企业附属石油库与本企业毗邻一侧的围墙高度不宜低于1.8m。

② 石油库应尽可能与一般火种隔绝，禁止无关人员进入库内，建造围墙有利于防火和安全，也易做好保卫工作。在调查中，普遍反映石油库应设围墙，石油库的围墙应比一般围墙高，故规定不应低于2.5m；建在山区的石油库面积较大，地形复杂，建实体围墙确有困难时，可以设刺丝围墙，但装卸区和行政管理区有条件时仍应设实体围墙。

③ 石油库内应进行绿化，除行政管理区外不应栽植油性大的树种；防火堤内严禁植树，但在气温适宜地区可铺设高度不超过0.15m的四季常绿草皮；消防道路与防火堤之间不宜种树；石油库内的绿化不应妨碍消防操作。

第四节　石油库总容量的确定

油库总容量的确定要考虑的因素较多，包括油库的类别和任务、油品来源的难易程度、油品供应范围、供需变化规律、进出油品的运输条件等，有时还与国际石油市场的发展形势有密切关系。确定石油库容量的方法有周转系数法和储存天数法，商业油库一般采用周转系数法；石油化工企业的储运系统工程一般采用储存天数方法计算油库容量。

一、周转系数法

周转系数就是某种油品的油罐在一年内被周转使用的次数，即：

$$周转系数=\frac{某油品的年周转量}{储油设备有效容量}$$

可见，周转系数越大，储油设备的利用率则越高，其储油成本也越低。各种油品设计容量可由下式求得：

$$V_s=\frac{G}{K\eta\rho} \tag{1-1}$$

式中　V_s——某种油品的设计容量，m^3；

G——该种油品的年周转量，t；

K——该种油品的周转系数；

ρ——该种油品的储存温度下的密度，t/m^3；

η——油罐储存系数，或称装满系数。

K 值的大小对确定油罐容量非常关键，但 K 值的确定也是最困难的，它和油库的类型、业务性质、国民经济发展趋势、交通运输条件、油品市场变化规律等因素有着密切的关系，不能用公式简单计算出来，简单地指定一个数字范围也是不科学的。如有的资料提出，在我国新设计的商业油库中，对一、二级油库 K 值取1～3，三级及其以下油库 K 值取4～8，显然是过于保守的，即储油设备的利用率偏低、库容偏大、基建投资大、投资回收年限长。K 值的大小应根据建库指令或项目建议书要求与建库单位协商确定。

油罐的储存系数 η 是指油罐储存油品的实际容量和油罐理论计算容量之比。在SH/T 3007《石油化工储运系统罐区设计规范》中，对油罐的储存系数规定如下。

固定顶罐：罐容<1000m^3 时，η=0.85；罐容≥1000m^3 时，η=0.90。

浮顶罐和内浮顶罐：η=0.90。

球罐和卧罐：η=0.90。

二、储存天数法

某种油品的年周转量按该油品每年的操作天数均分，作为该油品的一天储存量，再确定该油品需要多少天的储存量才能满足油库正常的业务要求，并由此计算出该种油品的设计容量，计算式如下：

$$V_s=\frac{GN}{\rho\eta\tau} \tag{1-2}$$

式中　V_s——油品设计容量，m^3；

G——油品年周转量，t；

N——油品的储存天数，d；

ρ——油品储存温度下的密度，t/m^3；

η——油罐的储存系数；

τ——油品的年操作天数，d。

石油化工企业储运系统工程油罐的储存天数一般取决于原油的供应来源、交通运输条件、生产装置开停工情况及油品出厂方式等因素。SH/T 3007《石油化工储运系统罐区设计规范》规定的原油和成品油储存天数见表1-5、表1-6。

表1-5　原油和原料油储存天数

出厂方式	储存天数/d	备注
管道输送	5～7	适用于原油，指来自油田的管道
	7～10	适用于其他原料，指来自其生产厂的管道
铁路运输	10～20	
公路运输	7～10	
内河及近海运输	15～20	
远洋运输	≥30	

注：1. 如有中转库时，其储罐容量宜包括在总容量内，并应按中转库的物料进库方式计算储存天数。

2. 进口原料或特殊原料，其储存天数不宜少于30天。

3. 来自长输管道的原油或原料，其储存天数尚应结合长输管道输送周期和石油化工企业检修方案考虑。

4. 易聚合、易氧化等性质特殊的化工原料，应根据具体情况确定其储存天数。

5. 当装置在不同种工况条件下对一些小宗化工原料有间断需求时，其储存量除要符合上述要求外，尚需满足对该原料一次最大用量的需求。

6. 对于船运进厂方式，储罐总容量应同时满足装置连续生产和一次卸船量的要求。

表1-6　成品储存天数

成品名称	出厂方式	储存天数/d
汽油、灯用煤油、柴油、重油(燃料油)	管道输送	5～7
	铁路运输	10～20
	内河及近海运输	15～20
	公路运输	5～7

续表

成品名称	出厂方式	储存天数/d
航空汽油、喷气燃料、芳烃、军用柴油、液体石蜡、溶剂油	管道输送	5～7
	铁路运输	15～20
	内河及近海运输	20～25
	公路运输	5～7
润滑油类、电器用油类、液压油类	铁路运输	25～30
	内河及近海运输	25～35
	公路运输	15～20
液化烃	管道输送	5～7
	铁路运输	10～15
	内河及近海运输	10～15
	公路运输	5～7
石油化工原料	管道输送	5～10
	铁路运输	10～20
	内河及近海运输	10～20
	公路运输	7～15
醇类、醛类、酯类、酮类、腈类等	铁路运输	15～20
	内河及近海运输	20～25
	公路运输	10～15

注：1. 按本表确定容量的储罐，包括成品罐、组分罐和调和罐。

2. 如有中转库时，其储罐容量应包括在按本表确定的储罐总容量内。

3. 内河及近海运输时，其成品罐与调和罐的容量之和应同时满足连续生产和一次装船量的要求。

4. 若有远洋运输出厂时，其储存天数不宜少于 30d，但不宜大于 60d，其成品罐和调和罐的容量之和应同时满足连续生产和一次装船量的要求。

三、油罐个数的确定

油库中某种油品的设计容量确定后，还应根据该种油品的性质及操作要求来确定设几个油罐为最佳方案。确定油罐个数时，应考虑以下几个原则：

① 满足油品进罐、出罐、计量、加热、沉降切水、化验分析等生产要求；

② 满足定期清罐的要求；

③ 油品性质相似的油罐，在生产条件允许的情况下可考虑互相借用的可能；

④ 满足一次进油或出油量的要求；

⑤ 有的油品还要满足调和、加添加剂及其他要求；

⑥ 企业附属石油库还要满足企业生产对油罐的个数要求。

综上所述，一种油品的储油罐一般不少于 2 个；当一种油品有几种牌号时，每种牌号宜选用 2～3 个。

SH/T 3007—2014《石油化工储运系统罐区设计规范》规定了储罐的个数选择依据。

1. 原油和原料储罐的个数

① 一套装置加工一类原油时，宜设 3～4 个，分类加工原油时，每增加一类原油宜再增

加 2～3 个；

② 一套装置加工一种原料时，宜设 2～4 个，加工多种原料时，每增加一种原料宜再增加 2～3 个。

2. 中间原料储罐的个数

① 装置是直接进料或部分由储罐供料时，宜设 2～3 个；

② 装置是由储罐供料时，宜设 3～4 个；

③ 对于精制装置，每种单独加工的组分油宜设 2～3 个；

④ 对于重整装置，可根据装置要求另设一个预加氢生成油罐；

⑤ 对于润滑油装置，每种组分油宜设 2 个，同一种组分油，残炭值不同或加工深度不同时，应分别设罐。

3. 每个原油及原料罐的容量

每个原油及原料罐的容量，不宜少于一套装置正常操作一天的处理量。

4. 成品油储罐的个数

① 汽油和柴油每种组分的储罐宜设 2 个，每生产一种牌号汽油和柴油，其调和与成品罐之和不宜少于 4 个，每增加一种牌号，可增加 2～3 个；

② 航空煤油的每种组分罐宜设 2～3 个，调和与成品罐之和不宜少于 3 个；

③ 军用柴油罐宜设 3～4 个；

④ 溶剂油罐和灯用煤油罐每种牌号宜设 2 个；

⑤ 芳烃罐每一种成品宜设 2 个；

⑥ 液化石油气罐不宜少于 2 个。

5. 重油（含燃料油）储罐的个数

① 每生产一种牌号燃料油，其调和与成品罐之和不宜少于 3 个，每增加一种燃料油牌号可增加 2 个；

② 进罐温度小于或等于 90℃的重油与进罐温度大于或等于 120℃的重油，应分别设置储罐；

③ 工厂自用燃料油储罐宜设 2 个；

④ 沥青罐不宜少于 2 个。

6. 润滑油类、电器用油类和液压油类储罐的个数

① 每种组分宜设 2 个，同一种组分油，残炭值不同或加工深度不同应分别设罐；

② 每一种牌号的成品罐宜设 1～2 个，成品罐宜兼作调和罐；

③ 一类油的调和与成品罐应按牌号专罐专用，二、三类油的调和与成品罐，在不影响质量的前提下可以互用。

另外，一种油品的储罐，应尽量选用同一结构形式、同一规格的油罐；油罐大型化有利于降低生产成本，方便生产管理。

将单个油品设计容量除以油罐个数，再圆整到油罐标准系列上，将得到单个油罐容量。

思　考　题

1. 油库的定义及其任务是什么？
2. 按储油方式分，油库的类型有哪些？

3. 油库为什么要分级和分区？具体是怎样划分的？

4. 油库容量的确定方法有哪几种？分别适用于什么样的油库？

5. 确定油罐个数时应遵循什么原则？

6. 什么叫周转系数？周转系数的选择对油库容量有什么样的影响？

习　题

1. 油库按管理体制和业务性质分为（　　）。

A. 独立油库和民用油库　　B. 独立油库和企业附属油库

C. 民用油库和企业附属油库　　D. 民用油库和军用油库

2. 石油部门的油田原油库和炼油厂的油库多属于（　　）。

A. 储备油库　　B. 独立油库

C. 地面油库　　D. 企业附属油库

3. 下列油库按主要储油方式分类正确的是（　　）。

A. 地面油库、隐蔽油库、水封石洞油库和海上油库

B. 地面油库、隐蔽油库、山洞油库、水封石洞油库和海上油库

C. 地面油库、隐蔽油库、山洞油库和海上油库

D. 地面油库、隐蔽油库、山洞油库、水封石洞油库和港口油库

4. 隐蔽油库的储油罐部分或全部埋入地下，（　　）好，但投资大，施工期长。

A. 降耗性　　B. 隐蔽性

C. 储存性　　D. 输转性

5. 依据 GB 50074—2014《石油库设计规范》，油库按容量划分，一级油库总容量（TV）（　　）。

A. $50000m^3 \leqslant TV$　　B. $100000m^3 \leqslant TV$

C. $150000m^3 \leqslant TV$　　D. $100000m^3 \leqslant TV < 1200000m^3$

6. 依据 GB 50074—2014《石油库设计规范》，根据油罐总容量的大小划分为（　　）。

A. 3 级　　B. 4 级

C. 5 级　　D. 6 级

7. 依据 GB 50074—2014《石油库设计规范》，油库按容量划分，二级油库总容量（TV）（　　）。

A. $30000m^3 \leqslant TV < 100000m^3$　　B. $50000m^3 \leqslant TV < 100000m^3$

C. $1000m^3 \leqslant TV < 10000m^3$　　D. $10000m^3 \leqslant TV < 30000m^3$

8. 依据 GB 50074—2014《石油库设计规范》，按库容量大小划分，总容量为 $1000m^3 \leqslant TV < 10000m^3$ 是（　　）油库。

A. 三级　　B. 四级

C. 五级　　D. 六级

9. 油库一般按照其（　　）划分为储油区、装卸区、辅助生产区和行政管理区四个区域。

A. 业务特点　　B. 作业程序

C. 危险等级　　D. 安全系数

10. 石油库按业务特点可分为（　　）。

A. 储油区、装卸区、辅助生产区和办公区

B. 储油区、装卸区、辅助生产区和行政管理区

C. 储油区、装卸区、生产区和行政管理区

D. 储油区、装卸区、辅助生产区和办公区

11. 油库装卸区可分为（　　）区。

A. 2 个　　B. 3 个

C. 4 个　　D. 5 个

12. 油库装卸区分为（　　）。

A. 铁路装卸区和公路装卸区、管道输油收发区

B. 铁路装卸区和水路装卸区、公路装卸区

C. 水路装卸区和公路装卸区、管道输油收发区

D. 铁路装卸区和水路装卸区、公路装卸区、管道输油收发区

13. 周转系数越大，设备利用率越高，储油成本也（　　）。

A. 越低　　B. 越高

C. 越平均　　D. 越大

14. 油罐利用系数指油罐储存容量和名义容量之（　　）。

A. 差　　B. 和

C. 积　　D. 比

15. 我国油库容量目前是采用（　　）来加以决定的。

A. 储存系数法　　B. 周转系数法

C. 储存系数平均法　　D. 周转系数平均法

16. 油罐防火距离的规定：立式油罐排与排之间的防火距离不应小于（　　）。

A. 3m　　B. 5m

C. 6m　　D. 8m

17. 浮顶油罐、内浮顶油罐之间的防火距离按 0.4D 计算，其中 D 代表（　　）。

A. 较大油罐直径　　B. 较小油罐直径

C. 油罐间距离　　D. 油罐高度

18. 卧式油罐排与排之间的防火距离不应小于（　　）。

A. 1m　　B. 2m

C. 3m　　D. 4m

19. 高架油罐之间的防火距离不应小于（　　）。

A. 1.5m　　B. 1.2m

C. 0.8m　　D. 0.6m

20. 立式油罐防火堤的计算高度应保证堤内有效容积需要，防火堤的实际高度应比计算高度高出（　　）。

A. 0.2m　　B. 0.3m

C. 0.5m　　D. 1m

21. 当单罐容量小于 5000m^3 时，隔堤内的油罐数量不应多于（　　）。

A. 3 座　　B. 5 座

C. 6 座　　D. 7 座

22. 防火堤的实高不应低于（　　）（以防火堤内侧设计地坪计），且不宜高于（　　）（以防火堤外侧道路路面计）。

A. 0.8m，1.5m　　B. 1m，2m

C. 1.5m，2.5m　　D. 1m，3.2m

23. 当单罐容量等于或大于 5000m^3 小于 20000m^3 时，隔堤内油罐数量不应多于（　　）。

A. 2 座　　B. 4 座

C. 6 座　　D. 8 座

24. 确定石油库容量的方法有（　　）和储存天数法。

A. 周转系数法　　B. 储存系数法

C. 周转系数平均法　　D. 储存系数平均法

第二章

储罐区及其主要设施

第一节　储罐区的布置与防火堤

一、油罐的分组布置

油罐区是石油库的核心区域，为了确保油库安全，也为了油罐区着火后的扑救方便，要求地上油罐和覆土油罐按下列规定成组布置。

① 甲B、乙和丙A类液体储罐可布置在同一罐组内；丙B类液体储罐宜独立设置罐组。

甲B、乙和丙A类油品的火灾危险性相同或相近，布置在一个油罐组内有利于油罐之间互相调配和统一考虑消防设施，既可节省输油管道和消防管道，也便于管理；而丙B类油品性质与它们相差较大，消防要求不同，所以不宜建在一个油罐组内。

② 沸溢性液体储罐不应与非沸溢性液体储罐同组布置。

沸溢性液体（boil-over liquid）是指当罐内储存介质温度升高时，由于热传递作用，使罐底水层急速汽化而会发生沸溢现象的黏性烃类混合物。沸溢性液体在发生火灾等事故时容易从油罐中溢出，导致火灾流散，影响非沸溢性液体安全，故沸溢性液体储罐不应与非沸溢性液体储罐布置在同一油罐组内。

③ 地上立式油罐、高架油罐、卧式油罐、覆土油罐不宜布置在同一个油罐组内。

地上油罐与覆土油罐、高架油罐、卧式油罐的罐底标高、管道标高等各不相同，消防要求也不相同，布置在一起对操作、管理、设计和施工等均不方便，故地上油罐不宜与覆土油罐、高架油罐、卧式油罐布置在同一油罐组内。

④ 同一个油罐组内，油罐的总容量应符合下列规定：

a. 固定顶油罐组及固定顶油罐和浮顶、内浮顶油罐的混合罐组不应大于120000m^3；

b. 浮顶、内浮顶油罐组不应大于600000m^3。

⑤ 考虑到一个油罐组内油罐座数越多，发生火灾事故的机会就越多；单体油罐容量越大，火灾损失及危害就越大。为了控制一定的火灾范围和火灾损失，根据油罐容量大小规定了最多油罐数量。同一个油罐组内的油罐数量应符合下列规定：

a. 当最大单罐容量大于或等于10000m^3时，储罐数量不应多于12座。

b. 当最大单罐容量大于或等于1000m^3时，储罐数量不应多于16座。

c. 单罐容量小于1000m^3或仅储存丙B类液体的罐组，可不限储罐数量。

地上储罐组内，单罐容量小于 $1000m^3$ 的储存丙 B 类液体的储罐不应超过 4 排；其他储罐不应超过两排。

油罐布置不允许超过两排，主要是考虑油罐失火时便于扑救。如果布置超过两排，当中间一排油罐发生火灾时，因四周都有油罐会给扑救工作带来一些困难，也可能会导致火灾的扩大。

储存丙 B 类油品的油罐（尤其是储存润滑油的油罐）在独立石油库中发生火灾事故的概率极小，所以规定这种油罐可以布置成 4 排，以节约用地和投资。为便于扑救卧式油罐的火灾，规定排与排之间的净距不应小于 3m。

二、储罐之间的防火距离

油罐之间、油罐与防火堤之间也有一定的防火间距要求，如甲、乙类油品 $1000m^3$ 以上的地上浮顶油罐间距为 $0.4D$；储存丙 A 类油品 $1000m^3$ 以上的地上浮顶油罐的间距为 0.4D，且不大于 20m；而立式油罐与防火堤之间的距离通常为油罐罐壁高度的一半，卧式油罐之间的间距也应满足规范要求等。

罐组内油罐之间防火距离的规定：立式油罐排与排之间的防火距离不应小于 5m；卧式油罐排与排之间的防火距离不应小于 3m。同时，油罐之间的防火距离不应小于表 2-1 的规定。

表 2-1　地上储罐组内相邻储罐之间的防火距离　　m

<table>
<tr><th rowspan="2">储存液体类别</th><th rowspan="2">单罐容量不大于 $300m^3$，且总容量不大于 $1500m^3$ 的立式储罐组</th><th colspan="3">固定顶储罐(单罐容量)</th><th rowspan="2">外浮顶、内浮顶储罐</th><th rowspan="2">卧式储罐</th></tr>
<tr><th>小于等于 $1000m^3$</th><th>大于 $1000m^3$</th><th>大于等于 $5000m^3$</th></tr>
<tr><td>甲 B、乙类</td><td>2</td><td>$0.75D$</td><td colspan="2">$0.6D$</td><td>$0.4D$</td><td>0.8</td></tr>
<tr><td>丙 A 类</td><td>2</td><td colspan="3">$0.4D$</td><td>$0.4D$</td><td>0.8</td></tr>
<tr><td>丙 B 类</td><td>2</td><td>2</td><td>5</td><td>$0.4D$</td><td>$0.4D$ 与 15 的较小值</td><td>0.8</td></tr>
</table>

注：1. 表中 D 为相邻储罐中较大储罐的直径。

2. 储存不同类别液体的储罐、不同型式的储罐之间的防火距离，应采用较大值。

三、储罐区防火堤

地上储罐进料时冒罐或储罐发生爆炸破裂事故，液体会流出储罐，如果没有防火堤（dike），液体就会到处流淌；如果发生火灾，还会形成大面积流淌火。为避免此类事故，特规定地上储罐应设防火堤。防火堤是用于储罐发生泄漏时，防止易燃、可燃液体漫流和火灾蔓延的构筑物。

油库设置防火堤主要有两个作用，一是罐组内发生火灾，阻止油罐内油品火势蔓延；二是防止跑、冒、滴、漏油品流淌外溢。

地上立式储罐的罐壁至防火堤内堤脚线的距离，不应小于罐壁高度的一半；卧式储罐的罐壁至防火堤内堤脚线的距离，不应小于 3m；依山建设的储罐，可利用山体兼作防火堤，储罐的罐壁至山体的距离最小可为 1.5m。

防火堤的计算高度依据防火堤内的有效容量计算，防火堤内的有效容量不应小于油罐组内一个最大油罐的容量。

因防火堤内有效容积对应的防火堤高度刚好容易使油品漫溢，故防火堤实际高度应高出计算高度0.2m。

为了防止防火堤内油品着火时用泡沫枪灭火易冲击造成喷洒，防火堤应高于堤内设计地坪，不应小于1.0m（从防火堤内侧设计地坪起算）。针对目前场地等条件限制和堤内储罐大型化、数量少的情况，在满足消防车辆实施灭火的前提下，为了尽量节约用地，国标规定防火堤的堤外高度不超过3.2m（从防火堤外侧地坪或消防道路路面起算）。

防火堤宜采用土筑防火堤，其堤顶宽度不应小于0.5m；不具备采用土筑防火堤条件的地区，可选用其他结构形式的防火堤。防火堤的耐火极限不应低于5.5h，根据现行国家标准GB 50016—2014《建筑设计防火规范（2018年版）》的有关规定，结构厚度为240mm的普通黏土砖、钢筋混凝土等实体墙的耐火极限即可达到5.5h；只要防火堤自身结构能满足此要求，就不需要再采取在堤内侧培土或喷涂隔热防火涂料等保护措施。同时防火堤应能承受在计算高度范围内所容纳液体的静压力，且不应泄漏。

防火堤和隔堤不宜作为管道的支撑点；严禁在防火堤上开洞，穿越防火堤的管道必须采用钢制套管，套管长度不应小于防火堤和隔堤的厚度；套管两端应做防渗漏的密封处理，并用不燃烧材料严密填实。

立式油罐罐组内应按照规定设置隔堤。隔堤是用于减少防火堤内储罐发生少量泄漏事故时的影响范围，而将一个储罐组分隔成多个分区的构筑物。立式油罐罐组内应按下列规定设置隔堤：

① 多品种的罐组内，下列储罐之间应设置隔堤。

a. 甲B、乙A类液体储罐与其他类可燃液体储罐之间；

b. 水溶性可燃液体储罐与非水溶性可燃液体储罐之间；

c. 相互接触能引起化学反应的可燃液体储罐之间；

d. 助燃剂、强氧化剂及具有腐蚀性液体储罐与可燃液体储罐之间。

② 非沸溢性甲B、乙、丙A类储罐组隔堤内的储罐数量不应超过表2-2的规定。

表2-2 非沸溢性甲B、乙、丙A类储罐组隔堤内的储罐数量

单罐公称容量/m^3	一个隔堤内的储罐数量/座
$V<5000$	6
$5000\leqslant V<20000$	4
$20000\leqslant V<50000$	2
$V\geqslant 50000$	1

注：当隔堤内的储罐公称容量不等时，隔堤内的储罐数量按其中一个较大储罐公称容量计。

③ 隔堤内沸溢性液体储罐的数量不应多于两座。

④ 非沸溢性的丙B类液体储罐之间可不设置隔堤。

⑤ 隔堤应是采用不燃烧材料建造的实体墙，隔堤高度宜为0.5～0.8m。

防火堤每一个隔堤区域内均应设置对外人行台阶或坡道，相邻台阶或坡道之间的距离不宜大于60m。

防火堤内应设置集水设施。连接集水设施的雨水排放管道应从防火堤内设计在地面以下通出堤外，并应在防火堤之外设置安全可靠的截油排水装置（一般设油水分离井），以防流散油品进入下水系统，如设置阀门，除雨天之外，应保持关闭状态。

除了防火堤外，有些罐组还设有事故存液池。事故存液池的设置应符合下列规定：

① 设有事故存液池的罐组应设导液管（沟），使溢漏液体能顺利地流出罐组并自流入存液池内；

② 事故存液池距防火堤的距离不应小于 7m；

③ 事故存液池和导液沟距明火地点不应小于 30m；

④ 事故存液池应有排水设施。

第二节　金属储罐

油品储存方式按其容器及运输的形式分为散装和整装油品储存。

整装储存主要是指桶装储存。油桶规格众多，如国际通用的计量单位为标准桶，1 标准桶＝158.98L＝42gal（美）。我国广泛采用的是 200L 油桶、30L 扁桶以及各种规格的铁质和塑料小包装桶。

由铁路油罐车、汽车油罐车、油船及管道等设备运送到库，储存在大型容器——油罐中的油品称为散装油品。将散装油品存放于油罐中的储存形式称为散装油品储存，它是目前油库中油品的主要储存方式。储存方式不同，其工艺、设备及其他要求也不同，本章主要介绍散装油品的储存。

一、油品储存的基本要求

油品储存的形式多种多样，但无论哪种方式储存，都应达到以下要求。

1. 防变质

在油品储存过程中，要保证油品的质量，必须注意：

① 减少温度的影响。温度的变化对油品质量影响较大，如影响汽油、煤油的氧化安定性，故在油库中常采用绝热油罐、保温油罐，高温季节还应对油罐淋水。

② 减少空气与水分的影响。空气与水分会影响油品的氧化速度，故在储存油品时常采用控制一定压力的密闭储存。

③ 降低阳光对油品的影响。阳光的热辐射使得油罐中的气体空间和油温明显升高，而且紫外线还能对油品氧化过程起催化作用，故轻油储油罐外部大多涂成银灰色，以减少其作用。近年来，一种耐油防腐隔热导电的白色涂料也在油罐中应用。

④ 降低金属对油品的影响。各种金属会对油品的氧化速度起催化作用，其中，铜的催化作用最强，其次是铅；就同种金属而言，容量越小，与油品接触面积的比例就越大，影响也就越大。

2. 降损耗

在油品储存过程中，降低油品蒸发损耗不仅能保证油品的数量，还能保证油品的质量。

3. 提高油品储存的安全性

由于油品火灾危险性和爆炸危险性较大，故储存时应采取措施提高油品储存的安全性，具体要求是：

① 使油品的爆炸敏感性降低。这一方面要求平时严格加强火种管理，另一方面要在生产中防止金属摩擦产生火星，且在收发油过程中减少静电产生，防止静电积聚。

② 储存油品应采用阻燃性能好的材料。

③ 尽量减轻发生意外火灾时的损失。

④ 使油库消防系统时刻处于良好的技术状态。

⑤ 使油品储存设施和设备处于最佳工作状态。

二、储罐的分类

储罐是用来储存易燃和可燃液体的一类具有较规则形体和较大容积的容器，有些还兼有其他功能，如油品调和、成品油自流发放等。储罐种类繁多，通常可根据它们的承压能力、相对标高、材质、形状及结构特征、盛装的油品及功能等分类和命名。

1. 按储罐承压能力分类

当储罐用于储存不同饱和蒸气压的易燃和可燃液体时，考虑设备建造成本，储罐应具备相应的承压能力。依据承压能力不同，储罐被分为常压储罐、低压储罐和压力储罐。

常压储罐（atmospheric storage tank）是指建造在具有足够承载能力的均质基础上，其罐底与基础紧密接触，储存液态石油、石油产品及其他化工介质，内压设计压力小于或等于6.0kPa（罐顶表压）的立式圆筒形钢制焊接储罐。

低压储罐（low pressure tank）是指设计压力大于6.0kPa且小于0.1MPa（罐顶表压）的储罐。以前，国内各大炼油厂几乎不使用低压储罐，但近年来新建的炼厂越来越多地开始使用低压储罐。低压储罐与常压储罐最大的区别是：储罐的设计标准不同、基础形式不同，低压罐的气相空间需要瓦斯气或惰性气体密封、气体空间需要与火炬系统相连。

压力储罐（pressurized storage tank）是指设计压力大于或等于0.1MPa（罐顶表压）的储罐。压力储罐属于压力容器（pressure vessels）范畴，其设计、制造、安装和使用应符合《固定式压力容器安全技术监察规程》要求。储存沸点低于45℃的甲B类液体宜选用压力或低压储罐。

压力容器是指同时具备下列条件的容器：

① 工作压力大于或者等于0.1MPa；工作压力是指压力容器在正常工作情况下，其顶部可能达到的最高压力（表压力）。

② 工作压力与容积的乘积大于或者等于2.5MPa·L；容积是指压力容器的几何容积，即由设计图样标注的尺寸计算（不考虑制造公差）并且圆整，一般应当扣除永久连接在压力容器内部内件的体积。

③ 盛装介质为气体、液化气体以及介质最高工作温度高于或者等于其标准沸点的液体；容器内介质为最高工作温度低于其标准沸点的液体时，如果气相空间的容积与工作压力的乘积大于或者等于2.5MPa·L，那么也属于压力容器。

压力容器包含压力储罐、换热器、反应器、加热炉等诸多符合上述规定的设备类型。

压力容器可依据设计压力（p）划分为低压、中压、高压和超高压四个压力等级。

① 低压（代号L）：$0.1\text{MPa} \leqslant p < 1.6\text{MPa}$；

② 中压（代号M）：$1.6\text{MPa} \leqslant p < 10.0\text{MPa}$；

③ 高压（号H）：$10.0\text{MPa} \leqslant p < 100.0\text{MPa}$；

④ 超高压（代号U）：$p \geqslant 100.0\text{MPa}$。

压力容器根据危险程度，可将压力容器划分为Ⅰ、Ⅱ、Ⅲ类。其中，Ⅲ类压力容器最为危险，超高压容器、低温容器、球罐为第Ⅲ类压力容器。

2. 按介质储存温度分类

储罐按介质储存温度可分为低温储罐（−90～−20℃）、常温储罐（−20～90℃）和高温储罐（90～250℃），本节讲述主要是指常温储罐。

3. 按储罐相对标高分类

按储罐相对标高区分，储罐可分为地上储罐、覆土储罐、半地下储罐和高架罐4种。

地上储罐（aboveg round tank）是在地面以上、露天建设的立式储罐和卧式储罐的统称，地上储罐是最常见的建设形式。地上储罐一般建设为罐底坐落在储罐基础上，基础顶面高于附近地坪20～50cm，以利排水的立式圆柱形钢制储罐。某些架设于矮支墩上的卧式罐也属于地上储罐。同其他储罐相比，地上储罐具有投资少、施工快、日常管理和维修比较方便等优点，但这类储罐的罐内温度受大气温度的影响大，不利于易挥发油品降低蒸发损耗和重质油品的加热保温，而且要求罐间的防火安全距离大，因而占地面积大。

覆土储罐（buried tank）是指采用直接覆土或罐池充沙（细土）方式埋设在地下，且罐内最高液面低于罐外4m范围内、地面的最低标高为0.2m的储罐，储罐顶板上覆土0.5～1m，包括覆土立式油罐和覆土卧式油罐。这类储罐多用于储存原油或渣油，它优点是隔热效果好，不仅受大气温度日变化的影响小，减少了油品蒸发损耗，而且对于需要加热的油品，也可以降低热能消耗；着火危险性小，即使着火也不易产生油品漫流而危及其他储罐；具有一定的对空隐蔽能力。它的缺点是造价高，施工期长，操作管理不便，泵的吸入条件较差，而且不宜于在地下水位较高的地区建造。由于这种储罐具有一定的对空隐蔽和防御能力，20世纪60年代，在我国强调战备的历史时期曾建造了不少这类储罐，但目前已很少建造。

半地下储罐是指罐底埋深不小于罐壁高度的一半，且罐内最高油面不高于油罐附近（周围4m范围内）地坪3m的油罐；其结构、适用油品和优缺点同地下罐类似。这类油罐实际上是地下罐的改型，以解决地下水位对罐高的限制。

高架罐系指罐内最低油面高出油罐附近地坪3～8m的油罐，这类油罐一般作为自流灌装汽车罐车或油桶的工艺罐。高架罐的罐型一般采用架设在支墩上的卧式钢油罐，目前已不再推荐使用。

4. 按罐体材质分类

按罐体材质分类，油罐可分为金属罐和非金属罐两大类。

非金属罐包括砖油罐、石砌油罐、钢筋混凝土油罐以及耐油橡胶制成的软体油罐、玻璃钢油罐、塑料油罐等。由于非金属罐不用钢材，或者可以大量节省钢材，20世纪50～60年代曾在我国大力推广，主要用来储存原油和重油，最大的矿场砖砌原油罐的储油容量达40000m^3。砖、石、钢筋混凝土等非金属罐除能节约钢材外，由于罐壁厚、材料热导率低，因而储存热油时热损失小，可以节约热能；储存原油时油罐气体空间温度日变化小，可以降低油罐的小呼吸损耗。非金属罐刚度大，承受外压能力强，特别适宜建成地下罐或半地下罐，有利于对空隐蔽。其缺点是，由于非金属材料砌体的抗拉强度低，因此油罐不宜太高，只能靠增加截面积扩充容量，因而占地面积大、造价高，而且不容易清罐和检修；尤其是事故隐患大、危险性大，现已逐渐被淘汰。

耐油橡胶等其他材质的油罐，一般容量都较小，易于搬迁和运输，常用于军队的野战油库。

金属罐是用钢板焊接的薄壳容器，是使用最广泛的储油容器；它具有安全可靠、耐用、不渗漏、施工方便、适应性强、投资少、见效快、适宜储存各类化工液体等优点。因此，目前全球储罐以钢制焊接储罐为主。

5. 按照外形分类

金属储罐按照其外形，可分为立式圆筒形钢制储罐、卧式圆筒形钢制储罐和特殊形状罐三大类，每一种类型中又可根据其结构特征细分为若干种。

立式圆筒形储罐是一种应用范围最广的储罐；它的承压能力很低，大部分属于常压储罐。

各种立式圆筒形储罐的罐底与罐壁基本相同，它们的区别主要是罐顶及其支撑结构不同；按照罐顶形式不同将立式圆筒形储罐分为固定顶储罐、浮动顶储罐和活动顶储罐，但目前已很少采用活动顶储罐。

(1) 固定顶储罐

固定顶储罐（fixed roof tank）是指罐顶周边与罐壁顶部固定连接的储罐。依据罐顶形式又可分为拱顶罐、锥顶罐和伞形顶储罐等。

拱顶储罐罐顶形状为球面形，荷载仅靠罐壁周边支撑。在立式圆筒形储罐中，承压能力最大的是拱顶罐，其设计内压一般为2kPa（200mmH_2O）和－0.5kPa（－50mmH_2O）。我国目前常用的是拱顶罐。

锥顶储罐（cone roof tank）罐顶呈圆锥体形；按支撑条件的不同，可分为自支撑、柱支撑、桁架支撑等几种。桁架式锥顶和柱支撑锥顶在国内很少使用，但国外普遍使用柱支撑锥顶而较少使用拱顶。

伞形顶储罐罐顶是拱顶的变种，其任何水平截面都具有规则的多边形；罐顶荷载靠伞顶支撑于罐壁上，其强度接近于拱形顶，但安装较容易，这是因为伞形板仅在一个方向弯曲。这类罐在美国、日本应用较多，在我国很少采用。

(2) 浮动顶储罐

浮动顶储罐（floating roof tank）是指具有随液面变化而上下升降的罐顶的储罐，包括外浮顶罐和内浮顶罐。在敞口储罐内的浮顶称外浮顶（external floating roof）；在固定顶储罐内的浮顶称内浮顶（internal floating roof）。不特别指出时，浮顶储罐指外浮顶储罐。浮顶主要有以下形式。

① 单盘式浮顶：浮顶周圈设环形密封舱，中间为单层盘板；

② 双盘式浮顶：整个浮顶均由隔舱构成；

③ 敞口隔舱式浮顶：浮顶周圈设环形敞口隔舱，中间仅为单层盘板，此形式仅适用于内浮顶；

④ 浮筒式浮顶：盘板与液面不接触，由浮筒提供浮力，此形式仅适用于内浮顶。

外浮顶罐的罐顶是漂浮在油面上并随油面变化而升降的，浮顶与罐壁之间用安装在浮顶周圈的密封材料密封。由于这种罐的油面上几乎不存在可供油品蒸发的气体空间，因而收到了极好的降低油品蒸发损耗的效果，目前已成为储存原油等易挥发油品的首选罐型。但是，当油面降低时油罐内壁直接暴露在大气中，很容易使油品受到风沙、雨雪的污染。内浮顶罐则是针对这一缺陷提出的，它兼有固定顶罐和浮顶罐的优点，适于储存品质要求较高的航空汽油、喷气燃料溶剂油、车用汽油等。

(3) 特形罐

特形罐包括球罐、滴状罐、多折滴状罐和顶底球形圆柱罐等形式；其共同特点是承压能力高，一般作为压力储罐使用。目前，石化行业主要使用的是球罐。卧式圆柱形储罐和球罐将在后面讲解。

三、立式圆筒形钢制储罐

立式圆筒形钢储罐因其圆筒形罐体垂直于地面而得名，它由罐底、罐壁和罐顶及一些储罐附件组成，是应用最广的常压储罐。目前，国内最常见的是拱顶储罐、浮顶储罐和内浮顶储罐；这三种罐的基础、罐底和罐壁大体相同，区别主要在于罐顶和储罐附件。

立式圆筒形钢制储罐容量从 100～200000m^3 形成产品系列分布，但不管容量大小或罐顶结构形式如何，其罐底、罐基础和罐壁结构大体相同。

1. 储罐基础

储罐基础是将罐体自重和油品荷载均匀传递给土壤的中间层。罐基础的设计应满足地基承载力及变形要求，建造立式金属储罐的地基最大承载能力应根据储罐高度确定，一般为 117～176kPa；地下水位应低于基槽面 300mm；储罐的位置应尽量避开在同一储罐底有地质状况不均匀的情况，若必须选在有土质不均的地方时，一定要对地基进行加固处理。

储罐基础的类型包括：钢筋混凝土环梁基础、碎石环梁基础、外环梁式基础、护坡式无环梁砂石垫层基础、桩基础等。对于大型浮顶油罐以及建设用地受到限制的情况，宜采用钢筋混凝土环梁基础。目前，储罐基础以钢筋混凝土环梁基础为主。

钢筋混凝土环梁基础（图 2-1）应符合下列规定：

① 环梁厚度不应小于 300mm；环梁直径（中径）应等于油罐的内径；环梁的埋置深度不宜小于 0.6m，并应考虑基础的冻胀性。

② 环梁应能承受温差，回填材料、罐体及储液自重，风荷载以及地震作用。

③ 环梁环向受力钢筋的截面最小总配筋率不应小于 0.4%，且应按环梁的全截面面积计算；环梁每侧竖向钢筋的最小配筋率不应小于 0.15%。

④ 储罐基础应有适当的排水和罐底泄漏检查措施。

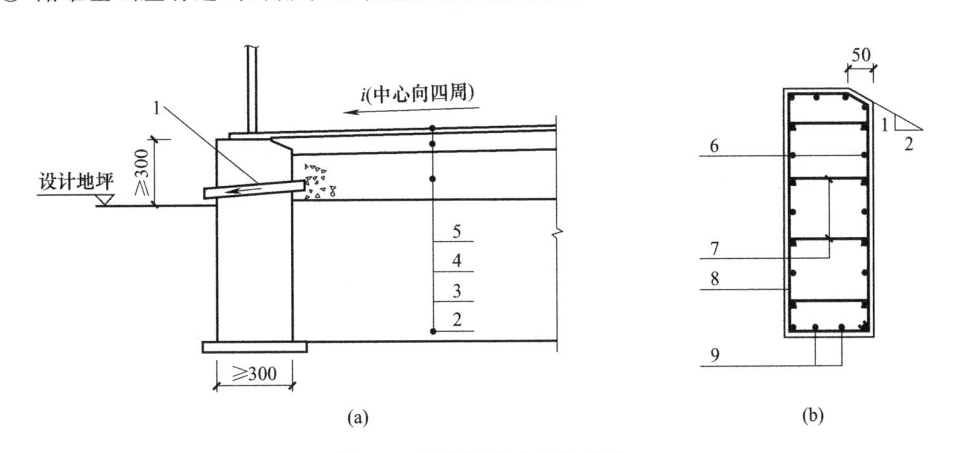

图 2-1　钢筋混凝土环梁基础

1—泄漏管；2—填料层；3—砂石垫层；4—沥青砂垫层；5—罐底板；
6—环向钢筋；7—拉结钢筋；8—竖向钢筋；9—附加环向钢筋

一般地上储罐基础都有四个构造层，从下至上依次为素土层、灰土层、砂垫层和沥青砂垫层。

回填素土应逐层回填、夯实而成；灰土层是以 3∶7 的灰土铺平夯实，用以增强罐基的稳定性；砂垫层为中粗砂，厚度不低于 250mm，可起防潮和保持罐基水平的作用。

基础顶部应采用沥青砂垫层，厚度不应小于 100mm，要求表面平整、符合设计坡度、护坡完整。当罐内储存介质温度高于 90℃时，与罐底接触的基础表面应采用满足隔热要求的材料。

2. 底板

正常情况下，储罐底板仅起传递油品和罐体作用下的重力作用，故一般底板厚度在 5～12mm。

储罐底板由钢板铺设焊接而成，其外表面与基础接触，容易受潮，内表面又经常接触油品中沉积的水分和杂质，因此底板容易受到腐蚀；再加之底板不易检查和修理，所以要求罐底板焊接后无渗漏，防腐措施要好。

为防油品计量时量油尺尺铊对底板损蚀，目前新建储罐一般在量油孔的正下方铺设一块 5mm×500mm×500mm 的钢板，它还可起到计量基准板的作用。

底板一般有两种结构形式，如图 2-2 所示。图中，罐底板的中间部分称中幅板，边缘的部分称边缘板。当储罐直径 $D<12.5$m 时，一般采用矩形中幅板和弓形边缘板组成的排列形式，见图 2-2（a）；当 $D\geqslant 12.5$m 时，采用周边为弓形边缘板组成的排列形式，见图 2-2（b）。罐底板可采用搭接、对接或二者的组合，较厚板宜选用对接。采用搭接时，中幅板之间的搭接宽度宜为 5 倍板厚，且实际搭接宽度不应小于 25mm；中幅板宜搭接在环形边缘板的上面，实际搭接宽度不应小于 60mm。采用对接时，焊缝下面应设厚度不小于 4mm 的垫板，垫板应与罐底板贴紧并定位。板之间采用对接焊形式。

需要注意的是罐底边缘板与罐壁之间的连接。由于该部位储罐所受的剪应力最大，故该部位的焊接质量十分重要。底圈罐壁板与边缘板之间的 T 形接头应采用连续焊。罐壁外侧焊脚尺寸及罐壁内侧竖向焊脚尺寸应等于底圈罐壁板和边缘板两者中较薄件的厚度，且不应大于 13mm；罐壁内侧的焊缝沿径向的尺寸宜取 1.0～1.35 倍的边缘板厚度。

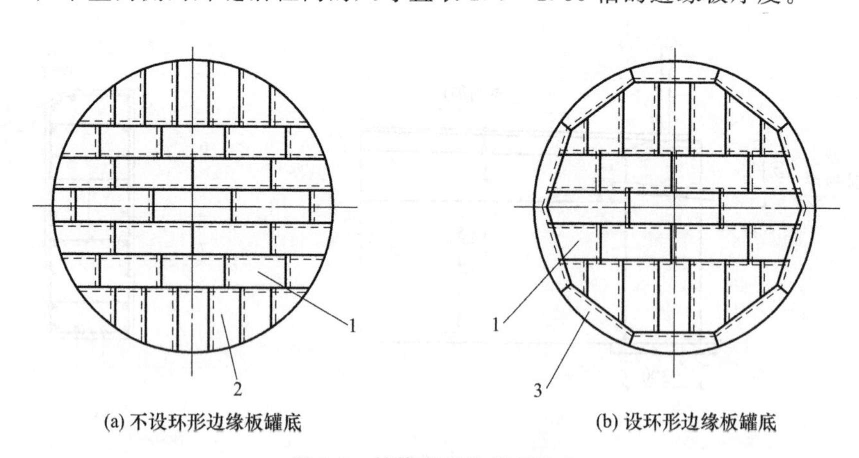

(a) 不设环形边缘板罐底　　(b) 设环形边缘板罐底

图 2-2　储罐底板的排列形式

1—中幅板；2—非环形边缘板；3—环形边缘板

3. 罐壁

（1）罐壁结构

罐壁是由若干层圈板组焊而成的，每层圈板上的竖直焊缝均采用对接形式；圈板与圈板之间的环向焊缝则根据使用要求可以对接，亦可搭接。上、下圈板之间的排列方式有交互式、套筒式、对接式和混合式，如图 2-3 所示。

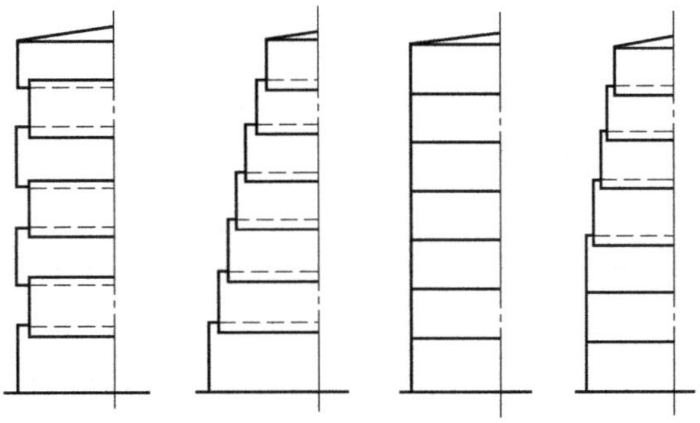

交互式过去用于铆接储罐，由于安装不方便，现在已极少使用，只是在具有相同球缺形顶、底的立式圆筒形储罐才采用这种方法，以便顶、底具有同样的直径并便于下料和施工。大型卧式罐也采用这种形式。

(a) 交互式　(b) 套筒式　(c) 对接式　(d) 混合式

图 2-3　立式圆筒形金属储罐圈板配置图

套筒式是把上面圈板伸入到下面圈板里面，圈板的环向焊缝采用搭接，这样使得横焊位变成平焊位，罐圈板直径越往上越小。套筒式施工方便，焊接质量容易保证，所以应用最广泛，一般用于中小容量的拱顶罐。

对接式是上下圈板之间的环向焊缝用对接，使整个储罐的上下直径一致，故浮顶罐和内浮顶罐为了浮顶的自由升降一般采用对接式。但对接式对施工要求较高，以保持浮顶上下运动时具有相同的密封间隙。

混合式是下面几圈采用对接式，上面用套筒式。大型立式油罐如果不是浮顶罐，下部厚度大于 16mm 的圈板之间也采用对接，以保证焊接质量；而上部较薄的圈板仍可采用套筒式搭接，这样就变成了对接-搭接的混合式连接。

罐壁相邻两圈壁板的纵向接头应相互错开，距离不应小于 300mm；上圈壁板厚度不应大于下圈壁板厚度；罐壁板的纵环焊缝应采用对接，内表面对齐。

(2) 罐壁厚度的计算

GB 50341—2014 规定，当油罐直径小于或等于 60m 时，宜采用定设计点法；当油罐直径大于 60m 时，宜采用变设计点法，这里只介绍定点法。

罐壁受到液体对其产生的环向拉应力，液体深度越大，环向拉应力越大，则每层圈板最大受力点出现在下沿。但是由于焊缝的强化作用，圈板的最危险点并不在下沿，而是向上移动。大量理论与实践证明，当储罐直径不是太大的时候，每层圈板的最危险点大约在下沿向上 0.3m (1ft) 处。因此以此处作为基准进行强度计算，则整层圈板满足强度要求。这个方法叫作定点法，也叫 0.3m 法或 1f 法。

当采用定设计点法时，罐壁厚度应按下列公式计算：

$$t_d=\frac{4.9D(H-0.3)\rho}{[\sigma]_d\varphi} \tag{2-1}$$

$$t_t=\frac{4.9D(H-0.3)\rho}{[\sigma]_t\varphi} \tag{2-2}$$

式中　t_d——设计条件下罐壁板的计算厚度，mm；

t_t——试水条件下罐壁板的计算厚度，mm；

D——油罐内径，m；

H——计算液位高度，指从所计算的那圈罐壁板底端到罐壁包边角钢顶部的高度，或到溢流口下沿（有溢流口时）的高度，或到采取有效措施限定的设计液位高度，m；

ρ——储液相对密度；

$[\sigma]_d$——设计温度下钢板的许用应力，MPa；

$[\sigma]_t$——试水条件下钢板的许用应力，20℃时钢板的许用应力，MPa；

φ——焊接接头系数，底圈罐壁板取 0.85，其他各圈罐壁板取 0.9。

罐壁厚度依据强度进行计算得到，但同时还需满足表 2-3 罐壁板的最小名义厚度规定。

表 2-3　罐壁板的最小名义厚度

油罐内径/m	罐壁板的最小名义厚度/mm
$D<15$	5
$15\leqslant D<36$	6
$36\leqslant D\leqslant 60$	8
$60<D\leqslant 75$	10
$D>75$	12

(3) 罐壁加强部件

储罐罐壁属于薄壳结构，为了提高其刚度，还设计有包边角钢、抗风圈等部件。

① 包边角钢。储罐罐壁上端应设置包边角钢。包边角钢与罐壁的连接可采用全焊透对接结构或搭接结构；包边角钢自身的对接焊缝应全焊透；浮顶油罐罐壁包边角钢的水平肢应设置在罐壁外侧；包边角钢尺寸最小为 50mm×5mm，最大为 90mm×10mm。

② 抗风圈（wind girder）。当敞顶罐（在我国主要是外浮顶罐）承受风载荷时，应设置抗风圈来保持圆度。抗风圈应当位于或靠近顶层罐壁的上部，最好是在罐壁的外侧；设置位置宜在离罐壁上端 1m 的水平面上。当设置一道顶部抗风圈不能满足要求时，可设置多道，叫做中间抗风圈。抗风圈的外周边缘可以是圆形的，也可以是多边形的。当抗风圈兼作走道时，其最小净宽度不应小于 650mm（API 650 规定为 24in，约 600mm），抗风圈上表面不得存在影响行走的障碍物。抗风圈结构形式（图 2-4）可采用钢板、型钢或两者组合焊接而

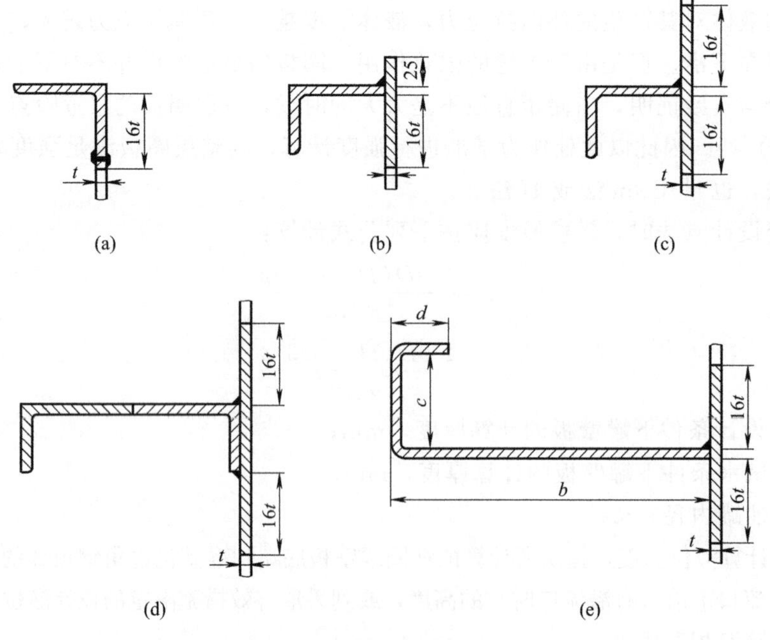

图 2-4　抗风圈截面结构形式

成；钢板最小名义厚度应为5mm，角钢的最小规格应为63mm×6mm，槽钢的最小规格应为160mm×60mm×6.5mm。抗风圈上可能聚积液体时，应当有足够多的排水孔。

将抗风圈连接到罐壁上的焊缝可以和罐壁上的纵向焊缝交叉；抗风圈中的任何拼接缝离开罐壁上的任何纵向焊缝的距离应至少为150mm（6in）。在抗风圈和储罐的纵向焊缝交叉处，抗风圈上可开豁口（鼠孔）；如果使用开豁口（鼠孔）的方法，则必须维持抗风圈所需要的截面模量和焊缝间距。

当盘梯穿过抗风圈时，抗风圈应开设盘梯洞口；开口处任意截面的截面模量不应小于顶部抗风圈、中间抗风圈各自最小截面模量的规定。

顶部抗风圈还设置垂直支撑。支撑间距应满足顶部抗风圈上活动荷载及静荷载的要求，且支撑间距不应超过顶部抗风圈外侧边缘构件竖向尺寸的24倍；顶部抗风圈外侧及盘梯洞口无防护侧还应设置栏杆，保护人员在通道行走安全。

四、储罐的选用

储罐应地上露天设置，有特殊要求的可采取埋地方式设置。地上储罐是最常用的储罐，从建造成本、维护等方面考虑，地上储罐应采用钢制储罐。为了保证介质数量和质量管理，在实际设计中应根据储存介质蒸气压、闪点、沸点等特性选用储罐类型，并采用一些相应的储罐附件。储罐选用要求如下：

① 易燃和可燃液体储罐应采用钢制储罐。

② 液化烃等甲A类液体的储存方式包括全压力式、半冷冻式和全冷冻式。全压力式储存方式是指在常温和较高压力下储存液化烃或其他类似可燃液体的方式；半冷冻式储存方式是指在较低温度和较低压力下储存液化烃或其他类似可燃液体的方式；全冷冻式储存方式是指在低温和常压下储存液化烃或其他类似可燃液体的方式。三者的选择取决于介质沸点、临界温度、临界压力以及经济性。

全压力式与半冷冻式储存应选用压力储罐，全冷冻式储存选用低温储罐。

③ 储存沸点低于45℃或37.8℃时的饱和蒸气压大于88kPa的甲B类液体，应采用压力储罐、低压储罐或低温常压储罐，并应符合下列规定：

a. 选用压力储罐或低压储罐时，应采取防止空气进入罐内的措施，并应密闭回收处理罐内排出的气体。

b. 选用低温常压储罐时，应采取下列措施之一：

• 选用内浮顶储罐，应设置氮气密封保护系统，并应控制储存温度使液体蒸气压不大于88kPa；

• 选用固定顶储罐，应设置氮气密封保护系统，并应控制储存温度低于液体闪点5℃及以下。

④ 储存沸点不低于45℃或在37.8℃时的饱和蒸气压不大于88kPa的甲B、乙A类液体化工品和轻石脑油，应采用外浮顶储罐或内浮顶储罐；有特殊储存需要时，可采用容量小于或等于10000m^3的固定顶储罐、低压储罐或容量不大于100m^3的卧式储罐，但应采取下列措施之一：

a. 应设置氮气密封保护系统，并应密闭回收处理罐内排出的气体；

b. 应设置氮气密封保护系统，并应控制储存温度低于液体闪点5℃及以下。

⑤ 储存甲B、乙A类原油和成品油，应采用外浮顶储罐、内浮顶储罐和卧式储罐；3号喷气燃料的最高储存温度低于油品闪点5℃及以下时，可采用容量小于或等于10000m³ 的固定顶储罐。

当采用卧式储罐储存甲B、乙A类油品时，储存甲B类油品卧式储罐的单罐容量不应大于100m³，储存乙A类油品卧式储罐的单罐容量不应大于200m³。

⑥ 储存乙B类和丙类液体，可采用固定顶储罐和卧式储罐。

⑦ 容量小于或等于100m³ 的储罐，可选用卧式储罐。

⑧ 浮顶储罐应选用钢制单盘式或双盘式浮顶。

另外，GB 31570—2015《石油炼制工业污染物排放标准》规定，储存真实蒸气压≥76.6kPa的挥发性有机液体应采用压力储罐（规范中没有明确对应的温度）；储存真实蒸气压≥5.2kPa但<27.6kPa、设计容积≥150m³ 的挥发性有机液体储罐以及储存真实蒸气压≥27.6kPa但<76.6kPa、设计容积≥75m³ 的挥发性有机液体储罐应符合下列规定之一。

a. 采用内浮顶罐：内浮顶罐的浮盘与罐壁之间应采用充液管式、机械式鞋形、双封式等高效密封方式。

b. 采用外浮顶罐：外浮顶罐的浮盘与罐壁之间应采用双封式密封，且一次密封采用充液管式、机械式鞋形等高效密封方式。

c. 采用固定顶罐：安装密闭排气系统至有机废气回收或处理装置。

五、立式圆筒形油罐容量

油罐容量在实际应用有3种情况，见图2-5。

1. 名义容量

它是油罐的理论容量，在设计油罐时，是以名义容量来选择油罐的高度和直径的。我们平时所称的3000m³ 油罐或5000m³ 油罐，该容量即为名义容量。名义容量是设计依据，也是方便人们之间相互交流的公称容量。

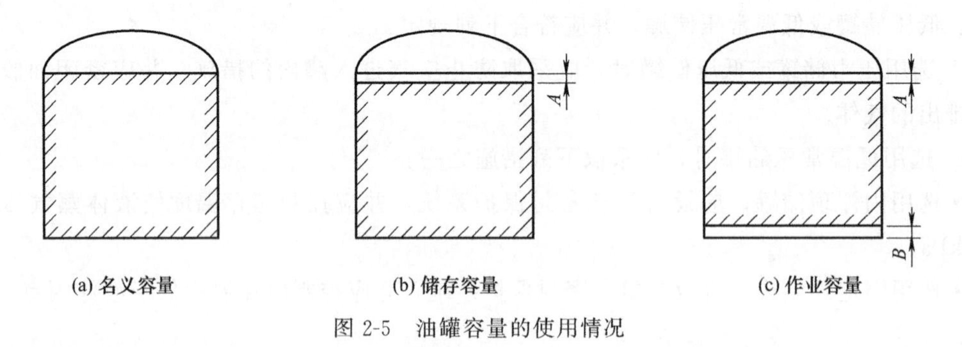

图2-5　油罐容量的使用情况

2. 储存容量

即油罐的实际容量。一般油罐都有一个安全容量，油罐上部留有一定的空间，其高度为A，A一般是根据油罐结构及罐壁上部的附件（如泡沫发生器，罐壁通气孔等）位置、消防要求和考虑油品热胀冷缩等因素决定的。另外，如果罐底有加热器等设备，也将占去一定量的空间，这些部分不能装油。储存容量可以理解为，新罐或清洗检修后第一次进油的容量。

3. 作业容量

油罐使用时，为了使油罐下部的沉降水和杂质不被发出，以保证油品质量，进出油管一般高出罐底（一般下沿高出罐底 300mm）。同时为了防止油泵抽空，进出油管以上大约 200mm 油品也不能发出。这些罐底不能发出的油品通常称“死量”，其高度为 B。该容量通常是油库计量员、司泵员等所必须掌握的，以便合理调度和安全收发。作业容量可以理解为，正常收发作业时的油罐进出油量。

六、卧式圆筒（柱）形钢油罐

卧式圆筒（柱）形钢油罐（horizontal tank）简称卧罐。其优点是：能承受较高的正压和负压，有利于减少油品蒸发损耗；可在工厂成批制造，然后直接运往工地安装，便于搬运和拆迁，机动性较大。卧式圆柱形钢油罐的缺点是：单位容积耗用的钢材多，一般为 40～50kg/m^3，高出立式圆筒形储罐一倍多；罐的单体容积小（一般小于 100m^3），在总储量一定的情况下，油罐个数较多，因而占地总面积大。

1. 卧罐的基本结构和类型

卧罐由筒体、封头、各类用途的接管、支座和加强构件等组成。图 2-6 是一座 5m^3 卧式油罐。鞍座是卧式容器中用得最广泛的支座形式。鞍座的结构与尺寸，除特殊情况需另行设计外，一般可根据设备的公称直径选用标准形式。

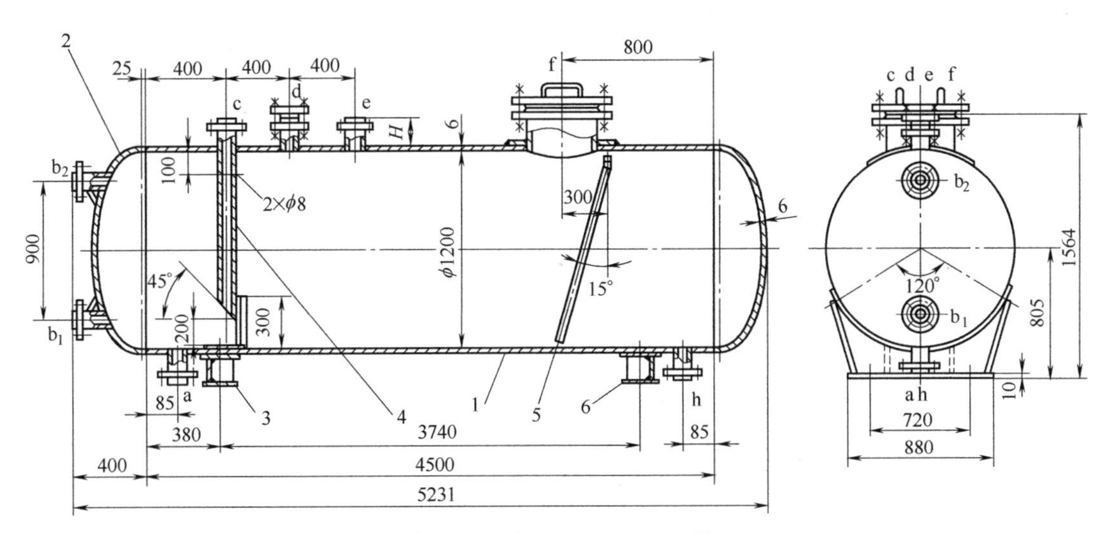

图 2-6 5m^3 卧式圆柱形钢油罐

a—出油口；b_1,b_2—液面计口；c—进油口；d—备用口；e—排气口；f—人孔；h—放净口；

1—筒体；2—封头；3,6—鞍座；4—进油管；5—内部斜梯

封头（head）用来封闭筒体两端开口的钢板，可以采用弧形、圆台形、圆锥形、球缺形、半椭球形、平面形等 6 种形状（图 2-7）。

根据实际需要，卧式油罐可以设计成承受不同压力的各种结构。我国设计制造的卧式罐，承受内压的能力为 0.001～4MPa。高压卧式罐用于储存液化气或蒸发性很强的化工产品，一般采用椭圆形封头。用于储油的卧式罐，承压一般不超过 0.2MPa。100m^3 以上的卧式罐，由于尺寸太大，不便运输，一般只能在现场焊接安装，因此应用较少。100m^3 卧式罐直径 3m 左右，长 14m 左右，可用火车运输。油库常用 100m^3 以下的卧式罐。

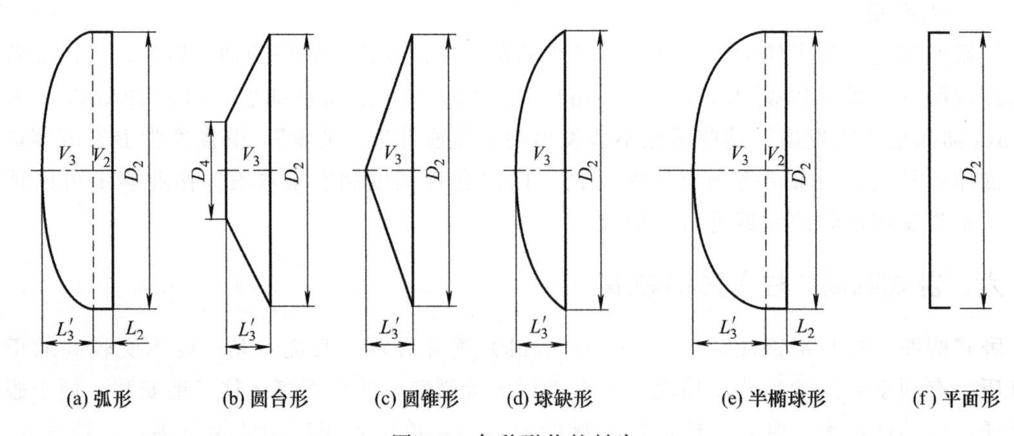

图 2-7 各种形状的封头

L_2—封头直边长；L'_3—封头外长；V_2—封头直边容积；V_3—封头容积；

D_2—封头直边内直径；D_4—圆台形封头小圆内直径

卧式油罐常用于小型分配油库、农村油库、城市加油站、部队野战油库或企业附属油库；在大型油库也常用作附属油罐，如放空罐和计量罐。卧式罐还常被用来储存润滑油，这是因为润滑油往往品种多、数量少，适宜用容积小的卧式罐储存。

卧式油罐的环向焊缝采用对接式或搭接式。小型卧罐一般采用对接形式，大型卧罐一般采用搭接形式，罐圈交互式排列，并取单数，使两个头盖直径相同。卧罐的纵向焊缝均为对接式。

卧式罐壁厚应根据它工作时可能承受的最大压力进行计算，必要时在内壁焊接加强环。如果卧式罐埋于地下，则不论工作时承受多大内压，都必须设置角钢加强环，以保持外压作用下的稳定。

2. 卧罐的安装与应用

卧罐安装有两种形式，分别为地上安装与地下安装。地上卧罐一般常用两个高架支座平支撑，支座用钢筋混凝土或砖石做成，上部呈鞍马形；支座的厚度通过计算确定，一般不小于 30cm。地上卧罐常用于油库自流发油、自流装车和真空罐等。

地下（或半地下）卧罐先建造地下罐室；罐室应做好地下水防渗工程，并做好防静电接地。卧罐应尽量放在地下水位以上，油罐应有防腐措施，通常是涂沥青防腐层；若卧罐要埋入地下水位以下，应有抗浮措施，以防止空罐时浮起。依据最新的国家标准，地罐必须采用双层罐体，以防止罐体破损，造成油品渗漏、土壤污染。在油库安装地下卧罐一般用作输油系统的放空罐。另外，地下卧罐还大量用于加油站。

七、球形储罐

1. 球罐用途

球形容器在石油、化工、冶金、城市煤气等工业领域被广泛应用于储存物料；在原子能发电站作核安全壳；在造纸厂用作蒸煮器；在化工行业作反应器等。我们把用于储存液体和气体物料的球形容器称为球形储罐，简称球罐。球罐是特形罐中唯一应用广泛的储罐。

同圆柱形油罐相比较，球罐的优点是：当二者容积相同时，其表面积最小；当压力和直径相同时，其壁厚仅为圆柱形罐的一半左右；当直径和壁厚相同时，其承压能力约为圆柱形罐的两倍，因而它可以大量节约钢材；减少占地面积；适于制作中、低压容器，以便采取密闭储存方式，消除油品蒸发损耗。但球罐壳体为双向曲面，现场组装比较困难，不容易对中，常因错边和角变形而引起局部应力集中，而且施焊时需要全方位焊接，劳动条件差，对焊工的技术要求高，制造成本高，因而它又不可能全部取代圆柱形罐。在储运系统中，球罐广泛用于储存液化石油气、丙烷、丙烯、1-丁烯、丁二烯及其他低沸点石油化工原料和产品。

依据储存介质的温度不同，球罐可以分为常温球罐和低温球罐。液化石油气、丙烯、1-丁烯、丁二烯一般用常温球罐储存，乙烯通常采用低温球罐储存（半冷冻储存）。

球罐的设计压力主要取决于温度下储液的饱和蒸气压，而适于储存的介质又很多，其物性各不相同，因而球罐的设计压力可在很大的范围内变化，一般为0.45～3.0MPa。球罐的单体容量取决于业务要求及技术经济分析，一般为120～3000m^3，常用容量为400m^3、1000m^3、2000m^3和3000m^3（直径约18m）。目前，我国的最大球罐直径为55m（容积为87000m^3）。大型球形容器通常是在现场进行组焊，由于施工现场条件和环境的限制，要求现场组焊应有更可靠的工艺和较高的技术水平。在运输条件许可的情况下，200m^3内的球形容器也可在厂内制造。

球罐设计压力一般取为工作压力（对于液化烃球罐，工作压力为最高设计温度对应的饱和蒸气压）的1.1倍，液压试验压力取为设计压力的1.25倍。罐体材质按照最低设计温度选取。

2. 球罐结构

球罐是由球壳、支柱及其附件组成的，如图2-8所示。

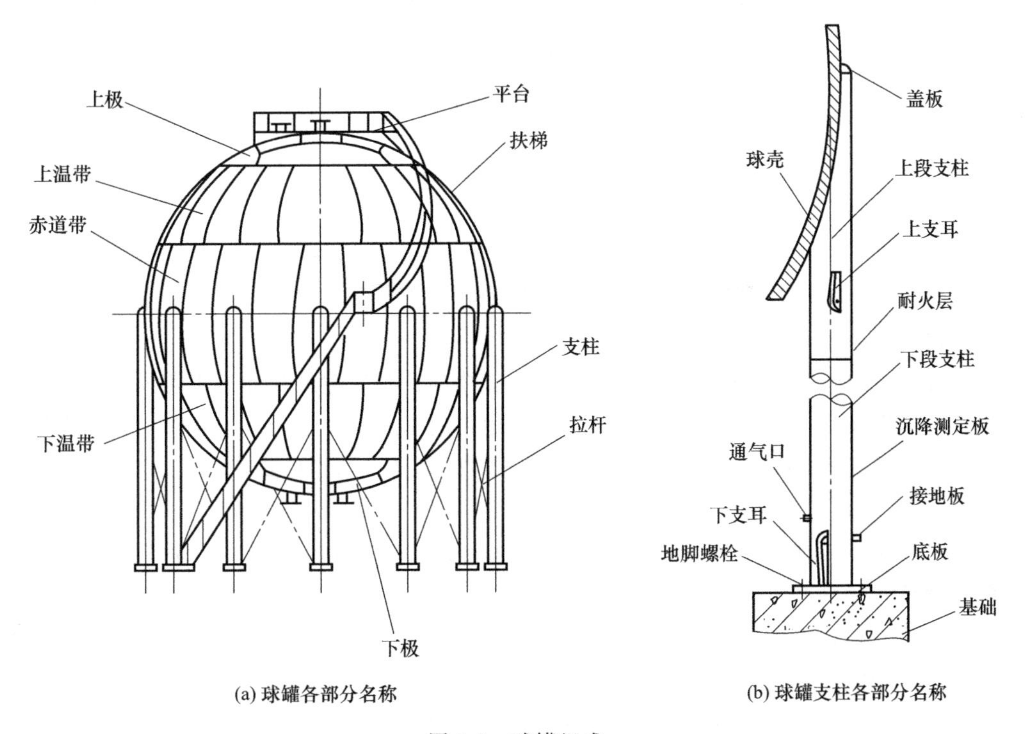

(a) 球罐各部分名称

(b) 球罐支柱各部分名称

图2-8　球罐组成

球壳是球罐的主体，它由许多块在工厂预制成一定形状的钢板（即球瓣）在现场组装、焊接而成。球壳常用的分瓣方式有橘瓣式和混合式两种，参照地球温度分带，将球罐分为三带到七带，如图 2-9 所示。

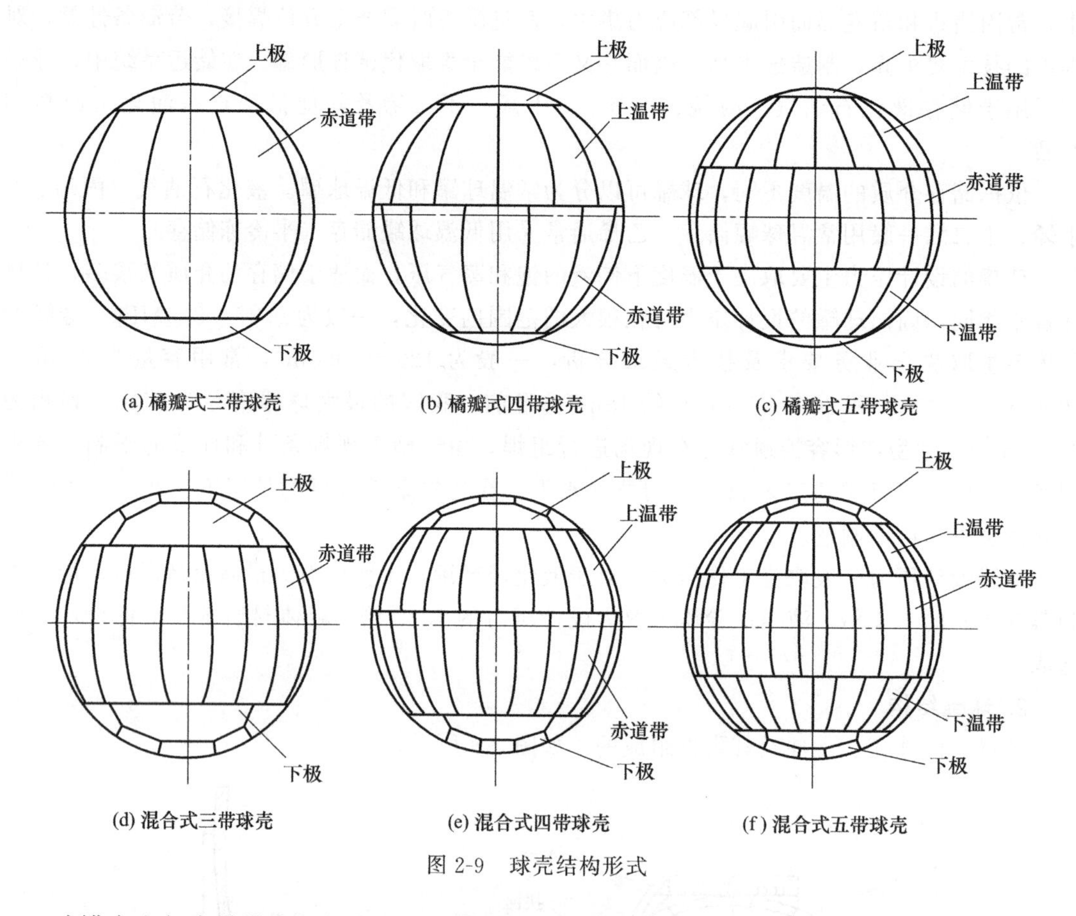

图 2-9 球壳结构形式

球罐支座与赤道带成正切支承，赤道瓣数为支柱数的两倍或其他整数倍，以有利于支柱与球瓣焊缝错开布置；该结构受力均匀，焊缝质量易于保证。

混合式球壳其赤道带是橘瓣形，上、下极采用足球瓣式瓣片，这种球壳比橘瓣式球壳瓣片少、焊缝短、材料利用率高。另外，赤道带为橘瓣式，适合于支柱焊接，球壳应力分布较为均匀，常用于大型球形容器的设计中。

支柱与球壳的连接为赤道正切或相割形式。其中应用最普遍的是赤道正切式支柱，每根支柱有各自独立的基础，它们对球壳的支承点在赤道带的水平球径上，并与壳体相切；支柱与球壳连接处可采用直接连接结构形式［图 2-10 (a)］、U 形托板结构形式［图 2-10 (b)］、长圆形结构形式［图 2-10 (c)］。

支柱应采用钢管或钢板卷制，下段支柱应整根交货；支柱拼接接头应全焊透，可采用沿焊缝根部全长有紧贴基本金属垫板的对接接头；支柱顶部应设有球形或椭圆形的防雨盖板；支柱应设置通气口，对储存易爆介质及液化石油气的球罐，还应设置耐火层，支柱底板中心应设置通孔，如图 2-11 所示。支柱间有拉杆，以增强其稳定性。支柱的高度应根据球罐底到地面的距离不小于 1.5m 确定；拉杆结构有可调式和固定式两种。可调式拉杆的立体交叉处不得相焊，见图 2-12 (a)；固定式拉杆的交叉处采用十字相焊或与固定板相焊，见

图 2-12（b）。

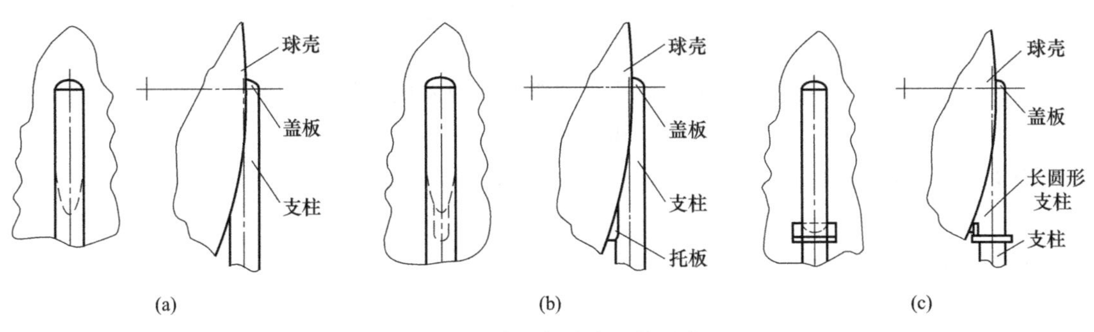

图 2-10 支柱与球壳连接形式

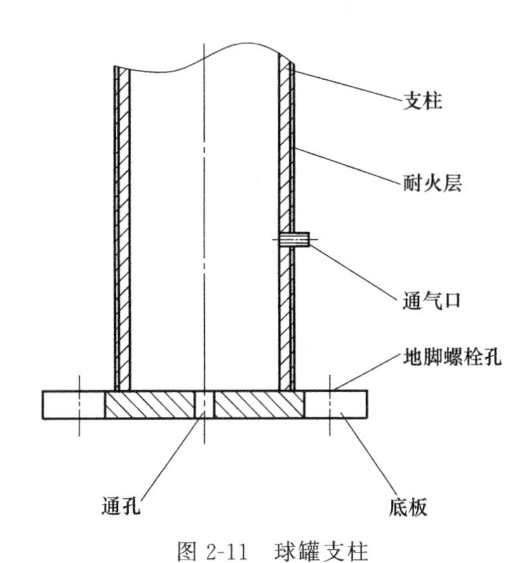

图 2-11 球罐支柱

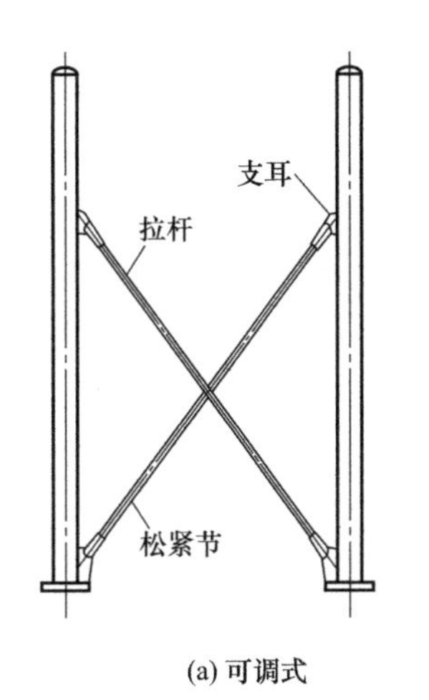

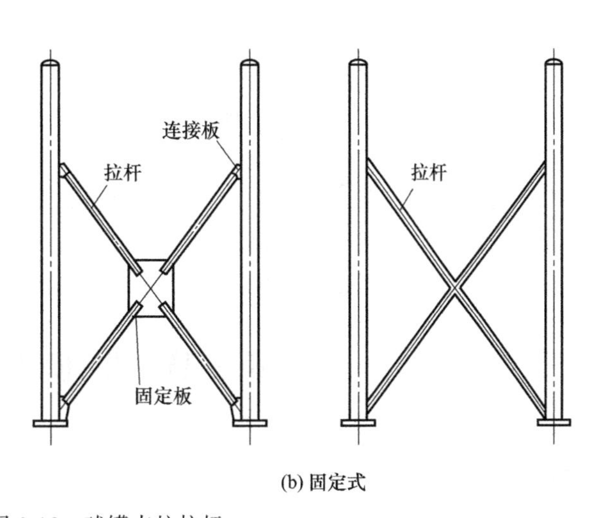

图 2-12 球罐支柱拉杆

球罐的附件主要包括平台、人孔、接管、冷却水喷淋装置、隔热和保冷设施、安全附件和各类仪表等。

(1) 平台

一般球罐设置顶部平台和中间平台，顶部平台是工艺操作平台。

(2) 人孔

人孔是为了操作人员进出球罐进行检验和维修而设置的，同时也用于现场组装焊接球罐时进行焊后整体热处理、进风、燃烧口和烟气排出等。球壳上、下极板应各设置一个公称直径不小于500mm的人孔。

(3) 接管

球罐附带多个接管，用于安装物料进出管线、仪表（如液位、压力、温度等）、安全附件（安全阀、爆破片等）等。

(4) 冷却水喷淋装置

该装置的作用是本罐或相邻罐着火时，淋水降温以防火灾蔓延。冷却水喷淋管一般是围绕储罐顶圈壁板设计为两个半圆环状或4个1/4圆环状。球罐上装设水喷淋装置是为了储存的液化石油气、可燃气体和毒性气体的隔热需要，同时也可起消防保护作用。

(5) 隔热和保冷设施

隔热和保冷设施一般是为了保证储存介质的一定温度。储存液化石油气、可燃性气体和液化气及有毒气体的球罐和支柱，应该设置隔热设施；球罐储存低温物料（如乙烯、液氨等）时应设保冷装置。

(6) 紧急切断阀

液化烃球罐底部的液相进出口管线应设置紧急切断阀，紧急切断阀应与储罐高液位报警联锁，用于防止物料溢罐。紧急切断阀的作用是，当罐区内发生火灾、泄漏等事故时能够快速切断和隔离易燃及有毒物料。

从紧急切断阀到球罐管口之间除了接管外不得安装任何其他管件或阀门。紧急切断阀应具有热动、自动和手动关闭功能，手动关闭功能应包括控制室遥控手动关闭及现场手动关闭。

(7) 安全阀

球形储罐应设置安全阀，以防止超压产生物理性爆炸。安全阀的开启压力（定压）不得大于球形储罐的设计压力。液化烃球形储罐应设置全启式安全阀，安全阀应安装在液化烃球形储罐的气相空间。

对于液化烃球形储罐，安全阀出口管应接至火炬系统，当受条件限制时，可就地排入大气，但其排放管口应高出相邻最高平台或建筑物顶3m以上；当排放量较大时，应引至安全地点排放。对排放管应考虑适当的支撑，并设置防雨帽和排液口。

第三节 拱顶储罐

一、拱顶储罐的基本结构

拱顶罐是我国石油和化工各个部门广泛采用的一种储罐结构形式，也是最为经济的一种储罐。拱顶罐与相同容积的锥顶罐相比较耗钢量少，能承受较高的剩余压力，有利于减少储液蒸发损耗，但罐顶的制造施工较复杂；其基本结构由罐壁、罐顶、罐底及储罐附件组成，图2-13是某拱顶储罐罐体基本结构图。

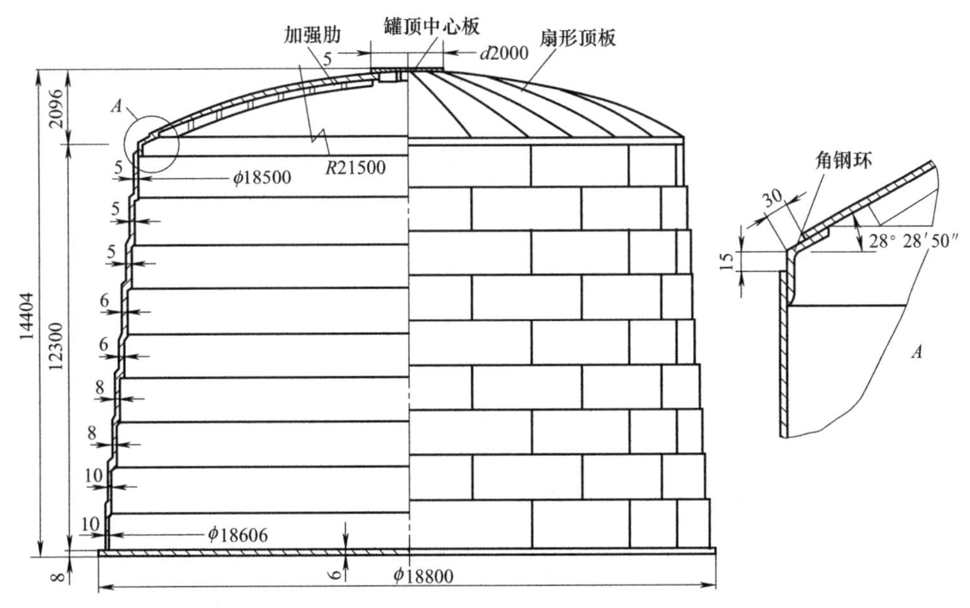

图 2-13 某拱顶储罐罐体基本结构图

拱顶储罐的罐壁圈板纵向焊缝一般为对接式，环向焊缝中、小容量储罐一般采用套筒式，大容量储罐一般为混合式。罐壁钢板必须满足强度要求，还要满足稳定性的要求。

拱顶罐的罐顶是一种由球面拱形结构通过包边环梁与罐壁上沿相连接的固定顶盖，由构成球面的钢板和加强筋或加强梁组成，其直接支撑在罐壁上，而没有支撑柱等支撑结构。这种结构称为自支撑拱顶罐，我国拱顶罐主要采用自支撑拱顶罐。

拱顶罐罐顶为球缺形。考虑到球形板（顶）的强度等于等壁厚、等直径圆柱形板（壁）强度的两倍，因而拱顶的曲率半径常取为储罐直径的 0.8～1.2 倍。拱顶按照其截面形状又分为准球形拱顶和球形拱顶两种，我国目前建造的拱顶罐绝大部分采用这种球形拱顶。球形拱顶截面为单圆弧拱，它与罐壁的连接处没有公切线，而是通过包边角钢连接，并由包边角钢承受拱脚处的水平推力。这种拱顶的自身受力状态不如准球形拱顶好，但制造和施工方便，因此应用比较广泛。

罐顶板及其支撑构件的名义厚度不应小于 5mm，同罐壁顶圈壁板厚度基本相同。拱顶的顶板由中心盖板和若干扇形板组成，顶板间的连接可采用对接或搭接。采用搭接时，搭接宽度不应小于 5 倍板厚，且实际搭接宽度不应小于 25mm，实际上多采用 40mm。罐顶中心盖板与各扇形板的连接也采用搭接焊，其搭接长度一般为 50mm。顶板外表面的搭接缝应采用连续满角焊，内表面的搭接缝可根据使用要求及结构受力情况确定焊接形式。顶板自身的拼接焊缝应为全焊透对接结构。

顶板与罐壁间用包边角钢连接。顶板外侧采用弱连续焊，内侧为断续焊，以利于发生储罐爆炸时首先掀掉罐顶，而不致危及罐壁。

自支撑拱顶按加强构件的不同，可细分为光壳拱顶、带肋壳拱顶和单层球面网壳。

当储罐直径不大于 12m 的情况下，一般采用光壳拱顶，即采用钢板预制成瓜皮板，在现场拼装成设计要求的球面壳；搭接宽度不小于 32mm，外侧满角焊，内侧间断焊。

当储罐直径大于 12m 小于 32m 时，一般采用带肋壳拱顶，即在瓜皮板内侧焊上经向及纬向肋（一般采用扁钢）后，再在现场拼装成球面拱顶，此时经、纬向肋应焊成一个整体，以提高拱顶的承载能力。带肋球壳的曲率半径不宜大于40m。

当储罐直径大于32m（容量大于$1\times10^4m^3$）时，带肋壳的结构可靠度下降，而耗钢量较大。因此，宜采用技术经济指标优良的网壳结构。近年来国内开发的网壳结构有两种：一种是工厂预制的三角形网壳（图2-14），杆件为直杆，杆端用机加工节点连接，由制造厂工人到现场进行组装；另一种网壳是单层子午线穹形网壳（见图2-15），它的每根杆为连续的弧形构件，曲率半径相同，两向网杆交接点采用搭接，预制与组焊均可由现场铆、焊工来完成。以上两种网壳相比，第一种网壳便于工厂化生产，但耗钢量略大，费用较高，抗不均匀荷载能力比第二种弱。

图2-14　三角形网壳

图2-15　单层子午线穹形网壳

对于大直径固定顶储罐，采用网壳顶与采用带肋壳顶盖相比，由于网壳顶顶板单面焊，顶板与网杆不焊接，是带肋壳顶盖焊接工作量的40%～50%，因而使安全可靠性和技术经济指标都有显著提高，但钢制单层球面网壳的油罐直径不宜大于80m。

对于常压油罐，单层网壳上表面的蒙皮与网壳结构之间不应有任何焊接；蒙皮周边与边环梁之间外表面应连续角焊，焊脚高度不应超过5mm，内表面不得进行焊接。

拱顶罐具有容易施工、造价低、节省钢材等优点，因而一经问世即得到广泛应用，并很快形成了系列设计，以利于备料和施工机具准备、加快建造速度。虽然国内最大的拱顶罐已达到$50000m^3$，但考虑到拱顶系自支承结构，使储罐直径受到一定限制。容积过大时，不仅单位容积的钢耗量显著增加，而且拱高过大也不利于降低油品蒸发损耗。GB 50160等标准规定固定顶储罐直径不应大于48m。

不同单位设计的拱顶罐系列，其结构尺寸虽然不完全相同，但非常相近，这里不再一一介绍，仅将GB 50074推荐的拱顶罐系列示于表2-4～表2-6。

表2-4　拱顶储罐系列Ⅰ

序号	公称容积/m^3	计算容积/m^3	罐直径/m	拱顶曲率半径/m	罐高/m		设备总重/kg
					总高	壁高	
1	20	22	2.65	3.50	3.99	3.72	1379
2	40	44	3.52	4.50	4.48	4.11	2146
3	60	66	3.98	5.00	5.20	4.78	2780
4	100	110	5.14	6.13	5.87	5.30	4238
5	200	220	6.58	7.86	7.20	6.47	6717

续表

序号	公称容积/m^3	计算容积/m^3	罐直径/m	拱顶曲率半径/m	罐高/m		设备总重/kg
					总高	壁高	
6	300	330	7.71	9.22	7.92	7.07	8820
7	400	440	8.24	9.85	9.15	8.24	10590
8	500	550	8.92	10.67	9.79	8.81	13860
9	700	770	10.20	12.20	10.53	9.41	17385
10	1000	1100	11.50	13.73	11.86	10.58	25490
11	2000	2200	15.70	18.76	13.11	11.37	43880
12	3000	3300	18.90	22.61	13.85	11.76	61510
13	5000	5500	23.64	23.30	15.14	12.53	110280
14	10000	10700	31.12	37.27	17.50	14.07	210450

表 2-5　拱顶储罐系列Ⅱ

序号	公称容积/m^3	计算容积/m^3	罐直径/m	拱顶曲率半径/m	罐高/m		设备总重/kg
					总高	壁高	
1	100	117	4.97	6.00	6.48	5.94	5006
2	200	236	6.46	7.80	7.83	7.13	7732
3	300	315	7.46	9.00	7.94	7.13	9215
4	500	529	8.95	10.80	9.28	8.31	12793
5	700	745	9.94	12.00	10.58	9.49	15917
6	1000	1077	11.95	14.40	10.83	9.53	24188
7	2000	2096	15.44	18.60	10.80	11.10	40706
8	3000	3229	17.92	21.60	14.66	12.69	58372
9	5000	5426	21.89	26.40	16.68	14.27	96247
10	10000	10116	28.33	34.20	18.97	15.86	180697
11	20000	20200	39.70	39.99	21.44	16.09	449793

表 2-6　拱顶储罐系列Ⅲ

序号	公称容积/m^3	计算容积/m^3	罐直径/m	拱顶曲率半径/m	罐高/m		设备总重/kg
					总高	壁高	
1	100	110	5.00	6.00	6.15	5.60	5185
2	200	237.5	6.00	7.20	9.06	8.40	8810
3	300	319	6.50	7.80	10.32	9.60	11580
4	400	459	7.50	9.00	11.23	10.40	14919
5	500	523	8.00	9.60	11.28	10.40	16000
6	700	712.5	9.00	10.80	12.19	11.20	19720
7	1000	1100	10.80	13.20	13.88	12.69	27830
8	2000	2200	14.00	16.80	15.81	14.27	46150
9	3000	3127	16.00	19.20	17.61	15.85	67150

续表

序号	公称容积/m^3	计算容积/m^3	罐直径/m	拱顶曲率半径/m	罐高/m		设备总重/kg
					总高	壁高	
10	4000	4232	18.10	21.60	18.59	16.63	86710
11	5000	5049	20.00	24.00	18.28	16.08	102025
12	10000	10440	28.00	33.60	20.04	16.96	198735
13	20000	21612	37.00	37.00	25.05	20.10	359000
14	30000	32490	46.00	46.00	25.98	19.55	563300

二、储罐的通用附件

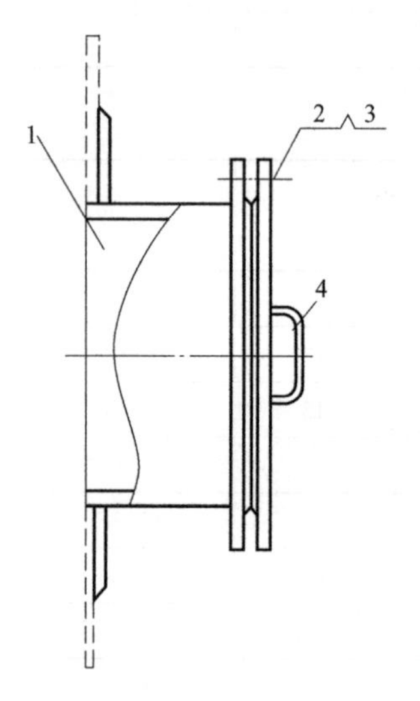

图 2-16 人孔
1—罐壁；2—人孔加强板；3—人孔盖；4—人孔接合管

储罐的通用附件包括人孔、透光孔与通气管、量油孔、进出油短管、放水管与放水阀、排污孔或齐平型清扫孔、胀油管(泄压短管)、梯子和栏杆等。

1. 人孔

人孔如图 2-16 所示，在罐壁和储罐固定顶上都有布置，一般为 *DN*500、*DN*600 及 *DN*750，用于人员进出通道口。罐壁人孔中心距底板一般为 750mm，以便于工作人员在安装、清洗、维修时进出储罐和通风。人孔安装时应注意两点，一是选择合适的垫片，二是螺栓的松紧程度要恰当。

2. 透光孔与通气管

透光孔设在罐顶（图 2-17），一般为 *DN*500，用于检修和检查时采光和通风，其边缘距罐壁常为 800～1000mm。透光孔只设一个时，应安装在罐顶梯子及操作平台附近；设两个或两个以上时，可沿罐圆周均匀布置，并宜与人孔、清扫孔或排污孔相对设置，但应有一个透光孔安装在罐顶梯子及操作平台附近。

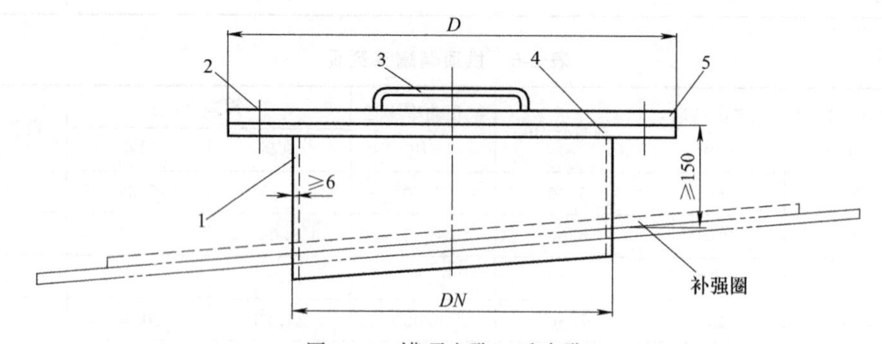

图 2-17 罐顶人孔、透光孔
1—短节；2—紧固件；3—把手；4—法兰；5—法兰盖

3. 量油孔

量油孔应设置在罐顶梯子平台附近，距罐壁宜为 800～1200mm，见图 2-18，它是为了测量油面高低、取样、测温而设置的。每个储罐设一只量油孔，直径为 150mm，设在梯子附近，以利操作。量油孔附近设有计量平台。如果是浮顶罐和内浮顶罐，量油孔接管下方连接量油管穿过浮盘。量油管与浮盘间采用密封结构，实现动态密封。量油罐下端为量油基准板。

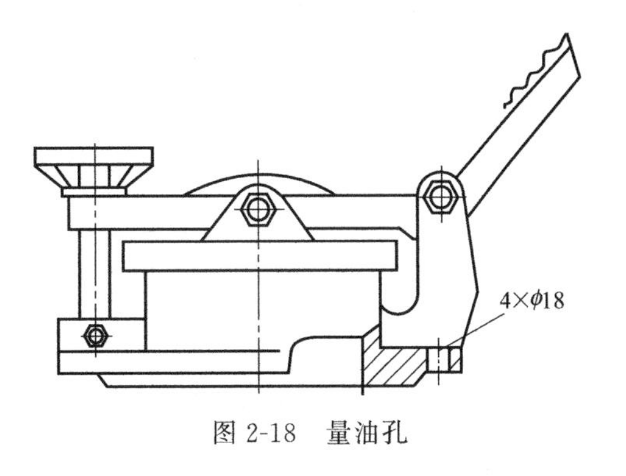

图 2-18　量油孔

4. 进出油短管

如图 2-19 所示，进出油短管在罐底圈板上，其外侧与进出油管道上的罐根阀相连，内侧大多设成呈 45°角坡口朝上形式，以利导出静电。近年来，进出油管内侧出现了多种形式，如安装扩散管，以降低进油流速，减少静电产生；又如炼油厂原油用外浮顶罐出油口加装均匀发油装置，使发油时不同深度油品同时发出，保证给装置提供的油品性能稳定。

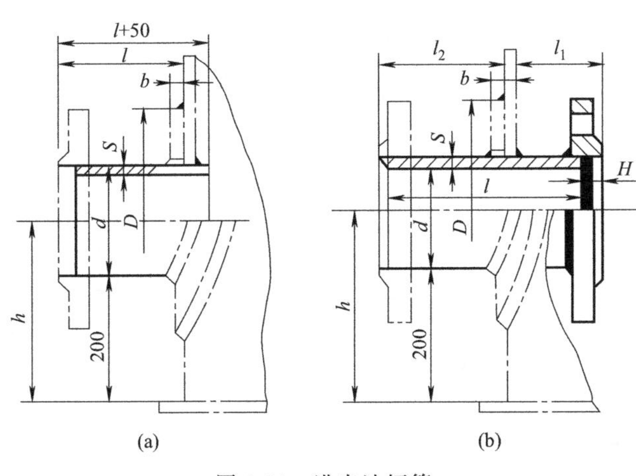

图 2-19　进出油短管

过去坡口上还常连有保险活门，其作用是防止储罐控制阀破损或检修时罐内油品溢出，但因该装置常伴有操作机构失灵，要通过打开设在罐顶透光孔上的钢索，故现在已逐渐被淘汰，大多采用进出油管道上作业阀前增设一道铸钢罐根阀的工艺。

储罐的主要进出口管道应采用挠性连接或弹性连接方式，并应满足地基沉降和抗振要求，一般采用金属软管连接。

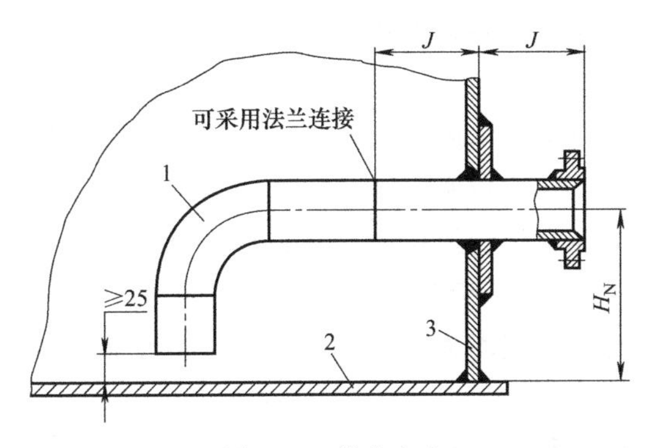

图 2-20　排水弯头

1—90°弯头；2—罐底；3—罐壁

5. 放水管与放水阀

放水管是为了排放储罐底水而设置的，常用的放水管有固定式放水管和装在排污孔盖上的放水管。放水管可采用排水弯头（图 2-20）、深型排水槽（图 2-21）和浅型排水槽（图 2-22），直径 50～100mm 不等。

排水弯头式放水管如图 2-20 所示。放水管出口中心一般距储罐底板 300mm，进口中心与储罐底板的垂直距离为 20～50mm。放水时，打开放水管上的阀门，储罐底水即在罐内油品压力作用下从放水管排出。因放水管内经常有底水，所以冬天需做好保温工作。

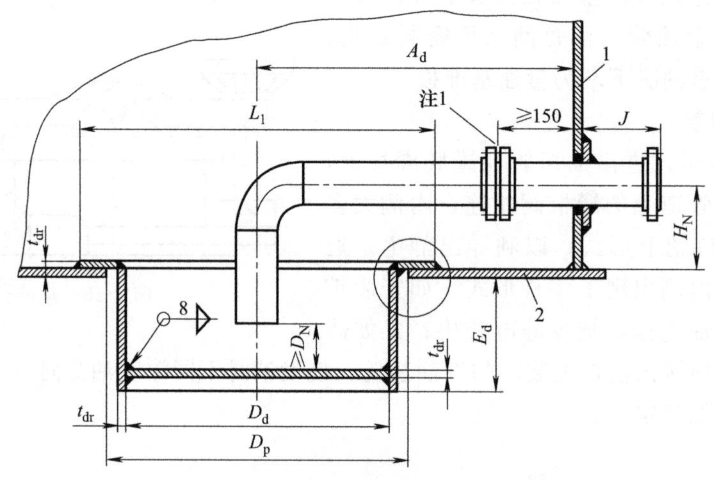

注 1：此处可采用焊接连接

图 2-21 深型排水槽

1—罐壁板；2—罐底板

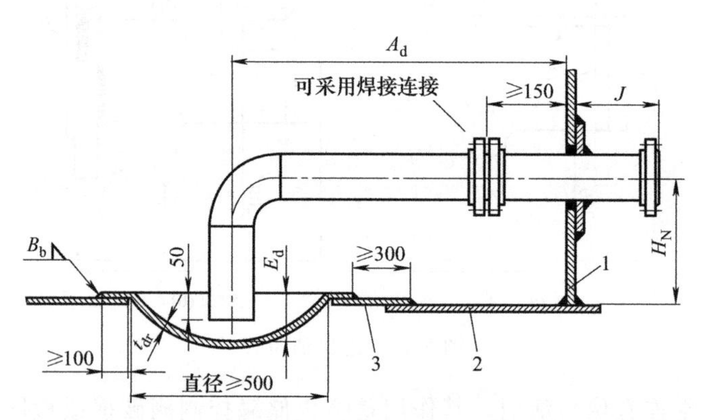

图 2-22 浅型排水槽

1—罐壁板；2—边缘板；3—中幅板

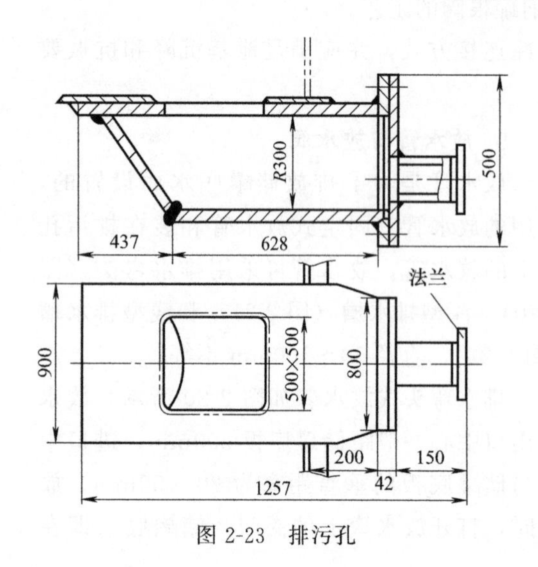

图 2-23 排污孔

6. 排污孔与齐平型清扫孔

排污孔是由直径为 600mm 的钢管对分制成的，见图 2-23，设在储罐底板的下面，伸出罐外一端有排污孔法兰盖，法兰盖上附设放水管。平时可以从放水管排出底水，清洗储罐时还可以清扫出污泥。

油库常见清扫孔形式为齐平型清扫孔，如图 2-24 所示。其结构是一个上边带圆角的矩形孔，孔高、宽均大于 1200mm，底边与罐底平齐，为 $3000m^3$ 以上的储罐所采用。

原油和重油储罐宜设置清扫孔，轻质油品储罐宜设置排污孔。

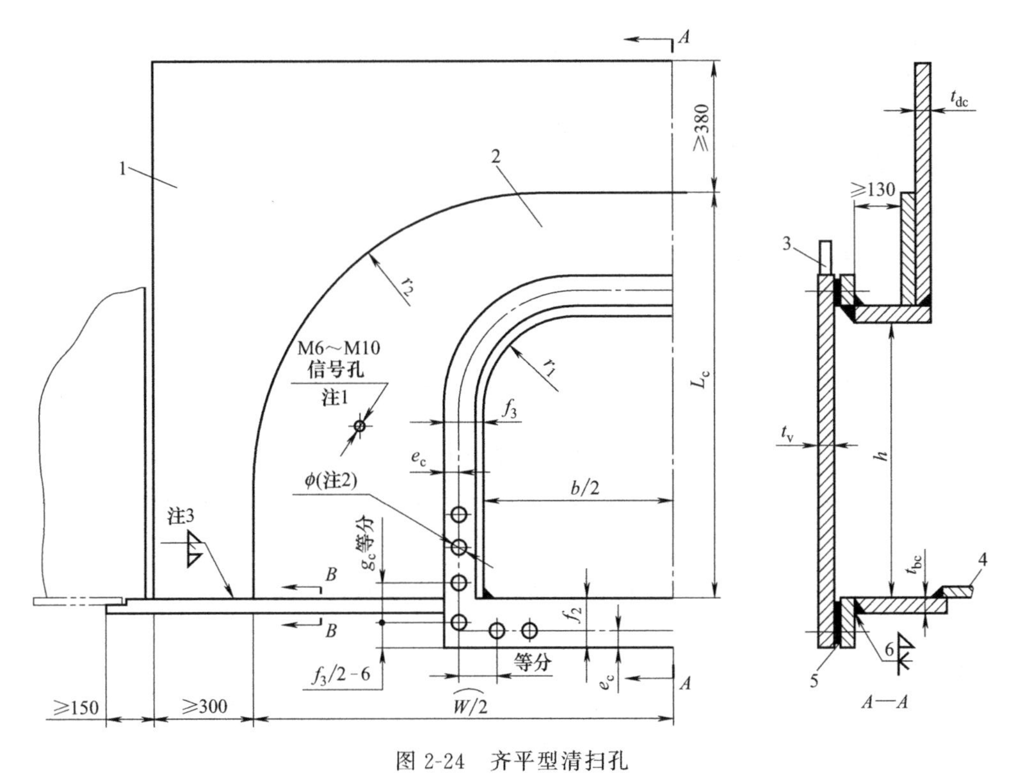

图 2-24　齐平型清扫孔

1—罐壁板；2—补强板；3—吊耳；4—罐底板；5—垫片

7. 管道的泄压设施

管道采取泄压措施，指地上不保温、不放空管道中的油品，被晒后应有一个油品膨胀压力升高的泄压出路。实际生产过程中，经常发生一些油库地上管线因无泄压措施，致使被晒后的油品膨胀、管线内液体压力升高，造成管道配件、法兰垫片等处破裂、发生跑油等事故，甚至引起火灾。对不保温的油品，如液化石油气、汽油、煤油等油品，管道可能被切断阀封闭的管段均应设泄压设施。同一罐区内的每一种油品至少设一组泄压管道，管道泄压一般采用安全阀自动泄压。安全阀定压可根据管道配件的压力等级确定，即定压值不得高于所选用油品管道配件的公称压力。

管道泄压设施的安装流程如图 2-25 所示。应该注意的是，当油罐设有总阀门时，该总阀门应处于常开操作状态。

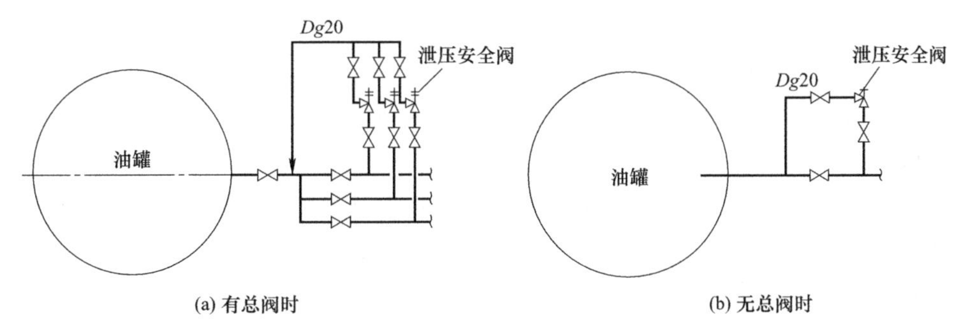

图 2-25　管道泄压设施安装流程图

过去一些油罐还用到胀油管。胀油管直径一般为 40mm，一端与储罐附近的管路相连，另一端与罐顶相连，管上设有一只截止阀和一只安全阀，也有设成一只截止阀和一只单向阀的形式。平时截止阀常开，收油作业时关闭。安全阀或单向阀的压力一般控制在 1MPa 左右。

8. 梯子与栏杆

梯子是为了操作人员上下储罐进行量油、取样而设置的。目前储罐大多采用罐壁盘梯形式，且按工作人员下梯时能右手扶梯的形式设置，其底层踏板靠近储罐进出油管线，以利操作，有些小储罐亦有设置成斜梯的。此外，为消除人体静电，扶梯始端扶手 1m 处一般不涂油漆，罐顶、扶梯均做成防滑踏步。

罐周顶圈壁板上设 0.8～1m 的栏杆，大罐罐顶还设有局部栏杆，以保证工作人员操作安全。

储罐的上罐扶梯入口、储罐采样口处（距采样口不少于 1.5m）应设置本安型人体静电消除器；本安型人体静电消除器的电荷转移量不得大于 0.1μC。并经由有检测资质的单位进行检测，合格后方可用于现场。

在罐顶取样操作平台上，距操作口 1.5m 外应设接地端子，为取样绳索、检尺等工具接地用。

9. 调和喷嘴

它是在采用泵-罐循环法调和油料时，为提高调和效率、缩短调和时间而设置的专用设备。喷嘴的锥度一般为 15°。根据罐内安装的喷嘴数量，可分为单喷嘴和多喷嘴两种调和系统；单喷嘴安装于进料管道接合管端部，多喷嘴系统一般设有 5～7 个喷嘴，集中布置在罐中心。

10. 空气泡沫产生器

空气泡沫产生器又叫空气泡沫发生器，是装在油罐最上层圈板的罐壁上用于油罐灭火时喷射泡沫的消防装置；喷口用薄玻璃片（或隔膜）与罐内空气封隔，起到防止罐内油液或油气进入泡沫室或消防管道的作用。

消防灭火时，来自泡沫管线的泡沫混合液流过产生器喷嘴时，形成扩散的雾化射流，在其周围产生负压，从而吸入大量空气形成空气泡沫，空气泡沫通过泡沫喷管和导板输入储罐内，沿罐壁淌下，平稳地覆盖在燃烧液面上。

11. 储罐冷却水喷淋系统

该系统的作用是本罐或相邻罐着火时，淋水降温以防火灾蔓延。冷却水喷淋管一般是围绕储罐顶圈壁板设计为两个半圆环状或 4 个 1/4 圆环状。

三、轻油拱顶罐专用附件

拱顶罐经常用到呼吸阀、液压安全阀和阻火器进行储罐密封，这三个附件通常称为“两阀一器”。储存丙类油品的罐因呼吸损耗很小，可不设呼吸阀。

1. 呼吸阀

呼吸阀对油罐起安全保护作用，同时在一定程度上减少油品的蒸发损耗。GB 50074 规定，下列储罐通向大气的通气管管口应装设呼吸阀。

① 储存甲 B、乙类液体的固定顶储罐和地上卧式储罐；

② 储存甲 B 类液体的覆土卧式油罐；

③ 用氮气密封保护系统的储罐。

拱顶油罐常用重力平衡式呼吸阀，见图 2-26，它是利用阀盘的质量来控制油罐的呼气压力和吸入真空度的。呼吸阀包括吸入阀和呼出阀两部分。当罐内气体的压力达到油罐设计压力时，呼出阀被顶开，气体从罐内逸出，使罐内压力不再继续增高。同理，当罐内的真空度达到油罐设计允许真空度时，罐外的大气将顶开吸入阀而进入罐内，使罐内的真空度不再升高。

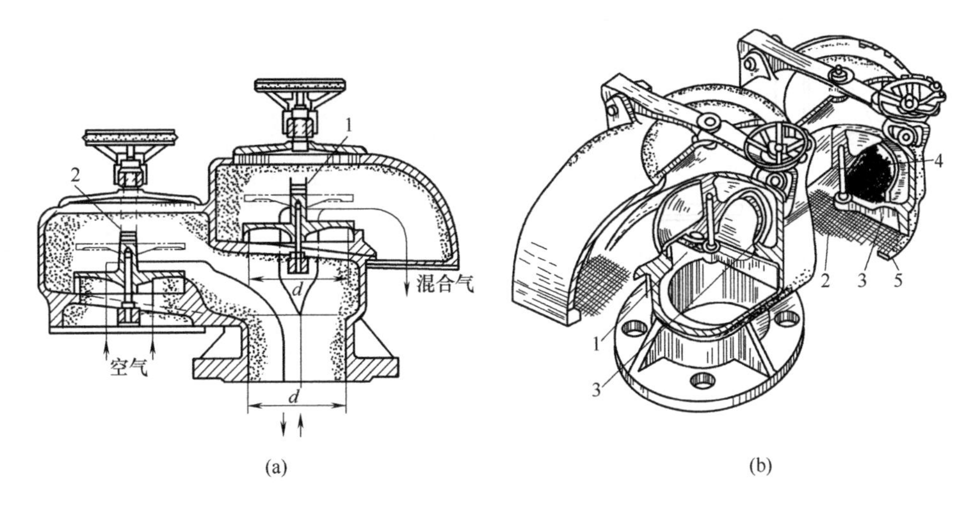

图 2-26 重力平衡式呼吸阀

1—压力阀阀盘；2—真空阀阀盘；3—阀座；4—导向杆；5—波纹板

在结构上，依据吸入阀和排出阀位置关系，呼吸阀可以做成并列结构与同轴结构两种形式。图 2-26 为并列结构，图 2-27 为同轴结构。

影响呼吸阀尺寸的因素是油罐收发油品的流量。在实际工作中，常根据油罐收发油作业的流量（即泵的流量）来选择呼吸阀数量和口径的大小。呼吸阀和液压安全阀规格选用可参见表 2-7。呼吸阀与液压安全阀的孔径应略大于进出油管内径。

表 2-7 呼吸阀和液压安全阀规格选用表

输油量 $Q/(m^3/h)$	≤25	26～100	101～215	216～380	381～600
规格 DN/mm	50	100	150	200	250

为了减少冬季阀盘冻结在阀座上的危险，阀座宽度应尽量小些，最好不超过 2mm；阀盘应采用有色金属制造，以防跳动时发生火花；为了防止呼吸阀阻塞，进出口处常用铜网保护；拱顶油罐常把呼吸阀装在拱顶中央位置。

呼吸阀按照使用温度分为全天候型呼吸阀与普通型呼吸阀。

全天候型呼吸阀适用于－30～60℃，阀盘和阀座密封部位以及导向衬套和阀杆衬套应采用聚四氟乙烯材料，防止低温冻结。普通型呼吸阀适用于 0～60℃，上述部位无需增设聚四氟乙烯材料接触面，阀座可采用铝合金铸件。当呼吸阀所处的环境温度可能低于 0℃时，应选用全天候式呼吸阀。全天候式呼吸阀结构见图 2-27。由于全天候式呼吸阀气密性好，不容易结霜、冻结，因此较适宜我国寒冷地区使用。

2. 液压安全阀

液压安全阀实际上是油罐液压呼吸安全阀的简称，它也是一种油罐呼吸阀，通常与呼吸

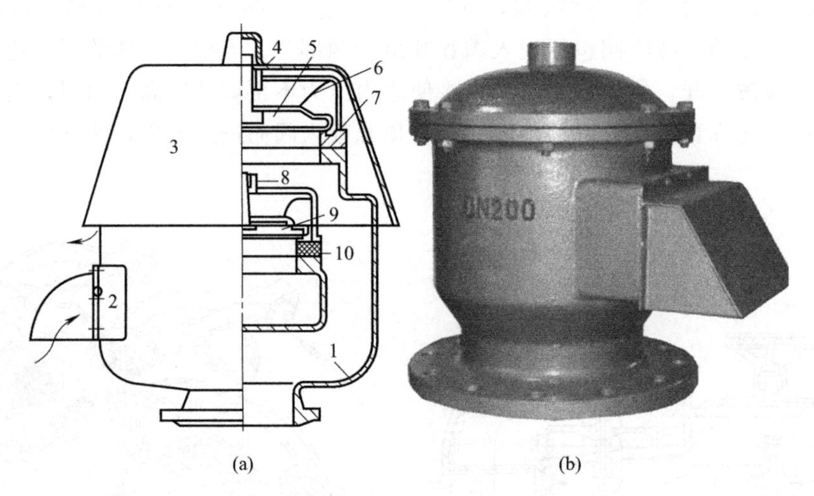

图 2-27　全天候式呼吸阀

1—阀体；2—空气吸入口；3—阀罩；4—压力阀导架；
5—压力阀阀盘；6—接地导线；7—压力阀阀座；
8—真空阀导架；9—真空阀阀盘；10—真空阀阀座

阀一起使用。其控制的压力和真空值一般都比呼吸阀高出 5%～10%，在正常情况下它不动作，只在呼吸阀因锈蚀或冻结而失灵，或因其他原因使罐内出现过高的压力或真空时它才动作。所以，液压安全阀起到安全保护作用，其结构见图 2-28。

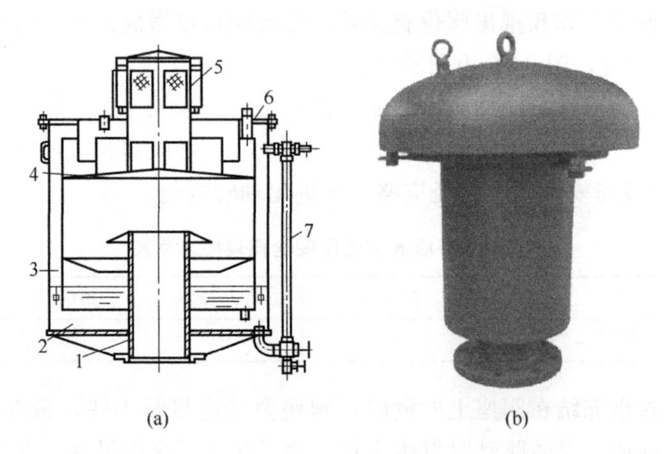

图 2-28　液压安全阀

1—连接短管；2—盛液槽；3—悬式隔板；4—罩盖；5—带铜网的通风短管；6—装液管；7—液面指示器

液压安全阀主要由阀罩、阀体和中心管等组成。液压安全阀是利用液体的静压力来控制油罐的呼气压力和吸气真空度的。为了保证在较高和较低的气温下液压安全阀都能正常工作，阀内应装入沸点高、不易挥发、凝固点低的液体作为密封液，如轻柴油、煤油、变压器油、甘油水溶液和乙二醇等。

液压安全阀的工作原理如图 2-29 所示。当罐内压力与当地大气压相等时，内外环液封液面相平；当罐内气体空间处于正压状态时，气体由内环空间把密封液挤入外环空间中，压力不断上升时，液位也不断变化。当内环空间的液位与隔板的下缘相平时，罐内气体将通过隔板的下缘和外环液封逸入大气，使罐内正压不再增大。相反，当罐内出现负压时，外环空间的密封液将进入内环空间，当外环中的液位与隔板的下缘相平时，大气将进入罐内，使罐内负压不再增大。隔板的下缘做成锯齿形，以使密封液流动时比较稳定。

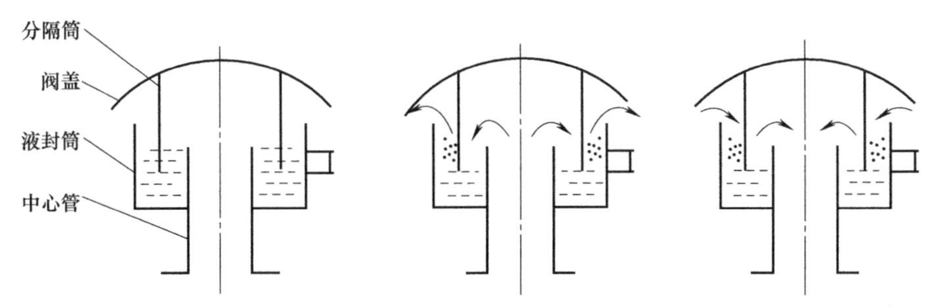

(a) 罐内的压力与大气压力相等 (b) 油罐气体空间处于设计正压状态 (c) 油罐气体空间处于设计负压力状态

图 2-29　液压安全阀工作原理

液压阀内的密封液常因轻质组分挥发而使密度增加、数量减少。因此必须定期检查、予以校正。校正时若呼吸阀内油量不足时，可以加同种油料，至溢出口溢出为止。同时测量槽内的油料密度，若与原来不符，且相差很大时应更换新油，按规定每年应定期更换槽内油料；清洗呼吸阀，除去污物和铁锈。因液压安全阀经常发生喷油现象，影响安全和污染罐顶，近来已逐渐被淘汰，而采用两个呼吸阀或对液压安全阀进行改型。特别要强调的是，不论用两个呼吸阀还是一个呼吸阀、一个液压阀，安装时都应保持在同一水平高度，避免有高差存在。

3. 阻火器

阻火器又称防火器。阻火器是一种安装于轻质油罐上、防止罐外明火向罐内传播的防火安全设备。它应与机械式呼吸阀、液压安全阀配套选用，串联安装在呼吸阀和液压安全阀下面。通过呼吸阀排出的罐内气体，与空气混合后若遇有明火就会有产生爆炸和燃烧的可能性，并将危及整个油罐的安全，但阻火器能阻止火焰由外部向储罐内未燃烧混合气体的传播，从而保证储罐的安全。阻火器主要由壳体和阻火元件组成，如图 2-30 所示。

阻火元件是阻止火焰传播的主要构件，过去常用多层金属丝网。目前，广泛采用的是金

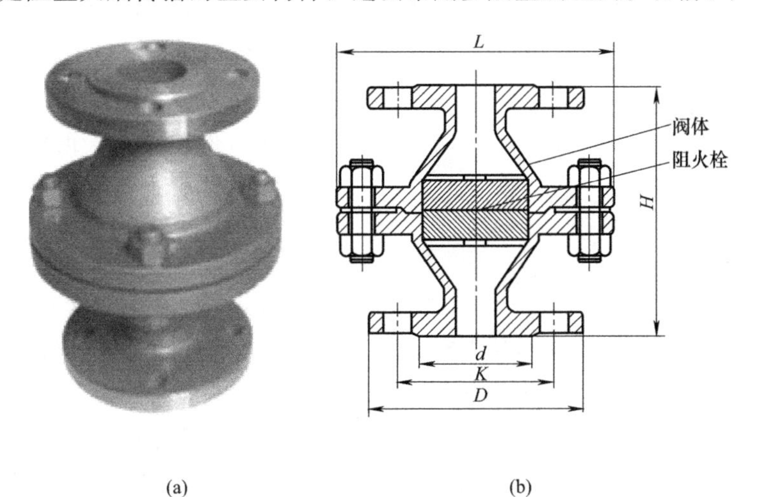

(a)　(b)

图 2-30　阻火器

属波纹板式阻火元件，它是由不锈钢平带和波纹带卷制而成的；这种阻火元件强度高、耐烧、阻火性能好。当火焰通过阻火器时，波纹板能迅速吸收燃烧气体的热量，使火焰熄灭，这就有效地防止了外界火焰经呼吸阀引入罐内。储存丙B类油品的罐因基本无油气排放，可不设阻火器。

对阻火器也应定期检查，清洗阻火器内波纹板，保证清洁畅通。同时，也要注意其和罐顶及呼吸阀连接部位的严密性。

国外有一种将呼吸阀与阻火器做成一体的呼吸阀阻火器（图2-31），采用液体负载隔膜式防冻防结晶呼吸阀（动态阻火），国内一些企业已有应用。

4. 氮气密封装置

氮气密封装置就是用氮气补充罐内气体空间，并保持容器顶部保护气体的压力恒定，以避免容器内物料与空气直接接触，防止物料挥发、被氧化和保证容器安全的。

由于氮气比油蒸气轻，所以氮气浮在油蒸气上面。当呼气时，呼出罐外的是氮气而不是油蒸气；当罐内压力降低时，氮气自动进罐补充气体空间，减少蒸发损耗，避免油品接触空气氧化。

图2-31　呼吸阀阻火器

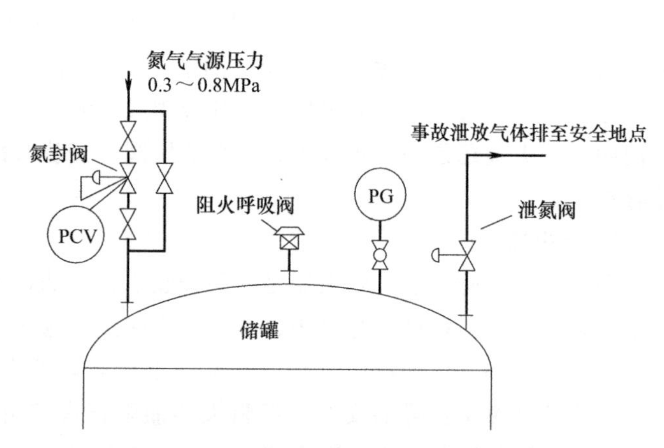

图2-32　氮气密封系统工艺流程

氮气密封系统的流程如图2-32所示。储罐上氮封装置由氮封阀（供氮阀）、泄氮阀、呼吸阀组成，泄氮阀由内反馈的微压调节阀组成；氮封阀组通常配以副线，如图2-33所示。正常情况下，使用氮封阀组维持罐内气相空间压力在一定值；当气相空间压力高于压力高限时，氮封阀关闭，停止氮气供应；当气相空间压力低于压力底限时，氮封阀开启，开始补充氮气。

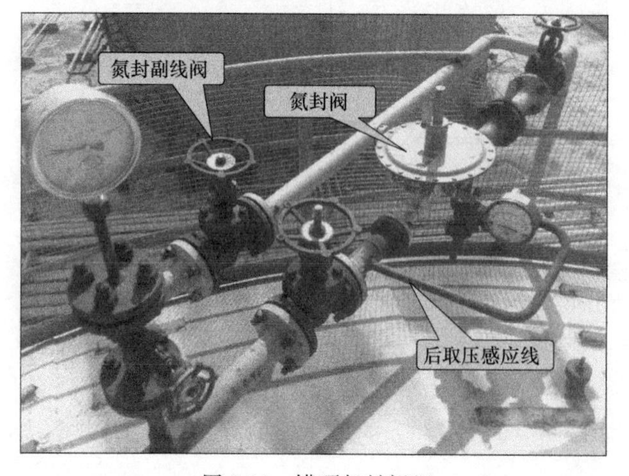

图2-33　罐顶氮封阀组

当氮封阀需要检修或故障时，使用副线给储罐内补充氮气；压力高于高限时，通过带阻火器的呼吸阀外排。

当氮封阀事故失灵不能及时关闭造成罐内压力超过高限时，罐内气体通过带阻火器的呼吸阀外排。

当氮封阀事故失灵不能及时开启造成罐内压力降低至较低值时，通过带阻火器的呼吸阀向罐内补充空气，确保罐内压力不低于储罐的设计压力下限。

为确保设置氮封储罐事故工况下的安全排放，应在储罐上设置紧急泄放设备，一般选择在罐顶安装泄氮阀。选择泄氮阀时，定压不应高于储罐的设计压力上限。

如果氮封阀需要检修或更换，可使用旁路补充氮气，此时氮气的流量需要等同于储存油品的出罐流量。若在相同储罐之间设置有气相联通管道，每台储罐出口均应设置阻火器，以防止事故扩大。

实际生产过程中，对氮气密封系统的使用需要注意以下事项：储罐首次使用或清洗后重新使用要先通入氮气清罐；氮气系统管线要保持洁净，避免管线中的铁锈、杂质进入储罐系统；在储罐附近设置排液、排渣阀，及时将管线内的凝液、废渣排出。

氮封阀属于自力式压力调节阀，由指挥器和主阀两部分组成；主阀一般采用截止阀。指挥器是执行机构。储罐供氮常用后取压感应线采集氮封阀出口压力（等于罐内压力与进气管路摩阻之和）。出口压力输入到执行器的下膜室内作用在顶盘上，产生的作用力与弹簧的反作用力相平衡，决定了阀芯、阀座的相对位置，控制阀后压力。

由于氮气密封技术是在储罐的油气空间中充入氮气，具有一定的微压，所以氮封储罐形式必须能够承受一定压力；储运系统储罐采用氮封技术的储罐基本形式为拱顶储罐和内浮顶储罐。新建储罐采用氮封技术选择拱顶储罐，内浮顶储罐采用氮封技术则多为后期改造的结果。

5. 呼吸阀挡板

拱顶罐在发油作业中，储罐内压力快速下降、大量空气通过呼吸阀被吸入罐内时，将引起空气与罐内油气的剧烈搅动，甚至气流直冲液面，造成大量的油品蒸发。

可以通过在油罐内呼吸阀正下方安装挡板的方法，使气流改变流向，不能直接冲击油品表面，并且降低速度，从而减少油品的继续蒸发。同时，由于挡板的折流，可使气流由垂直方向改为水平方向，这时吸入的新鲜空气首先与罐内顶部油气浓度较低的气体混合，使其浓度进一步降低；当油罐停止发油而改为收油时，呼出的即是顶部含油气浓度较低的混合气体，从而达到降低损耗的目的。实践证明，加设呼吸阀挡板对于减少油品的蒸发损耗是非常有效的。

呼吸阀挡板结构见图 2-34，它通常装在阻火器下面并伸入罐内。

呼吸阀挡板做成折叠式，便于从罐顶接合管孔口装入或取出。安装呼吸阀挡板时，先将阻火器、呼吸阀自接合管上卸下，把挡板折叠使之与吊杆平行，再从接合管放入罐内，略加抖动使圆盘展开并与吊杆垂直，最后将阻火器、呼吸阀安装复位。安装呼吸阀时，环与上下法兰间密封垫可使挡板与罐体绝缘，在受空气或油气混合物的高速冲刷下，易集聚电荷而产生静电，这样当对地电位达到一定值时，可能产生火花放电，给生产带来潜在危险。为此，在环板与法兰螺栓之间采取跨接方法，以此消除由于气体对挡板的冲刷而产生的静电。因呼吸阀挡板具有结构简单、易于制造、安装方便等优点，所以便于推广。它是一种投资少、收效大的附件。

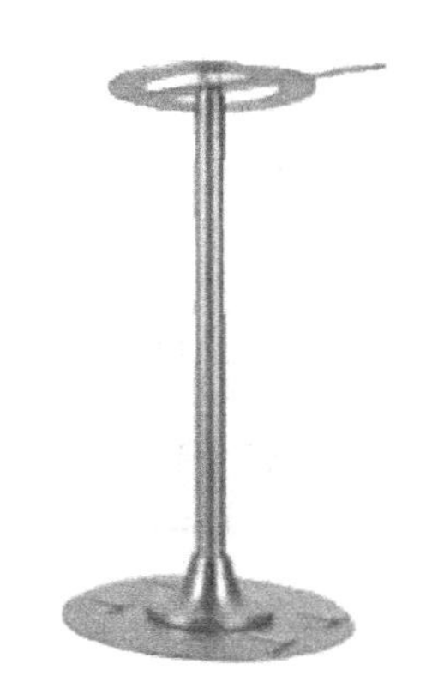

图 2-34　呼吸阀挡板

四、黏油罐的专用附件

这里是指用于储存丙B和部分丙A类油品、不需要密封的拱顶罐所使用的附件。这些油品由于饱和蒸气压很低、挥发性小、火灾危险性小，因此不需要密封。对于这类油品，主要考虑的是收发油时的进排气（“大呼吸”）通畅和高黏度的加热需要，主要附件有起落管、通气管、加热器和储罐搅拌器。

1. 起落管

起落管也称升降管，是保证油罐顺利发油和油品质量的一种设备，多用于润滑油罐。由于沉降作用，油罐上部的油品较干净，加热时上部油品的温度也比较高，利用起落管可以发出油罐上部的油品。当进出油管线或其他控制阀门破坏时，可把起落管提升至液面以上，防止油品外流。

起落管的结构见图2-35，它一端与进出油管相连，连接处用转动接头，使起落管可以方便地绕转动接头旋转；另一端管口削成30°角，以增大油品进出口面积。其提升靠罐外卷扬器，提升角一般≤70°，下落则依靠自重。

利用卷扬设备在罐外操作起落管，这种设备比较复杂，操作也不甚灵便。在容积较小的油罐中，不采用卷扬设备，而是在起落管上装设浮筒，如图2-36所示就是这种浮筒式起落管。管口吊在活动浮筒下面，使管口总是保持在液面以下不深的位置上；浮筒随液面升降时，起落管也随之而升降，起落管与进出油管也是用转动接头连接的，这种做法结构简单。

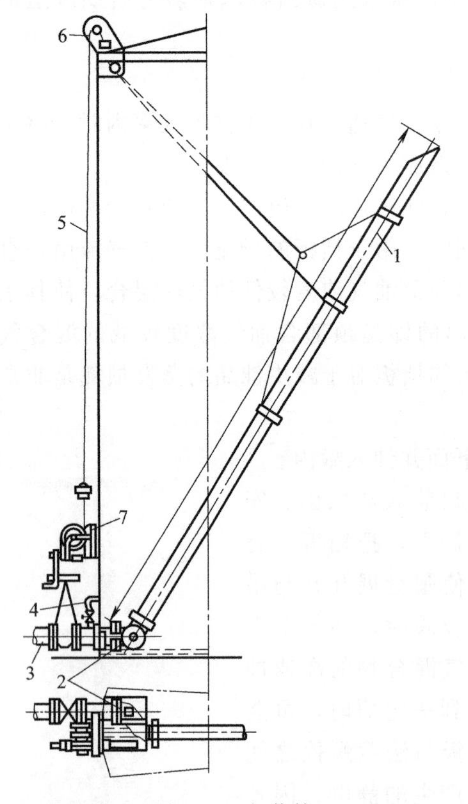

图2-35 起落管

1—起落管；2—转动接头；3—进出油短管；4—旁通管；5—钢丝绳；6—滑轮；7—卷扬器

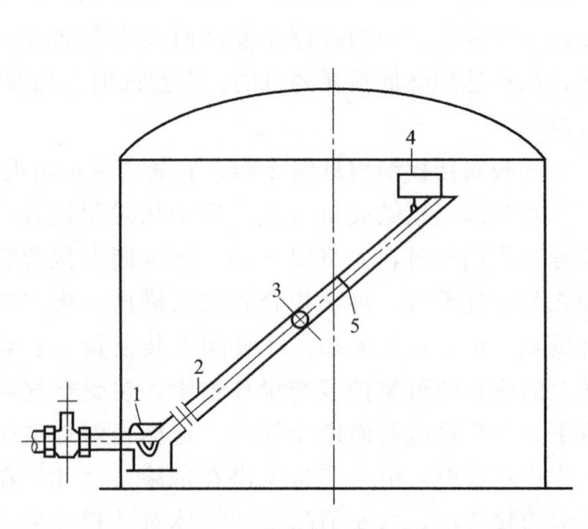

图2-36 浮筒悬吊式起落管

1—旋转接头；2—起落管；3—固定浮筒；4—活动浮筒；5—注油孔

它的缺点是不能任意改变起落管相对液面的位置，当进出油管线及其控制阀门发生故障时，不能及时将起落管吊出油面。

2. 通气管

通气管常装在罐顶中央，呈“T”形；为防止雨水和杂质进入，通气口常常朝下开，使油罐直接和大气相通，作为油罐进行收发油作业时的呼吸通道。通气管口径一般和进出油管直径相同，通气管截面上装有铜丝网或其他金属网封口，平时应注意通气短管的畅通。

3. 加热器

重油、润滑油、原油等往往在温度较低时，因黏度过大而需要加热后才能输转，因此要在这类油品的油罐中设置加热器。加热器构造及选用可参见本章第六节第一部分。

4. 储罐搅拌器

储罐搅拌器是用于油料调和、防止油料中沉积物聚积的机械设备，目前应用较多的是侧向伸入式搅拌器。搅拌器的安装高度即螺旋桨轴与罐底的垂直距离，一般取螺旋桨直径的 1.5 倍。根据搅拌器安装就位后其螺旋桨轴在水平面上的方位（即与油罐半径的夹角）是否可以调节，搅拌器又分为固定角式和可调角度式两种。用作油料调合时宜选用固定角式搅拌器；用作防止沉积物堆积时，应选用可调角度式。图 2-37 为齿轮传动的可调角度式搅拌器结构图。

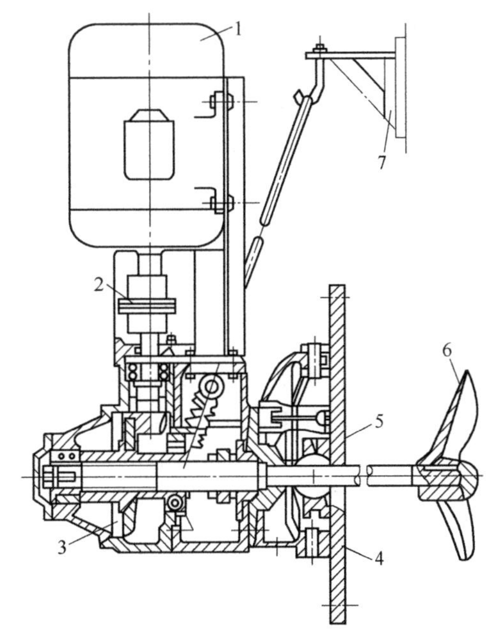

图 2-37　齿轮传动的可调角度式搅拌器

1—防爆电动机；2—联轴器；3—齿轮传动装置；4—油罐接管法兰盖；5—密封装置；6—螺旋桨叶片；7—吊架

第四节　外浮顶罐和内浮顶罐

外浮顶罐（floating roof tank 或 external floating roof tank）是指在敞开的储罐内安装浮舱顶的储罐，又称为浮顶罐。内浮顶罐是指在油罐内设有浮盘的固定顶油罐，其外形结构与拱顶油罐相似。浮顶罐和内浮顶罐有一个共同的特点，即都有一个浮在油面上，能随罐内油位上升、下降的浮顶；浮顶与罐壁之间有一个环形空间，在这个环形空间中有密封元件使得环形空间中的储液与大气隔开，基本消除了固定顶罐储油中存在的油气空间，从而大大减少了储液在储存过程中的蒸发损失。

国标 GB 50074 规定，储存沸点不低于 45℃或在 37.8℃时的饱和蒸气压不大于 88kPa 的甲 B、乙 A 类液体化工品和轻石脑油，应采用外浮顶罐或内浮顶罐。由于外浮顶罐没有固定顶，雨雪风沙容易对油品造成污染，所以一般用来储存原油；而对于质量要求高的汽油、航空燃料、石脑油等，一般采用内浮顶罐。

一、外浮顶罐

外浮顶罐罐底、罐壁的结构、材质与拱顶罐无大的差别，外浮顶罐结构如图 2-38 所示。

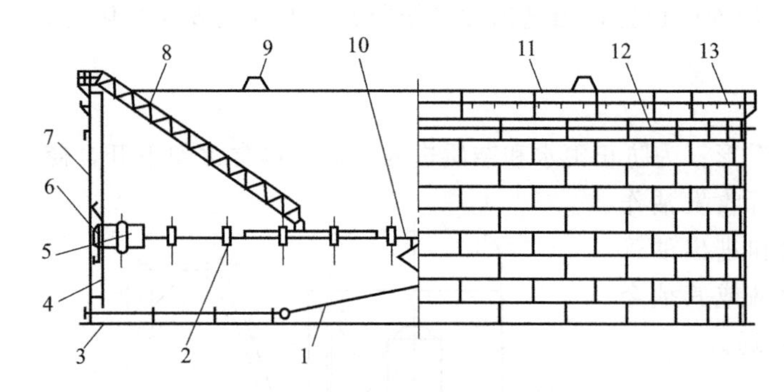

图 2-38　单盘式外浮顶罐

1—中央排水管；2—浮顶立柱；3—罐底板；4—量液管；5—浮船；6—密封装置；7—罐壁；8—转动扶梯；9—泡沫消防挡板；10—单盘板；11—包边角钢；12—加强圈；13—抗风圈

由于浮顶与罐壁间是有相对运动的，因此浮顶罐罐壁圈板的配置方式只能采用直线对接式，而不能采用套筒搭接式，并且对接时应使内壁取平。

浮顶储罐单罐容积不应大于150000m^3；容积大于等于50000m^{3}的浮顶储罐应设置两个盘梯，并应在罐顶设置两个平台。

1. 浮盘

浮动顶又叫浮盘，按照制造材质可分为钢制浮盘、不锈钢浮盘和铝浮盘。下面主要介绍钢制浮盘。

钢制浮盘有单盘式和双盘式两种形式。双盘式浮盘有上下两层板全面覆盖，两层板之间由边缘环板、径向与环向隔板分隔成若干个互不渗漏的舱室。油罐容积较小时(5000m^{3}以下)，浮顶做成双盘式，如图 2-39 所示。对于浮顶罐，为了排除雨水，其上层顶板做成向中心坡向，再由可折的排水管引至罐底排水孔排出；而其下层顶板中心则比周边略高，以便收集油蒸气。双层浮顶中间隔有一层空气，它可起很好的隔热作用，减少了大气温度对油品的影响，但双层浮顶钢材用量大，并且结构复杂。

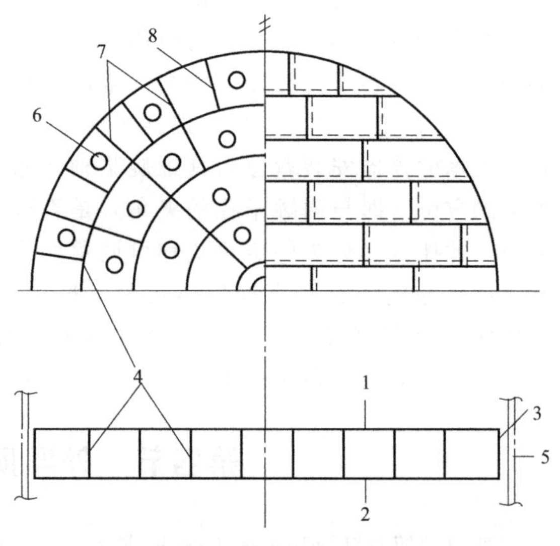

图 2-39　双盘结构示意图

1—浮船顶板；2—浮船底板；3—浮船外边缘侧板；4—环形隔板；5—罐壁板；6—船舱人孔；7—船舱隔板；8—船舱桁架

对于 5000m^3 以上油罐，双盘式材料消耗和造价都较高，不如单盘式浮顶经济。单盘式浮顶的周边为环形浮船，环形浮船由隔板分隔成若干个互不渗漏的舱室，其所围的面积由单层钢板覆盖。单盘式浮盘如图 2-40 所示。

2. 浮盘密封

浮顶外缘环板与罐壁之间有 200～300mm 的间缝（大型浮顶罐可达 500mm），其间装有固定在浮顶上的密封装置。密封装置既要压紧罐壁，以减少油品蒸发损耗，又不能影响浮顶随油面的上下移动；密封装置应有良好的密封性能和耐油性能，坚固耐用、结构简单、施工和维修方便、成本低廉；密封装置的优劣对浮顶罐工作可靠性和降耗效果有重大影响。

密封装置的形式很多，我国原油储罐浮盘密封起初的结构形式是以“一次密封＋挡雨板”为主，为减少油气挥发损耗，于 1994 年开始逐步使用二次密封。2006 年之后的一段时间内，我国的原油储罐发生了数起雷击密封爆燃事故，这些事故发生的主要原因是机械密封

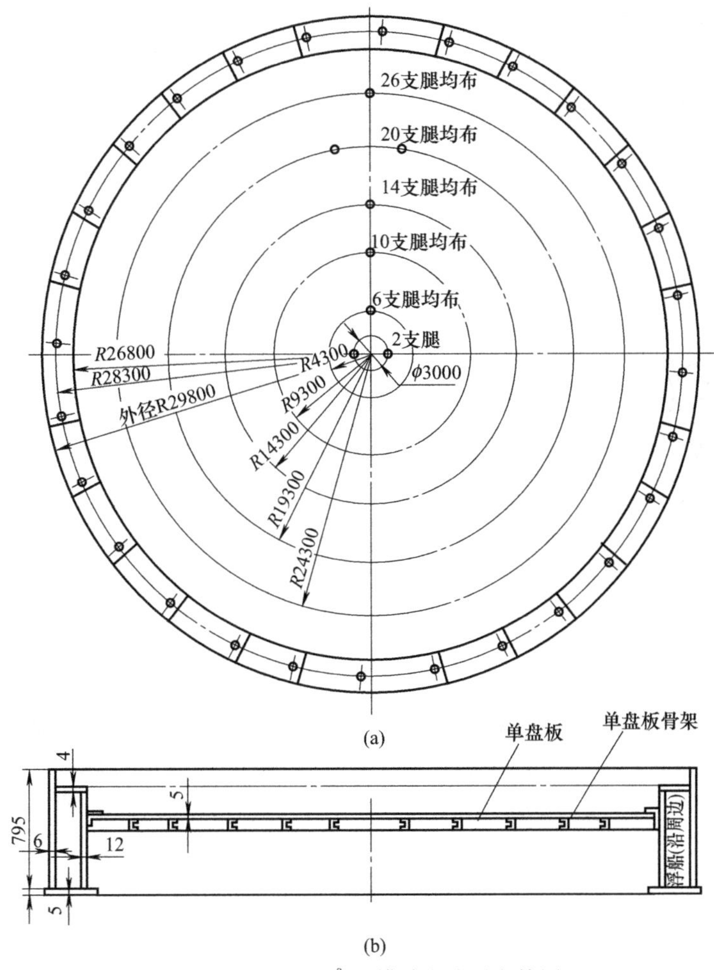

图 2-40　50000m^3 油罐单盘式浮盘简图

在遭受雷击后金属构件发生了放电。自此之后，我国开始逐步将机械密封更换为软泡沫弹性填料密封或充液管式密封，也有的使用唇式密封或迷宫式密封。只使用上述任何一种形式的密封，一般称为单密封。为了进一步降低油品蒸发损耗，又在单密封的基础上再加上一套密封装置，称为二次密封。国标规定，一次密封宜采用软泡沫弹性填料密封、充液管式密封、机械密封三种密封形式之一。

(1) 机械密封

机械密封主要由金属滑板、压紧装置和橡胶织物三部分组成。金属滑板用厚度不小于1.5mm 的镀锌薄钢板制作，高约 1m～1.5m；其在压紧装置的作用下，紧贴罐壁，随浮顶升降而沿罐壁滑行。密封板的上边缘和下边缘都向油罐内部卷折，在浮顶升降时，以便密封板能顺利地通过环向焊缝。金属滑板的下端浸没在油品中，上端高于浮船顶板，在金属滑板上端与浮船外缘环板上端装有涂过耐油橡胶的纤维织物，使浮船与金属滑板之间的环形空间与大气隔绝。根据压紧装置的结构，机械密封又分为重锤式机械密封（图 2-41）、弹簧式机械密封（图 2-42）和炮架式机械密封。机械密封都是用耐油的橡胶织物来密封浮顶与罐壁之间空隙的，利用重锤或弹簧的机械作用力，使橡胶织物紧贴在罐壁上，并使之随浮顶升降。机械密封的优点是，金属滑板不易磨损。它的缺点是，在密封构件的下面存在着一定的油气体空间，密封构件不可能完全紧贴罐壁；同时机械密封的加工和安装工作量大，在使用过程中，容易发生密封材料腐蚀和失灵；尤其是大容积浮顶油罐直径公差绝对值大和其基础不均匀沉陷造成的油罐变形也大，致使机械密封更容易出现密封不严或与罐壁卡住等现象。因此，机械密封正逐步被其他性能更好的密封装置所取代。

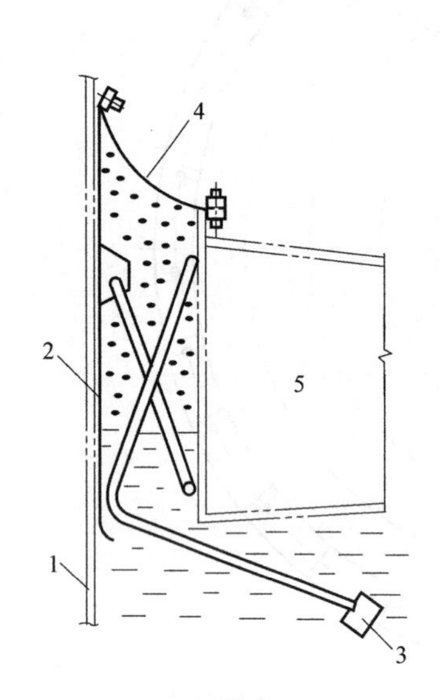

图 2-41 重锤式机械密封装置

1—罐壁；2—金属滑板；3—重锤压紧装置；4—橡胶纤维织物；5—浮船

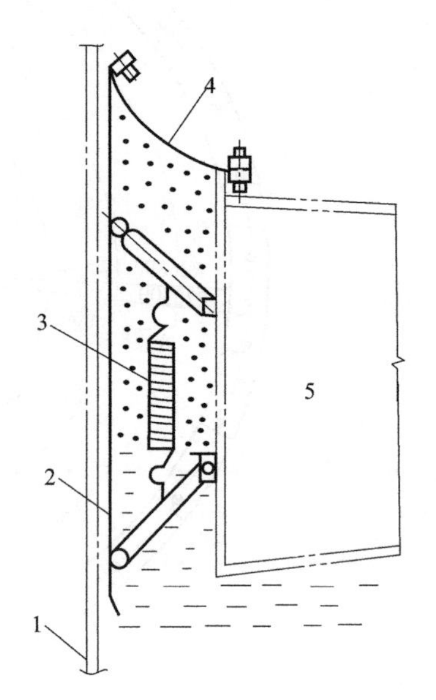

图 2-42 弹簧式机械密封装置

1—罐壁；2—金属滑板；3—弹簧压紧装置；4—橡胶纤维织物；5—浮船

(2) 软泡沫密封装置

软泡沫密封装置如图 2-43 所示。它用橡胶袋包裹软泡沫塑料块，使泡沫塑料不直接浸入油中。尼龙布袋作为与罐壁接触的滑行部件，利用软泡沫塑料块的弹性压紧罐壁，以达到密封要求。橡胶袋使用厚度不小于 1.5mm 的具有内部加强的编织物的合成橡胶制作，使用寿命不应低于 15 年。泡沫塑料采用软质聚氨酯泡沫塑料，其截面可以采用圆形、八角形或其他适宜的形状。支撑板和压板采用镀锌钢板，支撑管采用镀锌钢管制。

这种密封装置具有浮顶运动灵活、严密性好、对罐壁椭圆度及局部凸凹不敏感等优点。实践证明，在浮船与罐壁的环形间隙为 250mm 时安装的弹性填料密封，当间隙在 150～

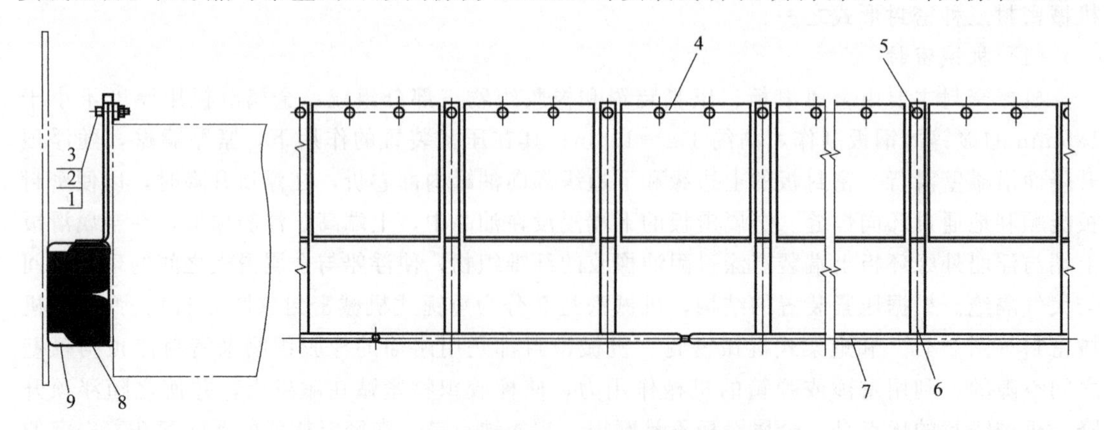

图 2-43 软泡沫一次密封装置结构示意图

1—垫圈；2—螺母；3—螺栓；4—压板 1；5—压板 2；6—支撑板；7—支撑管；8—泡沫塑料；9—橡胶袋

300mm之间变化时均能保持良好密封。软泡沫密封的缺点是耐磨性差，因此，安装这类密封装置的油罐内壁多喷涂内涂层，这样既可防腐又可减少罐壁对密封装置的磨损。此外，在长期使用时，由于被压缩的软泡沫塑料产生塑性变形，其密封效果将逐步降低。

若装有软泡沫塑料的橡胶尼龙袋全部悬于油面之上，则称为气托式弹性填料密封；若橡胶尼龙袋部分浸入油品，则称为液托式弹性填料密封。同气托式比较，液托式密封件容易老化，但不存在连续的环形气体空间，降低蒸发损耗的效果更显著。SY/T 0511.4—2010规定，一次密封装置应采用浸液式结构。

采用软泡沫密封装置时，在其上部常装有防护板，又称风雨挡，对密封装置起到遮阳防老化和防雨、防尘的作用。防护板由镀锌铁皮制成，其与浮船之间用多根导线连接，以便导走静电。

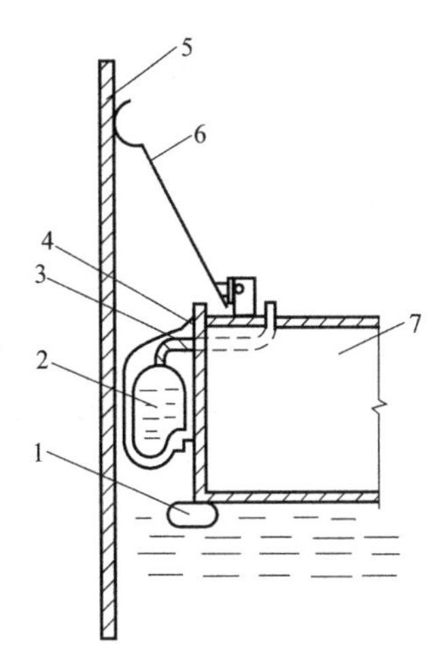

图2-44 充液管式密封装置
1—限位板；2—密封管；3—充液管；4—吊带；5—罐壁；6—防护罩；7—浮船

(3) 充液管式密封

鉴于弹性密封材料有以上缺点，大型浮顶油罐改用了充液管式密封装置。管式密封装置是由密封管、吊带、充液管、防护板等组成的，如图2-44所示。密封管由两面涂有丁腈-40橡胶的尼龙布制成，管径一般为300mm，管内充填10号柴油或水，由吊带固定于浮顶与罐壁之间的环形空间，吊带与罐壁接触部分压成矩齿形，以防毛细抽吸作用，并能起到刮蜡作用。当浮盘横向移动或升至罐壁变形位置时，浮盘间距狭窄处的充液管受到挤压而流向浮盘间距较大的位置，这种自由的补偿流动使密封与罐壁始终保持良好的接触。密封管受压时，管内液体可自由流动，不会受到密封管与罐壁之间的空间发生不规则变化的影响，因而密封性能稳定，浮顶运动灵活。

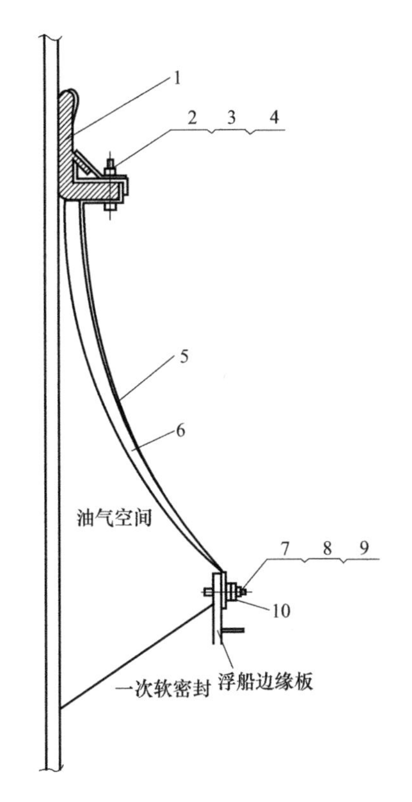

图2-45 机械型二次密封装置结构示意图
1—密封刮板；2,7—螺栓；3,8—螺母；4,9—垫圈；5—压板；6—油气隔膜；10—槽形压板

管式充液密封与储存的油品接触，没有油气空间，加之其自动补偿流动的特点，可以说是最理想的一次密封。

(4) 二次密封装置

上述密封装置可以单独使用，也可以同附加密封装置一起使用；两者共同使用时，上述密封装置称为一次密封，附加密封装置称为二次密封。

二次密封装置（secondary seal）是指设置在一次密封装置之上、对从一次密封装置泄漏出来的油气进行再一次密封的装置。二次密封装置由油气隔膜、压板、密封刮板等组成，见图2-45。油气隔膜是浮盘外缘和罐内壁之间二次密封环形空间的主要密封元件；密封刮板是安装在压板上部，与罐壁接触，实现对罐壁静密封和动密封的元件，通常用橡胶制造；压板设置在油气隔膜之上，对其提供支撑和保护，同时向密封刮板提供压紧力。

二、外浮顶罐附件

1. 支柱套管和支柱

浮盘设计沿环向均匀布置有支柱套管。检修时，支柱套管内装上支柱。支柱套管和支柱应能承受浮顶重量和 1.2kPa 的均布附加荷载。支柱套管贯穿浮盘，并在贯穿浮顶处做局部加强。支柱套管上部高出浮盘 900mm，端部设有法兰，平时用盲板和密封圈封死。浮盘以下支柱套管长度一般为 500mm，并确保浮顶在处于其最低位置时，所有罐的附属设备，如搅拌器，内部管线和进油管都不与其相碰。

当需对内浮盘或油罐底部进行检修时，考虑到人体的高度和维修操作的方便，一般将浮盘控制在距罐底 1.8～2.0m 高度。方法是使用外径小于支座套管内径（间隙应稍大些）的无缝钢管制作的支柱。每个支柱一端设有与支柱套管法兰相同型号的法兰。如需要将浮盘控制在检修高度，可先使浮盘停留到带芯人孔下缘部位，然后打开带芯人孔进入浮盘上面，取下支柱套管顶端的盲板，将备用支柱插入套管，并将支柱上的法兰与套管上的法兰用螺栓连接紧固。支柱套管和支柱结构见图 2-46。

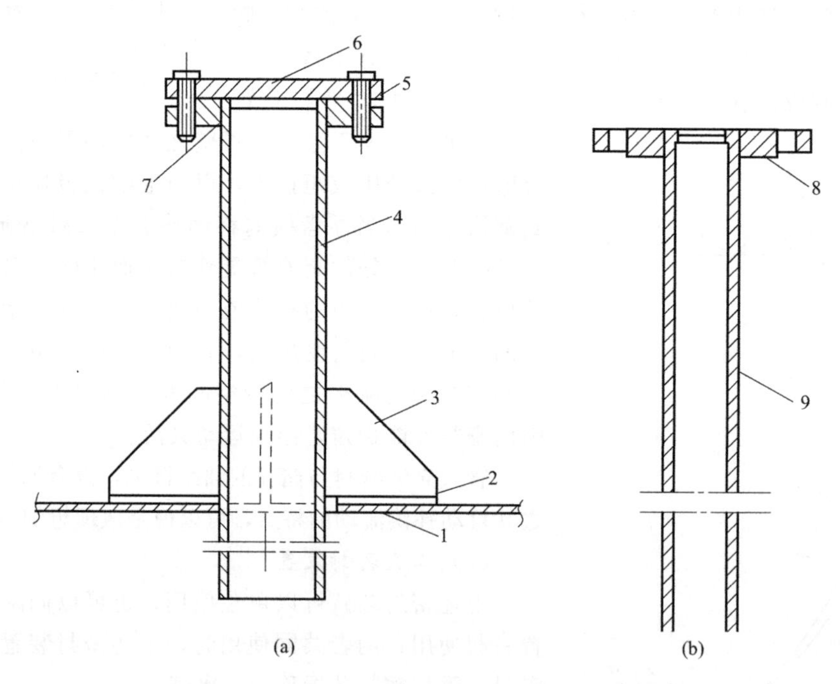

图 2-46 支柱套管和支柱结构

1—浮盘板；2—补强圈；3—筋板；4—支柱套管；5—密封垫圈；6—盲板；7,8—法兰；9—支柱

支柱数量很多，以 ϕ60m/50000m^3 外浮盘为例，共安装了 146 套，采用的支柱套管为 ϕ114mm×6mm 无缝钢管。

2. 导静电装置

静电导出装置一路是采用了两条裸铜复绞线，分别从外浮盘顶面顺着浮动扶梯两侧，将浮盘上的静电通过裸铜复绞线及油罐罐顶平台导出；另一路是通过浮舱顶部，用 TJR-10 型裸铜导线将另一端连接在两次密封顶端的金属件上，由与罐壁相接触的二次密封的端部导静电杆将浮盘上的静电导出。

3. 泡沫挡板

外浮盘在油罐侧壁板与浮舱上部设有一圈泡沫挡板，一旦在环状区域形成了火灾，泡沫挡板就可使泡沫灭火装置所产生的泡沫停滞在环形空间，将油气与空气隔绝，从而达到初期灭火的效果。

泡沫挡板目前一般是用厚4mm以上的钢板组成的，布置在浮盘顶部浮舱圆周上，高度1000mm。

4. 转动浮梯及轨道

浮顶与罐壁顶部平台之间应设置转动浮梯（rolling ladder）。浮梯的上端通到罐顶的量油平台上，利用活动铰链连接，浮梯的下端有两个导轮，随着浮盘的升降，可在浮盘顶面的浮梯导轨上做前后伸缩滑动。沿浮梯全长两侧应装设栏杆和扶手。浮梯上的踏板下部设有同步的呈平行四边形的四连杆机构，能确保踏板随浮梯的前进与后退（即浮盘的升降）自动变换倾角，始终保持踏板处于水平状态，一般浮梯最多只能上4人，连同所携物品不超过450kg，梯子全部用金属制造。

此外，为了防止浮梯滚轮滚动时产生火花，引起油气爆炸事故，浮梯滚轮外缘应采用摩擦或碰撞时不产生火花的材料，通常采用厚度为5mm的黄铜H62材料制作。转动浮梯通道净宽度不应小于650mm。当浮顶处于最低位置时，转动浮梯的仰角不宜大于55°。

浮梯轨道高架于外浮盘单盘板之上，以角钢作为导轨；通常两导轨间有铺板，可加强结构整体性，铺板上钻有均布的ϕ20mm孔，用于排放积水。

5. 浮顶排水管

外浮顶罐的浮顶直接暴露于大气中，落在浮顶上的雨雪不及时排除就有可能造成浮顶沉没。浮顶排水管（primary roof drains）就是为了及时排放汇集于浮顶上的雨水而设置的。上端和浮盘上的集水坑相连，下端和通向罐外的排水阀相连；浮顶上的雨水集中于集水坑，通过排水管排向罐外而不污染油品。单盘式浮顶排水管进水口应设置单向阀，单向阀应设置在集水坑内，阀前应有过滤装置。浮顶排水管系统主要组成部分为过滤罩、集水坑、单向阀、连接管、旋转接头（或挠性接头、挠性管）、管件和截断阀等。

排水管规格及数量应根据建罐地区的降雨强度按浮顶处于支撑状态确定。排水管由几段浸于油品中的钢管组成，管段与管段之间用活动接头或挠性接头（短管）连接，可以随浮顶的高度而伸直和折曲，如图2-47（a）～（c）所示。旋转接头应有良好的密封性能和足够的强度，且转动灵活。

目前也有采用挠性软管制作浮顶排水管的，如图2-47（d）所示。挠性软管排水系统是以橡胶软管作为主体，以不锈钢或聚酯纤维材料作为耐磨保护外套的柔性软管排水系统。挠性软管通过两端接头上的ANSI凸面法兰与其他管道或者软管连接，其使用寿命比折管更长，但成本更高；根据油罐直径的大小，每个罐内可以设1～3根排水管；用于浮顶排水管的挠性管或挠性接头应具有足够的抗外压能力。浮顶排水管在任何位置均不得与罐内部件相碰撞；当采用整条挠性管时，应采取有效保护措施。

6. 紧急排水装置

有暴雨的地区，双盘式浮顶上还应设置紧急排水装置（emergency roof drains）。紧急排水装置的规格及数量应根据建罐地区的降雨强度确定。紧急排水管的功能就是在外浮盘集水坑因被堵塞或排水不畅，或者遇到超出设计规定的雨水积存下来达到预定的高度时，使雨水可通过紧急排出管及时将雨水排入罐内，以免浮船沉没。紧急排水装置应具有水封及防止储

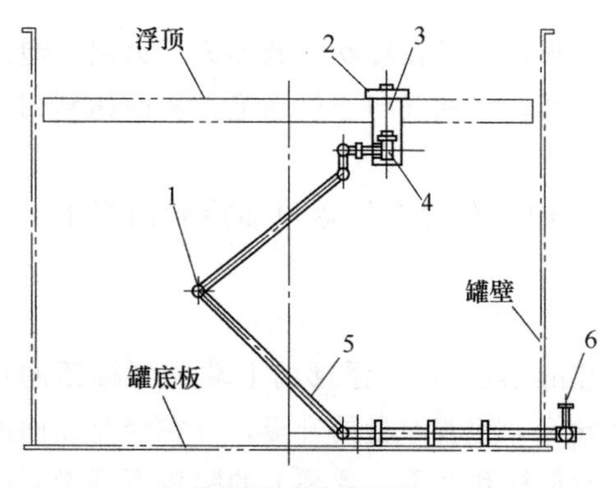

(a) 旋转接头排水管系统

1—旋转接头；2—过滤罩；3—集水坑；
4—单向阀；5—连接管；6—截断阀

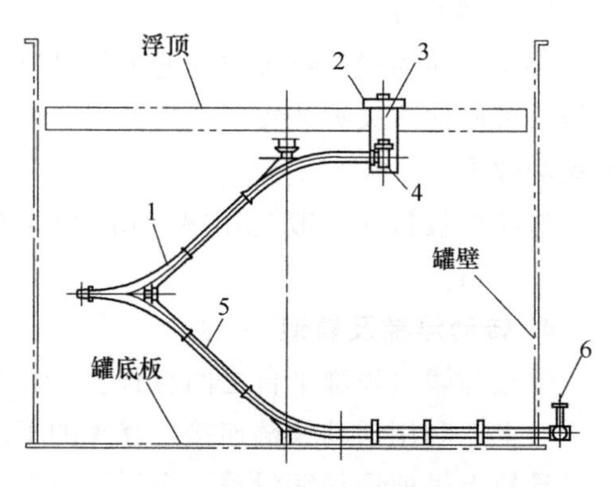

(b) 挠性接头(外曲型)排水管系统

1—挠性接头；2—过滤罩；3—集水坑；
4—单向阀；5—连接管；6—截断阀

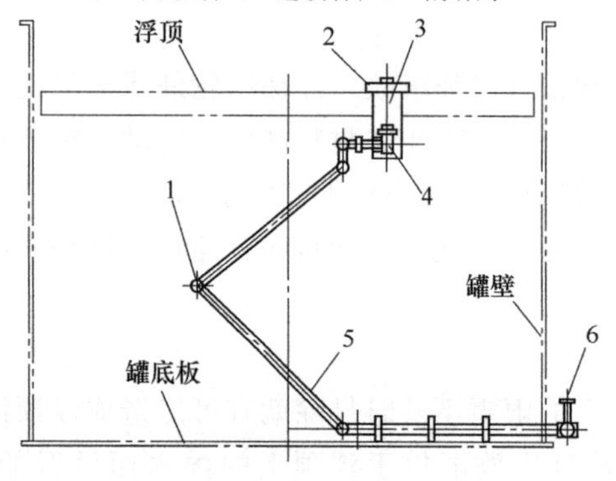

(a) 旋转接头排水管系统

1—挠性接头；2—过滤罩；3—集水坑；
4—单向阀；5—连接管；6—截断阀

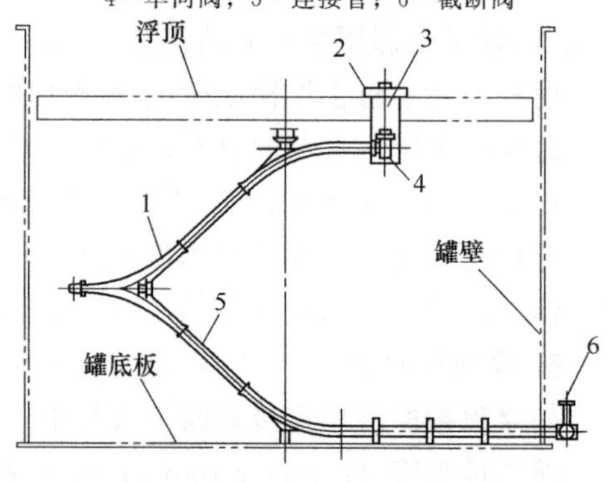

(b) 挠性接头(外曲型)排水管系统

1—挠性管；2—过滤罩；3—集水坑；
4—单向阀；5—连接管；6—截断阀

图 2-47 浮顶排水管系统示意图

液倒流的功能。

双盘式浮顶紧急排水装置的安装高度，应使外边缘板至少高出浮顶最高积水液面 50mm。紧急排水装置经常是三套为一组，平均分布于外浮盘上。

7. 量油导向管

对于浮顶罐和内浮顶罐，进行检尺、采样等作业时，工具必须经过浮顶，因而使得量油孔下必须连接一根钢管穿过浮盘直插罐底部，该管还兼有保持浮盘居于中心位置并防止转动的导向及限位作用，故称为量油导向管。

量油管上部除了量油孔外，有的还与量油孔并列设置接管；接管上可以安装液面计、测试温度用的检测元件以及其他传感元件等。

量油导向管的结构见图 2-48。为避免浮盘升降时与导向管摩擦产生火花，在浮盘上安装有导向轮座和铜制导向轮；为防止油品泄漏，导向轮座与浮盘连接处以及导向管与罐顶连接处都安装

量油孔
填料箱
罐顶
导向轮
内浮盘
罐底

图 2-48 量油导向管结构

有密封填料盒和填料箱。

在浮盘上需要配置导筒与量油管相配合。

8. 自动通气阀

浮顶上应装设自动通气阀（automatic bleeder vent）。自动通气阀数量和流通面积应按收发油时的最大流量确定。当浮顶处于支撑状态时，通气阀应能自动开启；当浮顶处于漂浮状态时，通气阀应能自动关闭且密封良好。

自动通气阀的作用：一是空罐进油时，罐内气体受压，当气体压力达到某一程度时，通气阀会自动开启，将气压过大的气体排出；二是在外浮盘下降到达要用支腿支承浮盘时，如继续排油，油罐内的气压会随着液体的继续排出减少而形成负压，对外浮盘造成损坏，此时通气阀应能自动开启。

自动通气阀主要由阀体、阀盖、阀杆组成。其阀体与浮盘焊接，阀杆与阀盖焊接。阀杆通过阀体内的定位阀套将阀盖支撑在阀体上部，安装时是开启状态，开启高度应使阀盖和阀体之间的流通面积大于阀体通径提供的流通面积。浮盘上升时，阀盖自动落下，与阀体密封圈密封；浮盘运行到浮盘底部时，其阀杆先与罐底接触，将阀盖自动顶开。因此，有效避免了浮盘内产生超压或真空。

阀体采用衬铜环为密封口；阀盖与阀体之间采用软铜复铰线为导静电线；阀体内部、阀套采用铜管作衬管，以防雷击导静电，使浮盘安全运行、保证生产。

自动通气阀在外浮顶罐和内浮顶储罐浮盘上均有安装。

9. 浮顶人孔

浮顶上应至少设置两个人孔，以方便检修时人员在浮顶上下之间通行。人孔的内直径不应小于 600mm；人孔的安装高度不宜小于 300mm；人孔内应设置直梯，直梯下端距罐底板之间应留有足够的距离。

10. 刮蜡装置

对罐壁上可能产生凝油的油罐应装设刮蜡装置。刮蜡装置可采用机械刮蜡装置，如图 2-49 所示。主梁固定在浮顶下表面，重锤重量通过四连杆机构和杠杆作用，在横梁上产

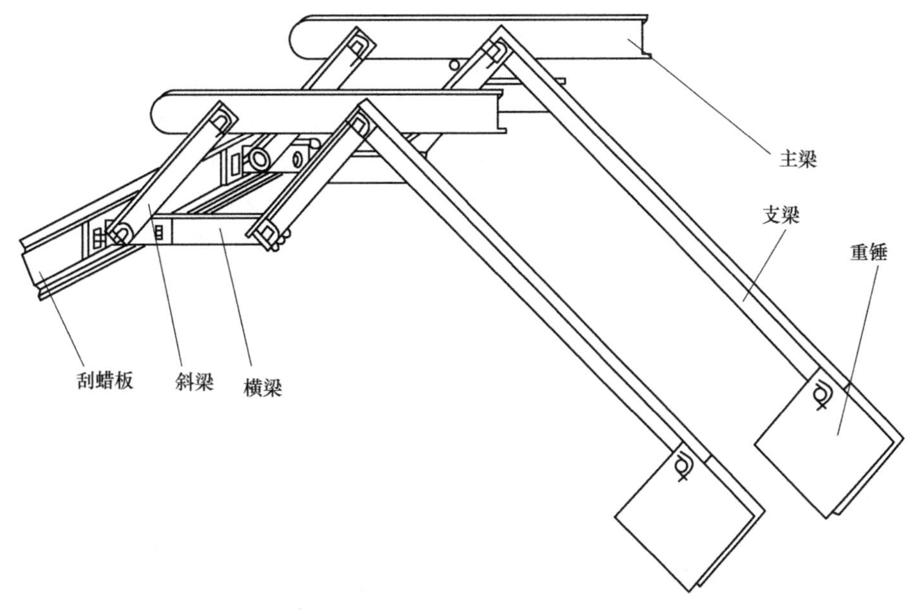

图 2-49　机械刮蜡装置

生较大的水平推力，将刮蜡板压紧于油罐内壁，在浮顶以升降式进行刮蜡。刮蜡装置不得影响浮顶的正常运行，且不得与罐内任何附件相碰。

三、内浮顶罐及其专用附件

内浮顶罐是在固定顶罐内部再加上一个浮动顶盖的储罐，主要由罐体、内浮盘、密封装置、导向及限位装置、静电导线、通气孔、高液位警报器等组成。

内浮顶罐与浮顶罐储液的收发过程是一样的，但内浮顶罐不是固定顶罐和浮顶罐结构的简单叠加，它具有独特的优点。概括起来，内浮顶罐有以下优点：

① 大量减少蒸发损失，内浮盘漂浮于液面上，使液相无蒸发空间，可减少蒸发损失85%～90%。

② 由于液面上有内浮盘的覆盖，使储液与空气隔开，故大大减少了空气污染与着火爆炸的危险，易于保证储液的质量，特别适用于储存高级汽油和喷气燃料，亦适合存有毒的石油化工产品。

③ 由于液面上没有气体空间，故减轻了罐顶和罐壁的腐蚀，从而延长了罐的使用寿命，特别是对于储存腐蚀性较强的储液，效果更为显著。

④ 在结构上可取消呼吸阀、喷淋等设备，并能节约大量冷却水。

⑤ 易于将已建拱顶罐改造为内浮顶罐，投资少、见效快。

虽然在有些情况下可以采用浮顶罐来代替拱顶罐，但内浮顶罐与外浮顶罐比较仍具有以下优点：

① 因上部有固定顶，能有效地防止风沙、雨雪或灰尘污染储液，所以在各种气候条件下都能正常操作，在寒冷多雪、风沙较盛及炎热多雨地区储存高级汽油、喷气燃料等严禁污染的液体特别有利，可以绝对保证储液的质量，有“全天候储罐”之称。

② 在密封相同的情况下与浮顶罐相比，可以进一步降低蒸发损耗，这是因为固定顶盖的遮挡以及固定顶盖与内浮盘之间的空气层比双盘式浮顶具有更为显著的隔热效果。

③ 由于内浮顶罐的浮盘不像浮顶罐那样上部是敞开的，因此不可能有雨雪载荷，故浮盘上负荷小、结构简单、轻便，同时在罐构造上可以省去中央排水管、转动浮梯、挡雨板等，易于施工和维护。密封部分的材料可以避免由于日光照射而老化。

④ 节省钢材。公称容量在10000m^3以下的油罐，内浮顶油罐要比浮顶油罐的耗钢量少，这是因为内浮顶罐的油罐附件比外浮顶罐少得多。由于有固定顶盖的遮挡，浮盘上不会聚积雨水，而且可以避免风沙、尘土对油品的污染，因而不必设置排水折管、紧急排水口；由于操作人员不宜进入固定顶与浮盘之间的空间操作，因而不必设置转动扶梯及扶梯导轨；由于有固定顶，因而中小型罐不必设置抗风圈和加强圈。这样，尽管内浮顶罐增加了固定顶，但其钢材耗量并未增加，同外浮顶罐比较还略有减少。但是当油罐公称容量大于10000m^3时，油罐固定顶重量将大大增加。这时，内浮顶罐钢材消耗量将大于相同容积的浮顶罐。考虑到固定顶刚度问题，GB 50160等标准规定储存甲B、乙A类可燃液体内浮顶储罐直径不应大于48m。

1. 内浮顶油罐的结构

图2-50为内浮顶油罐结构图，从图中可以看出，内浮顶油罐罐体外形结构与拱顶油罐大体相同。与浮顶油罐相比较，它多了一个固定顶，这对改善油品的储存条件，特别是对防止雨水杂质进入油罐和减缓密封圈的老化有利。同时，内浮顶也能有效地减少油品损耗，所

以，内浮顶油罐同时兼有固定顶油罐和浮顶油罐的优点。

从耗钢量比较，虽然内浮顶油罐比浮顶油罐增加了一个拱顶，但也省去了罐壁与罐顶周围的抗风圈、加强环、滑动扶梯和折水管等，因此钢材总耗量仍略少于浮顶油罐。目前大量内浮顶油罐新建投产，主要用于储存汽油、煤油。

由于前已叙述了拱顶油罐和浮顶油罐的结构，故本节主要介绍内浮顶油罐的内浮盘和内浮顶油罐专用附件。

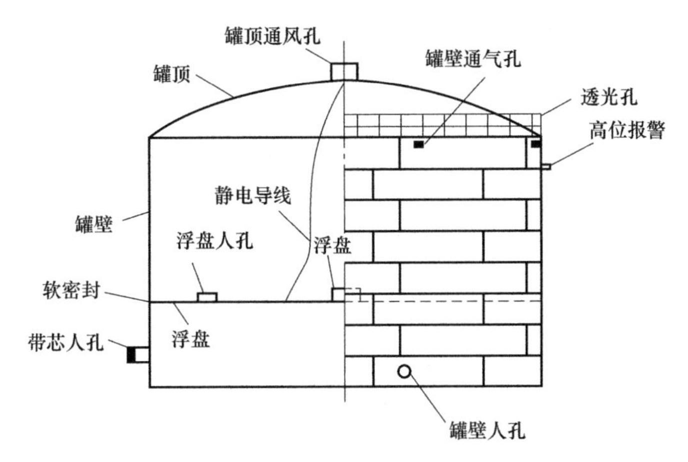

图 2-50 内浮顶油罐结构示意图

2. 内浮顶

内浮顶储罐浮顶按照结构形式分为单盘式内浮顶、双盘式内浮顶和浮筒式内浮顶。

GB 50341《立式圆筒形钢制焊接油罐设计规范》规定，内浮顶应设置固定的或可调节的浮顶支柱。当内浮顶处于最低支撑高度时，浮顶及其以下附件不得互相碰撞；当浮顶处于最大设计液位高度时，支柱不应与固定顶相碰撞。而 API 650《钢制焊接石油储罐》附录 H 规定，除非买方规定使用固定支柱，否则浮顶应具有可调节的支柱，以提高储罐利用率。

用于内浮盘的材料，除钢材外还有铝材、玻璃钢、硬泡沫塑料以及各种复合材料等，国内主要是碳钢、不锈钢和铝材。对于储存Ⅰ、Ⅱ级毒性液体的内浮顶储罐和直径大于 40m 的甲 B、乙 A 类液体内浮顶储罐，不得采用易熔材料制作的内浮顶；直径大于 48m 的内浮顶储罐，应选用钢制单盘式或双盘式内浮顶。

单盘式内浮顶和双盘式内浮顶与外浮顶大同小异，这里主要介绍铝浮盘。

采用铝材的好处是可防止污染储液（如高级油品），节约钢材，质量轻，内浮盘不会沉没，耐腐蚀性能好。

铝浮盘又称铝浮筒式组装浮盘，是 20 世纪 90 年代我国发展起来的一种全新的浮盘结构，全面克服了传统浮盘的缺点；这种新型浮盘结构，用正六边形放射骨架，将浮力元件与独立的骨架结构镶嵌，形成蛛网状，如图 2-51 所示，然后在骨架上面装配铝盖板。

铝浮盘包括如下主要部件。

① 浮力元件：浮筒；

② 框架组件：主梁、定位梁、附件梁、边缘框架、压条及密封压条等；

③ 盖板：铺板；

④ 支腿：支柱及尼龙柱脚；

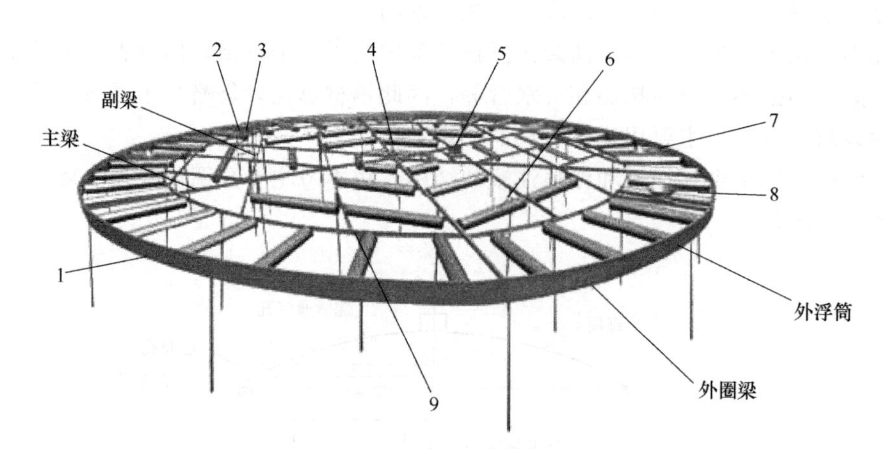

图 2-51 铝制内浮盘结构

1—边缘框架；2—压条；3—附件梁；4—定位梁；5—人孔；6—浮筒；7—边缘浮筒；8—量油孔；9—支腿

⑤ 连接元件：主梁连接件、压条连接件、浮管连接板、浮管卡子、不锈钢紧固件等；

⑥ 密封装置：密封胶带，采用囊式密封结构，根据所储存的介质选择不同材质的密封带；

⑦ 附件：人孔、人孔梯子、工具板、防旋转装置、防静电导线、自动通气阀、量油孔、液位计装置等。

铝浮盘与国内外传统井字形浮盘相比，存在一系列显著优势，使得近年来发展迅速。

铝浮盘的技术性能及特点主要表现在以下几方面。

① 浮筒式组装浮盘在结构上打破了传统浮盘的结构模式，采用仿生学原理，浮盘骨架形成蛛网状，将浮力元件安装在辐射状骨架内，使浮子排成正六边形，大大增加了浮盘的结构强度，且能保持浮盘单位面积所受浮力均匀。

② 浮筒封头采用特殊设计并经过多次实验后确定的成熟方案，使浮子的结构合理、焊接牢固。

③ 浮筒规格、数量方面打破了传统浮盘长度不一、规格不齐的状况，全部采用标准化、规范化、通用化的浮子，大小浮盘完全一致，运输、安装、维修十分方便；浮子直径仅185mm，浮盘在运行时，浮盘下的油气空间小，介质的蒸发饱和空间小，因此浮盘的节能降耗、保护环境、预防火灾效果十分显著。

④ 浮盘运行的稳定性能优越，不会发生卡盘、倾盘和沉盘。由于浮盘的多边形结构，浮盘在运行时，浮子、边缘梁、附件等没入液体中，将液面分割成若干个独立的空间，当罐内液体波动时，这些空间能对液体的波动产生阻尼作用，从而迅速降低和消除冲击波，使得浮盘运行平稳。

⑤ 浮盘采用独立的外圈设计，能很好地将浮盘上、下运行时浮盘周边密封带与罐壁产生的摩擦力均匀分载，使浮盘运行时整体的平稳性能提高。

⑥ 拥有完整的静电导出系统，对地泄漏电阻小于10Ω。

⑦ 维修性能好。浮盘浮力元件与浮盘骨架各自独立，维修时，可以做到点对点，无需将整个浮盘进行拆装。

⑧ 操作安全。装配式铝制内浮盘采用焊接的浮筒作为浮力元件，在运行过程中不会沉盘，即使个别浮筒漏损也不会沉盘；而钢浮盘一旦漏损就会出现沉盘、卡盘事故。

⑨ 浸没深度小。钢浮盘由于重量大，在油品中浸没深度大，故铝浮盘可以比钢浮盘提高至少 100mm。

3. 内浮顶油罐罐体专用附件

(1) 通气孔

虽然内浮顶储罐液面大部分为内浮顶覆盖，但仍会有油气从浮盘密封逸出。另外浮盘下降时，黏附在罐壁上的油膜也要蒸发，故在浮盘与拱顶间的空间，仍会有油蒸气积聚。对于无密闭要求的内浮顶储罐，应设置环向通气孔，以及时稀释并扩散这些油气，防止油蒸气浓度增大到燃、爆极限。

环向通气孔设置在内浮顶罐设计液位以上的罐壁或固定顶上，通气孔应沿圆周均匀分布，最大间距应为 10m，且不得少于 4 个。通气孔的总有效通气面积应满足下式要求：

$$B \geqslant 0.06D$$

式中　B——环向通气孔总有效通气面积，m^2；

D——油罐内径，m。

对于无密闭要求的内浮顶储罐，固定顶中心最高位置还应设置罐顶通气孔（图 2-52），有效通风面积不应小于 $300cm^2$。

环向通气孔和罐顶通气孔上设置有防雨雪罩，并配备 2 目/in 或 3 目/in 的耐腐蚀钢丝网。

罐壁通气孔在储油液位超高和自动报警系统装置失灵时，还兼起溢流作用。

(2) 静电导出装置

内浮顶油罐在作业过程中，由于浮盘与罐壁间采用橡胶、塑料等高绝缘体作密封材料，因此很容易形成静电积聚；故需采用静电导出装置，在浮盘与罐顶光孔间安装两根静电导线。在选用静电导线时，一方面要选择合适的截面积，另一方面要选择足够的强度。

(3) 带芯人孔

内浮顶油罐罐体人孔一般至少设两个，一个与一般油罐一样，设在底部圈板，高度约 700mm，常称为底部位人孔；另一个设在第二圈板中部，高度约在 2.5m 左右，为操作人员进入浮盘上部时用，常称作高部位人孔或带芯人孔，其结构见图 2-53。它在孔盖内加设一

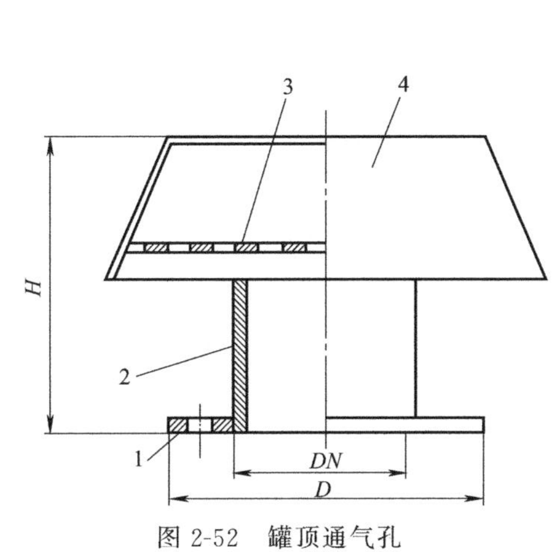

图 2-52　罐顶通气孔

1—法兰；2—中心管；3—防护网；4—顶罩

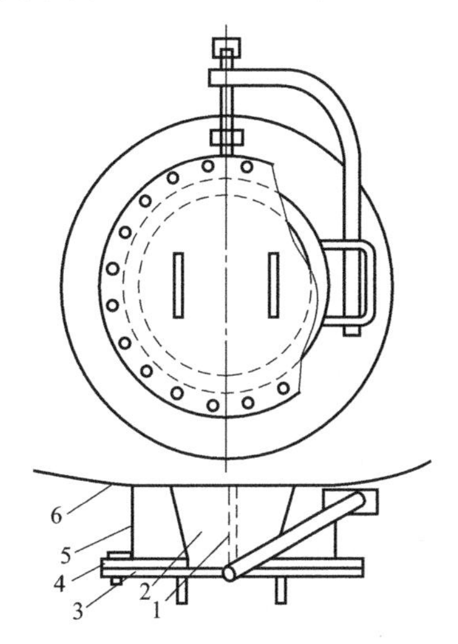

图 2-53　带芯人孔结构

1—立板；2—筋板；3—人孔盖；4—密封圈；5—人孔接管；6—罐壁补强圈

层与罐壁弧度相同的芯板，并与罐壁齐平，其功用是以利于内浮盘升降和密封。为便于启闭，在孔口结合筒体上还装有转臂和吊耳，操作时人孔盖仍不离开油罐。

(4) 内浮盘人孔

在内浮盘上通常设有两个人孔，其作用也是供检修时通风及操作人员进出。

四、外浮顶罐与内浮顶罐系列

外浮顶罐与内浮顶罐系列见表 2-8～表 2-10。

表 2-8 外浮顶储罐系列Ⅰ

序号	公称容积/m^3	计算容积/m^3	罐直径/m	罐壁高/m	浮顶结构	设备总重/kg
1	1000	1077	12.00	9.52	双盘式	36947
2	2000	2095	14.50	12.69	双盘式	549140
3	3000	3051	16.50	14.27	双盘式	74390
4	5000	5424	22.00	14.27	双盘式	123597
5	10000	10111	28.50	15.85	浮船式	198850
6	20000	20420	40.50	15.85	浮船式	327785
7	30000	32158	46.00	19.35	浮船式	508765
8	50000	54520	60.00	19.35	浮船式	899500
9	100000	10019919	81.00	21.10	浮船式	1765000

表 2-9 外浮顶储罐系列Ⅱ

序号	公称容积/m^3	计算容积/m^3	罐直径/m	罐壁高/m	浮顶结构	设备总重/kg
1	1000	1080	12.18	9.56	双盘式	43002
2	3000	2940	16.24	14.32	双盘式	82430
3	5000	5380	22.27	14.31	双盘式	137910
4	10000	9957	28.42	15.90	双盘式	227312
5	20000	20400	40.63	15.90	浮船式	433684
6	30000	294100	44.66	19.07	浮船式	532374
7	50000	51988	58.92	19.07	浮船式	861870

表 2-10 内浮顶储罐系列

序号	公称容积/m^3	计算容积/m^3	罐直径/m	拱顶曲率半径/m	罐高/m		设备总重/kg
					总高	壁高	
1	100	110	5.00	6.00	6.15	5.60	5185
2	200	237.5	6.00	7.20	9.06	8.40	8810
3	300	319	6.50	7.80	10.32	9.60	11580
4	4100	459	7.50	9.00	11.23	10.40	14919
5	500	523	8.00	9.60	11.28	10.40	16000
6	700	712.5	9.00	10.80	12.19	11.20	19720

续表

序号	公称容积/m^3	计算容积/m^3	罐直径/m	拱顶曲率半径/m	罐高/m		设备总重/kg
					总高	壁高	
7	1000	1100	10.80	13.20	13.88	12.69	27830
8	2000	2200	14.00	16.80	15.81	14.27	46150
9	3000	3127	16.00	19.20	17.61	15.85	67150
10	4000	4232	18.10	21.60	18.59	16.63	86710
11	5000	5049	20.00	24.00	18.28	16.08	102025
12	10000	10440	28.00	33.60	20.04	16.96	198735
13	20000	21612	37.00	37.00	25.05	20.10	359000
14	30000	32490	46.00	46.00	25.98	19.55	563300

注：设备总重不包括浮盘部分。

第五节　低温常压储罐

低温常压储罐在石油天然气工业中常用来储存液化天然气和液态烃，GB 50160《石油化工企业设计防火规范［2018年版］》称之为全冷冻式液化烃储罐，通常也俗称为“冷罐”。

低温绝热储运容器以保存低温液化气体的方式来储运气体，这种方式与用高压液化气体和高压压缩气体的方式比较，具有储运压力低、安全性高、储运量大的特点。近年来随着国内石油化工行业和LNG的迅猛发展，国家在低温绝热压力容器的安全技术方面也提出了更高的要求，《固定式压力容器安全技术监察规程》中，将几何容积大于5m^3的低温储存容器划归到第三类压力容器的安全监察范围。

低温绝热方法可以分为普通绝热和真空绝热两大类。

① 普通绝热是一种使用较早的传统的绝热方法，它是在设备、容器、管道的外侧敷设固体多孔性绝热材料，在绝热材料的空隙中充满着大气压力下的空气或其他气体。

② 真空绝热有三种基本类型，高真空绝热、真空粉末绝热及真空多层绝热。自1890年杜瓦发明了杜瓦容器以来，低温容器的绝热性能有了很大的提高，从那以后所有的改进都是在杜瓦原先的概念上进行的，通常都是采用高反射率的表面或一个可以反射和遮挡辐射能量的中间屏来减少辐射传热的。真空粉末绝热是1910年以后出现的，而多层绝热的发展是最近三十年来的事情。现在低温绝热技术的发展已达到相当完善的程度，真空多层绝热的效果最好。目前，各种低温绝热技术已很成熟地应用于大、中、小型低温液体储罐上。

石油化工企业中存在着大量的需要低温储存的物料，这些物料的共同特点是沸点低、饱和蒸气压高（表2-11）。为了减少体积、便于储存，通常将这些物料液化后低温储存。依据《石油库设计规范》，储存沸点低于45℃或37.8℃时的饱和蒸气压大于88kPa的甲B类液体，应采用压力储罐、低压储罐或低温常压储罐。

表2-11　石油化工企业常见液态烃的重要物理性质

序号	低温储存物料	沸点(760mmHg)/℃	临界温度/℃	临界压力/MPa(A)	爆炸极限V/%
1	甲烷	−161.5	−82.1	4.54	5.3/14
2	乙烷	−88.3	32.27	4.73	3.2/12.5

续表

序号	低温储存物料	沸点(760mmHg)/℃	临界温度/℃	临界压力/MPa(A)	爆炸极限V/%
3	乙烯	−103.9	9.9	9.9	3.05/28.6
4	丙烷	−42.17	96.81	4.12	2.4/9.5
5	丙烯	−47.7	91.89	4.45	2.0/11
6	正/异丁烷	−0.5/−11.73	152.01/135.0	58.12/58.12	1.6/8.5
7	天然气	约−162	约−82	4.53	5.3/14

1. 临界温度

某种气体，当超过一定温度时，无论加多大压力都不能使其液化，这一温度称为该气体的临界温度。也就是说，临界温度过低的液体不宜采用加压液化。如甲烷，要使其液化，必须确保操作温度低于其临界温度−82.1℃，否则不可能使其液化。

2. 临界压力

在某气体的临界温度时，给气体加压使其液化所需的最低压力称为该气体的临界压力。即若要使甲烷液化，在操作温度为其临界温度−82.1℃时，还要确保压力达到其临界压力4.54MPa。操作温度越低，液化压力越低；当操作温度达到其沸点（即液化温度）时，液化压力为表压0，绝对压力为1标准大气压。

一、石油化工钢制低温储罐应满足的基本要求

石油化工钢制低温储罐应满足下列基本要求：

① 正常操作条件下应能储存液体和蒸气。

② 应在规定的速率下进料和出料。

③ 汽化应处于可控状态，异常情况下可向火炬排放或放空。

④ 应能维持指定的压力操作范围。

⑤ 除异常情况下开启负压泄放阀外，应能阻止空气和湿气进入。

⑥ 汽化率应满足规定要求，并应避免外表面的冷凝或霜冻。

⑦ 应能限制特定异常作用引起的破坏，且不应导致储液损失。

二、低温储罐分类

石油化工钢制低温储罐按照结构可分为单包容罐、双包容罐、全包容罐和薄膜罐。

1. 单包容罐

单包容罐（single containment tank）也叫单容罐或单防罐，是指只有一个带保冷层的液体主储罐（内罐）的低温储罐；该液体主容器应为自支承式圆筒钢罐；其主储罐能适应储存低温冷冻液体的要求。

内罐如果破裂，则对低温液体与气相物料均不能截留，流出的低温液体将由设置在储罐周围的防火堤进行截留控制，气相物料则扩散至大气。所以单容罐必须有防火堤围护，以容纳可能出现的产品泄漏。

单容罐可按蒸气储罐结构分为单壁单容罐（图2-54）和双壁单容罐（图2-55）。

单壁单容罐的蒸气储罐为穹状钢顶容器。

双壁单容罐的主液体容器为顶部开放的杯状物，蒸气则由环绕主液体容器的气密性金属外

罐来密封。但外罐仅用于密封产品蒸气并保护绝热层，不能储存内罐泄漏出的低温冷冻液体。

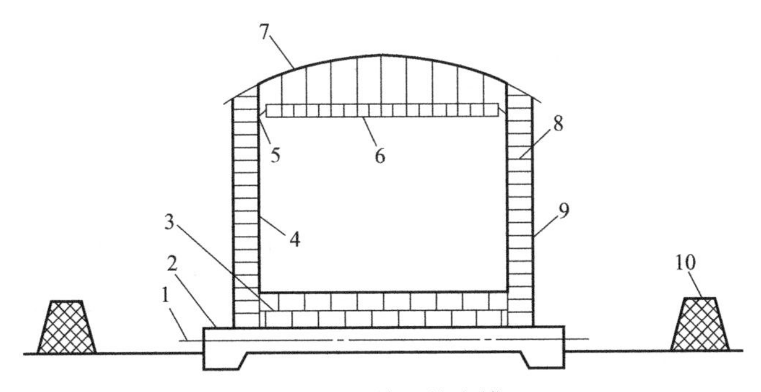

图 2-54　单壁单容罐

1—基础加热系统；2—基础；3—罐底保冷；4—主储罐（钢制）；5—柔性保冷密封结构；6—吊顶（保冷）；7—罐顶（钢制）；8—罐壁保冷结构；9—保冷结构保护层；10—围堰

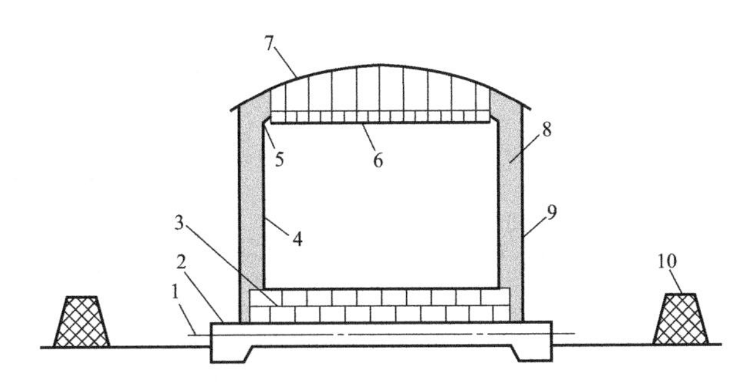

图 2-55　双壁单容罐

1—基础加热系统；2—基础；3—罐底保冷；4—主储罐（钢制）；5—柔性保冷密封结构；6—吊顶（保冷）；7—罐顶（钢制）；8—罐壁松散保冷结构；9—罐壁（钢制）；10—围堰

2. 双容罐

双容罐（double containment tank）是由液体主储罐和能限制泄漏液体但不能限制泄漏气体的次储罐组成的储罐，又称双防罐；主储罐也叫内罐（inner tank），次储罐也叫外罐（outer tank）。

液体主储罐和液体次储罐都能适应储存低温冷冻液体。在正常操作条件下，液体主储罐储存低温冷冻液体；液体次储罐能够容纳内罐泄漏的冷冻液体，但不能限制液体主储罐泄漏的冷冻液体所产生的气体排放。

双容罐可分为由主储罐与钢制次储罐组成的双容罐（图 2-56）和由主储罐与预应力混凝土次储罐组成的双容罐（图 2-57），主储罐和次储罐之间的环形空间间距不宜大于 6.0m。

3. 全容罐

全容罐（full containment tank）是由液体主储罐和既能限制泄漏液体也能限制泄漏气体的次储罐组成的储罐，又称全防罐；液体主储罐和液体次储罐都能适应储存低温冷冻液体，罐顶由外罐支撑。在正常操作条件下，液体主储罐储存低温冷冻液体，液体次储罐既能容纳冷冻液体，又能限制液体主储罐泄漏的冷冻液体所产生的气体排放。

全容罐可分为由主储罐与钢制次储罐组成的全容罐（图 2-58）和由主储罐与预应力混凝土次储罐组成的全容罐（图 2-59）。

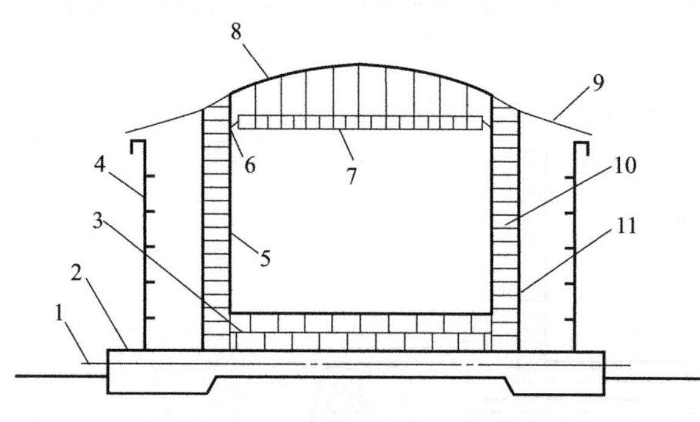

图 2-56　钢制次储罐的双容罐

1—基础加热系统；2—基础；3—罐底保冷；4—次储罐（钢制）；5—主储罐（钢制）；6—柔性保冷密封结构；7—吊顶（保冷）；8—罐顶（钢制）；9—顶盖（防雨）；10—罐壁保冷结构；11—保冷结构保护层

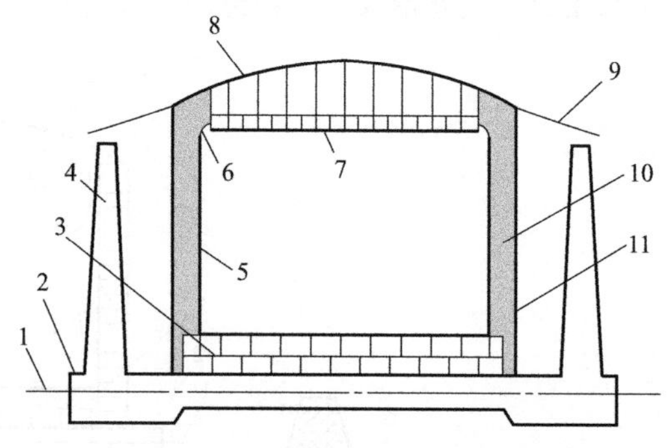

图 2-57　预应力混凝土次储罐的双容罐

1—基础加热系统；2—基础；3—罐底保冷；4—次储罐（混凝土制）；5—主储罐（钢制）；6—柔性保冷密封结构；7—吊顶（保冷）；8—罐顶（钢制）；9—顶盖（防雨）；10—罐壁松散保冷结构；11—罐壁（钢制）

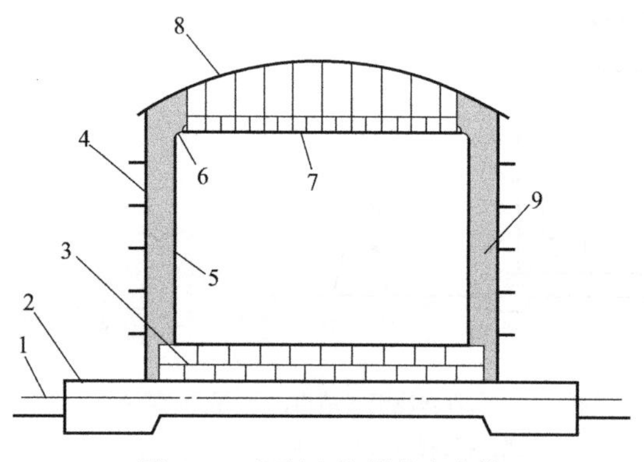

图 2-58　钢制次储罐的全容罐

1—基础加热系统；2—基础；3—罐底保冷；4—次储罐（钢制）；5—主储罐（钢制）；6—柔性保冷密封结构；7—吊顶（保冷）；8—罐顶（钢制）；9—罐壁保冷结构

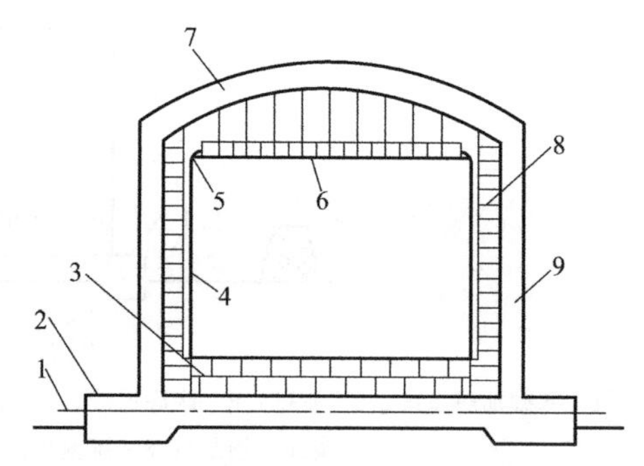

图 2-59　预应力混凝土次储罐的全容罐

1—基础加热系统；2—基础；3—罐底保冷；4—主储罐（钢制）；5—柔性保冷密封结构；6—吊顶（保冷）；7—罐顶（混凝土制）；8—罐壁保冷结构；9—次储罐（混凝土制）

在工作中，可以依据围堰与储罐间的距离判断储罐类型。围堰是低矮的、距主储罐较远的混凝土结构，是一个大直径敞口的可以容纳液相产品的浅池，即为单容罐；围堰距主储罐更近，例如距主储罐的距离小于 6m，形成一个更小直径较深的容纳液相产品的围堰，这个围堰仍然是敞口的，即为双容罐；围堰距主储罐的距离更近（约为 1～2m）时构成了一个外罐，形成了一个更小直径的围堰，而且围堰也不再与大气相通，即为全容罐。图 2-60 是一个 160000m^3 的 LNG 全容罐结构图。

表 2-12 对单容罐、双容罐与全容罐进行了对比。

表 2-12　单容罐、双容罐与全容罐的对比表

比较项目	单容罐	双容罐	全容罐
安全性	中	中	高
占地	多	中	少
结构完整性	低	中	高
操作费用	中	中	低

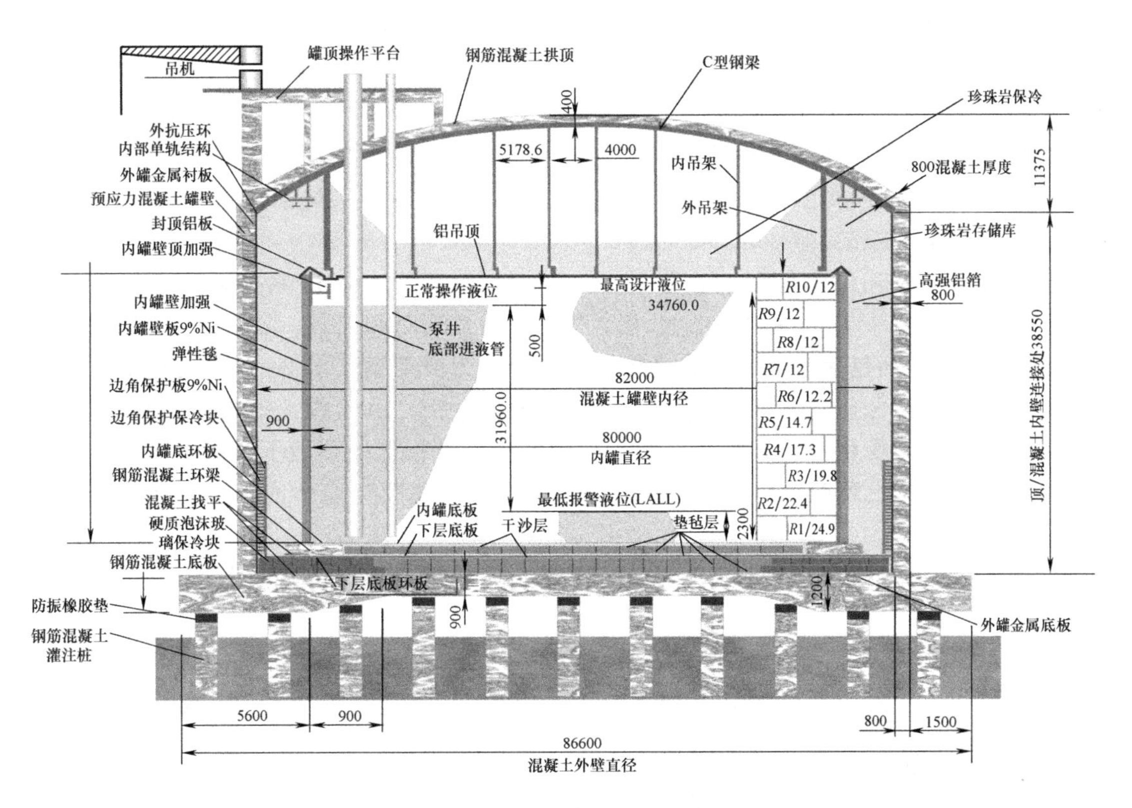

图 2-60　某 160000m^3 LNG 全容罐结构图

由于全容罐具有更高的安全性，能够更加容易实现大型化，因此我国目前低温储罐主要采用全容罐。

4. 薄膜罐

薄膜式 LNG 储罐出现于 20 世纪 70 年代，90 年代日本的 IHI、川崎重工和法国的 GTT 便发展出了 $20\times10^4m^3$ 罐容技术。目前，日本扇岛接收站是最大的一座地下薄膜型 LNG 储罐，采用了薄膜内罐和混凝土外罐的结构，其罐容达到了 $20\times10^4m^3$。

薄膜罐（membrane tank）与全容罐相似，主要由混凝土外罐、薄膜内罐、内外罐之间的绝热系统和其他附件组成。

外罐为自立式的预应力混凝土形式，其功能主要是为内罐的流体静力负载及罐外冲击提供结构阻力。外罐由承台、罐壁和罐顶组成，内侧设置一层衬里，阻隔产品蒸发气和水蒸气，承台下部可根据地质和气候条件设置为电加热或架空结构。在力学计算中，外罐壁和外罐底需共同承受经薄膜内罐和绝热系统传递来的全部产品液压等荷载。

薄膜内罐采用不锈钢膜式结构，最小厚度可达 1.2mm。内罐通过隔热板紧贴外罐体，并将罐内荷载全部传递至混凝土外罐上。通常情况下，应用起皱或深拉拔工艺将不锈钢薄膜加工成纵横交错的网络波纹状，允许在所有荷载条件下的自由伸缩。同时，将薄膜通过埋件锚固到绝热系统或混凝土外罐上，以便在整个储罐寿命期间能够保持位置相对不变。另外，在罐底和罐壁底部区域绝热系统中还设置有非波纹状的二次薄膜，主要用于薄膜内罐泄漏时的设防。

绝热系统的主要功能是限制混凝土外罐与罐内产品之间的热量交换，以确保储罐热蒸发率符合要求，同时，可将罐内荷载从内罐转移至混凝土外罐。绝热系统主要由隔热板和隔气层构成。隔热板材料主要根据热阻性能和力学性能来选择，通常选用可承受压缩荷载的增强聚氨酯泡沫；隔气层的主要作用是防止水蒸气和产品蒸发气渗透至混凝土外罐和罐底，既可实现罐内气密性，又防止了绝热材料受潮，通常选用金属衬里或聚合物隔气层。隔热板处于隔气层和薄膜内罐形成的独立密闭空间中，该密闭空间填充氮气并时刻监测氮气压力，以确保绝热效果和罐内气密完整性。

薄膜技术来源于LNG运输船，分Mark系列和No系列。Mark系列主屏壁为1.2mm厚带纵横方向槽的304L（0Cr18Ni10）板，次屏壁为玻璃布和铝箔，隔热板为聚氨酯泡沫（图2-61）。No系列包括两层薄膜和绝热，主次膜均为殷瓦钢（图2-62）。这种钢材也称为不膨胀钢、因瓦合金、殷钢等，是含36%镍的合金钢。由于殷瓦钢热膨胀系数极低，因此在巨大的温差变化时，其几乎不发生变形，在温度极低的环境下，依然保持良好的强度，并且具有比中碳钢更强的耐腐蚀性。在主次膜和薄膜与船体间均填充珍珠岩绝热材料。

薄膜上承受的所有静荷载和其他荷载都应通过承重绝热层传递到混凝土罐上。

图2-61 Mark系列薄膜结构

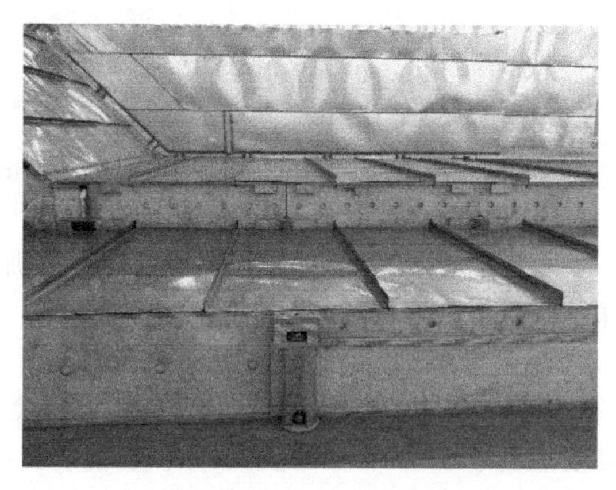

图2-62 No系列薄膜结构

LNG蒸气应由储罐顶密封起来。储罐顶既可采用类似的复合结构，也可采用气密性穹状顶并在悬顶上提供绝热功能。

与全容罐相比，薄膜罐具有以下优势。

(1) 净存储量大

与9%镍钢全容罐相比，薄膜罐设计更为紧凑。以典型的$16\times10^4m^3$储罐为例，罐底部分，全容罐采用泡沫玻璃砖和9%镍钢底板，总厚度约0.8m，而薄膜罐采用的是隔热板和薄膜，总厚度约0.3m；罐壁部分，全容罐采用泡沫珍珠岩和9%镍钢壁板，总厚度约1m，而薄膜罐采用隔热板和薄膜，总厚度约为0.3m；罐顶部分，考虑到珍珠岩沉降问题，全容罐从铝吊顶到承压环顶部预留高度约2.5m，而薄膜罐仅需1.5m。若按常规$16\times10^4m^3$的9%镍钢全容罐外罐尺寸建造薄膜罐，则在高度和直径方向上将分别增加约1.5m的空间，总存储容量可增加约8%。

（2）施工周期短

薄膜罐罐体大部分结构采用模块化设计和建造，无论罐容大小，绝热系统和薄膜内罐均可通过几种隔热板标准件和不锈钢薄膜片标准件组装而成，并且标准件可在预制厂批量生产，相比全容罐省去了保冷材料和9%镍钢板的现场预制时间。薄膜罐罐体80%的部位可采用自动焊接，较9%镍钢全容罐减少了约40%的焊接时间。薄膜对冷却速率限制较小，可承受15℃/h以上的温降，投用前所需冷却时间短。因此，薄膜罐施工工艺简单，对施工人员技术要求较低，质量易于控制。以$16\times10^4m^3$容积为例，薄膜罐建造周期较同容积的9%镍钢全容罐至少减少3个月的时间。

（3）建造成本低

在整个9%镍钢全容罐建造成本中，主要是材料费所占比例较大，占总投资比例约60%，这主要是因为9%镍钢用量大且价格较高。而薄膜罐内罐薄膜厚度约2mm，较9%镍钢全容罐减少钢材用量约70%。初步估算，$16\times10^4m^3$薄膜罐较同容积的9%镍钢全容罐节省投资约20%。

2019年11月，我国天津南港LNG应急储备项目引进法国GTT公司技术，建设10座$20\times10^4m^3$的LNG薄膜罐。

5. 子母罐

在天然气工业中还常用到子母罐。子母罐是指拥有多个（三个以上）子罐并联组成的内罐，以满足低温液体储存站大容量储液的要求；多只子罐并列组装在一个大型外罐（即母罐）之中。子罐通常为立式圆筒形，外罐为立式平底拱盖圆筒形。由于外罐形状尺寸过大等原因不耐外压而无法抽真空，因此外罐为常压罐。子罐与母罐之间采用保温材料绝热。

子罐通常在压力容器制造厂制造完工后运抵现场吊装就位，外罐则加工成零部件运抵现场，在现场组装。

单只子罐的几何容积通常在$100\sim150m^3$之间，其容积不宜过大，否则会导致运输吊装困难。由于子罐的数量通常为3～7只，因此可以组建$300\sim1050m^3$的大型储槽。

子罐可以设计成压力容器，最大工作压力可达1.8MPa，通常为0.2～1.0MPa，视用户使用压力要求而定。

图2-63为某$1750m^3$ LNG子母罐。该罐外容器直径15112mm，壁板高度23420mm；顶高25450mm；内容器7个，直径3400mm；绝热方式为粉末（珠光砂）堆积绝热。

子母罐的优点在于：

① 依靠容器本身的压力可采用压力挤压的办法对外排液，而不需要输液泵排液。由此，可获得操作简便和可靠性高的优点。

② 容器具备承压条件后，可采用带压储存方式，减少储存期间的排放损失。

③ 子母罐的制造安装较球罐容易实现，制造安装成本较低。

但同时子母罐存在以下不足：

① 由于外罐的结构及尺寸原因夹层无法抽真空，故夹层厚度通常选择800mm以上，导致保温性能与真空粉末绝热球罐相比较差。

② 由于夹层厚度较厚及子罐排列的原因，因此设备的外形尺寸庞大。

③ 子母罐夹层容积过大，珠光砂充满所有的夹层空间，绝热材料使用过多浪费较大。

子母罐通常适用于容积$300\sim1000m^3$、工作压力0.2～1.0MPa的范围。

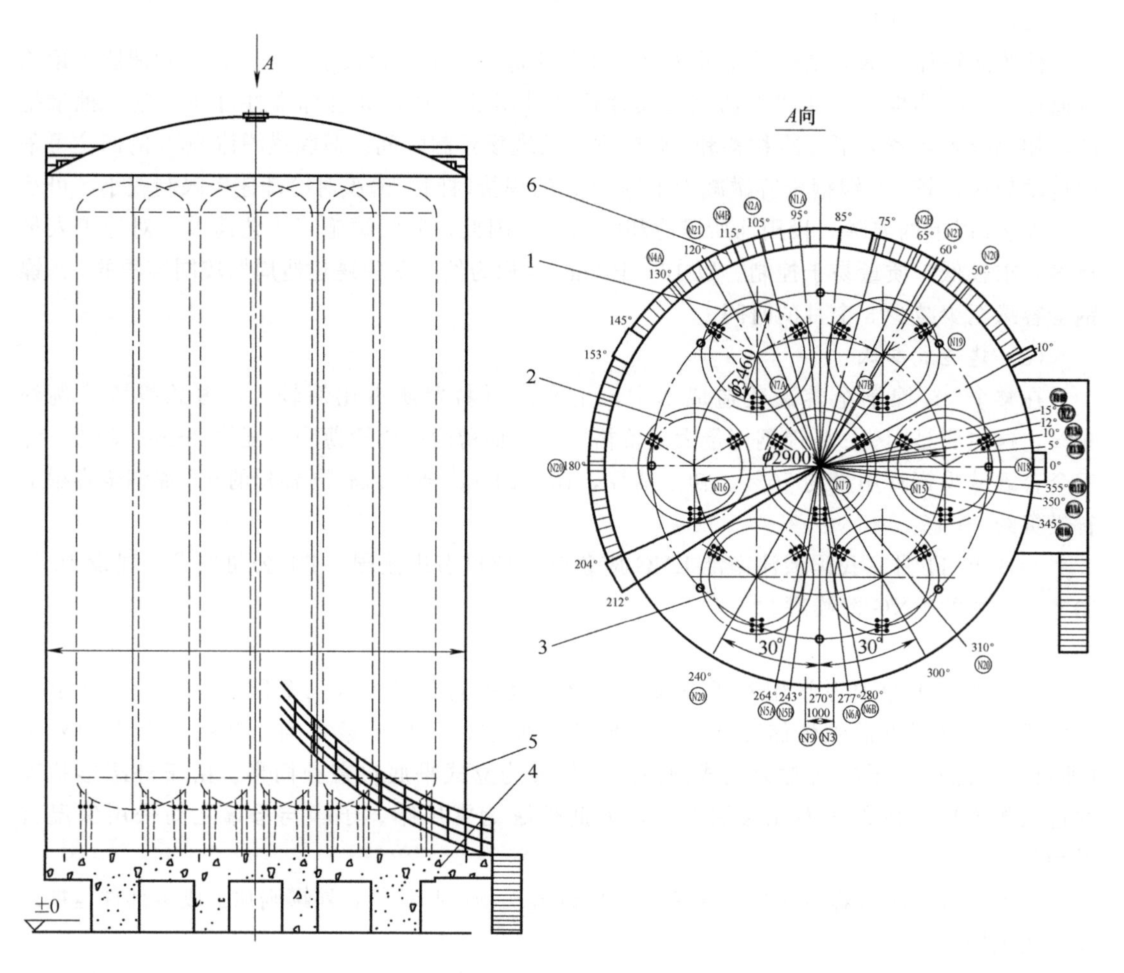

图 2-63　某 $1750m^3$ LNG 子母罐

1～3—内容器；4—基础；5—外容器；6—平台梯子

第六节　油罐的加热和保温

一、油品加热

1. 油品加热目的

许多油品，如高黏和高凝固点原油、燃料油、重柴油、农用柴油、润滑油等，在低温时具有很大的黏度，而且某些含蜡油品在低温时会由于蜡结晶的析出，发生凝固。为了防止这种现象的发生，降低这些油品的黏度，提高其流动性，就必须进行加热。油库中油品加热主要有以下目的：

① 防止油品凝固；

② 降低油品在管道内输送的水力摩阻；

③ 加快油罐车和油船装卸速度；

④ 使油品脱水和沉降杂质；

⑤ 加速油品调和，进行润滑油再生。

此外，厂矿企业用燃料油或残渣油作为加热炉或锅炉燃料时，应在使用前预先进行加热。

2. 油品加热方法

油品加热常用的热源有水蒸气、热水、导热油、热空气和电能等。水蒸气是目前最常用的热源，它具有热容高、易于制备和输送、使用比较安全等优点，油库加热作业常采用表压0.3～0.8MPa的水蒸气。热水和热空气的热焓低，因此用量必然很大，并且制备和输送都相应要求比较庞大的设备，使用不甚方便，所以只在有方便的工业废热水和废热气可供利用或某些特殊情况下才考虑采用。利用电能作为热源具有设备简单、操作方便、有利于环境保护等突出优点，近年来在国外已逐步得到推广使用。

在油库中对油罐、油罐车和其他容器中的油品进行加热所采用的加热方法有：蒸汽直接加热法、蒸汽间接加热法、热水间接加接法、热水垫层加热法、热油循环加热法和电加热法等。

蒸汽直接加热法是将饱和水蒸气直接通入被加热的油品中。这种方法虽然操作方便、热效率高，但由于冷凝水会留存在油品中而影响油品质量，因此一般不允许采用；只有燃料油和农用柴油等对含水量要求不严格的油品，在缺乏其他加热方法时才采用。

蒸汽或热水间接加热法是将水蒸气或热水通入油罐中的管式加热器或罐车的加热套，使加热器或加热套升温并加热油品的，蒸汽或热水与油品不直接接触。目前，该加热方法是油品加热的主流形式。

热水垫层加热法是依靠油品下面的热水垫层向油品传热的。热水垫层的热量可通入蒸汽来补充。如有工业废水或其他热水来源时，也可通过对热水垫层不断补充热水并排走降温后的“冷水”来保持热水垫层的温度。这种方法使用较少，常在有方便的热水来源时才采用，而且不能应用于不容许存在水迹油品的加热。

热油循环加热法是从储油容器中不断抽出一部分油品，在容器外加热到低于闪点温度15～20℃，再用泵打回到容器中去与冷油混合；由于热油循环过程中存在着机械搅拌作用，因此返回容器的热油很快地把热量传递给冷油，在容器中油温逐步升高。这种方法虽然要增设循环泵、换热器等设备，但罐内不再需要装设加热器，因而就避免了加热器锈蚀和随之而来的检修工作，而且完全杜绝了因加热器漏水而影响油品质量的问题。

电加热法有电阻加热、感应加热和红外线加热3种方式，其中红外线加热法设备简单、热效率高、使用方便，适用于容器和油罐车加热。

3. 油品加热温度的确定

可燃液体的储存温度应按下列原则确定：①应高于可燃液体的凝固点（或结晶点），低于初馏点；②应保证可燃液体质量，减少损耗；③应保证可燃液体的正常输送；④应满足可燃液体沉降脱水的要求；⑤加有添加剂的可燃液体，其储存温度尚应满足添加剂的特殊要求；⑥应考虑热能的合理利用；⑦需加热储存的可燃液体储存温度应低于其自燃点，并宜低于其闪点；⑧对一些性质特殊的液体化工品，确定的储存温度应能避免自聚物和氧化物的产生。常见可燃液体储存温度见表2-13。SY/T 5920—2007《原油及轻烃站（库）运行管理规范》规定，对于原油金属油罐，最高储油温度应低于原油初馏点5℃，并且应在油罐防腐和保温材料允许温度范围内；最低储油温度应高于原油凝固点3℃。

油品加热温度包括起始温度和终了温度。起始温度按操作温度确定，没有规定操作温度的油品可按其凝点加5～10℃确定。终了温度又是维持温度，原则上要保证不凝固，最好不使其石蜡析出，因为一旦形成石蜡晶体结构后，若不升温，就会越聚越大形成石蜡团，石蜡团一旦形成很难融化。

油品加热终温（t_0）应根据作业目的来确定，一般情况下可参考以下的推荐值：

如果为了输转，加热终温一般可高于凝固点10～15℃；

对于商品重油，常用的卸油和输油温度可参考表2-14。

表2-13 可燃液体的储存温度

可燃液体名称	储存温度/℃
原油	≥凝固点+5
苯	7～40
对二甲苯	15～40
液化烃、汽油、其他芳烃、溶剂油、煤油、喷气燃料等	≤40
柴油	≤闪点－5
轻质润滑油、电器用油、液压油等	40～60
重质润滑油	60～80
润滑油装置原料油	55～80
重油(含燃料油)	≤90或120～180
沥青	130～180
石油蜡	高于熔点15～20
环氧乙烷	－6～0
环氧丙烷	≤25
丁二烯	≤27
苯乙烯	5～20
异戊二烯	≤20
双环戊二烯	35～45

表2-14 卸油和输油时的加热温度

油品种类	重油牌号			
	20	60	100	200
加热终温/℃	40	60	65	70

为了防止突沸冒罐，含有水分的油罐其加热终温不应超过95℃。

4. 油罐加热器的类型及选用

油罐中常用的管式加热器按布置形式可分为全面加热器和局部加热器。

（1）全面加热器

全面加热器一般适用于最冷月平均最低温度较低（如在－5℃以下）、时间较长、油品含蜡而又作业频繁的油库。全面加热器主要有排管式和U形管式两种类型。

排管式加热器（图2-64）布置在油罐内，适用于加热面积较小、要求物料温度较为均匀的油罐。

这种加热器多用*DN*50的无缝钢管现场焊接而成。为便于安装、拆卸和维修，排管式

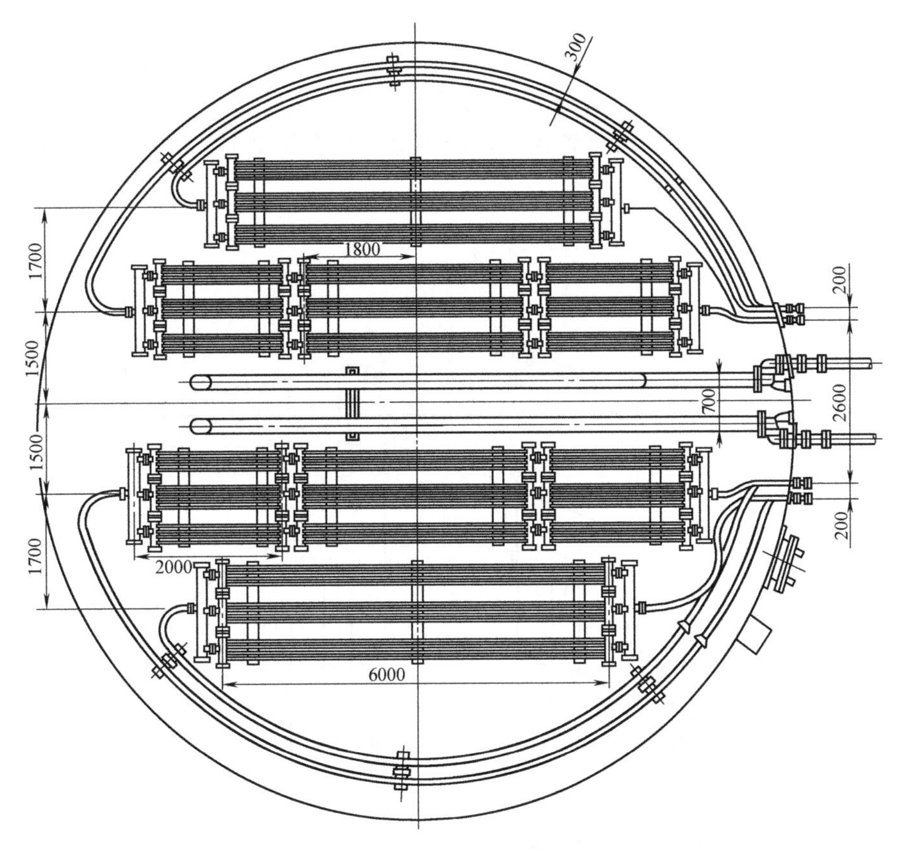

图 2-64　排管式加热器

加热器由若干个排管组成，每一个排管由 2～4 根平行的管子与两根汇管连接而成，汇管长度应小于 500mm，使整个排管可以从油罐人孔进出，以便于安装和维修。几个排管以并联及串联的形式连成一组，组的总数取偶数，对称布置在进出油接合管的两侧，并且每组都有独立的蒸汽进口和冷凝水出口。当某一组发生故障时，可单独关闭该组的阀门，应用其他完好的各组继续进行加热；此外，分组还可以调节加热过程，根据操作的实际需要来开闭组数。

加热器的排管，应尽可能地均匀分布，并避开罐内的立柱、量油孔等。对于黏度较大、凝固点较高的特殊物料，当需要加热的面积较大时，加热器的排管也可分层布置。为保证加热介质在加热器的排管内流动顺畅、防止水击的产生，在加热器入口与出口之间的排管应保持一定的坡降，不应有存液的部位。

为了向各组分配蒸汽并收集冷凝水，在罐外装设蒸汽总管和冷凝水总管，其上装有阀门；罐内加热器各排管组的安装应有一定的坡度，以便于排出冷凝水；一般蒸汽进口距罐底 650mm，距冷凝水出口 170mm。

由于排管组的长度较短，蒸汽通过管组的摩阻较小，因此可以在较低的蒸汽压力下工作。此外，由于排管每组的长度不大，因此还可使蒸汽入口高度降低，这样就使得整个加热器放低，可以尽量减少加热器下面“加热死角”的体积。

蛇管式加热器如图 2-65 所示。它是用很长的管子弯曲成的管式加热器，常用 *DN*50 的无缝钢管焊接而成，只是为了安装和维修的方便才设置少量的法兰连接；一般可在制造厂做好成套供应。为了使管子在温度变化时能自由伸缩，用导向卡箍将蛇管安装在金属支架上，支架具有不同高度，使蛇管沿蒸汽流动方向保持一定的坡度；蛇管在罐内分布均匀，可提高油品的加热效果，这是它的优点。但蛇管加热器安装和维修均不如排管加热器方便，每节蛇管的长度比排管式加热器每组的长度长得多，因而蛇管加热器要求采用较高的蒸汽压力。

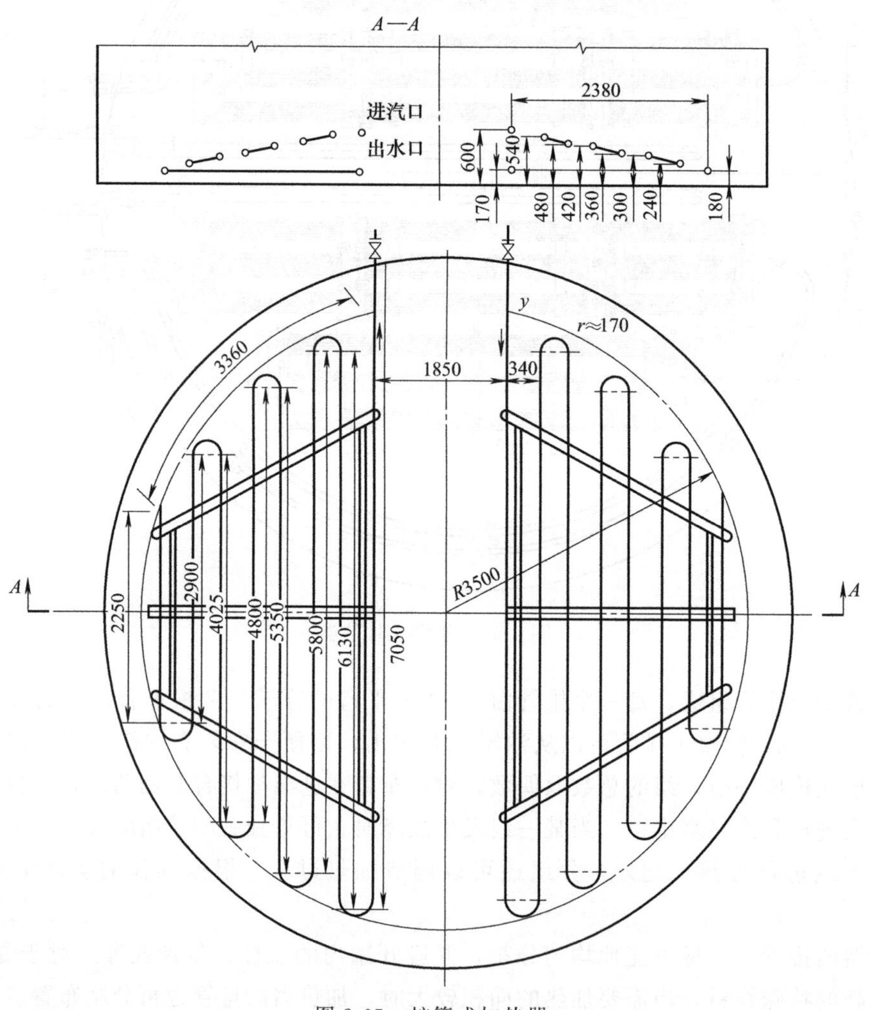

图 2-65 蛇管式加热器

(2) 局部加热器

局部加热器适用于油品凝点低、作业不频繁的小型油库。

局部加热器也可和全面加热器配合使用，平时用全面加热器保持不凝固；发油时，只在进出油管附近进行局部加热，升高部分油品的温度达到操作温度，以满足发油要求。这种加热方式，适用于凝点高，但每次发油量不大的油库。

局部加热器可做成加热箱，油品在加热器内加热；也可做成盘状管，只在进出油管箱附近安装。最常见的形式为换热器式，如图 2-66 所示。局部加热器由一组管束、管板及封头组成，并由支架支撑在罐底上，其优点是维修方便，可以不清罐，只需将加热器抽出来，在罐外修理即可；在维修时其他局部加热器仍可继续工作，不影响油罐的正常运行。

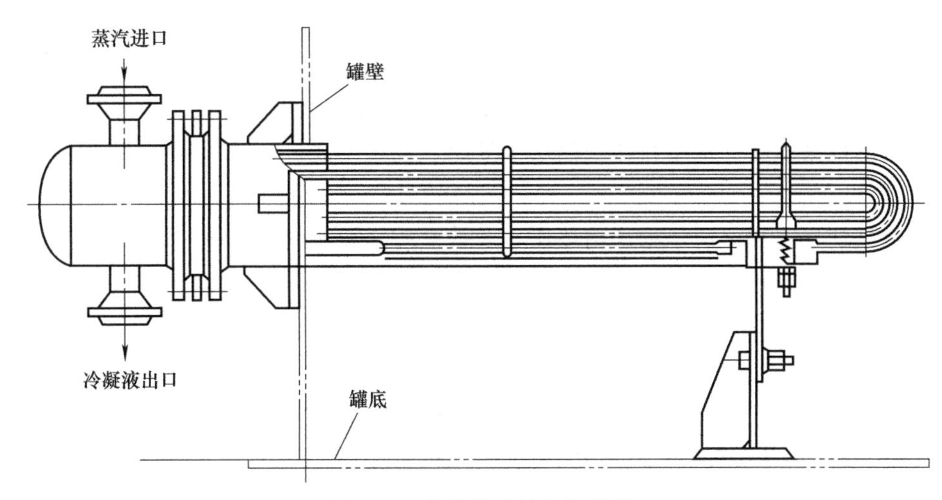

图 2-66　换热器式局部加热器

局部加热器可布置在出油管附近，也可沿罐圆周均匀布置，起全面加热的作用。储罐加热介质的选用应避免油品过热降质。当油品加热温度低于 95℃时，一般宜采用小于或等于 0.3MPa 的蒸汽；当油品加热温度大于 120℃时，一般宜采用大于或等于 0.6MPa 的蒸汽。各种加热器的加热面积要根据加热介质进出口温度、加热油品的温度、加热器的形式和材料等多种因素经计算确定。

二、油罐保温

在油库中，为了减少油罐、蒸汽管路、热油管路的热损失，有时加做保温层是必要的。虽然做保温层增加了投资，但却能起到节省热能、减少加热器面积和降低加热设备容量的作用。因此要综合考虑加热和保温的方案，不应该片面地只从加热一个方面去处理高黏和易凝油品的储存和输转问题。

保温材料的好坏直接关系到保温效果，因此对保温材料的选择是由若干条件制约的。在这些条件下，才能对保温材料做出好坏的评价。这些条件是：使用温度范围、热导率、抗压强度、可燃性、密度、透湿度、吸水率、使用寿命、价格、货源、对施工现场的适应性等，其中有些条件是相互制约的。

对保温材料的具体要求是：保温性能好，在使用温度下热导率不应大于 0.502kJ/(m・h・℃)；对保温材料制品的使用温度不得低于正常操作时介质最高温度，保温材料必须满足使用温度的要求，否则，保温材料会被破坏而丧失保温效能，导致热量损失大，影响工艺操作；保温材料制品应具有较低的吸水率、不燃性和阻燃性。这些条件是防止火灾不可缺少的条件，保温材料绝大部分是不燃材料。但是，当保温材料吸水性好时，如果可燃性液体泄漏至保温材料上，也会引起火灾。因此，要求保温材料本身不但可燃性小而且吸水率要低，这样才能使材料的不燃性提高。

油库目前常用的保温材料有玻璃棉毡、矿渣棉毡、石棉硅藻土、泡沫混凝土等。

1. 油罐保温形式

寒冷地区油库的保温作法有以下几种类型。

① 用硅藻土砖作绝热层，减荷带和保温沟作固定件，石棉水泥砂浆抹面作保护面层。

② 用蛭石砖作绝热层，其他作法同硅藻土砖。

③ 用矿渣棉毡作绝热层，铁丝钢固定，以石棉水泥砂浆抹面作保护层。

④ 用珍珠岩作绝热层，其他作法同硅藻土和蛭石砖。

⑤ 用沥青玻璃棉毡作绝热层，0.5～0.75mm 薄铁皮作保护层。

⑥ 用阻燃性聚氨酯泡沫塑料作绝热层（喷涂，板块镶嵌，铁铠），用玻璃钢或薄铁皮作保护层。

⑦ 用阻燃性聚乙烯泡沫塑料作绝热层，薄铁皮或红泥塑料作保护层。

⑧ 砌红砖护墙、顶篷封闭、夹道内装散热器保温。

2. 保温作法

（1）*砌体保温*

选用不燃的热导率小的多孔无机材料，如硅藻土、蛭石、珍珠岩等；在油罐外壁焊上减荷带和保温沟，将砌块沿油罐码砌，可用石棉水泥作黏结剂。这些矿物性多孔保温材料资源丰富，有较好的保温性能，如硅藻土的热导率 $\lambda=0.6\sim0.72$kJ/(m·h·℃)，蛭石的热导率 $\lambda=0.04\sim0.08$kJ/(m·h·℃)，水泥珍珠岩热导率 $\lambda=0.26$kJ/(m·h·℃)，膨胀珍珠岩热导率 $\lambda=0.18$kJ/(m·h·℃)，均可制成砌块保温材料。

砌体保温的缺点是成形材料容易破碎，损耗率高达 15%；保温施工的耗工量较大；外面的石棉水泥抹面层容易脱落。

（2）*沥青玻璃棉毡保温*

沥青玻璃棉是一种非燃烧材料，保温性能良好，热导率 $\lambda=0.12\sim0.2$kJ/(m·h·℃)，以玻璃布为面料。沥青玻璃棉毡保温作法是先在油罐外壁焊上固定玻璃棉布和一种保护铁皮的螺栓，另一种钉钩用作拴铁丝及顶撑铁皮，防止将玻璃棉压扁；将沥青玻璃棉缠绕在油罐壁上，用铁丝拴在保温钉上并拉紧，再以下包围铁皮，两张铁皮接口处可做成波纹状防水或直接咬口；上面一层铁皮搭在下面一层上，防止雨水浸入，雨层铁皮用螺母固定。此种保温方法施工容易、造价低，但由于沥青玻璃棉质地松软，成形不美观，棉毛刺刺激皮肤，致使在使用上受到影响。

第七节　金属油罐的使用和维护

一、金属油罐使用的基本条件

新建或经过大修理以后的油罐，必须具备以下条件才能投产使用。

① 符合原设计规定和安装技术要求，经过外观检查，压力、真空试验合格，沉降稳定不超标，并经验收合格。

② 附件质量合格，安装正确、齐备，阀门启闭操纵灵活，管道及其与罐体连接处焊接严密无渗漏。

③ 连同管线、油泵和输转设备、消防、加热、保湿等配套设备，经过试运转成功。

④ 防火堤以及罐区内环境整洁、无杂草杂物，排水渠道畅通，排水阀门启闭灵活，消防道路通畅。

⑤ 经过测量检定编制了容积表，有完备合格的计量工具和经考试合格的计量人员。

⑥ 油罐资料齐全，操作人员对与油罐相关的工艺熟悉。

二、金属油罐的合理使用

油罐的合理使用，不仅可以保证生产正常进行，一定程度上还可以延长其使用寿命。

油库一方面要有严格的操作制度，另一方面要有定期的检查制度。当然油罐的使用离不开储存、收油、发油和输转等环节，只要把好这几个环节，一定能保证生产的顺利进行。

1. 储存

油罐储存油品，从表面上看处于相对静止状态，但随着气温、湿度等外部条件的变化和油罐使用年限的增大，可能会出现一些异常情况，应定期检查并着重注意以下几点。

① 平时调度应使油罐尽可能满装（但不超过安全高度），以减少油品蒸发空间；一次来油尽可能进一个油罐，便于计量与操作管理。

② 平时应打开胀油管或油罐进出口旁通管上的截止阀或闸阀，以保证油品正常泄压；定期检查泄压管路上安全阀的启闭效果，一般每隔 1～2 年应校验其启闭压力是否正常。

③ 注意对机械呼吸阀或液压呼吸阀的日常维护，保证启闭灵活，夏天应特别注意机械呼吸阀因筑有鸟巢而堵塞呼吸通道；冬天应注意因冰冻而影响阀盘的启闭；雷雨季节更应防止因呼吸阀的失灵而造成油罐吸瘪事故。

④ 冬天还应该做好放水管和放水阀的保温工作，一般可采用阀件外包扎稻草或石棉绳和尼龙纸的简易做法。

⑤ 做好计量工作。以油罐作为贸易交接的动转罐，作业前后及时计量；以流量计作贸易交接的罐和为营业而输转的罐均应于每日营业前、后计量；非动转罐每 3 天计量一次。

每次计量都要做出完整记录，并在油库控制室和揭示板上及时、准确地提供油罐存油动态。

2. 收油

收油作业是油库的大型作业，每个油库一般都有严格的管理制度，如必须要有一名油库主任或副主任到现场指挥；收油前要有计划；各岗位人员要落实到位，并有详细记录；收油作业过程中必须及时巡检等。为保证收油作业的顺利进行，必须注意以下几点。

① 认真核对随货同行的单、车、船号，经计量和化验来油确认无误后方可入库。

② 同时做好接卸准备工作，一方面及时计量油罐存油，确认可收油量的多少；另一方面，及时正确调度，选择好最佳工艺。进哪（几）个油罐，过哪（几）条管线，要打开（关闭）哪些阀门，均要落实到人，有关人员应在操作前做到心中有数，并有明显标志（一般采用挂号牌的方法）和严格的安检员复核制度，确保油品准确无误地进入相应的油罐，避免混油事故的发生；该关闭的阀门应该关紧，以免串油事故的发生。

③ 进油前，应关闭收油罐和相关油罐胀油管或旁通管上的截止阀，以免收油时因压力过大而有部分油品通过该管进入油罐，引起大量油品蒸发损耗和大静电的产生以及串油事故。

④ 注意控制进油初速，避免静电事故发生，一般油品的初速在 1m/s 以下，待压力稳定后可逐步提高到正常流速。

⑤ 及时巡检，随时观测储油罐液位变化，以掌握进油情况和设备运作情况；收油进程中不能脱岗，经调查表明大多数跑油事故的发生都是因操作人员盲目离岗而造成的。

⑥ 收油完毕稳定后，对油品必须进行计量。收甲、乙、丙 A 类油品的立罐稳油时间为 30min，卧罐为 15min；收其他油品的立罐稳油时间为 3h，卧罐为 30min。

⑦ 收油完毕，及时关闭有关管线上的阀门，收回号牌并上锁；打开胀油管或旁通管上的截止阀。

⑧ 收油完毕，做好台账，记录有关情况。

3. 发油

发油作业的涉及范围较广，除了要严格管理和具有良好的职业道德外，还应注意以下几个方面。

① 严格核对提货单或发油凭证，发放相应油罐油品及数量。

② 大批量发油一般通过手工计量实现，在发放前后严格计量；中、小批量油品发放一般通过流量计计量，每次应做必要记录。一般流量计为体积数，当提取质量数时应作相应的换算。

③ 选择最佳工艺，以最方便的工艺正确操作；发油工需按流程要求，对号挂牌，核对罐号、阀门号，确认无误后方可开启发油罐及流程上的有关阀门，然后司泵员才可开泵。

④ 轻油发油前，应着重检查机械呼吸阀是否灵活，洞库油罐应及时打开油气管阀门和单向进气阀，防止油罐吸瘪。

⑤ 及时巡检，随时观测液位变化，以掌握发油情况和设备运作情况；同收油一样，司泵员也不能随意离岗。

⑥ 发油接近结束时，罐区各岗位之间要密切配合，防止泵抽空；油罐应保留一定余量，一般距罐底 1m 左右的高度。

⑦ 发油完毕，关闭发油罐和流程上有关的阀门，然后收回现场和流程图上的号牌，放回指定地点；计量员做好发油后的计量工作，填写记录和台账。

4. 输转

油品输转作业又叫“倒罐”作业，属于库内作业。一般油罐腾空清洗、检修或装其他来油等需要输转，油品输转需要注意以下几点。

输转前，一要和有关部门取得联系，落实到人，数量大的必须有一名油库主任或一名副主任到场指挥；二要掌握存油量、油温、含水及质量情况，经化验、计量、计算可倒入其他罐油品的数量；三要核实罐号、阀门号，确认无误后再开阀。

输转时，罐区内应有两人操作，互相监护、协调行动，防止输转过程中因误操作而导致串油或混油事故，随时观测液位变化；司泵员应在泵房注意油泵出口压力变化，防止抽空。

三、内浮顶油罐的正确使用

由于内浮顶油罐比拱顶油罐多了一个内浮盘和一些专用附件，少了机械呼吸阀，因此使用中除了拱顶油罐要注意的一些外，还应注意以下几点。

1. 防止油品溢到内浮盘上

油品溢到内浮盘上是一种较严重的事故，它不仅会造成大量的损耗，而且会对油罐安全不利，并且也很难处理，一般只能让油品自然蒸发完后才能进入罐内浮盘上进行检修。

油品的溢出一般从密封圈处或从自动通气阀处溢出，原因是浮盘下油压过大，浮盘被卡位或浮盘起浮前进油太快。为防止溢油，必须在以下三方面引起重视：

① 严格把好浮盘建造和验收关，严格检验浮盘的起浮性能。

② 精确测量浮盘在不同部位浮动过程中的压力，然后用人工监测或自动监测方法控制

进油。

③ 严格控制浮盘起浮前的进油流量。

2. 定期检修内浮盘的密封

内浮盘与罐壁间的密封，现大多为弹性密封。使用中，由于弹性密封材料易老化和其他可能会出现的原因（如罐体或内浮盘过大的椭圆度、内浮盘的不平度及过大的水平偏移或局部过大的粗糙度），会使密封圈与罐壁间摩擦力过大而影响内浮盘的正常浮起动作，并可能导致罐壁与密封圈的间隙扩大而增加蒸发损耗。

3. 自动通气阀不能常开

自动通气阀的打开应具有下述条件中的一个：一是在浮盘正常下降到接近罐底 730mm，阀杆触及罐时会自动打开；二是油压过大，这里指在平时使用时应规定油罐最低油位，使浮盘的高度略高于 730mm，不让自动通气阀有打开的可能，以免造成损耗。

4. 罐底水垫层不宜过高

罐底水垫层不能高于量油导向管入口，否则将影响油品的计量和取样。油品水垫层通常以 8～12cm 为宜。

量油导向管与罐内顶部应设防火通气孔，以避免管内压缩气体造成增压或在液位下降时形成负压。

5. 防止静电导出装置松动和缠绕

应注意保持静电导出装置处于良好的技术状态。这是因为静电导出装置的局部松动会形成尖端放电的条件，增加危险性。防静电导出装置一头接在浮盘上，浮盘是要经常上下或水平浮动的，这都有可能造成静电导出装置局部松动。在浮盘上下浮动时，导线与其他部件也可能产生缠绕现象而被拉断，平时也应定期检查。另外也应注意导线的使用期限，使用到一定年限时应及时更换。

6. 要定期检修清罐

内浮盘上部实际上是长期处在有一定浓度的油蒸气中，各种部件很容易受到腐蚀，其中特别是浮盘立柱套管插销或法兰螺栓等，如长期不检修，很可能会完全锈蚀，无法打开和插入支柱。内浮顶油罐由于比拱顶油罐多一个内浮盘，因此其检修周期和清罐周期也应短些。

需要特别强调的是，进罐检修前应先用清水反复清洗，注水使浮盘浮在检修高度，才能进罐操作，如放下立柱等。同时，进罐前还应检查罐内油气浓度。

结合内浮顶油罐清洗，应注意油罐底板的腐蚀情况，尤其是在人孔附近和浮盘立柱附近，腐蚀特别严重。人孔附近腐蚀严重的主要原因是由于施工过程中或清罐结束后人员进出频繁，致使防腐涂料脱落并加剧腐蚀速度。

四、油罐清洗作业

油罐在储油过程中，随着时间的推移，油罐底部积聚了大量的杂质和水分，罐内壁也附上许多油污垢。这些杂质和水分会使油品的质量降低，并影响油品计算的精确度，加速油罐腐蚀，严重时会引起底板穿孔，造成漏油事故。同时，在油品输转过程中，由于杂质和水分较多，也容易产生静电并积聚，造成静电事故。因此，油罐必须进行清洗，以保证油品质量，延长油罐使用期限，避免事故发生。

在下列条件之一的情况下，油罐应腾空清洗。

① 新建油罐在装油之前需要清洗；

② 换装不同品种的油料时，需要按照“油罐、油轮、油驳、油罐汽车重复使用洗刷要求”进行洗刷；

③ 油罐发生渗漏或损坏需要进行检查或动火修理的，或对油罐进行除锈涂漆时，应先腾空油料、冲洗油罐、排净油气，工程完工后再经过清洗才能装油；

④ 轻质油罐和润滑油罐已使用 3 年、重柴油罐和农用柴油罐已使用 2.5 年的，如发现油罐底部含水、杂质多，影响油品质量时，应随时进行清洗；

⑤ 储存航空油料，为达到油料质量保障条例所规定的清洗时限的油罐需要清洗。

清洗作业一般分为以下几个过程。

1. 腾空存油，做好隔离等准备工作

石油库应根据操作规程和实际情况制定油罐清洗年度计划，与收发油其他作业相协调。在清洗前，要对油罐进行计量，估计该油罐的残存油量、积水量和污泥量，估计油罐清洗水总量，使污水处理系统做好准备工作。清罐计划一经确定，应尽快抓紧腾空存油。油罐腾空后，要以盲板隔断进出油短管，关闭膨胀管阀，拆除所有通往待洗油罐的油、气管路，并提前拆除油罐或管道的阴极保护系统，打开透光孔、人孔，拆除机械呼吸阀。

用手摇泵或真空泵，配套隔爆型电动机，置于孔口 3m 外，抽吸底油，并放至缓冲罐或油水分离池内。通过计量，确认底油排空完毕为止。有排污孔的油罐，可通过排污阀自流排油，直至油不再排出时，再用泵抽吸底油。如罐底不平仍有残液时，可向罐内继续注水抬高液位再行抽出。这部分含油污水要进行油水分离处理，留油去水。经油水分离处理后的污水，亦不得通过排水沟渠，免得流到库外农田、池塘，对农家造成损害。

内浮顶油罐腾空后，应注以清水（不能从输油管输水），将浮盘升到高位人孔底缘处，打开高位人孔进入浮盘，取下浮盘支柱套管顶端的盲板，将支柱逐一插入各个套管，紧固法兰螺栓；拔出浮盘上通气阀杆和阀盖。检查无误后再放水，使浮盘下降到工作高度，继续将水排放空后，打开下部人孔。

2. 排除油气

可以采用自然通风、机械通风、蒸汽驱除油气等方法将腾空后油罐内残留油气驱除。

3. 测定油气浓度

入罐测检人员应配戴供气型呼吸器和穿着整套防护服装；同时使用两具安全型可燃气体测定仪，罐外应配专人监护。

检测次数每日应不少于两次。检测部位应重点注意在容易集聚油气的低陷部位，如管线进口和升降管处、浮盘支柱底端等。内浮顶油罐还要检测浮盘以上的空间；埋地和覆土罐还应对进口通道阀门室和巷道空间进行检测。当油气浓度符合工作要求时，应连续检测 30min 而仪器数值不再上升时，才视为合格。

4. 清洗作业

油罐清洗主要有干洗、湿洗、蒸汽洗和化学洗四种基本方法。干洗是采用锯末擦洗；湿洗是指用 0.3～0.5MPa 高压水冲洗罐内油污浮锈；蒸汽洗是指用高压蒸汽蒸煮油污，并用高压水冲洗；化学洗是指采用酸液清洗。但正常情况下，一般采用多种方法结合进行清洗，其操作要点和注意事项有以下几方面。

① 进罐人员必须穿工作服、工作鞋，戴工作手套、防毒面具，并且进罐时间不得太长，一般控制在 30min 左右。

② 清扫残油污水应用扫帚或木制工具，严禁用铁锹等钢质工具；照明必须用防爆灯具。

③ 应用有效的机械排风。

④ 罐外要有专人监视，发生问题及时处理。

储存航空油料的使用罐和储存罐，一般情况下在例行清洗时，不允许采用水冲方法进行清洗，而应采用同牌号的干净纯洁航空油料进行冲洗。若油罐很脏非采用水冲洗进行清洗不可时，清洗后必须将水吹干后才可装油。

5. 检查验收洗罐质量

清罐验收资料存入档案；阅签后，方可投入使用。

思　考　题

1. 储罐区防火堤的作用是什么？防火堤高度的确定原则是怎样的？
2. 什么是散装油品储存？
3. 油品储存的基本要求有哪些？
4. 立式圆筒形油罐的名义容量、储存容量、作业容量的含义分别是什么？
5. 卧式圆筒形钢油罐的优点和缺点分别有哪些？
6. 同圆柱形油罐相比较，球罐的优点和缺点分别有哪些？
7. 如何根据介质特性选择储罐形式？
8. “两阀一器”指的是什么？各自的作用是什么？
9. 呼吸阀的原理是什么？有什么作用？
10. 液压安全阀的原理是什么？有什么作用？
11. 阻火器的原理是什么？有什么作用？
12. 内浮顶油罐通气孔的作用是什么？
13. 油品加热的目的有哪些？
14. 常温常压下为气态的物质如何实现液化储运，需要哪些条件？
15. 天然气能否全压液化储存？为什么？乙烷能否全压液化储存？为什么？
16. 储罐中常用的管式加热器按布置形式可分为哪两种？各有怎样的特点？
17. 油罐怎样进行保温？
18. 什么是油品输转？油品输转需要注意哪些？
19. 简述油罐清洗过程。

习　　题

1. 金属油罐是使用最广泛的储油容器，它具有（　　）、耐用、不渗漏、施工方便、适应性强、投资少、见效快等优点。

A. 节约钢材　　B. 结构调整　　C. 安全可靠　　D. 占地面积少

2. 油罐按形状可分为立式（　　）罐、卧式圆柱形罐、球形罐、滴状罐等。

A. 高位油　　B. 地上油　　C. 金属油　　D. 圆柱形

3. 金属钢制油罐是由基础、罐底、圆柱形罐身和（　　）4 部分组成的。

A. 管线　　B. 罐顶　　C. 附件　　D. 阀门

4. 根据油罐的建造形式，其安装位置可为分地下式储油罐、（　　）储油罐和地上式储油罐 3 种形式。

A. 立柱式　　B. 半地下式　　C. 高位式　　D. 垂直式

5. 当油罐的呼吸阀正压盘被油气顶开时，罐内的压力就（　　）。

A. 上升　　B. 不变　　C. 下降　　D. 上下波动

6. 当油罐的输出量大于它的允许呼吸量时会造成油罐（　　）。

A. 吸到罐底水　　B. 炸裂　　C. 胀破　　D. 吸瘪

7. 储罐的上罐扶梯入口处应安装有完好有效的（　　）。

A. 消防器材箱　　B. 消除人体静电装置

C. 防爆工具箱　　D. 消防报警装置

8. 某罐平均内直径为 30m，进油量为 $120m^3/h$，出油量为 $50m^3/h$，即该罐每小时液位上升（　　）。

A. 0.089m　　B. 0.025m　　C. 0.099m　　D. 0.170m

9. 油罐储油应尽量装满，这样不仅有利于增加油罐的利用率，而且也可以（　　）。

A. 增加油品蒸发损失　　B. 加快油品分解速度

C. 减少油品小呼吸损耗　　D. 减少油品大呼吸损耗

10. 油罐在计算安全高度时，应考虑的原则之一是，油面上的空间高度应能保证留有一定的（　　），以利灭火。

A. 泡沫层厚度　　B. 油品受热膨胀高度

C. 油品蒸发空间　　D. 油品燃烧空间

11. 合理使用油罐，就是油罐既要装满、充分利用，又不要超过（　　）。

A. 罐体高度　　B. 安全高度　　C. 罐壁通气孔高度　　D. 高液位报警高度

12. 油罐在计算安全高度时，应考虑的原则之一是，油品受热、温度升高、体积膨胀时，油品不能从（　　）溢出跑油。

A. 消防泡沫线　　B. 量油孔

C. 通气孔及消防泡沫线　　D. 透光孔

13. 安装使用的呼吸阀控制压力必须符合油罐的设计压力，呼吸阀控制压力的校验方法有（　　）。

A. 重量法和体积法　　B. 重量法和试压法　　C. 浮力法和体积法　　D. 重量法和测量法

14. 机械呼吸阀金属丝网是为了防止（　　），应保证丝网的完好，有破损时应及时调换。

A. 树叶等杂物和鸟类进入呼吸阀　　B. 油品损耗

C. 油品氧化　　D. 水汽吸入

15. 全天候呼吸阀采用（　　）式结构，正、负压阀盘为同轴式排列。

A. 气压　　B. 弹簧　　C. 液压　　D. 自重

16. 阻火器是油罐（　　）装置，能有效地防止外界火焰经呼吸阀引入罐内。

A. 防火安全　　B. 呼吸装置　　C. 安全管理　　D. 泄漏防护

17. 阻火器应安装在（　　）和液压安全阀的下面。

A. 泡沫产生器　　B. 呼吸阀　　C. 计量孔　　D. 光孔

18. 波纹板式阻火器内部装有（　　）。

A. 单层金属波纹板　　B. 多层铁丝网　　C. 多层金属波纹板　　D. 单层铜丝网

19. 滴状罐属于（　　）。

A. 卧式罐　　B. 活动顶罐　　C. 浮顶罐　　D. 特形罐

20. 油罐按形状可分为立式圆柱形罐、卧式圆柱形罐、（　　）、滴状罐等。

A. 高位罐　　B. 地上罐　　C. 金属罐　　D. 球形罐

21. 储油罐按建筑位置可分为（　　）。

A. 1 种　　B. 2 种　　C. 3 种　　D. 4 种

22. 油罐的主要受力构件是（　　）。

A. 油罐基础　　B. 油罐底板　　C. 油罐罐壁　　D. 油罐拱顶

23. 双盘浮顶一般用于罐容积在（　　）以下的罐。

A. $1000m^3$　　B. $2000m^3$　　C. $5000m^3$　　D. $10000m^3$

24. 容积为 $5000\sim50000m^3$ 的油罐，边板厚度取（　　）。

A. 4～6mm　　B. 6～8mm　　C. 8～10mm　　D. 8～12mm

25. 油罐应设置护栏、人孔和人孔盖及上、下油罐的梯子，人孔直径不得（　　）。

A. 小于 500mm　　B. 大于 500 mm　　C. 等于 500mm　　D. 小于 400mm

26. 拱顶油罐的导电地线一端焊接在罐的（　　），另一端与大地连通。

A. 罐顶　　B. 罐壁下端　　C. 罐的底板　　D. 人孔

27. 下面属于轻油罐专用附件的是（　　）。

A. 起落管　　B. 通气短管　　C. 加热器　　D. 机械呼吸阀

28 拱顶罐的安全附件不包括（　　）。

A. 呼吸阀　　B. 液压安全阀　　C. 三角支撑　　D. 人孔

第三章 石油库管道及其附件

第一节 石油库管道常用管材和附件

一、管道的作用和要求

管道（piping）由管道组成件、管道支吊架等组成，用以输送、分配、混合、分离、排放、计量或控制流体流动。管道系统（piping system）简称管系，是指按流体与设计条件划分的多根管道连接成的一组管道。管道组成件（piping components）是指用于连接或装配成管道的元件，包括管子、管件、法兰、垫片、紧固件、阀门以及管道特殊件等。管道特殊件（piping specialties）指非普通标准组成件，是按工程设计条件特殊制造的管道组成件，包括膨胀节、补偿器、特殊阀门、爆破片、阻火器、过滤器、挠性接头及软管等。

输油管道系统是石油库的工艺网络，它将油罐、装卸设施、输油泵等连接成一个整体，使油品按业务需要传递于各工艺设施之间。石油库的输油管道系统应能满足油库的正常业务要求，并使生产操作方便、高度灵活、保证油品质量、经济合理、安全可靠。为了达到上述目的，应做好下列几项工作：

① 制定合理、灵活的工艺流程。

② 用经济管理计算公式或推荐的经济流速确定管道的管径。

③ 根据工艺要求选用必要的设备。

④ 根据介质性质和操作条件合理选择管道器材。

⑤ 根据工艺操作要求确定热力管网和辅助管道系统。

⑥ 合理进行管道安装设计。

⑦ 设置合理有效的管道保温、伴热、清扫及泄压保护系统。

除输油管道系统外，石油库还存在着蒸汽、热水、压缩空气、含油污水和消防水等多种介质管道。

二、管道的分级分类

油库的工艺管道和热力管道操作时发生事故的危险性和事故发生的危害程度，与管道的输送介质参数有关。为了保证各种管道既能安全可靠地运行，又能减少人力和投资，有必要根据管道的性质，将管道分成不同的级别，以便在设计、制造和施工中分别提出相应的要求。

GB 50316《工业金属管道设计规范》将工业管道内输送的流体分为5类，见表3-1。

表3-1　工业金属管道分类

流体类别	适用范围
A1类流体	剧毒流体，在输送过程中如有极少量的流体泄漏到环境中，被人吸入或与人体接触时，能造成严重中毒，脱离接触后，不能治愈；相当于现行国家标准《职业性接触毒物危害程度分级》(GBZ 230—2010)中Ⅰ级(极度危害)的毒物
A2类流体	有毒流体，接触此类流体后，会有不同程度的中毒，脱离接触后可治愈；相当于《职业性接触毒物危害程度分级》(GBZ 230—2010)中Ⅱ级以下(高度、中度、轻度危害)的毒物
B类流体	能点燃并在空气中连续燃烧的流体，这些流体在环境或操作条件下是一种气体或可闪蒸产生气体的液体
C类流体	不包括D类管道输送的不可燃、无毒流体
D类流体	设计压力小于或等于1.0MPa和设计温度超过－20～186℃的不可燃、无毒流体

《特种设备安全监察条例》为压力管道下的定义和范围是："利用一定的压力，用于输送气体或液体的管状设备；其范围规定为最高工作压力大于等于0.1MPa（G）的气体、液化气体、蒸汽介质或可燃、易爆、有毒、有腐蚀性、最高工作压力高于等于标准沸点的液体介质，且公称直径大于25mm的管道"。其余管道不属于特种设备安全监察范围。这就是说，"压力管道"不但是指其管内或管外承受压力，而且其内部输送的介质是"气体、液化气体和蒸汽"或"可能引起燃爆、中毒或腐蚀的液体"物质。

根据《压力管道安全技术监察规程》，属于安全监察范围的压力管道是具备下列条件之一的压力管道及其附属设施、安全保护装置等。

① 输送GBZ 230—2010《职业性接触毒物危害程度分级》中规定的毒性程度为极度危害介质的管道；

② 输送GB 50160《石油化工企业设计防火规范［2018年版］》中规定的火灾危险性为甲、乙类介质的管道；

③ 最高工作压力大于等于0.1MPa（表压，下同），输送介质为气体、液化气体的管道；

④ 最高工作压力大于等于0.1MPa，输送介质为可燃、易爆、有毒、有腐蚀性的或最高工作温度高于、等于标准沸点的液体的管道；

⑤ 前四项规定的管道的附属设施及安全保护装置等。

SH 3501—2011《石油化工剧毒、可燃介质管道工程施工及验收规范》根据管道输送介质的危险程度和设计条件来划分石油化工管道的级别，见表3-2。

表3-2　石油化工管道分级（SH 3501—2011）

序号	管道级别	输送介质	设计条件	
			设计压力 p/MPa	设计温度/℃
1	SHA1	极度危害介质（苯除外）、光气、丙烯腈	—	—
		苯、高度危害介质（光气、丙烯腈除外）、中度危害介质、轻度危害介质	$p \geq 10$	—
			$4 \leq p < 10$	$t \geq 400$
			—	$t < -29$
2	SHA2	苯、高度危害介质（光气、丙烯腈除外）	$4 \leq p < 10$	$-29 \leq t < 400$
			$p < 4$	$t \geq -29$

续表

序号	管道级别	输送介质	设计条件	
			设计压力 p/MPa	设计温度/℃
3	SHA3	中度危害、轻度危害介质	$4 \leq p < 10$	$-29 \leq t < 400$
		中度危害介质	$p < 4$	$t \geq -29$
		轻度危害介质	$p < 4$	$t \geq 400$
4	SHA4	轻度危害介质	$p < 4$	$-29 \leq t < 400$
5	SHB1	甲类、乙类可燃气体介质和甲类、乙类、丙类可燃液体介质	$p \geq 10$	—
			$4 \leq p < 10$	$t \geq 400$
			—	$t < -29$
6	SHB2	甲类、乙类可燃气体介质和甲A类，甲B类可燃液体介质	$4 \leq p < 10$	$-29 \leq t < 400$
		甲A类可燃液体介质	$p < 4$	$t \geq -29$
7	SHB3	甲类、乙类可燃气体介质，甲B类可燃液体介质，乙类可燃液体介质	$p < 4$	$t \geq -29$
		乙类、丙类可燃液体介质	$4 \leq p < 10$	$-29 \leq t < 400$
		丙类可燃液体介质	$p < 4$	$t \geq 400$
8	SHB4	丙类可燃液体介质	$p < 4$	$-29 \leq t < 400$

注：1. 常见的毒性介质和可燃介质参见本规范的附录A。

2. 管道级别代码的含义为：SH代表石油化工行业，A为有毒介质，B为可燃介质，数字为管道的质量检查等级。

在石化行业中，大部分管道属于压力管道。压力管道属于特种设备，必须满足《特种设备安全监察条例》《压力管道安全技术监察规程》等法规和技术规范要求。

《压力管道安全技术监察规程》将压力管道分为长输管道GA类、公用管道GB类（包括燃气和热力管道）、工业管道GC类和动力管道GD类（火力发电站用于输送蒸汽、汽水两相介质的管道）。其中工业管道GC类按照设计压力、设计温度、介质毒性程度、腐蚀性和火灾危险性划分为GC1、GC2、GC3三个等级，见表3-3。

表3-3 压力管道分级（TSG D0001—2009）

级别	适用范围
GC1	①输送毒性程度为极度危害介质、高度危害气体介质和工作温度高于其标准沸点的高度危害液体介质的管道 ②输送火灾危险性为甲、乙类可燃气体或者甲类可燃液体(包括液化烃)的管道，并且设计压力大于或者等于4.0MPa的管道 ③输送除前两项介质的流体介质并且设计压力大于等于10.0MPa，或者设计压力大于等于4.0MPa，并且设计温度高于等于400℃的管道
GC2	除GC3级管道外，介质毒性程度、火灾危险性(可燃性)、设计压力和设计温度低于GC1级的管道，例如：氧气、乙炔气、工业用天然气管道；可燃流体介质，汽、柴油等
GC3	输送无毒、非可燃流体介质，设计压力小于或者等于1.0MPa，并且设计温度高于-20℃但是不高于185℃的管道，例如符合以上条件的压缩空气、蒸气和高温水等

按管道设计压力分类：

① 真空管道。一般指表压小于0的管道，如泵的吸入管道。

② 低压管道。一般指表压在$0 < p \leq 1.6$MPa的管道，如油泵的出口管道和自流发油管道，油库目前大多为此类管道。

③ 中压、高压和超高压管道。中压管道一般指 $1.6\text{MPa} < p \leqslant 10\text{MPa}$ 管道，高压管道一般指 $10\text{MPa} < p \leqslant 100\text{MPa}$ 管道，超高压管道一般指 $p > 100\text{MPa}$ 管道；如炼油厂反应塔出口管道大多为中、高压管道，而油井出口管道大多为超高压管道。

按介质温度分类：

根据管道工作温度的不同，分为常温、低温、中温、高温管道。

常温管道是指介质温度处于－40～120℃之间；低温管道是指介质温度处于－40℃以下；中温管道是指介质温度处于 120～450℃之间；高温管道是指介质温度高于 450℃的管道。

三、管道的主要技术参数和基本技术要求

1. 公称直径

管道公称直径是为了设计、制造、安装和维修方便而规定的一种标准直径，一般来说，公称直径的数值既不是管子的内径，也不是管子的外径，而是与管子内径相接近的整数。

公称直径是用于管道系统元件的字母和数字组合的尺寸标识，它由字母 *DN*（nominal diameter）和后跟无因次的整数数字组成；这个数字与端部连接件的孔径或外径（用 mm 表示）等特征尺寸直接相关。

例如：公称直径为 150mm，用 *DN*150 表示。依据 GB/T 1047 规定，管道元件公称尺寸优先选用系列见表 3-4。

表 3-4　管道元件公称尺寸优先选用以下系列

*DN*6	*DN*100	*DN*700	*DN*2200
*DN*8	*DN*125	*DN*800	*DN*2400
*DN*10	*DN*150	*DN*900	*DN*2600
*DN*15	*DN*200	*DN*1000	*DN*2800
*DN*20	*DN*250	*DN*1100	*DN*3000
*DN*25	*DN*300	*DN*1200	*DN*3200
*DN*32	*DN*350	*DN*1400	*DN*3400
*DN*40	*DN*400	*DN*1500	*DN*3600
*DN*50	*DN*450	*DN*1600	*DN*3800
*DN*65	*DN*500	*DN*1800	*DN*4000
*DN*80	*DN*600	*DN*2000	

2. 公称压力、设计压力、工作压力和试验压力

（1）公称压力（nominal pressure）

配管使用的管道元件数量和规格很多，若以使用条件逐个进行计算，不仅工作量很大，而且管道连接以及管件、阀门互换性都成问题。与其各自计算，不如按压力、温度划分等级，以达到系列化、标准化，这样既可减少法兰、管件和设备的种类，又可互换。因此，各国都制定温度压力等级的标准。凡属同一标准、同一管径、同一温度压力等级的法兰，其密封面相同者，都可互相连接；此温度压力等级，常称为公称压力。

公称压力常用 *PN* 表示，*PN* 是与管道系统元件的力学性能和尺寸特性相关，用于参考的字母和数字组合的标识。它由字母 *PN* 和后跟无因次的数字组成；字母 *PN* 后跟的数字不代表测量值，不应用于计算目的，除非在有关标准中另有规定；除与相关的管道元件标

准有关联外，术语 PN 不具有意义。管道元件允许压力取决于元件的 PN 数值、材料和设计以及允许工作温度等，在相应标准的压力-温度等级表中给出。具有同样 PN 和 DN 数值的所有管道元件同与其相配的法兰应具有相同的配合尺寸。

在旧标准中，公称压力表示为 PN4.0MPa，现标记为 PN40。GB 9112 规定，公称压力用 PN 标志的 12 个压力等级为 PN2.5、PN6、PN10、PN16、PN25、PN40、PN63、PN100、PN160、PN250、PN320、PN400。

在 ASME 标准中，公称压力采用美洲体系 Class（磅级）标志。我国标准中目前也引入了美标 Class 标志 6 个压力等级，与 PN 标志并行。Class 标志数值单位是 psi，但由于 Class 美标是指在 425.5℃下所对应的压力，所以在工程互换中不能只单纯地进行压力换算，如 Class300（300 磅级）单纯用压力换算应是 2.1MPa，但如果考虑到使用温度的话，它所对应的压力就升高了，根据材料的温度耐压试验测定相当于 5.0MPa，二者对应关系见表 3-5。

表 3-5 Class 标志与 PN 标志对应关系

PN10	PN20	PN50	PN110	PN150	PN260	PN420
Class75	Class150	Class300	Class600	Class900	Class1500	Class2500

（2）设计压力

设计压力是指作用在管内壁上的最大瞬时压力，一般采用工作压力及残余水锤压力之和。设计压力的确定应符合下列规定：

① 一条管道及其每个组成件的设计压力，不应小于运行中遇到的内压或外压与温度相偶合时最严重条件下的压力。

② 输送制冷剂、液化烃类等汽化温度低的流体管道，设计压力还应不小于阀被关闭或流体不流动时在最高环境温度下汽化所能达到的最高压力。

③ 离心泵出口管道的设计压力还应不小于吸入压力与扬程相应压力之和。

（3）工作压力

工作压力是指为了管道系统的运行安全，根据管道输送介质的各级最高工作温度所规定的最大压力。当管道内流体的实际流量和设计流量不等时，管道工作压力由流体能量方程求得。

（4）试验压力

试验压力是指对管道进行耐压强度和气密性试验规定所要达到的压力。以上四个参数之间的关系为：试验压力＞公称压力＞设计压力＞工作压力。

3. 管道技术要求

管道在介质压力作用下，应满足以下主要要求：

① 具有足够的机械强度，管道所用管材和管道附件以及接头构造，在介质压力作用下均须安全可靠；特别是高压管道，还会产生振动，所以高压管道还必须处理好防振加固问题。

② 具有可靠的密封性，保证管道和管道附件以及连接接头在介质压力作用下严密不漏，这就必须正确地选择连接方法和密封材料，合理地进行施工安装。

管道在介质温度作用下，应满足以下主要要求：

① 管材耐热的稳定性。管材在介质温度的作用下必须稳定可靠。对于同时承受介质温

度和压力作用的管道，必须从耐热性和机械强度两个方面满足工作条件的要求。

② 管道热应变的补偿。管道在介质温度和外界温度变化作用下，将产生热变形，并使管道承受热应力的作用。所以输送热介质的管道应设补偿器，以便吸收管道的热变形，减少管道的热应力。

③ 管道的绝热保温。为了减少管道的热交换和温差应力，输送热介质和冷介质的管道，管道外壁应设绝热层。

第二节　油库常用管道元件

管道组成件包括管子、法兰及其组件、过滤器、阀门、管件以及管道特殊件等。由于油库用阀的场合较多，故阀门将在本章第五节单独介绍。

一、管子

管子（tube）是管道的主体，管子按材质可分为金属管和非金属管两大类。

① 金属管。金属管道种类很多，又可分为黑色金属管（碳素钢道、低合金钢道、铸铁管等）和有色金属管（铝管、铜管等）。

② 非金属管。非金属管有橡胶管、塑料管、玻璃管、陶瓷管、石棉水泥管、混凝土管、玻璃钢管等；石油库常用的非金属管道主要有耐油橡胶管，其耐腐蚀性强，通常用在卸油码头及汽车收发油等场所。

1. 钢管

石油化工管道大多数都采用钢管。钢管按用途可分为流体输送用、结构用、传热用、其他用途等。按制造工艺又可分为无缝钢管和焊接钢管两大类。其特点是规格多、强度高。

（1）无缝钢管

无缝钢管（SMLS）是指钢坯经穿孔轧制或拉制成的钢管，以及用铸造方法制成的钢管。流体输送用无缝钢管应采用热轧（挤、扩）或冷拔（轧）无缝方法制造。

热轧钢管是先将实心管坯经检查并清除表面缺陷，截成所需长度，在管坯穿孔端端面上定心，然后送往加热炉加热到再结晶温度后，在穿孔机上穿孔形成毛管；再送至自动轧管机上继续轧制，最后经均整机均整壁厚，经定径（减径）机定径（减径），达到规格要求。

冷拔钢管是将毛管多次拉拔，在每次拉拔之间要有相应的去应力退火，保证下一次的冷拔顺利进行。冷拔一般也需要加热，但温度较低。

冷拔无缝钢管的精度高于热轧无缝钢管，特别是冷拔无缝管外径的精度非常高，但价格也高于热轧无缝钢管；冷拔无缝管一般口径较小，大多在127mm以下，其长度一般也要短于热轧无缝管；壁厚方面冷拔无缝管要比热轧无缝管均匀。

由于无缝钢管具有强度高、规格多等特点，因而在石化行业流体输送中应用最为广泛。当输送强烈腐蚀性或高温介质（如部分石化产品）时，可采用不锈钢、耐酸钢或者耐热钢制的无缝钢管。

（2）焊接钢管

焊接钢管（weld tube）是指由钢板、钢带等卷制，经焊接而成的钢管。焊接钢管又分为直缝电焊钢管、直缝埋弧焊（SAWL）钢管和螺旋缝埋弧焊（SAWH）钢管三种。直缝焊接钢管一般用在小直径低压管道上；螺旋焊接钢管则常用于低压大直径管道。

(3) 油气储运系统常用的钢管

油气储运系统常用的钢管种类、标准号和使用条件见表3-6。

表3-6 常用的国产钢管

标准名称及标准号	钢号	适用条件	适用介质
GB/T 3091—2015《低压流体输送用焊接钢管》	Q195,Q215A,Q215B,Q235A,Q235B,Q275A,Q275B,Q345A,Q345B	0～100℃;≤0.6MPa	水、空气、采暖蒸汽和燃气等低压流体
SY/T 5037—2018《普通流体输送管道用埋弧焊钢管》	Q195,Q215,Q235	0～200℃;≤1.0MPa的非剧毒介质	水、污水、空气、采暖蒸汽等普通流体
SY/T 5038—2012《普通流体输送管道用直缝高频焊钢管》	Q235,Q215,Q195	0～200℃;≤1.0MPa	水、污水、空气、采暖蒸汽等普通流体
GB/T 8163—2018《输送流体用无缝钢管》	10,20,09MnV,16Mn,Q345,Q390,Q420,Q460	压力小于10.0 MPa或设计温度低于350℃	剧毒、易燃、可燃介质
GB/T 14976—2012《流体输送用不锈钢无缝钢管》	0Cr18Ni9Ti, 00Cr19Ni10, 0Cr23Ni13, 0Cr25Ni20,1Cr18Ni9Ti,0Cr13,0Cr26Ni5Mo2	−20～600℃	腐蚀性或要求高洁净的介质

(4) 钢管选用

设计压力小于1.0MPa、温度低于150℃的压缩空气、工业用水管道宜选用直焊缝碳钢管、螺旋焊缝碳钢管，钢管标准为GB/T 3091—2015，SY/T 5037—2018；对净化压缩空气、饮用水介质，当*DN*≤40mm时，应采用镀锌有缝碳钢管（GB/T 3091— 2015）；当*DN*≥50mm时，可采用无缝碳钢管（GB/T 8163—2018）。

工艺介质上，当设计压力小于10.0MPa或设计温度低于350℃时，应采用GB/T 8163—2018无缝碳钢管（*DN*≤600mm）。

(5) 钢管尺寸规格表示

钢管的外径一般用字母*D*表示，其后附加外径数值，例如，外径为159mm的钢管，用*D*159表示；钢管的内径用字母*d*表示，其后附加内径数值，例如，内径为149mm的钢管，用*d*149表示。钢管一般按国家、行业及厂家标准生产。

水煤气输送钢管（镀锌或非镀锌）、铸铁管等管材，管径宜以公称直径*DN*表示（如*DN*15、*DN*50)；无缝钢管、焊接钢管（直缝或螺旋缝）、铜管、不锈钢管等管材，管径宜以外径*D*×壁厚表示（如*D*108×4、*D*159×4.5等)。

管子的公称直径和其内径、外径都不相等，例如，公称直径为100mm的无缝钢管有*D*114×5、*D*108×5等好几种，108为管子的外径，5表示管子的壁厚，因此，该钢管的内径为（108−5×2)=98（mm)，但是它不完全等于钢管外径减两倍壁厚之差，也可以说，公称直径是接近于内径，但是又不等于内径的一种管子直径的规格名称。

工作中还经常用到NPS表示管子尺寸的方法。NPS（Nominal Pipe Size）是一套北美地区的应用于压力管道的管及管件尺寸的标准。NPS采用英寸in（″）形式表示。沿用至今，英寸与公制换算关系是：1in=25.4mm，习惯简化为1″=25.4mm。

现行国家标准GB/T 3091—2015《低压流体输送用焊接钢管》适用于水、空气、采暖蒸汽和燃气等低压流体输送用直缝电焊钢管、直缝埋弧焊（SAWL）钢管和螺旋缝埋弧焊（SAWH）钢管。该标准同一公称直径、外径分为通用系列、非通用系列、少数特殊与专用系列3个系列，壁厚制作出最小壁厚要求。焊接钢管公称直径、外径、公称壁厚和不圆度见表3-7。

表3-7　焊接钢管公称直径、外径、公称壁厚和不圆度　　mm

公称直径 DN	外径 D			最小公称壁厚 t	不圆度不大于
	系列1	系列2	系列3		
6	10.2	10.0		2.0	0.20
8	13.5	12.7		2.0	0.20
10	17.2	16.0		2.2	0.20
15	21.3	20.8		2.2	0.30
20	26.9	26.0		2.2	0.35
25	33.7	33.0	32.5	2.5	0.40
32	42.4	42.0	41.5	2.5	0.40
40	48.3	48.0	47.5	2.75	0.50
50	60.3	59.5	59.0	3.0	0.60
65	76.1	75.5	75.0	3.0	0.60
80	88.9	88.5	88.0	3.25	0.70
100	114.3	114.0		3.25	0.80
125	139.7	141.3	140.0	3.5	1.00
150	165.1	168.3	159.0	3.5	1.20
200	219.1	219.0		4.0	1.60

注1. 表中的公称口径系近似内径的名义尺寸，不表示外径减去两倍壁厚所得的内径。

2. 系列1是通用系列，属推荐选用系列；系列2是非通用系列；系列3是少数特殊、专用系列。

相类似的是GB/T 17395规定，不锈钢管外径也分为三个系列：系列1、系列2和系列3。系列1是通用系列，属推荐选用系列；系列2是非通用系列；系列3是少数特殊、专用系列。

（6）钢管的壁厚系列

钢管的壁厚分级主要有下述三种表示方法。

① 以管子表号（Sch）表示壁厚系列。这是美国国家协会ANSI B16.10标准规定的，适用于焊接钢管和无缝钢管。管子表号（Sch）表示一定的壁厚值，是设计压力与设计温度下材料的许用应力的比值乘以1000，并经圆整的数值，即：

$$\mathrm{Sch}=\frac{p}{[\sigma]_t}\times 1000 \tag{3-1}$$

管子表号（Sch）所对应的具体壁厚各国均有各自的规定值，不完全相同，但比较接近。SH/T 3405—2017《石油化工钢管尺寸系列》中按表号规定了不同管径的壁厚，见表3-8。表中的壁厚值已经考虑了钢管、钢板的负偏差及1.5mm的腐蚀裕度，但没有考虑螺纹深度等加工附加值；如果腐蚀裕度大于1.5mm或管子需车螺纹，则管子壁厚应调整，并尽量向上选用表号所对应的壁厚。

表 3-8 碳素钢、合金钢无缝钢管及焊接钢管尺寸（部分）

公称直径 DN	外径/mm	壁厚代号	管表号 Sch	壁厚/mm	平端钢管的理论质量/(kg/m)	公称直径 DN	外径/mm	壁厚代号	管表号 Sch	壁厚/mm	平端钢管的理论质量/(kg/m)
200	219.1	STD	—	11.13	57.08	250	273.1		Sch10	4.19	27.79
200	219.1	XS	Sch80	12.70	64.64	250	273.1		—	4.78	31.63
200	219.1		—	14.27	72.08	250	273.1		—	5.16	34.10
200	219.1		Sch100	15.09	75.92	250	273.1		—	5.56	36.68
200	219.1		—	15.88	79.59	250	273.1		Sch20	6.35	41.77
200	219.1		Sch120	18.26	90.44	250	273.1		—	7.09	46.51
200	219.1		—	19.05	93.98	250	273.1		Sch30	7.80	51.03
200	219.1		Sch140	20.62	100.93	250	273.1		—	8.74	56.98
200	219.1	XXS	—	22.23	107.93	250	273.1	STD	Sch40	9.27	60.31
200	219.1		Sch160	23.01	11.27	250	273.1		—	11.13	71.91
200	219.1		—	25.40	121.33	250	273.1		Sch60	12.70	81.56
250	273.1		Sch5	3.40	22.61	250	273.1			14.27	91.09
250	273.1		—	3.96	26.28	250	273.1		Sch80	15.09	96.02

② 以管子重量表示管子壁厚的系列。美国 MSS 协会和 ANSI 协会规定的以管子重量表示壁厚的方法中，将管子壁厚分为以下三种系列：

标准重量钢管系列，以 STD 表示；

加厚钢管系列，以 XS 表示；

特厚钢管系列，以 XXS 表示。

以管子重量表示管子壁厚的方法与以管子表号表示壁厚的方法有如下对应关系：

公称直径 $DN \leqslant 250$mm 的管子，Sch40 相当于 STD 管；

公称直径 $DN \leqslant 200$mm 的管子，Sch80 相当于 XS 管。

③ 以钢管壁厚尺寸表示的壁厚系列。中国、日本和印度 IS 协会的部分钢管标准采用钢管壁厚尺寸表示的壁厚系列。

2. 铸铁管

铸铁管分为普通铸铁管和硅铁管两类；铸铁管的规格一般以公称直径表示。

油库中普通铸铁管常用于给排水、消防和冷却水系统中。普通铸铁管一般用灰口铸铁铸造，耐腐蚀性好，但质脆、不抗冲击。普通铸铁管可按承压情况分为低压（$p=0.45$MPa）、普压（$p=0.75$MPa）和高压（$p=1.0$MPa）三种，直径 50～1500mm，壁厚 7.5～30mm，管长有 3m、4m、6m 三种；管端形状分承插式和法兰式，法兰式又分为单、双盘式两种。

3. 有色金属管

在石油库中，有色金属管只在少数场合使用，如用于某些油品装卸鹤管等活动性的连接部件上，以减轻重量、方便操作，也可防止操作过程中因与钢设备或钢结构碰撞产生火花而引起火灾；有时也用于输送某些腐蚀性介质。常用的有色金属管有铝及铝合金管和铜管；冷拉和热挤的铝及铝合金圆管和规格见 GB 4436，拉制铜管规格见 GB/T 1527，挤制铜管规格见 GB/T 1528。

4. 非金属管

油库常用的非金属管主要是橡胶管、塑料管和玻璃钢管。

(1) 橡胶管

在石油库中，橡胶管可作为软性管道用于可移动设备的连接管道或活动性的软管接头上，如油品或其他介质的装卸软管和蒸汽、空气、水的扫线和清扫用软管。油库常用胶管有耐油夹布胶管（耐油平滑胶管）、耐油螺旋胶管和耐油钢丝胶管3种，它们均由丁腈橡胶制成；按照功用可分为压力、吸入和排吸三种工况。选用时，正压输送的介质应选耐压胶管，负压下输送则选吸入胶管，有可能出现正负压力时则需选排吸胶管。

① 耐油夹布胶管。由内外和中间胶布组成，工作压力一般为1MPa，用于低压输油。

② 耐油螺旋胶管。耐油螺旋胶管由胶管和内外层或中间螺旋钢丝组成，工作压力一般为0.5MPa，可作为压力输送和吸入管用。

③ 输油钢丝编织胶管。输油钢丝编织胶管的钢丝较细，外表面螺纹痕迹明显，它与平滑胶管相似。这种胶管比螺旋胶管轻一倍，工作压力高一倍，真空度为80kPa，胶管变形直径椭圆度不大于20%。

除耐油管用作常温输送油品外，尚有输送其他介质的胶管，如输水胶管、蒸汽胶管、空气胶管、酸碱胶管等。

(2) 塑料管

塑料管包括聚氯乙烯管，高、低密度聚乙烯管，聚丙烯管，聚四氟乙烯管，酚醛塑料管，耐酸酚醛塑料管等。使用塑料管的优点是节约钢材、耐腐蚀、不生水锈、摩擦系数小、热导率小、重量轻；其缺点是强度随温度变化，不能用于高温，线膨胀系数大，可燃，尺寸不如金属管精确。塑料管材规格用 $De \times e$ 表示（公称外径×壁厚），也可用外径表示，如 $De63$。

二、管道元件的连接方式

管道元件包括管子、曲管（弯头）、大小头（变径管）、分支管（三通）、阀门等，这些部分都必须经过一定的连接方式才能构成一个完整的管系。管道的连接方式一般分为螺纹连接、焊接、法兰连接和承插四类。油库中最常见的是法兰连接和焊接连接。

螺纹连接（SCRD或THRD）也叫丝扣连接，一般适用于 $DN \leqslant 40$mm 的管子及管件之间的连接；可用它代替承插焊以实现可拆卸连接，但受下列条件限制。

① 螺纹连接的管件应采用锥管螺纹，并应注明是NPT（60°锥管螺纹）还是 Rc/Rz（55°锥管螺纹）。

② 螺纹连接不推荐用在高于200℃及低于−45℃的温度下。

③ 螺纹连接不得用在剧毒介质管道上。

④ 螺纹连接不推荐用在可能发生应力腐蚀、间隙腐蚀或由于振动、压力脉动及温度变化可能产生交变载荷的部位。

⑤ 用于可燃气体管道上时，宜采用密封焊进行密封。

焊接一般用于大于 $DN50$ 管线，且使用中不需拆卸的地方。焊接是管道连接应用最广的一种形式。焊接连接的最大优点是焊口强度高、严密性好、不需要配件、施工方便、成本低，使用可靠并能节约钢材。管道焊接中又存在平焊、对焊和承插焊三种形式。

焊接适用于管道不需要拆卸的场合。GB 50160 规定，可燃气体、液化烃和可燃液体的金属管道除需要采用法兰连接外，均应采用焊接连接。但是，小口径管道（≤$DN25$）焊接时，其焊接强度不佳且易将焊渣落入管内引起管道堵塞，故公称直径等于或小于25mm的可燃气体、液化烃和可燃液体的金属管道和阀门多采用承插焊管件连接，也可采用锥管螺纹连接；采用锥管螺纹连接时，除能产生缝隙腐蚀的介质管道外，应在螺纹处采用密封焊。

承插连接主要用于难以焊接的管道材料，如铸铁管、陶瓷管等，石油库使用较少。但将承插和焊接结合起来的承插焊却有着广泛应用。

一般需要拆卸的地方都采用法兰连接。管法兰在石油工业、化学工业和油库中应用非常广泛，是管道设计中的重要组成部分。国标规定以下地方应采用法兰连接：

① 与设备管嘴法兰的连接、与法兰阀门的连接等；

② 高黏度、易黏结的聚合淤浆液和悬浮液等易堵塞的管道；

③ 凝固点高的液体石蜡、沥青、硫黄等管道；

④ 停工检修需拆卸的管道等。

在油库中，除应用于检修时需要拆装的地方（如罐区、泵房）外，还能连接带法兰的阀门、仪表和设备，但如果采用过多的法兰连接，将会增加泄漏的可能和降低管道的弹性。所以，在油库中要根据具体情况选用。

三、法兰及其组件

法兰（flange）按用途分可分为管法兰和压力容器（设备）法兰；按形状分可分为圆形、方形、椭圆形及特殊形状法兰；按压力分可分为中、低压法兰和高压法兰等；油库中所使用的主要是圆形管法兰。

管法兰是管件的一种，主要用于管子与管件、阀门、设备的连接。法兰连接是管道连接的一种常见形式，法兰是该形式的主体。法兰包括上、下法兰，垫片（gasket）及螺栓（stud bolt）、螺母（nut）3部分（图3-1），它们均已标准化。

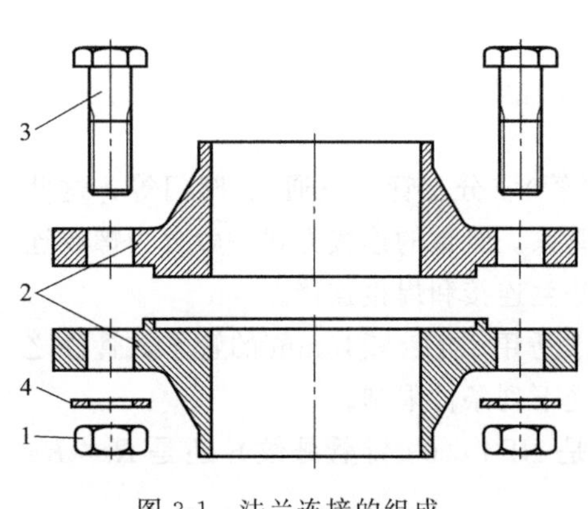

图3-1　法兰连接的组成

1—螺母；2—法兰；3—螺栓；4—垫片

管法兰的种类虽多，但均可以法兰与管子的连接方式、法兰密封面的形状以及压力-温度等级进行分类。

不同连接方式的法兰，可有相同或不同的密封面形状；同一连接方式的法兰亦可有相同或不同的密封面形状；各种类型的法兰又有不同的压力-温度等级。

法兰与管子连接的形式有对焊、平焊、承插焊、螺纹连接和松套连接以及法兰盖（也叫盲板法兰，与管子不连接）等基本类型，如图3-2所示。

法兰还可分为板式和带颈两大类。板式法兰利用平板坯料加工而成，特点是易于成型、节省材料，但由于法兰与管子厚度相差大，因此产生的焊接应力大；带颈法兰通过突出法兰板的颈部与管子焊接，能够实现法兰厚度到管壁厚的逐渐过渡，从而减少焊接应力，提高承压能力和抗振动能力。

1. 法兰类型

GB/T 9112—2010《钢制管法兰　类型与参数》将法兰分为12个类型，如图3-3所示。

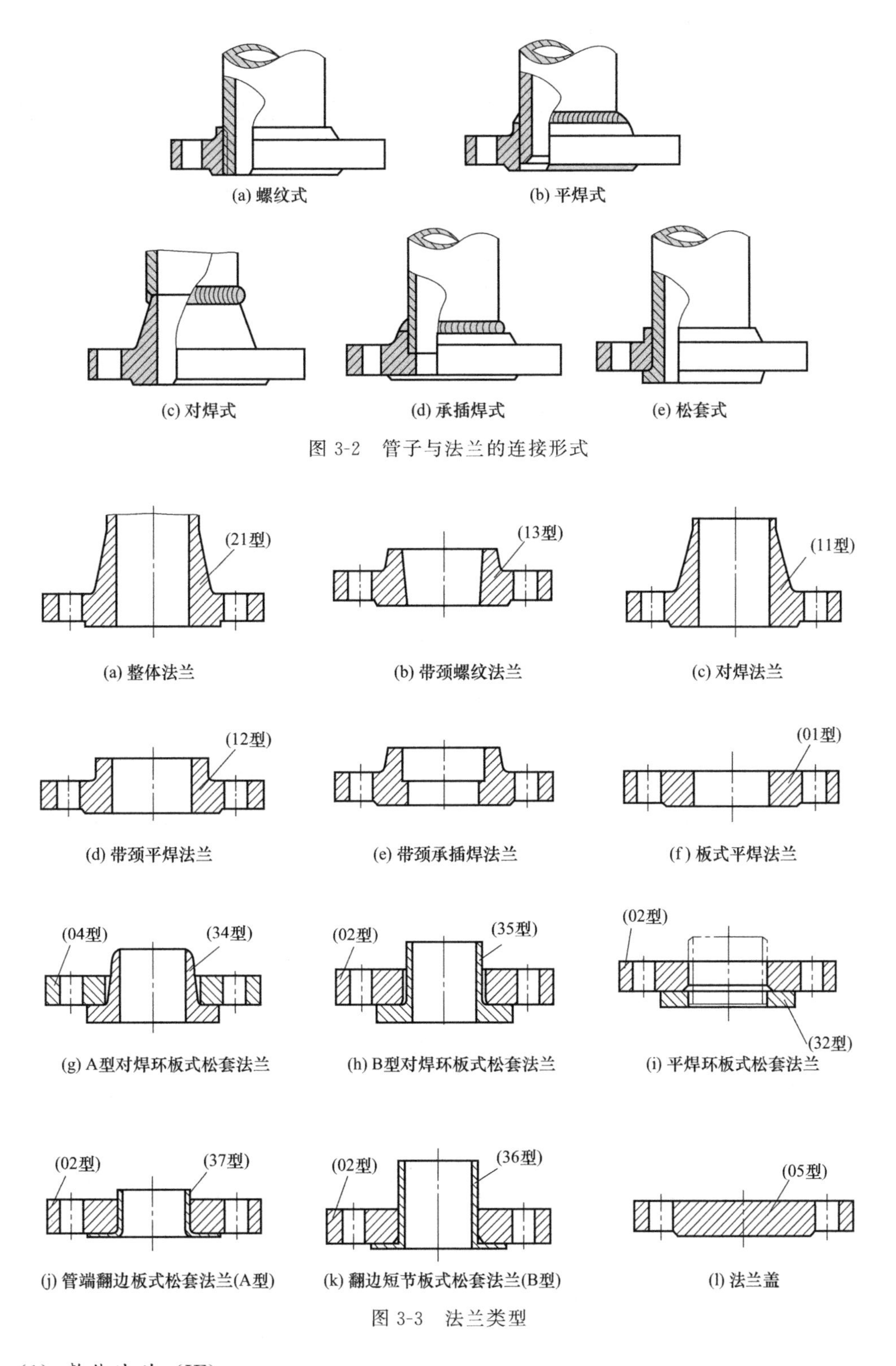

图 3-2 管子与法兰的连接形式

图 3-3 法兰类型

(1) 整体法兰 (IF)

整体法兰又叫长径对焊法兰，英文名称为 integral flange。整体法兰是带有一个锥形截面颈的法兰，多用于压力较高的管道之中，一般为平面（FF）和突面（RF）密封面。如果在易燃、易爆、高度和极度危害的使用工况之中，则可以选用除了 RF 面之外的凸凹面

(MFM)及榫槽面(TG)的密封面形式。

(2) 平焊法兰

平焊法兰是将管子插入法兰孔，通过角焊缝直接与设备或管道焊接的一种法兰，包括板式平焊法兰(PL)和带颈平焊法兰(SO)两种类型。

平焊法兰在焊接装配时较易对中，并且价格便宜、生产周期短，是最常用的一种法兰形式，广泛使用在各种流体管道中。其受力特性介于整体法兰与活套法兰之间，如按内压力计算，平焊法兰的强度约为相应的对焊法兰的三分之二；平焊法兰的疲劳寿命仅约为对焊法兰的三分之一。所以，平焊法兰只适用于压力等级比较低，压力波动、温度波动、振动及振荡均不严重的管道。

平焊法兰虽然售价比较便宜，但与管子连接时两侧有角焊缝，在现场退火比较困难。并且由于在法兰面附近焊接，容易损伤法兰面和引起法兰面变形。

(3) 对焊法兰(WN)

对焊法兰与管子焊接处有一圈长而倾斜的高颈。通过此段高颈，法兰厚度逐渐过渡到管壁厚度，于是降低了应力的不连续性，因而增加了法兰强度。对焊法兰与管子对接焊接，施工费比较便宜并且适用于要求比较严峻的场合。如由于管路热膨胀或其他荷载而使法兰处受的应力较大或应力变化反复的场合，压力或温度大幅度波动的管线或高温、高压及零下低温的管道。GB 50160 规定，下列任一种情况的管道，应采用对焊法兰，不应采用平焊或松套法兰。

① 预计有频繁的大幅度温度循环条件下的管道；

② 剧烈循环条件下的管道。

对焊法兰还可用于处理昂贵、易燃、易爆的流体，以免因法兰连接处泄漏或损坏而导致不幸的后果。因此，石油化工企业中工艺管线常用对焊法兰。对焊法兰的内径应与连接的管内径一致。

(4) 带颈螺纹法兰(Th)

螺纹法兰是在平焊法兰的承插处用管螺纹与管子连接，而不必焊接；合金钢法兰有足够的强度，但不易焊接，可用螺纹连接。合金钢螺纹法兰可用于高压工况；螺纹连接的法兰不宜使用在温度反复波动的场合，容易泄漏。

螺纹法兰也用在镀锌钢管和铸铁法兰不能焊接的场合。

(5) 带颈承插焊法兰(SW)

承插焊法兰其基本形状与平焊法兰相似。管子插入法兰内焊住，在法兰背面有一条焊缝；法兰和管子间的间隙有时易产生腐蚀，若里面再焊上一道就可避免此腐蚀；若内外两面焊，疲劳强度比平焊法兰大50%，静强度相同。使用这种法兰时，其内径需与管内径一致，一般用于小口径管道(*DN*50 及以下)。

(6) 松套法兰(LJ)

也叫翻边活动法兰、旋转配合法兰，由松套环(短节)和法兰板两部分组成。松套环与管道对焊连接，法兰板套在松套环外，法兰板是活动的，密封面在松套环端面。

松套法兰分为翻边短节板式、管端翻边板式、对焊环板式(分 A、B 两种)和平焊环板式五种类型，美标 Class 标志松套法兰只有对焊环带颈法兰一种形式。它们使用于不同的工作压力，采用不同的密封面形式。翻边板式松套钢制管法兰仅用于公称压力不高于 0.6MPa 的工况；平焊环板式松套钢制管法兰可用于不高于 2.5MPa 的工况；对焊环带颈松套钢制管法兰密封面可以做成突面和环连接面两种形式，适用于2.0～42MPa工况。

松套法兰优点是法兰板可旋转，易于对准螺栓孔，使用在大直径管道上易于安装；翻边活动法兰也适用于管道需要频繁拆卸以供清洗或检查的地方，或用在对准法兰螺栓孔时仅需转动法兰而不必旋转管子之处。使用这种法兰时，管接头材质必须与管材一致；而法兰材质不一定与管材一致。这种法兰，比同样管径、同一压力温度等级的对焊法兰贵；但对特别贵的管材，由于可使用不同材质的廉价的法兰，有时较为经济。

其承受内压的性能与平焊法兰相同，比对焊法兰差；疲劳寿命仅是对焊法兰的10%，不能用在交变应力作用下的场合。

（7）盲板法兰（BL）

盲板法兰（blind flange）俗称法兰盖。盲板法兰是与管道端法兰连接，将管道封闭的、带螺栓孔的圆板；类似一个钢板边缘打孔，因为中间无内孔，所以称为盲板法兰；其连接方式是与法兰连接，主要作用是堵住管道与管件中的封头，和管帽有点类似，但使用的时候可以拆卸，不使用的时候可以堵住。因为是靠螺栓固定，所以拆卸也很方便。这种法兰用于封闭管道或阀件的一端，承受较大的弯曲应力。

2. 法兰密封面

法兰作为连接件，连接后必须保证有良好的密封性能，因此法兰上均加工有密封面。常见的形式有全平面（FF）、突面（RF）、凹凸面（MF）、榫槽面（TG）、O形圈面（OSG）和环连接面（RJ）六种，结构如图3-4所示。

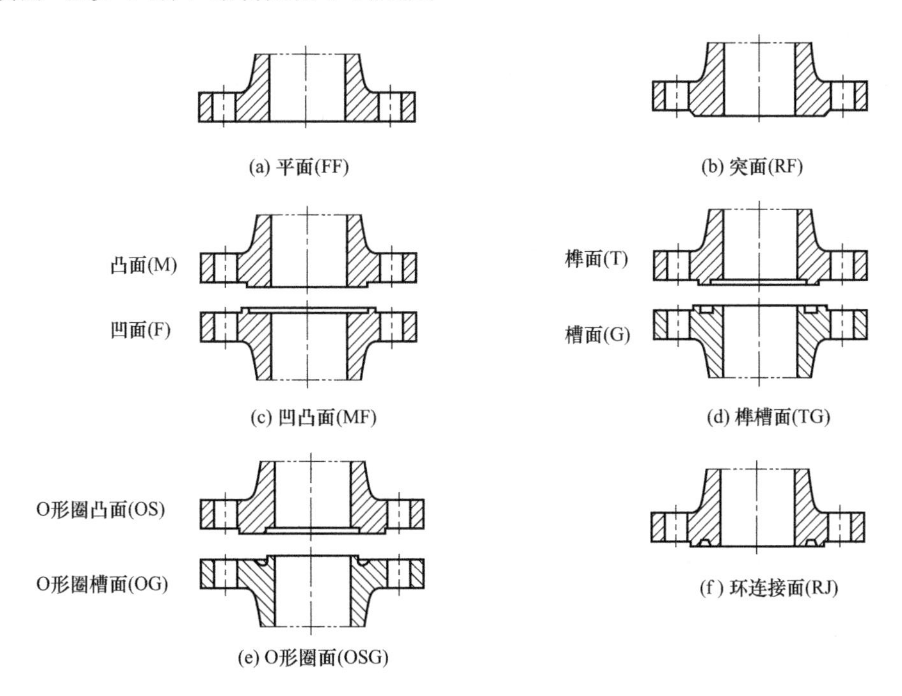

图3-4　法兰密封面形式及其代号

全平面法兰（full face）也称满平面法兰，在法兰外径以内均为平密封面，代号为FF，法兰面上没有凸出部分，主要用于铸铁制的设备和阀门及其配对的法兰等。因为铸铁有很大的耐压能力，但耐拉、弯的能力弱，所以为了使紧固时弯曲力矩小，垫片宽度应与法兰面一致，以防法兰破损；仅用于PN＜1.6MPa管道。

突面法兰（raised face）是突起的平密封面在螺栓孔的内侧，代号为RF，是应用最广泛的一种法兰。它的突起表面有时加工有螺旋形或同心圆的沟槽（称为水线）。安装时，垫片在外力作用下嵌入沟槽，保证端面密封；但采用非金属垫片时，法兰面上的无水线（密封线）对密封性能影响不大。因此，对新加工的法兰可不车制水线。所以，具有这种表面的法兰便称为光滑面平焊法兰、光滑面对焊法兰等。

凹凸面法兰（MF）是一对法兰，其密封面一呈凹型，一呈凸型。它的优点在于能钳住垫片，因此减少了垫片被吹出的可能；其缺点为两密封面不一样，因此不像突面法兰那样应用广泛。它还有一缺点，即不能保护垫片不挤入管内；一般使用在操作压力较大的情况。

榫槽面法兰（TG）是一对法兰，其密封面一个有榫，一个有与榫相配的槽；具有与凹凸面相似的优缺点；垫片在凹槽内受两旁金属的限制，可以保护软垫片不致变形而被挤入管内，且垫片也软，少遭受流体的冲蚀或腐蚀。

环连接面法兰（RJ）是在法兰面上加工出类梯形槽，采用金属环垫进行密封。使用时，金属环嵌入相配合的两槽间，通过螺栓预紧力挤压金属环产生弹塑性变形，实现高压密封。由于金属环垫片强度高，故环连接面法兰承压很高，其缺点是制造成本高。

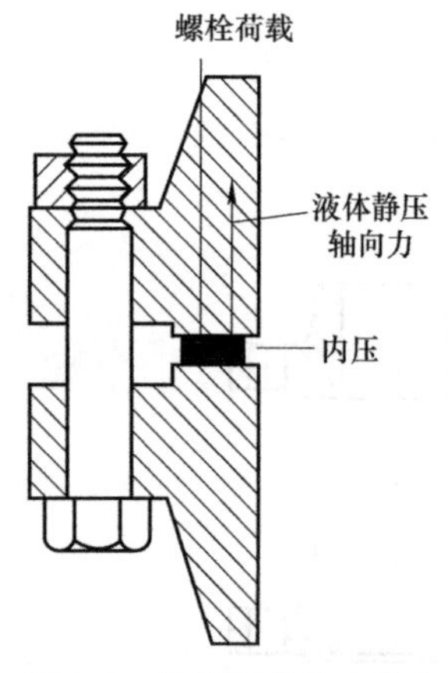

图 3-5　作用于垫片上的力

O形圈面（OSG）是国标新增加的一种密封面形式，由凸面和槽面两部分组成；采用橡胶O形圈进行密封，耐压能力不超过$PN400$。

3. 法兰垫片及其选择

法兰表面即使经过极为精确的加工，如不用垫片也很难做到不漏泄。垫片的作用是把一种半塑性材料置于法兰面之间，此材料受载荷时发生变形，将法兰面微小不平整处加以密封，以阻止流体漏泄。为使垫片变形，必须向垫片施加一压紧力，垫片的变形量和压紧力决定于法兰表面粗糙程度；此项压紧力是必须施加于垫片的最小载荷。作用于垫片上的力如图3-5所示。

垫片的预紧比压（或叫比压、最小设计压紧应力、最小有效压紧应力等）y就是作用到垫片上的单位压紧力，即预紧（无内压）时，使垫片在弹性内变形且足以将法兰表面上微观的不平度填补严密而不致产生泄漏（初始密封条件）的最小比压。即

$$y=\frac{p_0}{A} \tag{3-2}$$

式中　p_0——垫片的预紧压力；

A——垫片受压面积；

y——垫片预紧比压，MPa。

不同的垫片具有不同的y值，它与管系的工作压力无关，即使管系工作压力很低，垫片的y值也不变。

当管系升压到达操作压力时，因内压产生的轴向力作用而趋于将两片法兰分开。于是，作用在垫片上的紧固力减少。当垫片有效截面上的紧固压力小至某一临界值时，仍能保持密封，这时在垫片上的剩余紧固力即为有效紧固压力。当小至临界值以下时就会发生泄漏，甚至将垫片吹掉。因此，垫片的有效紧固力必须超过管系操作压力的m倍，即

$$m=\frac{p}{p_1} \tag{3-3}$$

式中　p——垫片的有效压紧应力，MPa；

p_1——管系的工作压力，MPa；

m——垫片系数或剩余比压系数。

垫片系数 m 值与预紧比压 y 值都是垫片本身特有的数值，其值因垫片的形状、材质等不同而异。

法兰垫片按照材质可分为非金属垫片、半金属垫片和金属垫片。

（1）非金属垫片

石油库中常用的管法兰垫片主要是非金属平垫片。非金属平垫片材料为耐油石棉橡胶板、聚四氟乙烯板、非石棉纤维橡胶板和橡胶，其中以耐油橡胶石棉板为最多见。

耐油橡胶石棉板是由石棉纤维和丁腈橡胶、硫黄混合物等组成的，并为提高强度而混合硫化剂、填充料、增强剂等，用加热轧辊压缩成形；通常含石棉纤维 65％～75％，含橡胶 15％～25％，其他成分约含 10％。

聚四氟乙烯是具有耐热性、于低温时有强韧性、柔软性、化学稳定性、低摩擦系数、非黏着性、耐风化以及绝缘性等性能的优良的塑料；在可能使用的温度范围（－180～250℃）内几乎不能被化学药剂和溶剂侵蚀，同时，又可作防电化学腐蚀配管用的绝缘垫片。因此，聚四氟乙烯垫片密封在石化储运系统应用比较广泛。

（2）半金属垫片

油气储运系统压力常用的半金属垫片为缠绕式垫片。缠绕式垫片是半金属垫片中最理想的一种垫片。垫片的主体是由横断面为 V 形镍铬不锈钢带夹非金属填充带（石棉带、柔性石墨或聚四氟乙烯带等），沿垫片断面中心线水平缠绕而成的，并在金属带的始端和末端点焊数点，呈板状。为了加强垫片主体和准确的定位，设有金属制内环和外环（定位环）。设外环的目的是不仅能对垫片本体的补强和正确定位，而且又是压紧垫片时的尺度，防止过量压紧失去垫片的回弹能力，并能防止垫片松散。在内部流体压力和温度高、内部流体腐蚀和磨蚀激烈、防止流体滞留在法兰间隙、垫片尺寸大（曲率半径大时，垫片结构强度低）或使用凸凹式法兰等的场合，设置内环。

按照结构，缠绕式垫片可分为四种类型，如图 3-6 所示。其中，基本型不带内环和定位环，仅用于榫槽面法兰；凹凸面法兰应选用带内环型；突面和全平面法兰可选用带定位环型；突面和全平面法兰应优先选用带内环和定位环型。

作为密封件，缠绕式垫片使用时要有一定的压缩，压得太紧变形太大，垫片失去弹性，密封性能差；压得太少，比压力太小会产生泄漏。

缠绕式垫片承压能力高，适用于公称压力为 $PN25$～$PN250$ 的管法兰。

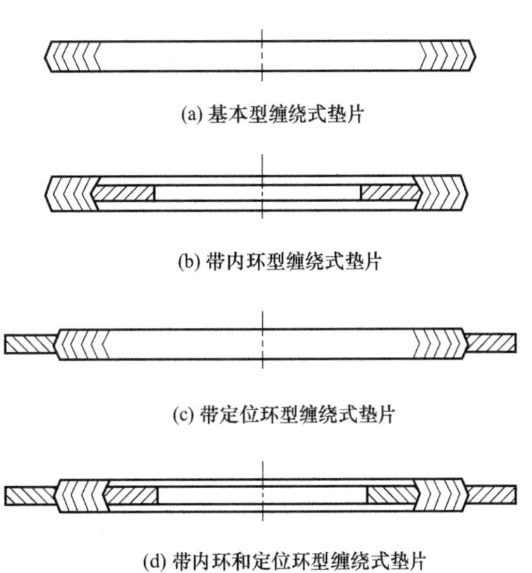

图 3-6　缠绕式垫片结构形式

(3) 金属垫片

金属垫片用于高温、高压的管系。管道法兰用金属垫片有八角形金属垫片和椭圆形金属垫片两种类型。

椭圆形和八角形垫圈是由金属材料制成的，断面为椭圆形和八角形的垫圈。由于椭圆形垫是在曲面上线接触，因此比八角形的面接触密封性能优良。但椭圆形垫的加工精度高、对研困难，价格也比八角形的高10%，而且不能重复使用。按照截面形状，金属环垫分为八角形环和椭圆形环两种形式。金属环垫采用软铁、08、10、0Cr13以及304、316等奥氏体不锈钢金属制作而成，硬度低于法兰材质，确保紧密连接。

管法兰用金属垫承压能力高，适用于公称压力为$PN20 \sim PN420$的钢制环连接面管法兰。

四、管件

管件是管道系统中用于直接连接、转弯、分支、变径以及用作端部等的零部件，常用的管件包括弯头、三通、四通、异径管、管箍、内外螺纹接头、活接头、快速接头、螺纹短节、加强管接头、管堵、管帽等（不包括阀门、法兰、紧固件、垫片）。

与管子相同，所有的管件都有公称压力PN、公称直径DN等基本参数，且应与相连接的管子保持相同，选用时应给予充分重视。

1. 管件的分类

根据管件的连接方法不同，管件可分为对焊管件、承插焊管件、螺纹连接管件和法兰连接管件。

制造管件的原材料包括无缝管、直缝电熔焊接管、板材、棒材和锻件等。根据制造工艺不同又可分为对焊无缝管件和对焊钢板焊接管件，前者由无缝钢管热推制或液压成形，后者由钢板成形后焊制。对焊无缝管件的管径范围为$DN15 \sim DN500$；对焊钢板焊接管件的管径范围为$DN200 \sim DN1200$。对焊管件的壁厚分级一般采用表号，也有按重量分为薄壁级、标准级、加厚级的。对焊管件在管道中使用数量最多，GB/T 13401—2017《钢制对焊管件技术规范》和GB/T 12459—2017《钢制对焊管件 类型与参数》是其主要依据标准。

承插焊接管件一般用于小直径的管道上，其管径范围为$DN15 \sim DN80$，壁厚等级有Sch80和Sch160两个等级；螺纹连接管件主要用于小口径、压力低的水、压缩空气、热水、天然气等介质管道，主要参考标准有GB/T 14383—2008《锻制承插焊和螺纹管件》。

法兰连接管件多用于特殊配管场合，如铸铁管、衬里管及与设备的连接等，因此没有标准的法兰管件，由制造厂确定规格尺寸。

2. 弯头、三通、异径管

(1) 弯头

弯头（elbow）是使管道转向的管件，也是管道安装中需量最大的管件。弯头按照改变介质流向角度分为90°弯头、45°弯头和180°弯头。弯头的弯曲半径R根据管子公称直径DN确定，常见的有$R=1.5DN$和$R=1.0DN$两种，前者叫做长半径弯头，后者叫做短半径弯头。尤以前者更为常用，一般情况下，$DN \geqslant 50$mm的弯头宜选用长半径弯头；当受空间限制时，可以选用短半径弯头（$R=1.0DN$）。如$DN100$的管子通常选用$R=150$mm的无缝弯头；如果大于1.5倍了，就属于弯管的范畴了。

弯头还可分为等径弯头与异径弯头；异径弯头是指两端直径不同的弯头。

弯头按照制造工艺可分为无缝和焊接两大类。无缝管件包括锻造成形、铸造成形、无缝钢管推制等形式。

$DN \leqslant 40$mm 的弯头一般应采用锻钢制（承插焊、螺纹连接）弯头；$50\text{mm} \leqslant DN \leqslant 600$mm 的弯头一般应采用无缝钢管推制弯头；$DN \geqslant 700$mm 的弯头一般应采用钢板冲压焊制弯头或虾米腰弯头。

石油库中常见弯头主要有无缝弯头、冲压焊接弯头和焊接弯头三种，见图 3-7。

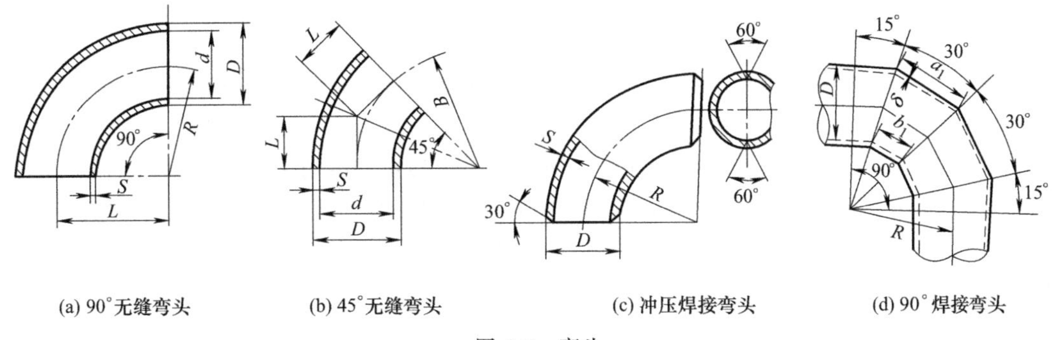

(a) 90°无缝弯头　(b) 45°无缝弯头　(c) 冲压焊接弯头　(d) 90°焊接弯头

图 3-7　弯头

油库中最常见的是无缝弯头，无缝弯头管件因其制造工艺不同，又分为热轧（挤压）无缝弯头管件和冷拔（轧）无缝弯头管件两种。

焊接弯头一般较少，仅用于占地条件受限的场合，这是因为采用该弯头会产生很大的阻力。

（2）三通

三通（tee）主要用于从主管上接出分管或支管。油库中也有在主管上开孔直接焊接分管或支管的形式，但会增加流体阻力。

三通一般可采用铸、锻、焊、顶拉、挤压等方法制造，其结构形式可见图 3-8。

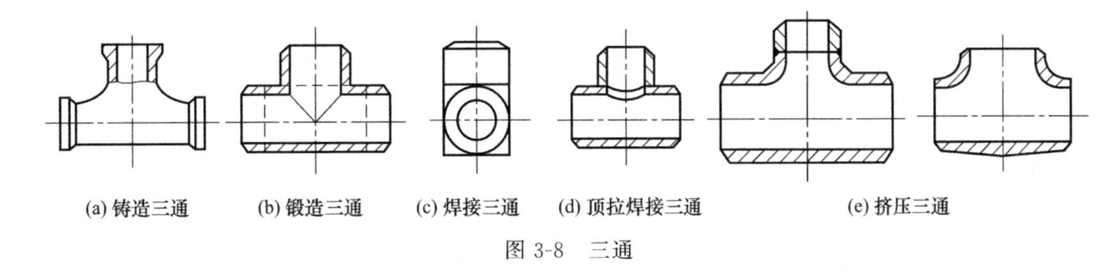

(a) 铸造三通　(b) 锻造三通　(c) 焊接三通　(d) 顶拉焊接三通　(e) 挤压三通

图 3-8　三通

三通可分为等径三通（straight tee）和不等径（reducing tee）三通两大类。等径三通规格仅注明公称直径 DN 即可，不等径三通规格一般由 DN 主管（DN_1）×分（支）管（DN_2）×主管（DN_1）表示，如三通 $DN150\times100\times150$。

（3）异径管

异径管（reducer）又称大小头，有同心（concentric reducer）和偏心（eccentric reducer）两种形式，见图 3-9；可用铸造、车削、模板、冲击等方法制成，主要用于变径管道上。

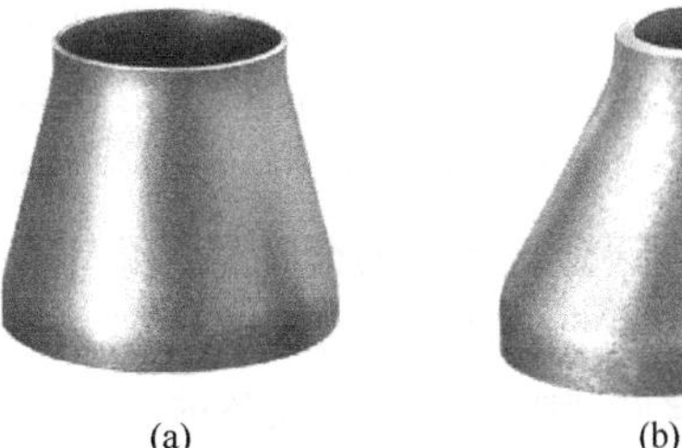

(a)　(b)

图 3-9　异径管

异径管的规格通常用大头和小头公称直径的乘积表示，如 $DN150\times100$，表示大头公称直径为 150mm，小头公称直径为 100mm。

3. 管件的选用

管件应根据操作介质的性质、操作条件（温度、压力）、管径及用途来选用，一般管件的压力等级、壁厚规格应与所连接的管子一致或相当。但是管件的壁厚等级（表号）通常比管子的壁厚等级少，所以有时只能选用比管子壁厚等级高的管件。$DN50$ 及其以上的管件，一般采用对焊管件（无缝管件和钢板焊制管件）。$DN40$ 及其以下的管道需要使用管件的，对操作介质为有毒和可燃介质或操作条件较高时，选用承插焊管件或锻钢螺纹管件；对操作介质为水、空气及惰性气体，工作压力小于或等于 1.0MPa，工作温度小于或等于 150℃时，可选用可锻铸铁螺纹管件。对镀锌可锻铸铁管件，使用管径最大可达 $DN150$。

对管道方向改变处，除使用弯头外也可使用管子直接弯制的弯管，弯管的曲率半径不宜小于管子公称直径的 3.5～5 倍，弯管弯曲后的最小壁厚不应小于直管扣除壁厚负偏差的壁厚值；斜接弯头（虾米腰弯头）的弯曲半径不宜小于公称直径的 1.5 倍，斜接角不大于 45°，一般取 22.5°。

分支管可以选择使用三通等管件，也可将支管直接焊在主管上。这要根据主管环向应力大小和支管与主管直径之比及操作条件决定。一般支管与主管的直径比小于 1/4 或管子环向应力小于钢材许用应力的 1/2，且支管与主管的直径比小于 1/2，可将支管直接焊在主管上，不用补强。否则就应进行补强核算，并根据计算结果采取适当的补强措施或采用三通等管件。对设计压力大于或等于 2.0MPa、设计温度超过 250℃以及支管与主管公称直径之比大于 0.8，或承受机械振动、压力脉冲和温度急剧变化的管道，宜采用三通、45°斜三通、四通等管件。

管子需要变径时使用异径管件，对焊管件有同心对焊异径管接头（大小头）和偏心异径管接头。一般同心大小头用在立管上，偏心大小头用在水平管上，使管道的管顶或管底根据需要保持齐平。螺纹管件的变径管件可采用异径管箍、异径内外丝、异径内接头、异径外接头等，承插管件一般用异径管箍。除螺纹异径外接头有偏心管件外，其他都是同心管件。

管端封闭管件，对 $DN40$ 以上可选用无缝管帽或钢板焊接管帽；$DN150$ 以下、$PN2.5$ 以下也可用平盖封头；对 $DN40$ 及其以下可选用承插焊管帽或螺纹管帽。

五、管道用过滤器

1. 用途

管道用过滤器（strainer，filter）的作用是滤净输送油品中的机械杂质，如铁屑、泥渣等。设置过滤器，可以有效地阻止管道中杂质进入管道最低处和阀体内，防止阀体关不严，甚至损坏阀体或阻塞管道，使流体能顺利通过。

过滤器在储运系统中常置于泵前和流量计前。这是因为若机械杂质进入泵内，一方面会加速泵的磨损，另一方面也会影响泵的正常工作；若机械杂质进入流量计内，将直接影响流量计的精度和寿命，严重时将影响流量计的正常工作。

2. 管道过滤器的分类及选用

管道过滤器的结构一般由滤网、网架和过滤器壳体组成。过滤器的滤网一般为金属丝网，丝网网眼大小根据设备的要求而定。

过滤器有以下几个基本参数。

① 过滤面积：滤网表面上总的开孔面积。

② 有效过滤面积：过滤面积减去被支撑结构遮挡的滤网开孔面积后的净面积。

③ 目数（mesh）：丝网孔在 25.4mm（1in）长度内的数量。目数决定了过滤颗粒粒径的大小，是由过滤器所保护设备的要求决定的。常见金属丝网目数与过滤颗粒粒径对应关系见表 3-9。

表 3-9 常见金属丝网目数与过滤颗粒粒径对应关系

目数	10	12	14	16	18	20	22	24	26	28	30
过滤颗粒/μm	2032	1660	1438	1273	1096	955	882	785	743	673	614
目数	32	36	38	40	50	60	80	100	120	140	150
过滤颗粒/μm	560	472	455	442	356	301	216	173	131	104	95

石化企业管道过滤器滤网的目数不宜大于 80 目；输送操作温度下黏度大于 $20mm^2/s$ 的介质时，宜选用 10 目～40 目；输送润滑油类油品时，一般选用 40 目滤网。

④ 倍数：过滤器的有效过滤面积与连接管道的流通截面积之比。由于金属丝网的阻挡作用，增加了流动阻力；过滤器倍数越大，同一介质一定流速时，压力降越小。

石化行业管道用过滤器有 Y 型过滤器、T 型过滤器、锥型过滤器、篮式过滤器等（图 3-10）。其中，Y 型过滤器和 T 型过滤器称作三通过滤器。它们都是由壳体、滤筒等零件构成的；滤筒由滤框、滤网等零件组成。

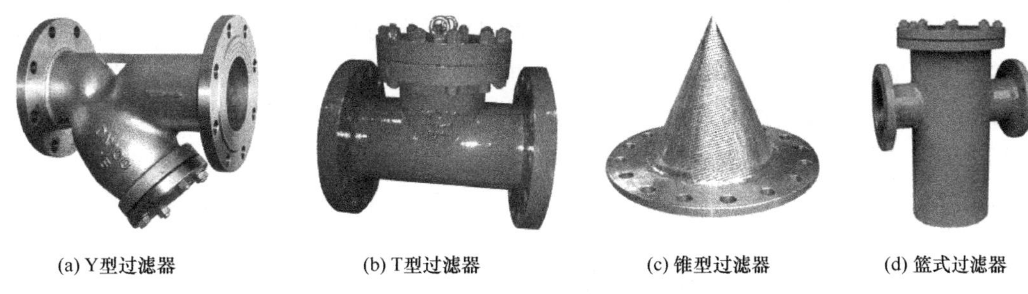

(a) Y型过滤器　(b) T型过滤器　(c) 锥型过滤器　(d) 篮式过滤器

图 3-10 过滤器

Y 型过滤器（SRT）滤筒从斜下方插入。管道公称直径小于等 100mm 时，与管道接口形式为螺纹连接和承插焊的宜选用 Y 型过滤器。

T 型过滤器（SRT）按照介质流向可分为侧流式和直流式两种类型，一般用于 $100mm < DN \leqslant 350mm$ 的管道。介质流向有 90°变化处宜选用侧流式 T 型过滤器。

Y 型和 T 型过滤器具有体积小的优点。因此，当安装空间受限时宜选用 Y 型或 T 型过滤器；Y 型、T 型过滤器的倍数宜为 2～3 倍。

锥型过滤器（SRZ）通常没有壳体，直接由锥型滤筒的滤框对夹装在一对管道间进行过滤；法兰结构简单；锥型过滤器的倍数宜为 1.5 倍～2 倍，故一般仅用作管道临时过滤器。

篮式过滤器（SRB）的过滤元件是篮子状的滤篮，如图 3-11 所示。篮式过滤器按照中心线方向，可分为卧式与立式过滤器；按照进出口接管位置关系分为直通式（进出口轴线在同一条线上）和高低接管式；按照介质在滤栏中的流向分为正滤式（由上而下流动）和倒滤式（由下而上流动）；按照过滤器盖子能否快速打开分为普通式和快开式；按照滤篮开口形状，还可分为直口网式和斜口网式。篮式过滤器的倍数为 3～10 倍；介质流动水利损失较

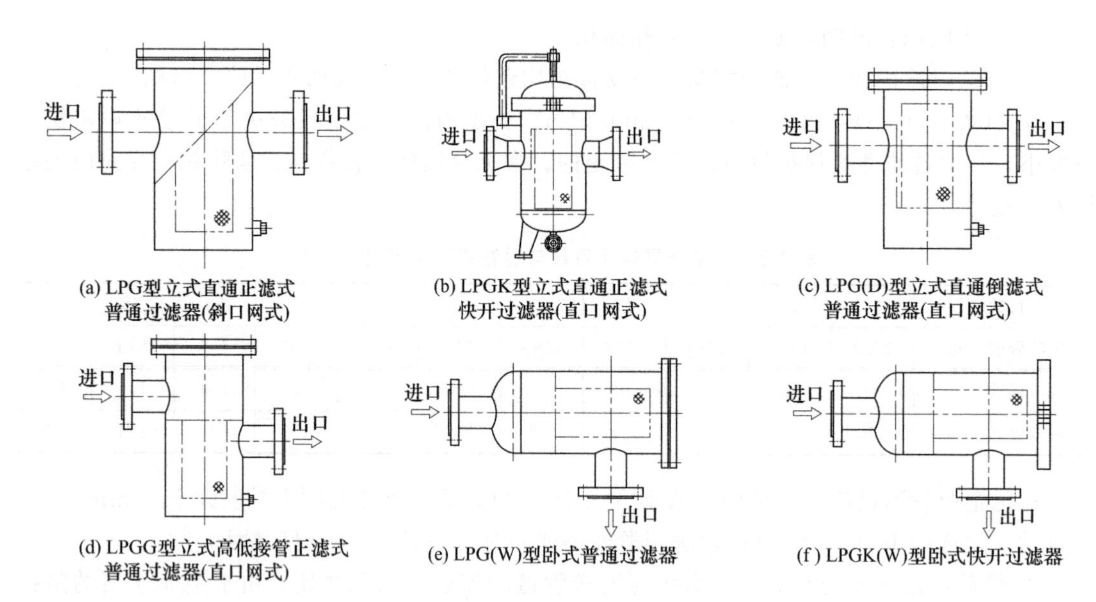

图 3-11 篮式过滤器典型结构（部分）

小，因此适合高黏度介质。当管道公称直径 $DN \geqslant 400\mathrm{mm}$ 时，一般选用篮式过滤器；通常介质黏度高于 $20\mathrm{mm}^2/\mathrm{s}$ 时，也选用篮式过滤器。

3. 使用与检修

过滤器的壳体底部一般设有排污口，经滤网过滤下来的杂质可以从排污口放出，使用中应经常排除过滤器中的杂质。而且每隔一定时间，过滤器必须清洗，否则容易堵塞或积聚更多的静电。对于泵前过滤器，平时要观察真空表的数值变化；对于流量计前的过滤器，要常观察流量的变化情况。

清洗时，打开过滤器盖，抽出过滤网冲洗干净，同时清除过滤器内沉积的杂质。

第三节 管道的安装使用与维护

一、热应力及其补偿

1. 管道热应力

物体一般都有热胀冷缩的性质，管道也不例外。如果温度变化时管道不受外界的限制，则管道可以自由地伸缩，这时管道中不会产生热应力；但如果管道受到约束，则温度变化时管道就不能自由地膨胀或收缩，这时管道中将产生应力，称为温度应力。在管道设计中已考虑了这种应力，故油库中一般不会造成较大影响，但偶尔也发现管道拉裂或支座有缝隙的迹象，严重时会导致不能正常生产，这就是管道热应力没有经过有效消除而引起的。

热应力究竟有多大？会产生多大的后果呢？

如图 3-12 所示，设一直管段两端被固定，管长为 L，截面积为 A，弹性模量为 E，管道的安装温度为 t_0，管道的工作温度为 t_1，管材的线膨胀系数为 α，则热应力引起的可伸长量为：

$$\Delta L_t = \alpha L (t_1 - t_0) = \alpha L \Delta t \tag{3-4}$$

然而，由于直管段两端固定，管段不可能有伸缩，这时可理解为管道先自由伸长，然后在其一端加作用力 P，在 P 的作用下管段仍压缩到原来位置，也就是压缩了 ΔL 的长度。

$$\Delta L_{\mathrm{t}}=\frac{PL}{EA} \tag{3-5}$$

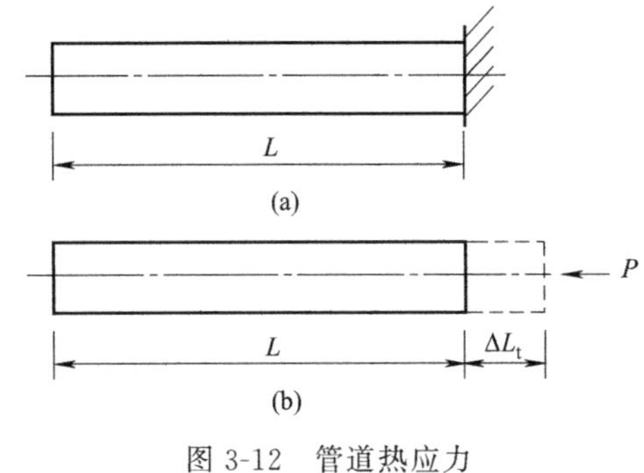

图 3-12 管道热应力

联立式（3-4）、式（3-5）可得：

$$\frac{PL}{EA}=\alpha L\Delta t \tag{3-6}$$

于是管道中温度应力为：

$$\sigma_{\mathrm{t}}=\alpha E\Delta t \tag{3-7}$$

式中 α——管道的线膨胀系数，cm/(m・℃)；

E——管材的弹性模量，N/m^2；

Δt——管道的工作温度与安装温度之差，℃，$\Delta t=t_1-t_0$。

当管道的工作温度高于安装温度时，热应力为压应力；当管道的工作温度低于安装温度时，热应力为拉应力。

如果热应力过大，可能产生下列破坏现象：

① 在管道冷态和热态频繁变化时，可能使管道在温度的反复作用下，超出管材的弹性极限，因而产生塑性变形；多次塑性变形，可能造成管道的疲劳破坏。

② 在管道上热应力过大，可能是管道上的法兰连接部位发生泄漏引起的。

③ 与转动设备连接的管道，如果管道对转动设备的推力过大，则可能使转动设备的转子和定子接触，或改变轴承的间隙，因而产生振动。

④ 与敏感的静设备连接的管道，如果管道对设备的推力过大，则可能造成设备的损坏。

2. 热应力补偿方法和补偿器

地上管道热应力要消除的唯一方法是消除约束，这是因为温差不可避免地存在。而要完全消除约束又不现实，故只能采用补偿方法补偿一部分。管道中的补偿器可以分为以下几类。

(1) 自然补偿法和自然补偿器

管道自然补偿是指利用管道自身的几何形状及适当的支撑结构，以满足管道的热胀、冷缩或位移要求。

对有弯曲部分的管道，温度变化时自身会产生一定的弹性变形，而不会产生较大的温度应力和管道轴向推力，从而有效地防止了管道及支架因受热而发生破坏，这种借管道自身的弹性变形来吸收管道热膨胀（或冷收缩）量的补偿方法就是自然补偿法。其弯曲形状可分为L形、Z形与U形三种，见图 3-13。油库管道中通常采用自体补偿来起作用。

(2) 人工补偿法与人工补偿器

当管道的热膨胀量较大时，一般采用自然补偿有难度，所以常常采用人工补偿法来补偿，其补偿装置即人工补偿器，有方形补偿器、波纹管补偿器及填料式补偿器等。补偿器是设置在管道上吸收管道热胀、冷缩和其他位移的元件。

方形补偿器的形式见图 3-14。它的使用范围较广，具有补偿能力大（最大可达 350mm 左右）、作用在固定支架上的轴向推力小、制造简单、使用维护方便等优点；其缺点是尺寸

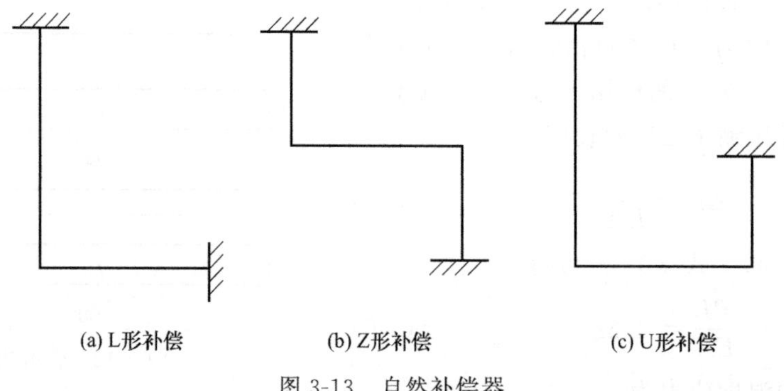

图 3-13 自然补偿器

较大、不能安装在狭窄地点、流体阻力较大。方形补偿器选型确定后即可按图 3-14 及有关标准系列数据进行制造。方形补偿器由管子煨制而成，尺寸较小的可用一根管子煨制，大尺寸的可用两根或三根管子煨制；由于补偿器工作时，其顶部受力最大，因而顶部应用一根管子煨制，不允许焊口存在；其煨制工艺有冷弯及热弯两种。

波纹管补偿器的结构见图 3-15。它由多个压制的波纹组成，每个波纹的伸缩能力为 5～8mm；波纹管补偿器结构简单、严密、体积小，适合于场地受到限制的地方。

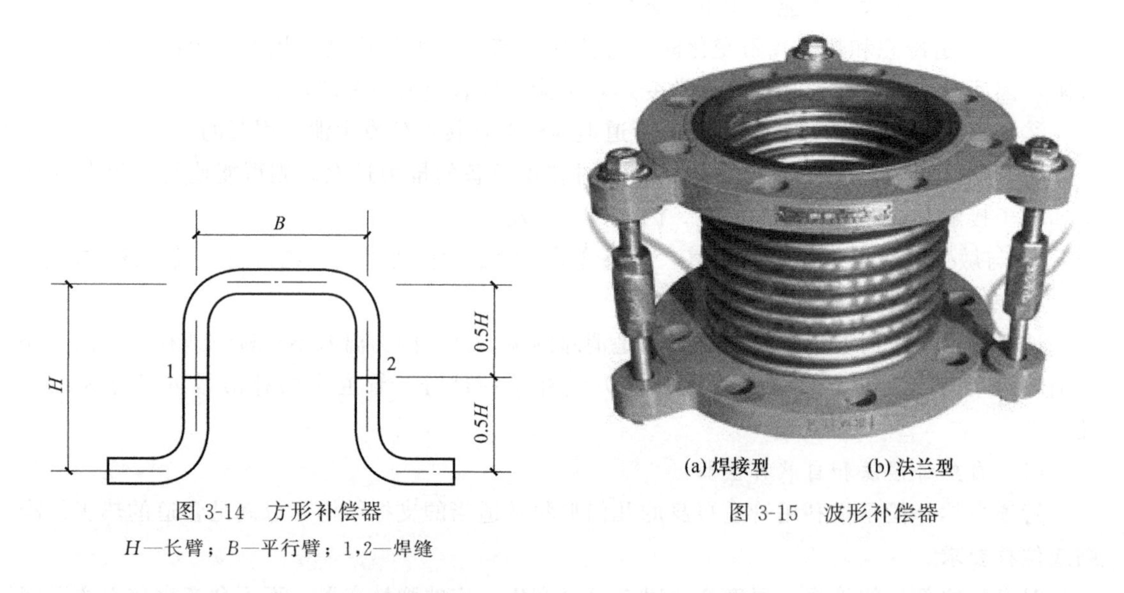

图 3-14 方形补偿器

H—长臂；B—平行臂；1，2—焊缝

图 3-15 波形补偿器

填料式补偿器又叫套筒式补偿器，见图 3-16。它是由管体和滑动套筒组成的，并用填

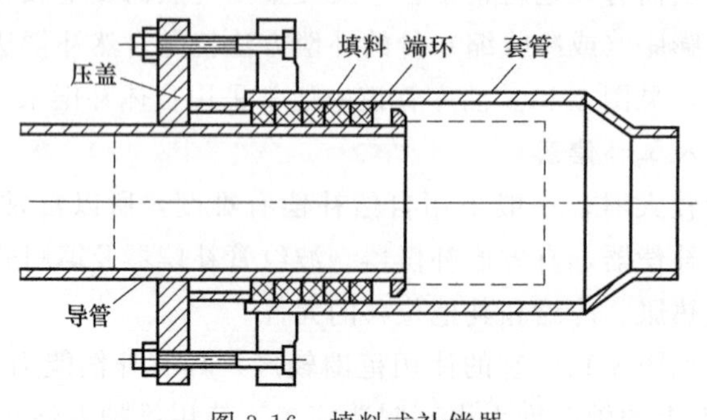

图 3-16 填料式补偿器

料保持伸缩时的严密性能，为防止套筒被油品压力从管体内拔出，管体内还装有防止脱落的凸缘。填料补偿器的优点是体积小、伸缩性能大；缺点是不够严密，要定期更换填料，而且当管道支座发生沉陷时，还有被卡住的危险。

近年来，金属软管作为补偿器在油库中得到了广泛应用，如图 3-17 所示。金属软管具有补偿量大、占地面积少的优点，特别在大口径管道中完全取代了方形补偿器。目前，在油罐进出油短管和浮码头管道上应用较多，在前者可以消除油罐基础沉降变化的影响；在后者可以消除因潮位、水位变化而造成管线拉裂事故的影响。

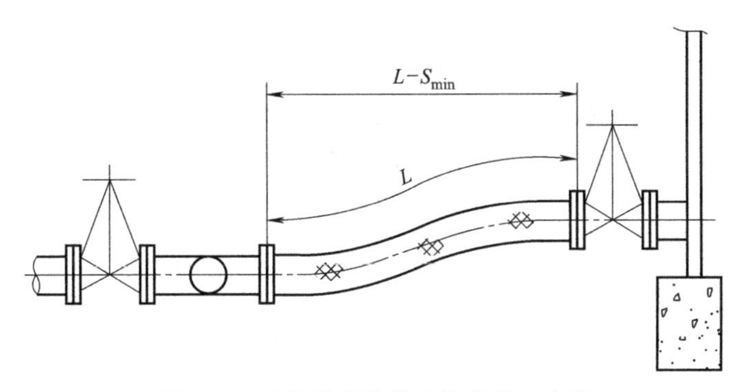

图 3-17 金属软管补偿连接管道与油罐

二、管道敷设

1. 敷设方式

管道敷设方式可以分为地上敷设和地下敷设两大类。

(1) 地上敷设

地上敷设又称架空敷设，是将管道放置在地上管墩或管架上。根据管道敷设标高的不同，又可分为管架敷设和管墩（管枕）敷设。管架（pipe support）是支承架空管道或电缆桥架的各种结构总称；管墩（pipe sleeper）是支承较低管道、距离地面高度小于或等于 1m 的墩式结构。地上敷设方式的特点是直观、投资省、易检修、腐蚀量少，但有时会妨碍库区美观与交通，是油库和石化企业内管道的主要敷设方式。

管架敷设按照能否通行分通行式和不通行式。通行式管架敷设最下层的管道底标高离地面不少于 2.1m；不通行管架管底离地面不大于 1.6m。架空敷设的外部管道数量较多时，可采用多层敷设，但一般不超过三层；多层管架的层间距一般取 1.2m，如下面一层有大口径的管道时，也可适当加大。

地上架空敷设按照支架形式外形分类可以分为 T 形架、门形架、墙架、单层架、双层、多层以及单片平面管架或塔架等形式。

管架分类应符合下列要求。

① 可按结构形式分为独立式管架、管廊式管架（管廊）、跨越管架、吊索式管架、长臂管架，石化企业经常用到管廊式管架（fram pipe support）。独立式管架是指相邻管架之间无纵向联系构件的管架，称为独立式管架，适用于能自行跨越的管道。管廊式管架是指相邻管架间设置纵向联系构件，如纵梁或桁架，构成空间结构体系，多设置在装置区内及装置间，可为单层、双层、多层；按所处的区域及功能可分为全厂管廊、装置管廊、街区管廊、公用工程管廊、炉前管廊、带空冷器管廊等；又称管廊。跨越管架是指管道需要跨越铁路、

道路时，管道升高支承在铁路、道路两侧的高管架上，形成Ⅱ型管道的高管架。吊索式管架是由独立式管架、斜吊索、水平拉杆、型钢横梁、端部斜拉索组成的管架，一般间距采用9～12m。长臂管架是根据管道允许跨距的要求，将独立式管架沿纵向伸出长臂，并在其上安设横梁支承管道的管架。

② 可按管道在管架上的支承条件分为固定管架和活动管架。固定管架是指管道支座与管架为固定连接，管道与管架之间不允许产生相对位移，承受区段间产生的全部纵向水平推力的管架。活动管架是指管道支座与管架接触面的连接可以滑动、滚动，允许产生相对位移的管架，包括刚性活动管架和柔性活动管架，又称中间管架或中间活动管架。刚性活动管架是指活动管架（柱）的刚度较大，管道位移时，管道与管架之间产生相对位移，承受管道位移时产生的摩擦力的管架，又称刚性管架。柔性活动管架是指活动管架（柱）的刚度较小，管道位移时，管架的水平位移能满足管道位移的需要，管道与管架之间不产生相对位移，承受柱顶变位产生的水平推力的管架，又称柔性管架。

③ 按支承管线的高度，管架又可以分为高管架、低管架、中管架3种形式。低管架是指最下层管道保温层外缘至地面净距为0.5～2.5m的管架；中管架是指最下层管道保温层外缘至地面净距为2.5～5.0m的管架；高管架是指最下层管道保温层外缘至地面净距为5.0m以上的管架。当管道穿过公路时，高管架标高不小于4.5m；当管道穿过铁路时，高管架标高不小于6m。当管道高度只考虑满足厂内人行要求时，采用低管架，管道底标高离地面2.0～2.5m；仅满足跨越厂内人行道的净空要求，当与车行道交叉时，管架需局部抬高至2.5～3m，即采用中管架。

④ 可按管架材料分为钢筋混凝土管架、钢结构管架和混合结构管架。

⑤ 可接管架外形分为T形、Π形、A形、单层、双层、多层以及单榻框架式或空间框架等形式。

⑥ 管架按纵向联系结构的分类有纵梁式、桁架式、吊索式等。纵梁式管架是沿管道轴向，在管架柱之间设置纵梁，并在纵梁上或梁下根据管道允许的间距，设置一定数量的横梁以敷设管径较小的管道的结构。桁架式管架是沿管道轴向，在管架柱之间设置跨度较大的桁架，并在其上弦、下弦根据管道支承允许的间距，设置（或悬吊）横梁以敷设管径较小的管道的结构。

管墩敷设的管道一般贴地面敷设，管底标高距地面不小于0.4m，特殊情况下不宜小于0.3m。管墩敷设的管道阻碍人的通行，所以必要时应在人行道通过管带处设人过桥跨越管带。管架和管墩应用不可燃的材料建造，一般采用钢筋混凝土结构或钢构，也可采用钢和钢筋混凝土混合结构。

根据支承管线受热变形后的特点，管墩可分为固定管墩和中间管墩。

当管墩敷设管道影响通行时，应设置跨越桥。

（2）地下敷设

地下敷设管道有直埋敷设和管沟敷设两种。

直埋敷设是将管道经严格的防腐处理后直埋入土壤中，具有以下特点：

① 可以基本消除热应力的影响，经处理后腐蚀量比管沟小，一般埋入后不需维修保养。

② 管道埋于地下，地面上空间大，对车和人的通行妨碍小，同时管道的支承也最简单。

③ 直埋管道应做防腐层，其埋设深度宜使道在当地最高地下水位以上；防腐要求及费用高，一旦腐蚀层被破坏，会产生电化学腐蚀，加剧腐蚀，发生渗漏事故不易发现和弥补。

④ 管道埋于地下低点排液不便，易凝油品凝固在管中时处理困难等。

⑤ 一般只宜用于输送无腐蚀性或微腐蚀性且又不易凝结可以常温输送的介质。

⑥ 由于管道的隔热结构在埋地的情况下很难保持其良好的隔热性能，因此带隔热层的管道不宜采用直埋敷设。

因此，目前石化企业不推荐使用直埋敷设，只有在临时管线或没有架空敷设条件下才可能予以采用。

管沟敷设是将管道放在用砖、水泥等材料砌成的、有一定形状的管沟里，下面设有管架，管沟外面盖有水泥板。该方式的特点是：①受热应力影响小，支撑结构简单；②由于不和土壤直接接触，管道受腐蚀和检查维修条件也比埋地管道好，但相较地上敷设仍不太方便；③易积水与油气，沟内又不易清理，容易引起事故等；④管沟敷设占地多、费用高，与其他埋地管道交叉时有一定困难。因此，可以在管沟内敷设带隔热层的高温管道和易凝介质管道。

GB 50074《石油库设计规范》规定，石油库内工艺及热力管道宜地上敷设或采用敞口管沟敷设；根据需要局部地段可埋地敷设或采用充沙封闭管沟敷设。GB 50160《石油化工企业设计防火标准［2018 年版］》规定，全厂性工艺及热力管道宜地上敷设；油气长输管道、消防系统管道大多采用埋地敷设。

管道的各种敷设方式及其适用范围见表 3-10。

表 3-10　管道的各种敷设方式及其适用范围

敷设方式	图　示	适用范围
管沟（不通行）	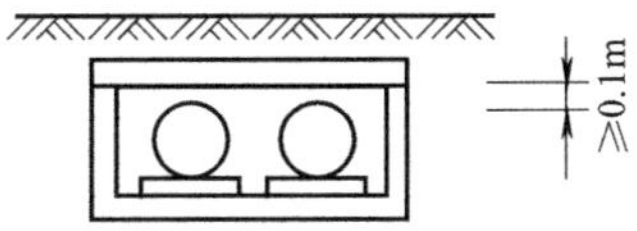 ≥0.1m	根据管线本身需要
墙架	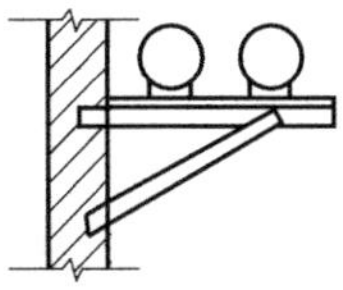	当管径较小，管道数量较少，且有可能沿建筑物的墙壁敷设时
低管架	 2～2.5m	当管道高度只考虑满足厂内人行要求时
中管架	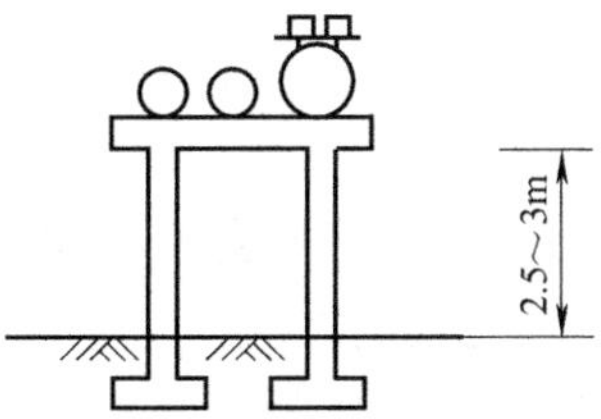 2.5～3m	仅满足跨越厂内人行道的净空要求，当与车行道交叉时，管架需局部抬高

续表

敷设方式	图　示	适用范围
高管架	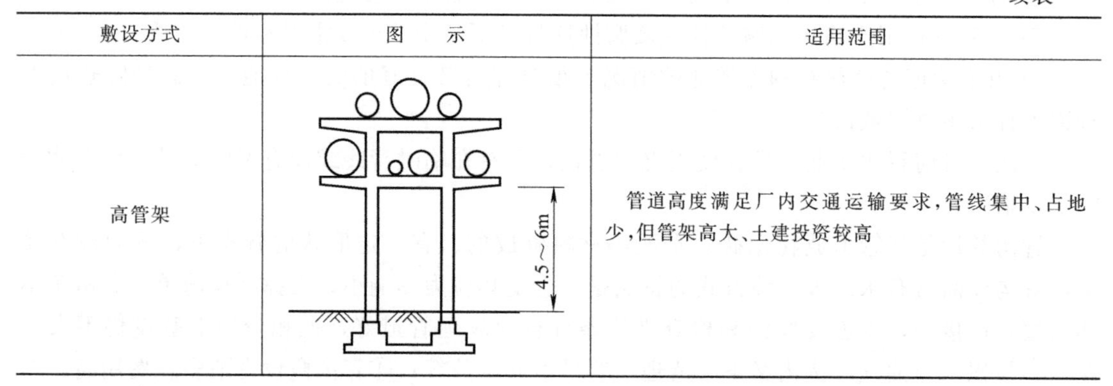	管道高度满足厂内交通运输要求，管线集中、占地少，但管架高大、土建投资较高

2. 管道敷设方式的选择原则

石油库围墙以内的输油管道，宜地上敷设；热力管道，宜地上或管沟敷设。地上或管沟内的管道，应敷设在管墩或管架上，保温管道应设管托。管沟在进入油泵房、灌油间和油罐组防火堤处，必须设隔断墙。埋地输油管道的管顶距地面，在耕种地段不应小 0.8m，在其他地段不应小于 0.5m。

地上敷设管道具有施工、操作方便，检查、维修容易以及较为经济的特点，所以是库中最主要的管道敷设方式。一般，连接各工艺设施的外部管道多采用多层通行式管架设；在储罐区，由于储罐和油泵等都是地面设备，设备上连接管道的嘴子标高较低，而且储罐至泵进口的管道绝大多数是自流管道，因此管道敷设方式多采用管墩敷设或底层为管墩的地上多层敷设。管墩敷设虽然比管架敷设更经济、方便，但占地多，妨碍人、车通行，所以一般只在库区的边缘地带采用。

3. 管道敷设的一般要求

① 油库管道在库内的走向，一般按一定方位整齐排列，敷设时应横平竖直，尽可能避免交叉，保持一定间距。

② 管道穿越墙壁时不能将管道固定在墙上，应采取穿墙套管保护，使管道和墙壁不产生影响。

③ 为了便于排净管道内的油品，管道应力求向泵房方向保持一定顺坡；一般轻油管道的坡度可采用 0.003～0.005，重油可采用 0.005～0.01。

④ 管道穿越铁路和公路时，其交角不宜小于 60°，并应敷设在涵洞或套管内，亦可采用其他防护措施，套管的两端伸出基边坡不得小于 2m；路边有排水沟时，伸出水沟边不应小于 1m；套管顶距铁路轨面不应小于 0.8m，距公路路面不应小于 0.6m。

⑤ 管道的布置应注意不影响人、车的通行，不妨碍消防作业。管道跨越电气化铁路时，轨面以上的净空高度不应小于 6.6m；管道跨越非电气化铁路时，轨面以上的净空高度不应小于 5.5m；管道跨越消防道路时，路面以上的净空高度不应小于 5m；管道跨越车行道路时，路面以上的净空高度不应小于 4.5m；管架立柱边缘距铁路不应小于 3m，距道路不应小于 1m。

⑥ 管道的穿越、跨越段上，不得装设阀门、波纹管或套筒补偿器、法兰螺纹接头等附件；这些管件存在密封点，应防止泄漏，对人员造成危害。

⑦ 管道的布置不应妨碍与其连接设备、机泵的操作和维修，应为设备和机泵的起吊或抽出内部构件留出足够的空间。

⑧ 管道的敷设应尽量少出现低点（液袋）和高点（气袋），尽量避免“盲肠”。

⑨ 管道系统应有正确和可靠的支承，避免发生管道产生过大的下垂、歪斜、摇晃和脱离它的支承件。有隔热层的管道在管架或管墩处应设管托，管托的长度应保证管道在发生最大位移时管托仍不会掉落管架或管墩；无隔热层的管道如无特殊要求可不设管托。

⑩ 管道之间的连接应采用焊接方式，有特殊需要的部位可采用法兰连接；法兰连接只用于安装仪表、阀门和与设备嘴子连接的场合以及因清扫、排空、切断、预留续接的需要处。

⑪ 水平敷设的外部管道改变管径时，宜采用偏心大小头，使管底齐平；垂直管段可采用同心大小头；水平管段的大小头宜靠近管架或管墩，并使大头朝向附近管架或管墩。

⑫ 输送易凝油品的管道应采取防凝措施，管道的保温层外应设良好的防水层。

⑬ 不放空、不保温的地上输油管道在两个截断阀之外应采取泄压措施。

⑭ 输油管道的管沟在进入油泵房、灌油间和油罐组防火堤时，必须设置隔断墙。

⑮ 埋地输油管道的管顶距地面在耕种地段不应小于 0.8m，在其他地段不应小于 0.5m。

三、管道支承件

管道的支撑是管道的一个重要组成部分。管道支吊架（pipe supports and hangers）是用于支承管道或约束管道位移的各种结构的总称，但不包括土建的结构。

1. 管道支吊架分类

（1）承重支吊架

以支撑管道自重及其他持续载荷为目的的支吊架统称为承重支吊架，它主要用于防止管道因自重及其他持续载荷（如介质重、隔热材料重、雪载荷等）而导致的管道强度或刚度超出标准要求。

根据管道相对于支撑结构的空间位置不同，承重支吊架可分为支架和吊架两大类。支撑件将管道支撑在它的上方时，这类支撑件叫做支架；用可以空间摆动的支撑件（吊杆）将管道吊在其下面支撑时，这类支撑件叫做吊架。支架和吊架都可以完全或部分限制管道的向下位移，但二者的支撑效果有所不同。支架因与支撑管道之间可能存在摩擦而使得管道的水平位移受到一定的阻碍，同时产生摩擦力；支架的刚度也比较大，故其稳定性较好。吊架对管道的约束刚度相对较小（除竖直方向外），也不存在摩擦力，如果在一根较长的管道中吊架用得太多，则会使管系不稳定，故在一条管道中，一般不宜均用吊架进行支撑。

（2）限位支吊架

以限制和约束因热胀而引起的管系位移为目的的支吊架称为限位支吊架。管系受热而发生热胀时，管系中的各点将发生位移；在管系中适当设置限位支吊架，可控制支撑点的位移或某些方向的位移，使管系的变形或各点的位移朝着有利于保护敏感设备或有利于热补偿的方向进行。根据对管系热位移约束的方式不同，限位支吊架又可分为固定支架、导向支架和限位支架三种。

① 固定支架。

固定支架（anchors）是将管道固定在支承点上，可使管系在支承点处不产生任何线位移和角位移，并可承受管道各方向的各种荷载的支架。它常用于管道上不允许有任何位移的地方，同时又能起承重作用。

常用的固定支架形式有焊接型管托和螺栓固定管托两种。

② 导向支架。

导向支架（guide）可限制管道支撑点两个方向的线位移，因此常用于引导管道位移方向、使管道能沿轴向位移而不能横向位移的情况。当用于水平管道时，支架还承受包括自重力在内的垂直方向荷载。通常，导向支架的结构兼有对某轴向或两个轴向限位的作用。

③ 限位支架。

限位支架（restraints）是可限制管道在某点处指定方向的位移（可以是一个或一个以上方向的线位移或角位移）的支架；规定位移值的限位架称为定值限位架。

2. 支吊架的结构组成

一般情况下，管道支吊架可以分为三部分，即附管部件、生根部件和中间连接件。与管子直接相接触或与管子直接焊在一起的部分称为附管部件；与地面、设备、建构筑物等支撑设施相连的部分称为生根部件；连接附管部件和生根部件的部分称为中间连接件。但不是所有支吊架都由这三部分组成，有时仅有两部分甚至一部分组成。

（1）附管部件

既然管道支吊架是用于支撑管子的，那么一般情况下附管部件是必不可少的部件。但也有例外，如不需要隔热又无坡度要求的光管直接敷设在管架上时，就可以认为它没有附管部件。

由于附管部件与管子直接相连接，故应考虑它对管子材料及操作条件的适应性。一般情况下，附管部件与管子的连接有两种方式，即直接焊接或管卡连接。

（2）生根部件

一般情况下，管道支吊架有下列生根的部位：

① 建、构筑物的梁柱和墙体上；

② 设备本体上，设备基础及其他混凝土结构；

③ 建、构筑物平台及设备平台；

④ 地面；

⑤ 相邻其他管子。

管道支架生根的结构形式：

① 设备本体上采用预焊生根件；

② 在混凝土结构上生根，通常采用的方法有预埋钢板、型钢或套管；

③ 地面上生根采取做混凝土基础的办法。

（3）中间连接件

中间连接件泛指与附管部件和生根部件相连的所有其他支吊架零部件。由于支吊架形式较多，因此它的中间连接件可谓五花八门，很难一概而论。一般情况下，它对被支撑的管子和被生根的设备等已不再产生影响，故多选用普通碳素钢；当某些中间连接件与高温的被支撑管子或铂生根设备较近时，它的材料应能适应高温的要求；当中间连接件为一些专用定型件（如弹簧支吊架）时，其材料尚应符合定型部件的标准需要。

四、管道的防腐、保温与伴热

1. 管道的防腐

管道防腐目的是为了延长其使用寿命，铺设方式不同，防腐要求也不尽相同。

地上管道若不需要保温，则只要在管道外壁先除锈，再涂两道红丹漆，然后再刷上两三道醇酸磁漆即可；如需保温，则在外表再加一层玻璃布或镀锌铁皮（黑铁皮），铁皮表面刷两遍醇酸磁漆。管沟管道由于极易腐蚀，因此经除锈、红丹漆打底后，可刷环氧树脂漆。

埋地管道应根据土壤的电阻率采用不同等级的防腐绝缘，可采取阴极保护措施，也可采取牺牲阳极电化学保护措施。埋地管道防腐过去的通常做法是采用三油两布（油指沥青，布指玻璃布），甚至四油三布，由于该工艺复杂，且成本高，现逐渐被一种叫聚乙烯防腐胶带（型号有 GF-84、GF-90 两种）的代替；做法是先除锈后一道底漆，然后再扎内带和外带即可。

为了便于识别与管理，GB 7231—2003 规定了工业生产中非地下埋设的气体和液体的输送管道基本识别色、识别符号和安全标识。工业管道的基本识别色标识方法可以从以下五种方法中选择。

① 管道全长上标识；

② 在管道上以宽为 150mm 的色环标识；

③ 在管道上以长方形的识别色标牌标识；

④ 在管道上以带箭头的长方形识别色标牌标识；

⑤ 在管道上以系挂的识别色标牌标识。当采用②～⑤方法时，两个标识之间的最小距离应为 10m。各种管道应按表 3-11 通常规定涂刷不同颜色油漆。

工业管道的识别符号由物质名称、流向和主要工艺参数等组成，物质名称可以是物质全称，例如氮气、硫酸、甲醇；也可以是化学分子式，例如 N_2、H_2SO_4、CH_3OH。

表 3-11　油库工艺管道及设备识别色

介质类型	颜色	介质类型	颜色
轻油	银白色	氧	淡蓝
重油	黑色	空气	淡灰
水	深绿色	可燃液体	棕色
水蒸气	大红	其他液体	黑
消防泡沫混合液	中红色		

2. 管道的伴热

对于凝固点高、黏度大的原油、重油、燃料油、润滑油（脱蜡前）及沥青等在管道输送过程中，由于温降而发生凝固、增加黏度，为减少输送过程热损失，除需在管路外进行保温外，有时还需逐段对管路予以伴热。需要加热保温的范围较广，但输送长度尽可能在 1000m 以下。特殊情况下也可长达数千米甚至数十千米以上。

伴热方法有蒸汽伴热、电加热、加压热水或热载体油等，而使用蒸汽伴热的方法最为广泛。蒸汽伴热管选用见表 3-12。20 世纪 60 年代起，国外开始采用电加热保温的方法，由于耐热绝缘材料的发展，逐渐增加了经济性，目前已被广泛采用。在储运系统中常用来给输送温度要求严格的润滑油伴热。

表 3-12　蒸汽伴热管选用

管路公称直径 *DN*/mm	40	50	80	100	150	200	250	300
蒸汽伴热管公称直径 *DN*/mm	15	15	20	25	15	20	25	20
伴热管根数	1	1	1	1	2	2	2	3

注：*DN*150 以上的输油管，为了施工和管理方便，也为油品输送顺利和安全，生产上常用 *DN*40 或 *DN*50 钢管作伴热管。

在蒸汽伴热中有外伴热管、内伴热管和夹套管三种方法。油品储运系统多采用外伴热；在石油化工行业对某些管内介质需保持的温度高、热负荷大时，或需要严格控制温度时，则采用蒸汽夹套伴热。内伴热用于长距离输送、直径＞$DN300$ 的管道；如果用于直径＜$DN300$ 管道时，需要进行经济核算。

对于油库中流量较小或间歇输油而不放空的黏油和易凝油管路，为了防止油品在管路中凝结或在输送过程中过大地增加黏度，常采用蒸汽管外伴加热。外伴加热是把蒸汽管和输油管用保温材料包扎在一起。这种方法施工方便、使用可靠、便于检修，但热效率较低，对于地面管路热效率约为 40％～50％，对于地下管路约为 50％～60％。

水平敷设的输油管，蒸汽伴热管应设置在它的下部，这样热效率比较高。伴热管布置位置如图 3-18 所示。当输油管水平敷设时，伴热管中的蒸汽流向与油管中的油品流向最好相反，这样可使油品在管道中沿线温度比较均匀；当输油管垂直敷设时，伴热管的蒸汽流向应自上而下，这样有利于排出冷凝水。

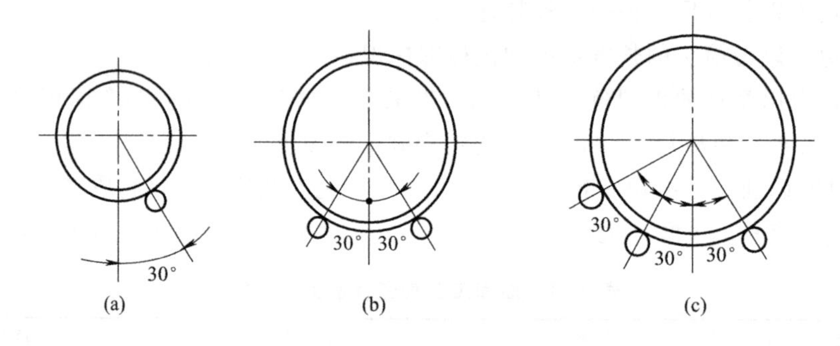

图 3-18 伴热管布置位置

蒸汽伴热管道铺设应注意以下几点：

① 伴热蒸汽应从供汽主线上方引下，蒸汽压力保持稳定，一般不小于 0.5～l.0MPa。

② 伴热管和被伴热管应捆牢紧贴在一起，外包保温层。

③ 伴热管尾端应在低点通过疏水器排除冷凝水。

④ 伴热管用汽尽量不要和输油管道扫线用的蒸汽合用同一汽源，防止因扫线不严或忘记关阀，使油品串入伴热管，冻凝管道（俗称灌肠）；必须合用时，扫线阀与油管之间必须装单向阀。

⑤ 伴热管与被伴热管之间，由于介质温差存在，伴热管应在适当距离和位置设置补偿管。

3. 管道的保温

除加热输送的油品管道需要保温外，还有一些介质如蒸汽管、水管等也需要保温。

管道保温层由四层组成，由里到外分别是防腐层、保温层、防潮层和保护层。防腐层是在管壁外涂刷一层沥青底漆或两遍红丹漆，以防止管道外壁氧化腐蚀；保温层用导热性能低的材料，如玻璃布、泡沫石棉或海泡石复合保温材料等，制成一定形状包于管子或设备外部，保温层厚度视管径大小和介质温度而定；防潮层用沥青玻璃布缠绕于保温层外面，用以防止雨雪浸入保温层破坏保温效果；保护层用 0.5mm 厚的镀锌铁皮或黑铁皮包于防潮层表面，也有用玻璃布缠绕或石棉水泥抹面的，用它可以保护保温层不被人为损坏，以延长保温层寿命。

管道保温要格外注意施工质量，主要要求有：法兰处应留有卸螺钉间隙；转弯处应留膨胀间隙；直立管应设托架；保温块应用铁丝捆牢；预制块间隙应用灰浆灌满；铁皮搭接紧密并用螺钉或卡带固牢；玻璃布缠绕应搭接一半；保温层要求密实，外表光滑平整，整体粗细均匀。

五、管道的试压

管道安装完毕、热处理和无损检测合格后，应进行压力试验。管道试压是对管道强度和严密性进行检验的重要方法，也是管道大修、更新改造后以及用在管道强度和严密性检测必须进行的项目。管道试压有液压试验和气压试验两种方法。

压力试验应符合下列规定：

① 压力试验应以液体为试验介质；当管道的设计压力小于或等于 0.6MPa 时，也可采用气体为试验介质，但应采取有效的安全措施。

② 脆性材料严禁使用气体进行压力试验；压力试验温度严禁接近金属材料的脆性转变温度。

③ 当进行压力试验时，应划定禁区，无关人员不得进入。

④ 试验过程中发现泄漏时，不得带压处理；消除缺陷后应重新进行试验。

⑤ 试验结束后，应及时拆除盲板、膨胀节临时约束装置；试验介质的排放应符合安全、环保要求。

⑥ 压力试验完毕，不得在管道上进行修补或增添物件。当在管道上进行修补或增添物件时，应重新进行压力试验；经设计或建设单位同意，对采取预防措施并能保证结构完好的小修补或增添物件，可不重新进行压力试验。

1. 液压试验

液压试验应符合下列规定：

① 液压试验应使用洁净水。当对不锈钢、镍及镍合金管道，或对连有不锈钢、镍及镍合金管道或设备的管道进行试验时，水中氯离子含量不得超过 25×10^{-6}，也可采用其他无毒液体进行液压试验。当采用可燃液体介质进行试验时，其闪点不得低于 50℃，并应采取安全防护措施。

② 试验前，注入液体时应排尽空气。

③ 试验时，环境温度不宜低于 5℃；当环境温度低于 5℃时，应采取防冻措施。

④ 承受内压的地上钢管道及有色金属管道试验压力应为设计压力的 1.5 倍；埋地钢管道的试验压力应为设计压力的 1.5 倍，并不得低于 0.4MPa。

⑤ 当管道的设计温度高于试验温度时，试验压力应按照规定进行换算。

⑥ 承受内压的埋地铸铁管道的试验压力，当设计压力小于或等于 0.5MPa 时，应为设计压力的 2 倍；当设计压力大于 0.5MPa 时，应为设计压力加 0.5MPa。

⑦ 对位差较大的管道，应将试验介质的静压计入试验压力中；液体管道的试验压力应以最高点的压力为准，最低点的压力不得超过管道组成件的承受力。

⑧ 对承受外压的管道，试验压力应为设计内、外压力之差的 1.5 倍，并不得低于 0.2MPa。

⑨ 液压试验应缓慢升压，待达到试验压力后，稳压 10min，再将试验压力降至设计压力，稳压 30min，应检查压力表无压降、管道所有部位无渗漏。

2. 气压试验

气压试验应符合下列规定：

① 承受内压钢管及有色金属管的试验压力应为设计压力的1.15倍；真空管道的试验压力应为0.2MPa。

② 试验介质应采用干燥洁净的空气、氮气或其他不易燃和无毒的气体。

③ 试验时应装有压力泄放装置，其设定压力不得高于试验压力的1.1倍。

④ 试验前，应用空气进行预试验，试验压力宜为0.2MPa。

⑤ 试验时，应缓慢升压，当压力升至试验压力的50%时，如未发现异状或泄漏，应继续按试验压力的10%逐级升压，每级稳压3min，直至试验压力；应在试验压力下稳压10min，再将压力降至设计压力，采用发泡剂检验应无泄漏，停压时间应根据查漏工作需要确定。

六、管道的使用与维护

1. 管道投用

施工或检修完的管道内，往往留有焊渣、泥土、铁锈、焊条头等杂物，如不及时清除，投用后将会堵塞管道，损坏阀门和设备，甚至污染油品，致使油品变质。因此管道投用前必须用水冲洗，然后再用压缩空气（风）吹净管内存水。清洗或吹扫都是从管端给水，从终端打开阀门或卸开法兰进行排空，直到清洗吹扫干净为止。管道投用前，在处理管道时要注意以下几点：

① 输送不能含水的介质（如润滑油）时，在水洗后应用热风吹干管道，热风温度一般应不小于80℃。

② 流量表或控制阀带副线的，吹扫时应走副线，无副线时卸下控制阀和流量表，用短管代替。

③ 管道吹扫时，压力表应关闭，吹扫经过过滤器时，吹扫后要打开过滤器，清除滤网上杂质，防止滤网堵塞，影响流道畅通。

④ 清洗与吹扫管道不能留有死角，低点之处应逐段排空，直至全线畅通。

2. 管道使用与维护

管道使用有关注意事项如下：

① 新投用的管道或经检修与改造的管道，其流程应能满足生产工艺要求；管道上各种附件齐全；管道清洗、吹扫、试压合格，并有记录；管道防腐、保温、伴热完整并符合要求；管道、阀门有编号，刷漆符合要求；油品流向有标志，油品名称有标记。

② 管道投用有方案，平时收付油作业按调度指令，执行过程有记录；情况不明、管道有问题未经处理，不准输油。

③ 管道输油开始时，初速控制在1m/s以内，最高流速通常不超过6m/s，汽、煤、柴等轻油管道流速不宜大于4.5m/s。

④ 管道使用时，应严格按工艺流程操作，防止开关阀门有误，引起跑油、串油事故发生。

⑤ 管道输油过程中，操作人员应注意机泵压力、电流和轴承温度，定时检测油罐液面，掌握油罐液面动态；每班至少沿管道作业流程巡检一遍，发现异常情况应及时查清原因并处理。

⑥ 重质油品管道收付油作业前，应先开伴热管暖线，管道预热后再开泵送油，防止油品凝管。

⑦ 作业过程中如需改变流程，应先开后关或同步进行，并且阀门开启应缓慢不能过快，防止憋压或抽空。

⑧ 管道输油结束时，应立即关闭流程线上的阀门，输送重质油品后，一定要及时扫线；用蒸汽吹扫后要及时放空管道内积存的冷凝水，防止冻凝管道；下次使用前，必须用油顶线排出积聚的存水，防止进入热油罐，引起突沸冒罐。不能用气扫线的，应定时开泵罐外循环。

⑨ 高标号油品管道改走低标号油品时，管道可不作处理，但是低标号油品管道改走高标号油品时，管道必须扫线或顶线处理。

⑩ 管道长期停用或需动火检修时，均应扫线处理，扫线推荐的使用介质见表 3-13。

表 3-13 管道扫线推荐选用介质表

管内介质 / 扫线介质	汽油	煤油	柴油	燃料油	润滑油
蒸汽	不用	不用	好	好	不能用
空气	不能用	不能用	不用	不用	好
氮气	可用	可用	不用	不用	可用
水	好	不能用	不用	不能用	不能用

油气管道吹扫处理时，还应坚持“五不准”，即：

a. 闪点低于 60℃的油品管道不准用压缩风扫线，以防油气与空气混合，形成爆炸混合物引起着火、爆炸；

b. 两端固定，中间又无热补偿的管道不准用蒸汽吹扫，以免管道热胀冷缩，受力变化大损坏管道或设备；

c. 有沥青防腐层的地下管道，不准用蒸汽吹扫，以免沥青受热软化，防腐层损坏；

d. 无论任何介质，都不准直接往合格油罐扫线，以防产品被污染，影响质量；

e. 用蒸汽扫线时，不准阀开得过快或过大，以防水击损坏管道和设备。

⑪ 油气管道检修需要动火时，管道应遵守以下原则：

a. 用火部位本身经处理，必须已无任何可燃油品或可燃气体存在；

b. 用火部位隔离措施必须可靠，确保用火过程中，任何油气不能串入用火部位；

c. 用火场地应无残油或其他易燃物品；

d. 带油动火作业应使油品与空气隔绝；

e. 不能单纯用阀门作隔离油气手段，必须辅以其他措施；

f. 管道处理方法应视工艺条件和环境、地点等具体情况，采取全线处理或局部处理等不同方法，确定最佳处理方案。

3. 管道检查与维护

管道的维护应按照中国石化集团公司“工业管道维修技术管理制度”的规定，建立管道维修技术档案。根据工艺流程、途经区域，使用部门等原则上应对系统管网进行明确分工。岗位操作人员或管网巡检专职检查人员应定时、定管、定点巡回检查。

管道的检查分外部检查、重点检查和全查检查。检查周期应根据管道的技术状况和使用条件而定。管道投用后，日常所做检查与维护主要内容有以下几点：

① 管道及其附件检查应作为岗位操作人员巡回检查一项重要内容。储运系统的管网应配专职巡检员负责定时巡回检查，巡检中发现问题，应及时汇报并做记录。

② 管道输油开始时和作业过程中，应沿流程仔细检查各阀门开关是否正确，各法兰、接头、焊缝、低点放空及其他附件是否完好，各处有无渗漏或跑油。

③ 检查管道保温是否完好，油漆是否脱落，管道支撑有无掉离支座或扭曲变形。

④ 新更换的阀门或装油鹤管、胶管必须试压合格，更换的填料、垫片其材质应符合要求，螺栓要上紧，露出的丝扣应不大于 2～3 扣。

⑤ 法兰严禁埋在地下，对废弃不用又与在用线相连的管道，应及时拆除或断开，防止发生串油或跑油。

⑥ 含有油品或油气的管道或容器，在经吹扫或氮气置换后，经化验含氧量符合要求方准动火施工或进入容器作业。

⑦ 管道、容器、设备检修动火时，与其相连的部位应关闭阀门或加盲板，所加盲板材质和厚度应符合要求，检修结束应及时拆除。

第四节　油库管道水力计算

管道水力计算是油库管道敷设或改造、工艺调度以及有关设备故障分析的主要依据。正确的计算不仅可以确保顺利装卸和输转，而且可以提高生产效率，节省设备、材料、动力和资金。通常油库管道水力计算可解决以下一些问题：

① 新建或改建油库时，按生产任务要求，确定管道流量，选择管内油品流速，确定管道直径；计算管道摩擦阻力损失心，最后确定相应的泵机组设备。

② 正常使用中的油库，在泵机组和管道规格不变的情况下，如改变输油任务，要会应用水力计算知识，将现有管道工艺合理组合和调配，才能完成任务。

③ 油库自流发油的有关计算。

④ 泵吸入系统的有关校核计算。

一、水力计算基本知识

1. 流量

流量是单位时间内流体流过管道横截面的体积数或质量数，前者称为体积流量，后者称为质量流量，分别以 Q_V 和 Q_M 表示，其单位分别为 m^3/s（立方米每秒）、m^3/h（立方米每小时）、L/s（升每秒）和 kg/s（千克每秒）、kg/h（千克每小时）。体积流量与质量流量间的关系表达为：

$$Q_M = \rho Q_V \tag{3-8}$$

油库中管道的流量常常通过油库实际装卸能力要求确定。例如，装卸铁路轻油罐车一般每小时可卸 2～5 个车皮，每个车皮按 $60m^3$ 计算，则其流量为 120～$300m^3/h$；又如泵送灌装汽车，每 5～8min 装 1 车（约 $6m^3$），则流量 Q_V 为 20～12.5L/s。

2. 压力（p）

流体垂直作用于单位面积上的力，称为流体的压强，简称压强，习惯上称为压力。在静止的流体中，从各方向作用于某一点的压力大小均相等。

压力的单位和单位换算：在国际单位制中，压力的单位是 N/m^2，称为帕斯卡，以 Pa 表示。但长期以来采用的单位为 atm（标准大气压）、流体柱高度或 kgf/cm^2 等，有时候表压（gauge pressure）还会用到 bar（巴）、psi（磅力每平方英寸或 lbf/in^2）、psf（磅力每平方英尺，lbf/ft^2）等单位。它们之间的换算关系为：

1 标准大气压（atm）$= 1.013\times10^5 Pa = 1.033kgf/cm^2 = 10.33mH_2O = 760mmHg$

$1bar = 100000Pa = 100kPa$；$1mbar = 100Pa$

$1psi = 144psf = 6.89\times10^3 Pa$；$1MPa = 145.03psi$

压力可以有不同的计量基准，如果以绝对真空（即零大气压）为基准，那么就称为绝对压力，绝对压力是在数值压力单位后加（A）表示，如 2.0MPa（A）表示绝对压力 2.0MPa；若以当地大气压为基准，则称为表压，表压是在数值压力单位后加（G）表示，如 2.0MPa（G）表示表压 2.0MPa。

$$表压=绝对压力-大气压力 \tag{3-9}$$

当被测流体的绝对压力小于大气压时，其低于大气压的数值称为真空度，即

$$真空度=大气压力-绝对压力 \tag{3-10}$$

绝对压力、表压、真空度之间的关系如图 3-19 所示。

3. 黏度

液体在流动时，其分子间产生内摩擦的性质称为液体的黏性，黏性的大小用黏度表示，是用来表征液体性质相关的阻力因子，那么黏度到底是怎样表现出来又是怎样量度的呢？

现以管内的液体流动为例来说明流体的黏滞性，如图 3-20 所示。

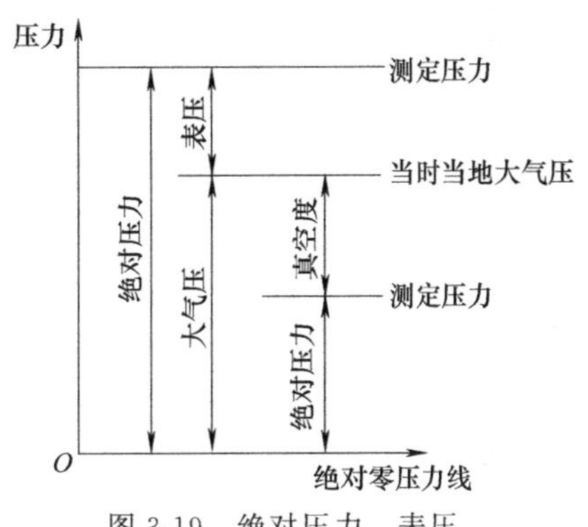

图 3-19 绝对压力、表压、真空度之间关系

液体在管内流动时，由于液体和固体界壁的附着力及液体本身的内聚力，使管内液体各处流速产生差异，紧贴管壁处的液体附在管壁上，速度为零，越接近管轴速度越大，轴心处速度最大，垂直于管轴截面上各点的流速是按一定的曲线分布的。如果液体的质点都沿着轴向运动，则可以把管中液体的流动看成是许多无限薄的圆筒形液层的运动，运动较快的液层可以带动运动较慢的液层；反之，运动较慢的液层又阻滞运动较快的液层，这样当快的液层在慢的液层上滑过时，就出现类似于固体的摩擦现象。所以在液体层与层之间产生内摩擦应力或切应力，这种性质就表现为黏滞性。

水力计算中一般采用运动黏度表示，其单位为 m^2/s。运动黏度的工程单位和物理单位的换算关系是 $1m^2/s = 10^4 cm^2/s = 10^4 st$，$1St = 100cSt$。

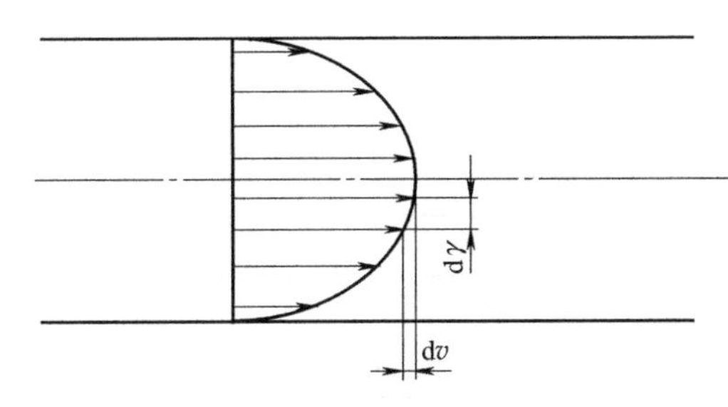

图 3-20 管内液体的流动

4. 流体力学基本方程式

流体力学基本方程式包括流体静力学基本方程式（$p = p_0 + \gamma h$）和流体能量平衡方程式等，以下仅将流体能量平衡方程式及其应用加以介绍。

流体能量平衡方程式又叫伯努利方程，

表示如下：

$$z_1+\frac{p_1}{\gamma}+\frac{v_1^2}{2g}=z_2+\frac{p_2}{\gamma}+\frac{v_2^2}{2g}+h_{w1-2} \tag{3-11}$$

在能量平衡方程中，会有各种比能，而这些比能又可以用液柱高度来表示，因此把这种表示方法称为水头。比如，z 叫位置水头，从某基准面到该点的位置高度叫压力水头。$\frac{p}{\gamma}$代表压强换算的液柱高度。同理$\frac{v^2}{2g}$也代表一个液柱高度，叫做流速水头，而把 h_w 叫做水头损失。

二、管径确定方法

油库内的油品管道除泵的吸入管道、自流管道和其他对压力降有要求的管道需按工艺要求确定管径外，其余管道都可按经济管径公式确定管径。用这种方法确定的管径，在管道投资的偿还期内，每年的操作费用、维修费用和投资偿还费用之和最低，可使管道投资达到经济合理的目的。

在实际设计的时候，这种按照投资与回报关系求得经济管径的做法并不太具备实用性，而通常用推荐流速来初步确定管径。推荐流速是在积累了大量工程设计数据的基础上提出的，由此计算出来的管径基本上在经济合理的范围之内，必要时可再进行管道压力降计算，并且可对管径作适当的调整，管径计算公式为：

$$d_i=\sqrt{\frac{4Q}{\pi v}}=1.13\sqrt{Q/v} \tag{3-12}$$

式中 d_i——管子内径，m；

Q——管内介质流量，m^3/s；

v——管内介质流速，m/s。

除泵的吸入管道、自流管道、气体管道和对流速有特殊要求的管道可按工艺要求确定管径外，其余工艺管道的管径可按推荐流速选择，但管道公称直径不宜小于 $DN50$。工艺管道内介质的推荐流速见表 3-14，气体的推荐流速见表 3-15。

表 3-14 工艺管道内液体介质的推荐流速（SH/T 3108）

运动黏度/(10^{-6} m/s)	推荐流速/(m/s)
1～2	2.0～3.0
2～28	1.5～2.5
28～72	1.0～2.0
72～146	0.9～1.5
146～438	0.8～1.4

表 3-15 气体管道的推荐流速

气体管道种类	流速/(m/s)	气体管道种类	流速/(m/s)
压力可燃气体管道	8～30	高中压(3.5～9.0MPa)蒸汽管道	40～52
低压(<0.1MPa)可燃气体管道	4～6	低压(1.0MPa)蒸汽管道	30～50
压缩空气管道	8.0～15	饱和蒸汽管道	20～40

根据表3-14、表3-15选取流速时，应结合管道的操作条件和作业要求考虑，如管道的长度较短，输送泵的扬程有富余，允许的压力降较大，则可取较大流速；相反，对允许的压力降较小的管道，如自流管道、饱和状态液体的泵入口管道，应选用较小的流速。大流量、大口径管道可选用较大流速，小流量、小口径管道应选取较小流速；连续操作时数较少的间歇操作管道可取较大流速，连续操作的管道则应取较小流速。

为了防止管道内流速过高引起静电起火、管道冲蚀、振动、噪声等现象，一般液体流速不宜超过4m/s；气体在管道末端流速不宜超过0.2*Ma*（1*Ma*＝340.3m/s）；特殊管道和紧急泄放管道不宜超过0.5*Ma*；含固体颗粒的流体，其流速不应低于0.9m/s，也不宜超过2.5m/s。

三、管道流体阻力损失计算

管道阻力损失包括沿程阻力损失和局部阻力损失。

1. 沿程阻力损失

油品流过直管段的阻力损失是由于内摩擦而引起的，其计算公式如下：

$$h_f=\lambda \frac{L}{d}\times\frac{v^2}{2g} \tag{3-13}$$

式中　h_f——直管段沿程阻力损失，m液柱；

v——管内介质流速，m/s；

g——重力加速度；

L——直管长度，m；

d——管内径，mm；

λ——摩擦因数，取决于雷诺数Re，Re的计算公式如下：

$$Re=\frac{dv\rho}{\mu} \tag{3-14}$$

式中，μ为介质动力黏度，Pa·s；其他符号意义同前。

雷诺数标志着油品流动过程中，惯性力与黏滞力之比。Re小时，黏滞阻力起主要作用；Re大时，惯性阻力起主要作用。Re小，流体在管内呈层流流动，管壁粗糙度为层流边界层覆盖，流体流动消耗的能量主要是用于克服流体间的黏滞阻力，管壁粗糙度对它没有影响。随着Re的增大，层流边界层相应地减小，管壁的粗糙度不为层流层所完全覆盖，这时流体摩阻既要受粗糙度的影响，又要受流体黏滞力的制约。当Re达到某一数值时，层流边界层变得非常微薄，管壁的粗糙凸起几乎全部露于层流边界层之外，这时流体的摩阻不再受黏滞力的影响，而主要取决于管壁的粗糙度。

当介质在管内呈层流状态，即$Re<2300$时，摩擦因数与管内壁表面性质无关，其摩擦因数的计算公式如下：

$$\lambda=\frac{64}{Re} \tag{3-15}$$

当雷诺数$Re=2300\sim4000$时，流态为层流向紊流的过渡区。由于该区域的范围很窄，实用意义不大，一般不作详细讨论。

当$Re>4000$时，流态已进入紊流区。沿程阻力系数λ取决于黏性底层厚度与绝对粗糙度的相对关系。紊流区具体又可分为3个区，即紊流水力光滑区、紊流过渡区和紊流粗糙区。

① $4000<Re<22.2\left(\frac{d}{\Delta}\right)^{8/7}$ 时，称为紊流水力光滑区。流体在这个区域流动时，管壁的粗糙度，即管壁的凹凸表面，完全为边界层层流所覆盖，粗糙度对流体摩阻没有影响，仅与雷诺数有关，即：

$$\lambda=\frac{0.3164}{\sqrt[4]{Re}} \tag{3-16}$$

② $22.2\left(\frac{d}{\Delta}\right)^{8/7}<Re<597\left(\frac{d}{\Delta}\right)^{9/8}$ 时，称为紊流过渡区或混合摩擦区。流体在这个区域流动时，边界层层流已不能完全覆盖管壁的粗糙度，流体的摩阻不仅受雷诺数影响，还与管壁的粗糙度有关，即

$$\frac{1}{\sqrt{\lambda}}=-1.8\lg\left[\left(\frac{\Delta}{3.7d}\right)^{1.11}+\frac{6.81}{Re}\right] \tag{3-17}$$

③ $Re>597\left(\frac{d}{\Delta}\right)^{9/8}$ 时，称为阻力平方区或粗糙区。流体这时的边界层流层已很小了，管壁粗糙凸起几乎全部露出，流体摩阻由管壁粗糙度控制，即

$$\frac{1}{\sqrt{\lambda}}=-2\lg\frac{\Delta}{3.7d} \tag{3-18}$$

由于天然粗糙管（即实际材料的壁面粗糙）非常复杂，迄今尚无科学的方法测定。因此在流体力学中，把尼古拉兹的“人工粗糙”作为度量粗糙度的基本标准，针对工业管道的不均匀粗糙度提出了“当量粗糙度”的概念。所谓当量粗糙度，就是指与工业管道紊流粗糙管区 λ 值相等的同直径尼古拉兹粗糙管的绝对粗糙度。常用工业管道的当量粗糙度见表 3-16。

表 3-16　各种管材管子当量粗糙度 Δ

管子种类	当量粗糙度/mm
清洁铜管、玻璃管	0.0015～0.001
新的无缝钢管	0.04～0.17
旧钢管、涂柏油钢管	0.12～0.21
普通新铸铁管	0.25～0.42
旧的生锈钢管	0.60～0.62
白铁皮管	0.15
污秽的金属管	0.75～0.97
清洁的镀锌管	0.25
橡胶软管	0.01～0.03
塑料管	0.001

2. 局部阻力损失

长距离输油管道中总摩擦阻力以沿程摩擦阻力损失为主，局部摩擦阻力损失占很少比例；油库内的管道，局部损失所占比例较大，其当量长度甚至超过某个区域段干管长度，局部阻力损失的计算公式为

$$h_{\mathrm{j}}=\lambda\frac{L_{\mathrm{d}}}{d}\times\frac{v^2}{2g}=\xi\frac{v^2}{2g} \tag{3-19}$$

式中　ξ——局部摩阻系数；

L_{d}——局部摩阻当量长度。

ξ 和 L_d 可查表 3-17。

表 3-17 各种阀门、管件的当量长度和局部摩阻系数

序号	名称		L_d/d	ξ
1	无单向活门的油罐进出口	①流入管路	23	0.5
		②流入油罐	45	1
2	有单向活门的油罐进出口	①流入管路	40	0.88
		②流入油罐	63	1.38
3	有升降管的油罐进出口	①流入管路	100	2.20
		②流入油罐	123	2.71
4	油泵入口		45	1.00
5	30°单缝焊接弯头		7.8	0.17
6	45°单缝焊接弯头		14	0.30
7	60°单缝焊接弯头		27	0.59
8	90°单缝焊接弯头		60	1.30
9	90°双缝焊接弯头		30	0.65
10	30°冲制弯头，$R=1.5d$		15	0.33
11	45°冲制弯头，$R=1.5d$		19	0.42
12	60°冲制弯头，$R=1.5d$		23	0.50
13	90°冲制弯头，$R=1.5d$		28	0.60
14	90°弯管，$R=2d$		22	0.48
15	90°弯管，$R=3d$		16.5	0.36
16	90°弯管，$R=4d$		14	0.30
17	通过三通(主管直通)		2	0.04
18	通过三通(主管分流到支管)		4.5	0.10
19	通过三通(主、支管汇流)		18	0.40
20	转弯三通		23	0.50
21	转弯三通(支管到主管)		40	0.90
22	转弯三通		45	1.00
23	转弯三通(主管到支管)		60	1.30
24	转弯三通(主管汇到支管)		136	3.00
25	异径接头(由小到大)：$D80\times100$		1.5	0.03
26	异径接头(由小到大)：$D100\times150$，$D150\times200$，$D200\times250$		4	0.08
27	异径接头(由小到大)：$D100\times200$，$D150\times250$，$D200\times300$		9	0.19
28	异径接头(由小到大)：$D100\times250$，$D150\times300$		12	0.27
29	各种异径接头(由大到小)		9	0.19
30	闸阀(全开)	$DN20$～$DN50$	23	0.5
		$DN80$	18	0.4
		$DN100$	9	0.19
		$DN150$	4.5	0.10
		$DN200$～$DN400$	4	0.08

续表

序号	名称		L_d/d	ξ
31	截止阀(全开)	D15	740	16.00
		DN20	460	10.00
		DN25～DN40	410	9.00
		DN50	320	7.00
32	斜杆截止阀(全开)	DN50	120	2.70
		D80	110	2.40
		D10	100	2.20
		D150	85	1.86
		D200 及以上	75	1.65
33	各种尺寸全开旋塞		23	0.50
34	各种尺寸升降式止回阀		340	7.50
35	旋启式止回阀	D100 及 D100 以下	70	1.50
		DN200	87	1.90
		DN300	97	2.10
36	带滤网底阀	DN100	320	7.00
		DN150	275	6.00
		DN200	240	5.20
		DN250	200	4.40
37	各种尺寸带滤网吸入口		140	3.00
38	各种尺寸轻油过滤器		77	1.70
39	各种尺寸黏油过滤器		100	2.20
40	Ⅱ形补偿器		110	2.40
41	Ω 形补偿器		97	2.10
42	波形补偿器		74	1.60
43	涡轮流量计，$h_j=2.5$m			44
44	椭圆齿轮流量计，$h_j=2.0$m			
45	罗茨式流量计，$h_j=4.0$m			

注：L_d——局部摩阻当量长度，m；ξ——局部摩阻系数；d——管道内径，m；h_j——液流通过该设备时的摩阻失。

3. 总摩擦阻力损失的计算

前已述，总摩擦阻力损失是管道沿程摩擦阻力损失与局部摩擦阻力损失之和，即

$$h=h_f+h_j=\lambda\frac{L_j}{d}\times\frac{v^2}{2g}=iL_j \tag{3-20}$$

式中 L_j——计算长度；

i——水力坡降系数。

油品管道的管径和摩擦阻力也可按表 3-18、表 3-19 估算。

表 3-18　油品管道的管径和摩擦阻力估算表（运动黏度≤5mm²/s）

管子		泵入口管道			泵出口管道和一般压力管道		
DN	内径	$v/(m^2/h)$	$\mu/(m/s)$	ΔP	$v/(m^2/h)$	$\mu/(m/s)$	ΔP
mm							
25	29	—	—	—	<0.5	<0.2	<8.0
20	22	—	—	—	<1	<0.7	—
25	29	<1	<0.4	<1.5	1～3	0.4～1.2	1.5～2
40	42	1～3	0.2～0.6	0.2～2	3～6	0.6～1.2	2～7
50	54	3～6	0.4～0.7	0.6～2	6～14	0.7～1.7	2～9
80	82	6～14	0.3～0.7	0.2～1.2	14～24	0.7～1.3	1.2～3
100	106	14～24	0.4～0.75	0.3～0.8	24～60	1.0～1.9	0.8～5
150	158	24～60	0.3～0.85	0.12～0.6	60～140	0.9～2.0	0.7～3
200	207	60～140	0.5～1.2	0.2～0.8	140～250	1.2～2.1	0.8～2.5
250	255	140～250	0.7～1.5	0.25～0.75	250～400	1.3～2.1	0.75～1.8
300	309	250～400	0.9～1.5	0.3～0.8	400～600	1.5～2.2	0.8～1.6
350	359	400～600	1.1-1.7	0.4～0.8	600～850	1.6～2.3	0.8～1.6
400	406	600～850	1.3～1.8	0.4～0.8	850～1100	1.8～2.4	0.8～1.3
450	458	850～1100	1.4～1.8	0.4～0.7	1100～1500	1.8～2.5	0.7～1.3

注：ΔP 为 100m 管长的压力降（m 液柱），是按运动黏度 5mm²/s 计算的。

表 3-19　油品管道的管径和摩擦阻力估算表（运动黏度 30～100mm²/s）

管子		泵入口管道			泵出口管道和一般压力管道		
DN	内径	$v/(m^2/h)$	$\mu/(m/s)$	ΔP	$v/(m^2/h)$	$\mu/(m/s)$	ΔP
mm							
25	29	—	—	—	<0.5	<0.2	<8.0
40	42	<0.5	<0.1	<2.0	0.5～1.5	0.1～0.3	2.0～6.0
50	54	0.5～1.5	0.1～0.2	0.7～2.0	1.5～4.5	0.2～0.6	2.0～6.0
80	82	1.5～4.5	0.1～0.3	0.4～1.2	4.5～18	0.3～1.0	1.2～5.0
100	106	4.5～18	0.2～0.6	0.5～2.0	18～40	0.6～1.3	2.0～5.0
150	158	18～40	0.3～0.6	0.4～0.8	40～100	0.6～1.4	0.8～2.5
200	207	40～100	0.3～0.8	0.3～0.7	100～180	0.8～1.5	0.7～3.0
250	259	100～180	0.5～0.9	0.3～0.7	180～300	0.9～1.6	0.7～1.4
300	309	180～300	0.7～1.1	0.3～0.8	300～450	1.1～1.6	0.8～1.7
350	359	300～450	0.8～1.2	0.5～0.9	450～600	1.2～1.6	0.9～1.3
400	406	450～600	1.0～1.3	0.5～0.8	600～800	1.3～1.7	0.8～1.2
450	458	600～800	1.0～1.3	0.5～0.7	800～1100	1.3～1.8	0.7～1.2

注：ΔP 为 100m 管长的压力降（m 液柱），是按运动黏度 100mm²/s 计算的。

四、管道特性曲线

1. 简单管道特性曲线

当管道长度、直径、输送油品一定的情况下，随着通过管道流量的增大，摩擦阻力也相应增大。把管道摩擦阻力 h 和流量 Q 的对应关系绘成曲线，即为管道特性曲线，见图 3-21。

如图 3-21 所示，改变管道直径，特性曲线也相应变化，直径增大，曲线向右移，即在相同的流量下，管径大的管道阻力损失比管径小的管道阻力损失要少，反之，如要求阻力损失不变，那么粗管所通过的流量 Q_2 比细管所通过的流量 Q_2 要大。

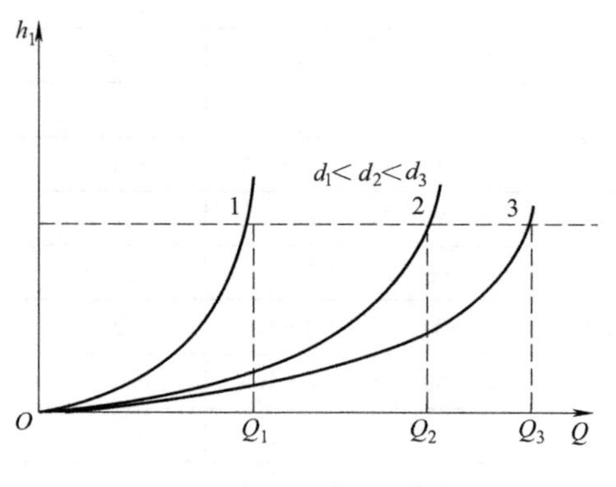

图 3-21 管道特性曲线

若管道布置一定，管道和特性曲线也就确定下来了；特性曲线上的任意一点，都代表管道的一个工作状态。以后还要介绍泵的特性曲线，即泵的扬程和流量的关系曲线。用泵在管道内输送油品时，泵的工作点应与管道的工作点相协调，即泵的扬程应等于管道的摩擦阻力损失，泵的流量恰好等于管道在该摩擦阻力损失下所允许通过的流量。

2. 串、并联管道的特性曲线

(1) 串联管道

串联管道由两种或两种以上不同直径的管段顺次连接而成。例如在油库中，输油泵吸入管系统为减少水头损失，满足泵的吸入性能，常采用比排出管直径大的管道。

串联管道的特点为，各管段的流量相等，满足连续性方程，管道中的总水头损失等于各分段水头损失之和，满足能量守恒原理，即有：

$$Q_1=Q_2-Q_3 \tag{3-21}$$

$$H=h_1+h_2+h_3 \tag{3-22}$$

按照式 (3-21)、式 (3-22) 作图，可得到图 3-22 串联管道的特性曲线。

(2) 并联管道

并联管道即两条或两条以上管道并行结合起来组成的管道，如泵或流量计的旁通管与主管等。并联管道的特点为，管道总流量等于各管段的流量之和，各管段的能量损失相等，即

$$Q=Q_1+Q_2+Q_3 \tag{3-23}$$

$$h_1=h_2=h_3 \tag{3-24}$$

按照式 (3-23)、式 (3-24) 作图，可得到图 3-23 并联管道的特性曲线。

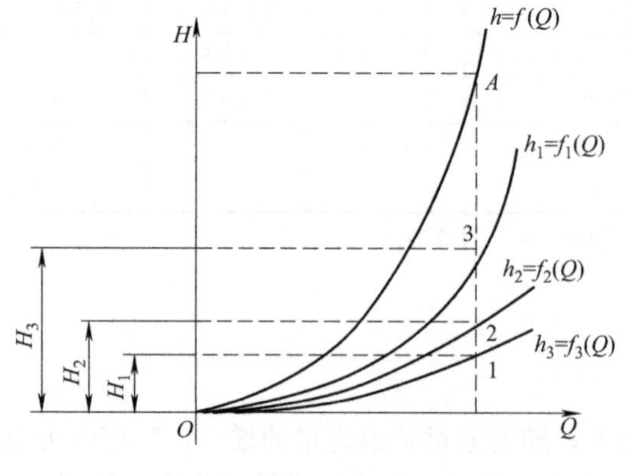

图 3-22 串联管道的特性曲线

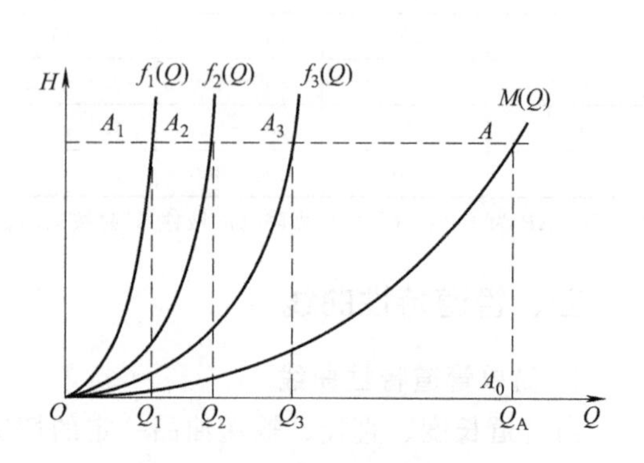

图 3-23 并联管路的特性曲线

第五节　阀　　门

阀门（valves）是管道系统的重要组成部件，是流体管道的控制装置。阀门的主要功能是接通或切断管道介质的流通，防止介质倒流，调节介质压力、流量，分离、混合或分配介质；防止介质压力超过规定数值，以保证管道或设备安全运行等。阀门是管道元件中相对较复杂的一个元件，它一般是由多个零部件装配而成的组合件，因此它的技术含量较高。工程上应用的阀门种类很多，常用的阀门有闸阀、截止阀、止回阀、球阀、蝶阀、疏水阀、安全阀、调节阀等。

阀门广泛地应用于油气储运系统的各类工艺管道系统中。如果从数量上讲，阀门是油库中使用最多的设备，一个中型油库的阀门使用数量一般在1000只左右。这么多的阀门开闭频繁，而且往往由于制造、使用选型、维修不当，发生跑、冒、滴、漏现象，由此引起火焰、爆炸、中毒、烫伤事故，或者造成产品质量低劣、能耗提高、设备腐蚀、物耗提高、环境污染，甚至造成停产等事故，已屡见不鲜。因此人们希望获得高质量的阀门，同时也要求提高阀门的使用、维修水平，这时对从事阀门操作的人员、维修人员以及工程技术人员，提出新的要求，除了要精心设计、合理选用、正确操作阀门之外，还要及时维护、修理阀门，使阀门的“跑、冒、滴、漏”及各类事故降到最低限度。

一、阀门的分类

阀门的分类方法很多，通常分类方法有以下几种。

1. 按用途分

① 截断阀：用来切断或接通管道介质，如闸阀、截止阀、球阀等。

② 止回阀：用来防止介质倒流，如逆止阀、底阀等。

③ 分配阀：用来改变介质流向、分配介质，如三通阀、疏水阀、滑阀等。

④ 调节阀：用来调节介质的压力、流量和温度，如减压阀、调节阀、节流阀等。

⑤ 安全阀：在介质压力超过规定值时，用来排放多余的介质，保证管道系统及设备安全，如安全阀、事故阀。

2. 按结构特征分

① 闸板类：关闭件沿垂直于阀座通道的中心线上下移动。

② 截止类：关闭件沿阀座通道的中心线上下移动。

③ 旋塞和球形类：关闭件系锥塞或球体，启闭时绕自身轴线旋转。

④ 旋启类：关闭件绕阀座通道外的轴旋转。

⑤ 蝶形类：关闭件系圆盘形，启闭时绕垂直于阀类底座通道的轴线旋转。

⑥ 滑阀形：关闭件在垂直于通道的方向滑动。

3. 按压力分

① 真空阀（vacuum valves）：工作压力低于标准大气压，$PN<0.1$MPa。

② 低压阀（low pressure valve）：公称压力不大于$PN16$的阀门。

③ 中压阀（middle pressure valve）：公称压力为$PN16\sim PN100$（不含$PN16$）的各种阀门

④ 高压阀（high pressure valve）：公称压力$PN100\sim PN1000$（不含$PN100$）的各种

阀门。

⑤ 超高压阀门（super high pressure valve）：公称压力为大于 *PN*1000 的各种阀门。

4. 按温度分

① 高温阀门（high temperature valve）：用于介质温度 $t>425$℃ 的各种阀门。

② 中温阀门（moderate temperature valve）：用于介质温度为 120℃$\leqslant t \leqslant$425℃ 的各种阀门。

③ 常温阀门（normal temperature valve）：用于介质温度为 −29℃$<t<$120℃ 的各种阀门。

④ 低温阀门（sub-zero valve）：用于介质温度为 −100℃$\leqslant t \leqslant$−29℃ 的各种阀门。

⑤ 超低温阀门（cryogenic valve）：用于介质温度 $t<-100$℃ 的各种阀门。

5. 按驱动方式分

① 手动阀门（manual operated valve）：借助手轮、手柄、杠杆或链轮等，由人力来操作的阀门。当启闭扭矩较大时，在手轮与阀杆间可设置齿轮或蜗轮减速器。在必要时也可利用万向接头、传动轴进行较远距离的操作。

② 动力驱动阀或它动阀门：借助电动机、电磁力、空气和液体的压力（即执行机构）来驱动的阀门。电动阀是指用电动装置、电磁或其他电气装置操作的阀门。液动或气动阀门是指借助液体（水、油等液体介质）或空气的压力操作的阀门。

③ 自动阀：没有手轮、手柄和执行机构，而是利用介质本身能量来启闭的阀门，如逆止阀、安全阀、减压阀和疏水阀等。

6. 按阀体材质分

按阀体材质可分为铸铁阀、铸钢阀、锻钢阀、合金钢阀、衬胶阀等。

7. 按照阀门与管道连接方式分

① 法兰连接阀门：阀体带有法兰，与管道采用法兰连接的阀门。

② 螺纹连接阀门：阀体带有内螺纹或外螺纹，与管道采用螺纹连接的阀门。

③ 焊接连接阀门：阀体带有焊口，与管道采用焊接连接的阀门。

④ 夹箍连接阀门：阀体上带有夹口，与管道采用夹箍连接的阀门。

⑤ 卡套连接阀门：采用卡套与管道连接的阀门。

二、阀门的基本参数

阀门主要参数有公称通径、公称压力、阀门类型、连接方式、结构形式等诸多参数。但一般为了确保与管道连接无误，基本参数应该与管道一致。

1. 公称通径

公称通径是指阀门与管道连接处通道的名义直径，用 *DN* 表示。它表示阀门规格的大小，是阀门最主要的结构参数。油库常用阀门的公称通径系列为：40mm、50mm、(65mm)、80mm、100mm、150mm、200mm、250mm、300mm 等。

2. 公称压力

公称压力是阀门在规定的基准温度下允许的最大压力，用 *PN* 表示。它表明阀门承压能力的大小。油库常用阀门的公称压力系列为：*PN*4、*PN*6、*PN*10、*PN*16、*PN*25、*PN*40 等。

3. 适用介质

由于介质性能不同，因此对阀门的材料要求也不同。各类阀门都有一定的适用范围，在选用时应予以考虑。

三、阀门型号表示方法

阀门产品的型号由7个单元组成（GB/T 32808—2016《阀门　型号编制方法》），型号编制的顺序按阀门类型、驱动方式、连接形式、结构形式、密封面材料或衬里材料类型、公称压力代号或工作温度下的工作压力代号、阀体材料排列（图3-24）。

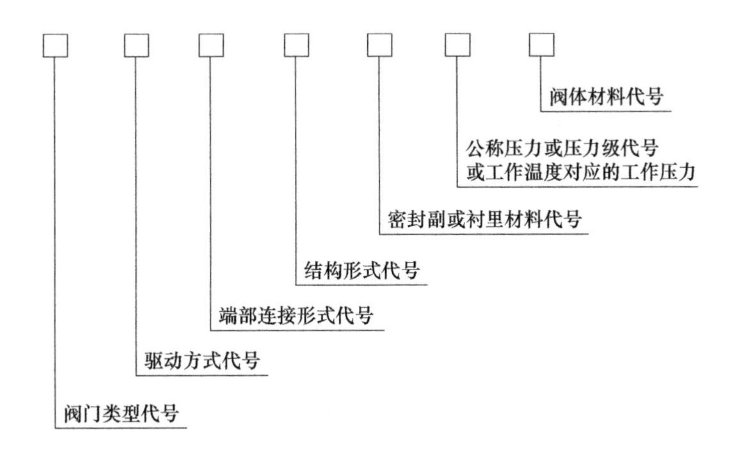

图3-24　阀门产品的型号

1. 阀门类型代号

阀门类型代号用汉语拼音字母表示，可参见表3-20中的规定。

表3-20　阀门类型代号

阀门类型		代号	阀门类型		代号
安全阀	弹簧载荷式、先导式	A	球阀	整体球	Q
	重锤杠杆式	GA		半球	PQ
蝶阀		D	蒸汽疏水阀		S
倒流防止器		DH	堵阀(电站用)		SD
隔膜阀		G	控制阀(调节阀)		T
止回阀、底阀		H	柱塞阀		U
截止阀		J	旋塞阀		X
节流阀		L	减压阀(自力式)		Y
进排气阀	单一进排气口	P	减温减压阀(非自力式)		WY
	复合型	FFP	闸阀		Z
排污阀		PW	排渣阀		PZ

注：当阀门同时具有其他功能作用或带有其他结构时，在阀门类型代号前再加注一个汉语拼音字母，如保温型（夹套伴热结构）、缓闭型、低温型（设计和使用温度低于－46℃）、快速型、防火型和波纹管阀杆密封型分别加B、H、$D_{最低使用温度}$、Q、F和W。

2. 驱动方式代号

驱动方式代号用阿拉伯数字表示，可参见表 3-21 的规定。

表 3-21 驱动方式代号

驱动方式	电磁驱动	电磁-液动	电-液联动	蜗轮	正齿轮	伞齿轮	气动	液动	气-液联动	电动
代号	0	1	2	3	4	5	6	7	8	9

注：1. 安全阀、减压阀、疏水阀无驱动方式代号，手轮和手柄直接连接阀杆操作形式的阀门，本代号省略。

2. 对于具有常开或常闭结构的执行机构，在驱动方式代号后加注汉语拼音字母下标 K 或 B 表示，如常开型用 6_K、7_K；常闭型用 6_B、7_B。

3. 气动执行机构带手动操作的，在驱动方式代号后加注汉语拼音字母下标表示，如 6_S。

4. 防爆型的执行机构，在驱动方式代号后加注汉语拼音字母 B 表示，如 6B、7B、9B。

5. 对既是防爆型又是常开或常闭型的执行机构，在驱动方式代号后加注汉语拼音字母 B，再加注带括号的下标 K 或 B 表示，如 $9B_{(B)}$、$6B_{(K)}$。

3. 连接形式代号

连接形式代号用阿拉伯数字表示，可参见表 3-22 的规定。

表 3-22 连接形式代号

连接端形式	内螺纹	外螺纹	法兰式	焊接式	对夹式	卡箍式	卡套式
代号	1	2	4	6	7	8	9

4. 阀门结构形式代号

阀门结构形式代号用阿拉伯数字表示，油库常用阀门的结构形式代号可参见本节后文阀门分类介绍。

5. 阀座密封或衬里材料代号

密封副或衬里材料代号，以两个密封面中起密封作用的密封面材料或衬里材料硬度值较低的材料或耐腐蚀性能较低的材料表示；金属密封面中镶嵌非金属材料的，则表示为非金属/金属。阀座密封或衬里材料代号用汉语拼音字母表示，可参见表 3-23 中的规定。

表 3-23 密封面或衬里材料代号

密封面或衬里材料	代号	密封面或衬里材料	代号
锡基合金(巴氏合金)	B	尼龙塑料	N
搪瓷	C	渗硼钢	P
渗氮钢	D	衬铅	Q
氟塑料	F	塑料	S
陶瓷	G	铜合金	T
铁基不锈钢	H	橡胶	X
衬胶	J	硬质合金	Y
蒙乃尔合金	M	铁基合金密封面中镶嵌橡胶材料	X/H

注：当阀门密封副材料均为阀门的本体材料时，密封面材料代号用“W”表示；当阀座与启闭件密封面材料不同时，用低硬度材料的代号表示（隔膜阀除外）。

6. 压力代号

阀门使用的压力级符合 GB/T 1048 规定的 *PN* 值时，采用标准 10 倍的兆帕单位

(MPa) 数值表示。当介质最高温度超过 425℃时，标注最高工作温度下的工作压力代号。阀门采用压力等级的，在型号编制时，采用字母 Class 或 CL（大写）后标注压力级数字表示，如 Class150 或 CL150。

7. 阀体材料代号

阀体材料代号用汉语拼音字母表示，具体按表 3-24 的规定。

表 3-24 阀体材料代号

阀体材料	碳钢	Cr13 系不锈钢	铬钼系钢(高温钢)	可锻铸铁	铝合金	铬钼系不锈钢	球墨铸铁	铜及铜合金	塑料	灰铸铁
代号	C	H	I	K	L	P	Q	T	S	Z

注：公称压力 $PN \leqslant 16$MPa 的灰铸铁阀和公称压力 $PN \geqslant 25$MPa 的碳素钢阀可省略阀体材料代号。

四、阀门型号识读举例

1. 型号为 Z942W-10 的阀门

Z——闸阀；9——采用电动装置操作；4——法兰连接端；2——明杆模式双闸板结构；W——阀座密封面材料是阀体本体材料；10——公称压力 $PN10$。

2. 型号为 $G6_K$ 41J-6 的阀门

G——隔膜阀；6——采用气动装置操作；K——常开型；4——法兰连接端；1——屋脊式结构；J——阀体衬胶；6——公称压力 $PN6$；无阀体材料代号，$PN6$ 说明阀体材料为灰铸铁。

3. 型号为 D741X-2.5 的阀门

D——蝶阀；7——采用液动装置操作；4——法兰连接端；1——垂直板式结构；X——阀座密封面材料为铸铁，阀瓣密封面材料为橡胶；2.5——公称压力为 $PN2.5$；无阀体材料代号，$PN2.5$ 说明阀体材料为灰铸铁。

五、油库常用阀门的结构特点及用途

油库常用的通用阀门有闸阀、截止阀、球阀、蝶阀、旋塞阀、止回阀、安全阀、蒸汽疏水阀和防爆电磁阀等。

1. 闸阀

闸阀（gate valve）也称闸板阀。闸阀启闭件（闸板）由阀杆带动，沿阀座（密封面）作直线升降运动，可接通或截断流体的通路。闸阀闭合原理是，闸板密封面与阀座密封面高度光洁、平整一致、互相贴合，可阻止介质流过。

闸阀结构由阀体（body）、阀盖（bonnet）、闸板（wedge）、阀杆（stem）、填料密封（packing seal）和手轮（hand wheel）等零件组成，是应用最广泛的一种阀门。

闸阀根据阀杆上面螺纹位置分为明杆闸阀和暗杆闸阀两类。明杆闸阀的阀杆升降是通过在阀盖或支架上的阀杆螺母旋转来实现的，这种闸板开度清楚，开启时需要一定的空间，如图 3-25 所示；暗杆闸阀的闸板升降是靠旋转阀杆来带动闸板上的阀杆螺母实现的，这种闸阀适于大口径和操作空间受限制的闸阀，但它开启程度难以控制，需要开度指示器。

闸阀根据闸板结构形式则可分为平行式闸板阀（简称平板阀）和楔式闸板阀两大类，它们又可分为单闸板阀和双闸板阀。

楔式单闸板可以采用楔式刚性单闸板或楔式弹性单闸板任何一种形式；双闸板可以采用楔式双闸板和平行式双闸板。在闸阀关闭时，楔式单闸板有两个独立的密封面与阀体楔座吻合；楔式闸阀的密封面与阀杆的轴线对称成一定角度，两密封面成楔形。弹性闸阀实际上是楔式闸阀的一种特殊形式，它的结构见图 3-26，中间有一道沟槽，起着弹性作用，补偿加工中给密封面带来的微量误差，密封性好。

平行式闸板的密封面与通道中心线垂直，且与阀杆的轴线平行。平行式双闸板闸阀通常通过安装在阀座上的浮动密封环实现与平行闸板的密封。平行式双闸板有一个内部撑开机构，能撑开两个单闸板，使其与阀体的阀座密封面吻合。以带推力楔块的结构最常为常见，既在两闸板中间有双面推力楔块，这种闸阀适用于低压中小口径（$DN40$～$DN300$）闸阀，也有在两闸板间带有弹簧的，弹簧能产生预紧力，有利于闸板的密封。有些平板阀闸板上还具有导流孔（与阀座内径一致的流道孔），作用是方便油气管线清管球通过。平板阀因其良好的密封性能，在油气田和长输管道上得到大量应用。

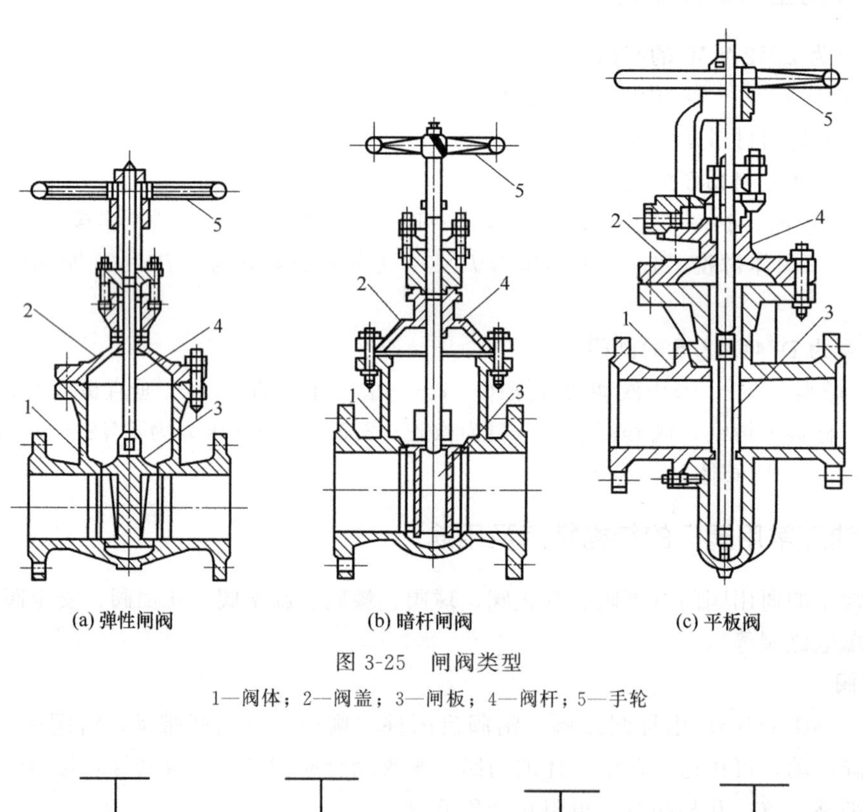

图 3-25　闸阀类型

1—阀体；2—阀盖；3—闸板；4—阀杆；5—手轮

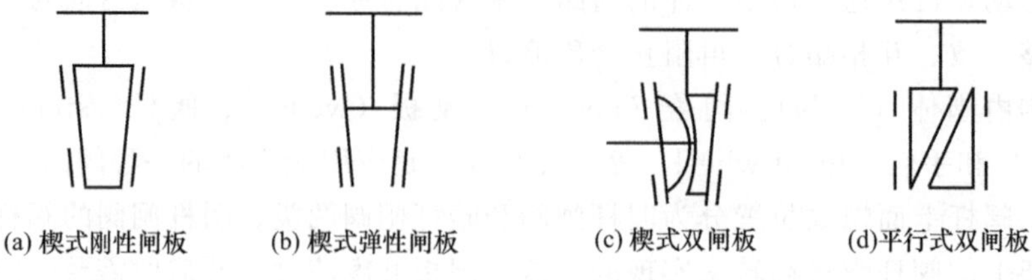

图 3-26　闸板结构

闸阀主要用于管道的关断，一般口径 $DN \geqslant 50$mm 的切断装置都选用它。当闸阀部分开启时，介质会在闸板背面产生涡流，易引起闸板的冲蚀和振动，阀座的密封面也易损坏，故一般不作为节流用。

闸阀有以下优点：

① 流动阻力小。阀体内部介质通道是直通的，介质成直线流动，流动阻力小。

② 启闭时较省力。是与截止阀相比而言的，因为无论是开或闭，闸板运动方向均与介质流动方向相垂直。

③ 介质的流向不受限制。易于安装，闸阀通道两侧是对称的。

④ 全开时，密封面受工作介质的冲蚀比截止阀小。

⑤ 形体简单，结构长度短，制造工艺性好，适用范围广。

⑥ 结构长度（系壳体两连接端面之间的距离）较小。

闸阀也有不足之处：

① 外形尺寸和开启高度都较大，安装所需空间较大。

② 开闭过程中，密封面间有相对摩擦，容易引起擦伤现象。

③ 闸阀一般都有两个密封面，给加工、研磨和维修增加了一些困难。

闸阀结构形式代号见表 3-25。

表 3-25　闸阀结构形式代号

<table>
<tr><th colspan="3">结构形式</th><th rowspan="2">代号</th></tr>
<tr><th>闸阀启闭时的
阀杆动作</th><th colspan="2">闸板结构形式</th></tr>
<tr><td rowspan="5">阀杆升降移动
（明杆）</td><td rowspan="2">闸阀的两个密封面为楔式，
单块闸板</td><td>具有弹性槽</td><td>0</td></tr>
<tr><td>无弹性槽</td><td>1</td></tr>
<tr><td colspan="2">闸阀的两个密封面为楔式，双块闸板</td><td>2</td></tr>
<tr><td colspan="2">闸阀的两个密封面平行，单块平板</td><td>3[①]</td></tr>
<tr><td colspan="2">闸阀的两个密封面平行，双块闸板</td><td>4</td></tr>
<tr><td rowspan="3">阀杆仅旋转，
无升降移动（暗杆）</td><td rowspan="2">闸阀的两个密封面为楔式</td><td>单块闸板</td><td>5</td></tr>
<tr><td>双块闸板</td><td>6</td></tr>
<tr><td colspan="2">闸阀的两个密封平行，双块闸板</td><td>8</td></tr>
</table>

① 闸板无导流孔的，在结构形式代号后加汉语拼音小写 w 表示，如 3w。

2. 截止阀

截止阀（globe valve，stop valve）是启闭件（阀瓣）由阀杆带动，沿阀座（密封面）轴线作直线升降运动的阀门。

截止阀是阀瓣在阀杆的带动下，沿阀座密封面的轴线作升降运动，从而启闭阀门。截止阀的结构如图 3-27 所示，主要由阀体、阀盖、阀瓣、阀杆、填料密封和手轮等组成。

按截止阀进出口通道方向不同，截止阀可分为直通式、直流式（图 3-28）和角式。

直通式（through way type）是指进、出口轴线重合或相互平行的阀体形式；角式（angle type）是指进、出口轴线相互垂直的阀体形式；直流式（y-type）是指通路成一直线，阀杆轴线位置与阀体通路轴线成斜角的阀体形式。

截止阀的使用极为普遍，用量也较大，在油库常用于气体管道、水管及小口径输油管道。

截止阀与闸阀相比有以下特点：开启高度小，关闭时间比闸阀短；结构高度矮，密封垫易损坏；但结构长度比闸阀长，构造较简单，只有一个密封面，便于制造和维修，成本比闸阀低。截止阀只允许单向流动，规定介质流动方向为“下进上出”。

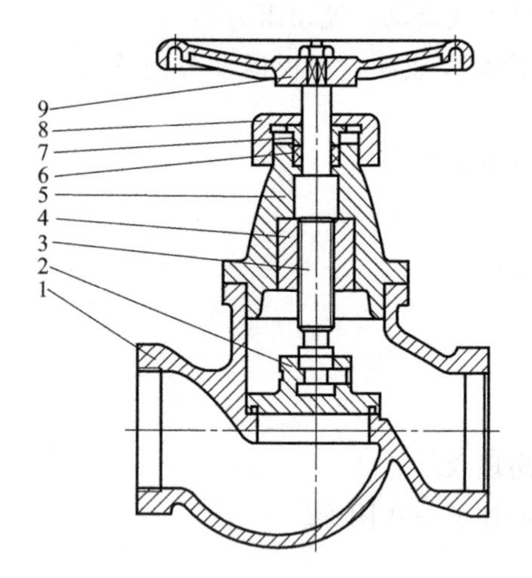

图 3-27　角式截止阀典型结构

1—阀体；2—阀瓣；3—阀杆；4—阀杆螺母；5—阀盖；6—填料；7—填料压盖；8—压套螺母；9—手轮

截止阀适用于频繁开关的场合，可作截断阀用，但不应用于双向流动的工艺管道和含有固体颗粒介质的管道。

节流阀（throttle valve，choke valve）常用的是截止型节流阀，是通过启闭件（阀瓣）的运动，改变通路截面积，用以调节流量、压力的阀门，如图 3-29 所示。节流阀的外形结构与截止阀并无区别，只是它们启闭件的形状有所不同。节流阀的启闭件大多为圆锥流线型，可以通过它来改变通道截面积而达到调节流量和压力的目的。节流阀供在压力降极大的情况下作降低介质压力之用。介质在节流阀瓣和阀座之间流速很大，致使这些零件表面很快就损坏，即产生所谓汽蚀现象。为了尽量减少汽蚀影响，阀瓣采用耐汽蚀材料（合金钢制造），并制成流线型圆锥体，这还能使阀瓣能有较大的开启高度，一般不推荐在小缝隙下节流。

截止阀和节流阀结构形式代号见表 3-26。

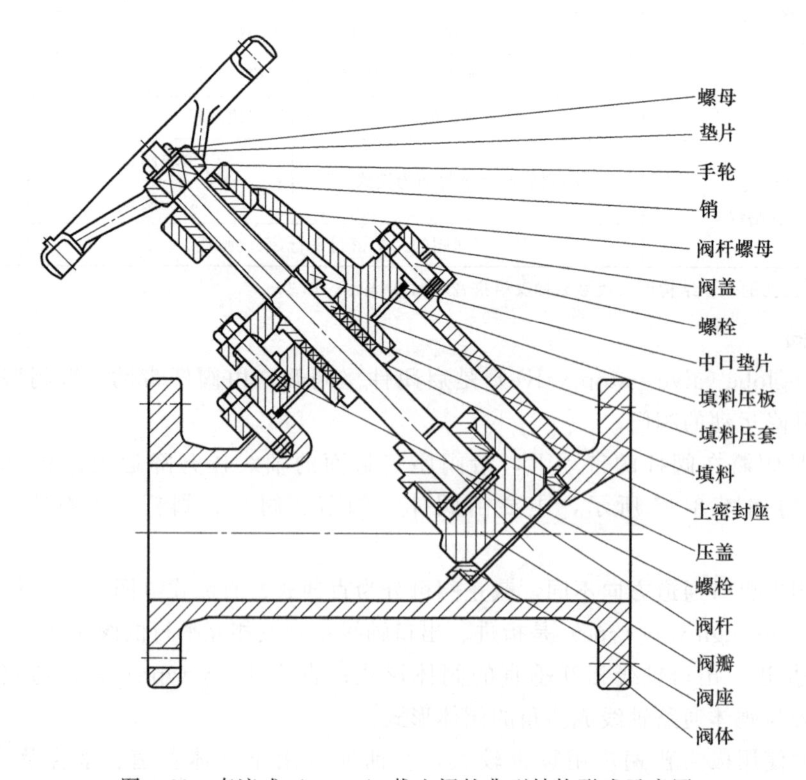

图 3-28　直流式（y-type）截止阀的典型结构形式示意图

3. 止回阀

止回阀（check valve，non-return valve）也叫逆止阀或单向阀，是一种自动阻止介质逆流的阀门。它只允许介质向一个方向流动，当介质顺流时，阀瓣可自动开启；当介质反向流动时，启闭件（阀瓣）借助自重和介质作用力自动关闭。安装止回阀时，应注意介质的流动方向应与止回阀上的箭头方向一致。

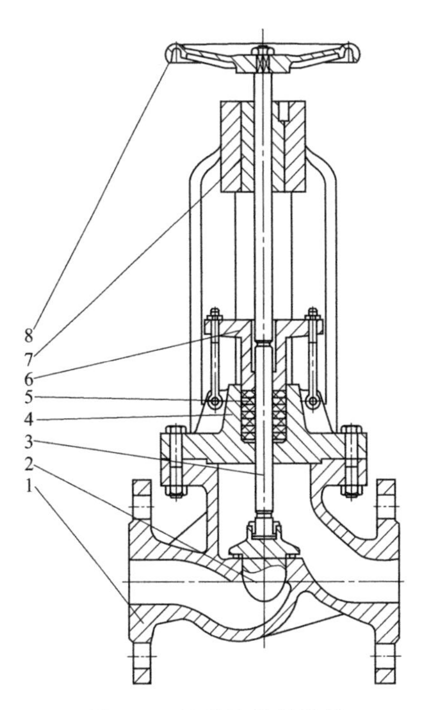

图 3-29 法兰连接节流阀
1—阀体；2—阀瓣；3—阀杆；4—阀盖；5—填料；6—填料压盖；7—阀杆螺母；8—手轮

根据结构形式不同，止回阀有升降式止回阀（图 3-30）、旋启式止回阀（图 3-31）和双瓣蝶形止回阀（图 3-32）三种。由于升降式止回阀是靠介质压力将阀门打开的，当介质逆向流动时，靠自重关闭（有时是借助于弹簧关闭），因此升降式止回阀只能安装在水平管道上。旋启式止回阀是靠介质压力将阀门打开的，靠介质压力和重力将阀门关闭，因此它既可以用在水平管道上，又可用在垂直管道上（此时介质必须是自下而上）。

对夹双瓣止回阀阀瓣为两个半圆形蝶板在直径方向上，通过转轴连接起来。当介质顺流时，两阀瓣叠合在一起，阀门开启；当介质反向流动时，阀瓣被弹簧强制复位，阀门关闭。其主要用于纯净管路及工业、环保、水处理、高层建筑给排水管路，阻止介质逆向流动。该止回阀蝶板为两个半圆，且双瓣蝶形止回阀一般采用对夹式结构，结构长度短，只有传统法兰止回阀的 1/4～1/8；体积小、重量轻，其重量只有传统法兰止回阀的 1/4～1/20；水平管道和垂直管道都可以使用，安装方便；流道通畅，流体阻力小。

止回阀结构形式代号见表 3-27。

表 3-26 截止阀和节流阀结构形式代号

结构形式		代号	结构形式		代号
直通流道	单阀瓣	1	直通流道	平衡式阀瓣	6
Z 形流道		2	角式流道		7
三通流道		3	—		—
角式流道		4			
Y 形流道		5			

表 3-27 止回阀结构形式代号

结构形式		代号	结构形式		代号
升降式阀瓣	直通流道	1	旋启式阀瓣	单瓣结构	4
	立式结构	2		多瓣结构	5
	Z 形流道	3		双瓣结构	6
	—	—	蝶形（双瓣）结构		7

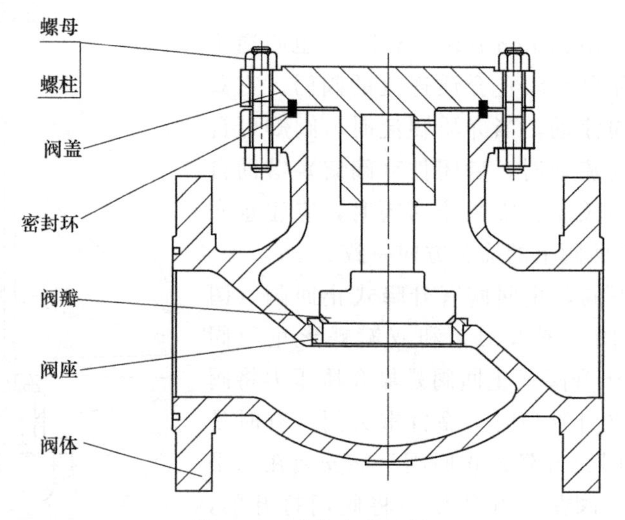

图 3-30 升降式止回阀

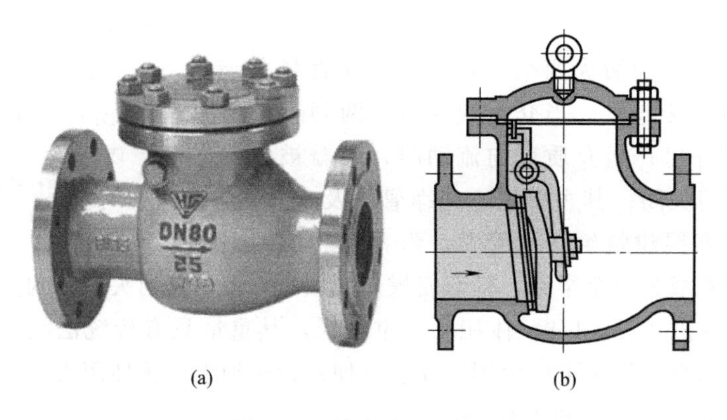

(a) (b)

图 3-31 旋启式止回阀

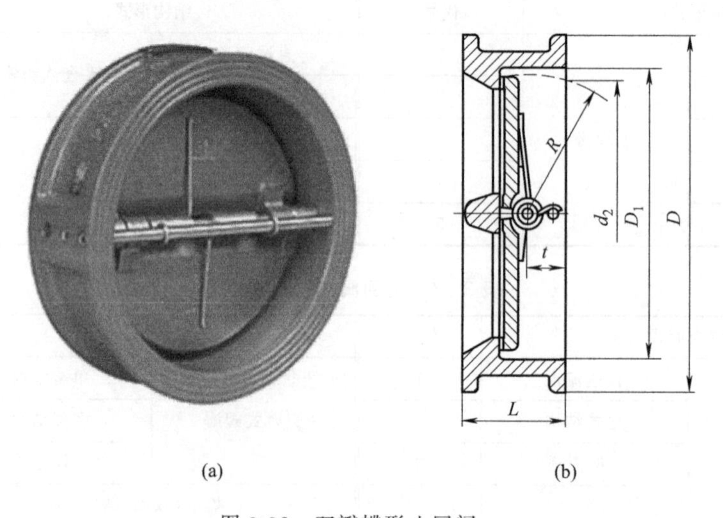

(a) (b)

图 3-32 双瓣蝶形止回阀

油库中止回阀主要用于以下几种情况：

① 安装在离心泵出口第一个阀位上或码头仅起收油作用的管道第一道阀门，防止回流冲击泵叶片，造成反转；

② 也有用在胀油管上，起泄压作用；

③ 消防方面，应用于液下喷射泡沫灭火技术，喷射泡沫的液下管道出口处也常用止回阀。

4. 旋塞阀

旋塞阀（plug valve）也叫考克阀（Coker valve）。旋塞阀是启闭件成圆柱形或圆锥形的旋转阀，通过旋转90°使旋塞上的通道口与阀体上的通道口相通或切断，以实现开启或关闭。该类阀门的流阻比截止阀、蝶阀、柱塞阀小得多，只比全通径球阀略大。

旋塞阀按照阀座密封形式可分为填料式、紧定式、软阀座型和油封型。填料式和紧定式公称压力低于 $PN16$，公称通径小于 $DN150$，应用在城市煤气、食品、医药、给排水、化工等行业。软阀座型采用软性材料（通常是聚四氟乙烯）制作阀座，以达到密封效果。油封型一般用于金属密封面，是在阀体和旋塞表面上加工有润滑油沟槽；当阀门全开或关闭时，内部润滑系统可以通过沟槽有效地将润滑剂输送到阀座和阀体密封面，这样既能保证密封又能保证操作灵活。在输油和输气管线上使用的大部分都是油封式和压力平衡式倒锥油密封旋塞阀。

旋塞阀最适用于作为切断和启闭以及分流使用。由于旋塞阀密封面之间运动带有擦拭作用，而在全开时可完全防止与流动介质的接触，故它通常也能够用于带悬浮颗粒的介质。

旋塞阀易于适应多通道结构，一个阀可以获得两个、三个，甚至四个不同的流道，这样可以简化管道系统的设计，减少阀门用量以及设备中需要的一些连接配件。旋塞阀按通道形式可分为直通式、三通T形流道式和四通式3种。

旋塞阀的种类较多，但构造都较简单。如图3-33所示是普遍使用的一种旋塞阀的构造图。它主要由阀体、塞子、填料、压盖和阀杆组成；油库中一般应用在收发油比较频繁的场合，例如发油台的发油枪前。

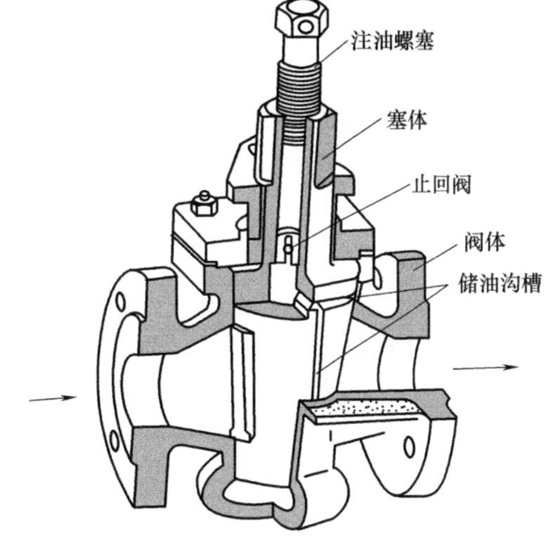

图3-33　旋塞阀的构造图

旋塞阀结构形式代号见表3-28。

表3-28　旋塞阀结构形式代号

结构形式		代号	结构形式		代号
填料密封型	直通流道	3	油封型	直通流道	7
	三通T形流道	4		三通T形流道	8
	四通流道	5		—	—

5. 球阀

球阀（ball valve）是在旋塞阀基础上发展起来的，它是一种球体绕垂直于通道的轴线旋转而开闭通道的阀门。球阀按其结构形式，基本上分两大类。

根据球阀阀体结构形式的不同，分为顶装式、一片式、两片式（也叫对分式）和三片式四种。其中，顶装式是将球体从顶部装入阀体，而阀体为一整体，它一般适用于小直径球阀；一片式阀体是一整体，球体和一侧阀座从流道装入并压紧；两片式球阀是将阀体分成两块以夹持球体，它适用于中档尺寸的球网；三片式是将阀体分为三块，它适用于大尺寸球阀。

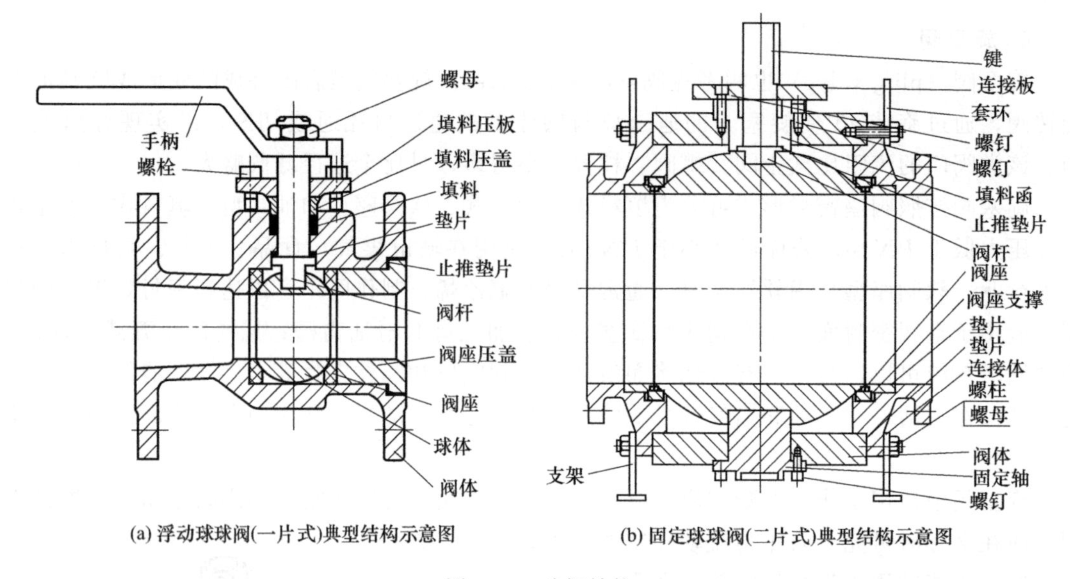

图 3-34 球阀结构

根据球体的固定情况不同，球阀又分为固定球球阀和浮动球球阀两种，见图 3-34。固定球球阀体上下两点固定，用于大口径情况下，浮动球球阀体只有阀杆一点固定，适用于小口径情况。

球阀除具有旋塞阀优点外，与旋塞阀相比，还具有开闭轻便、维修方便、相对体积小、密封性能好等优点。

球阀结构形式代号见表 3-29。

表 3-29 球阀结构形式代号

结构形式		代号	结构形式		代号
浮动球	直通流道	1	固定球	四通流道	6
	Y 形三通流道	2		直通流道	7
	L 形三通流道	4		T 形三通流道	8
	T 形三通流道	5		L 形三通流道	9
	—	—		半球直通	0

6. 蝶阀

圆盘形蝶板在阀体内绕固定轴旋转达到开闭或调节的阀门叫作蝶阀（butterfly valve）。蝶阀又称翻板阀、蝶形阀门、蝴蝶阀，是一种结构简单、可操作性强的调节阀。

蝶阀主要由阀体、阀杆、阀板（称蝶板）和密封圈组成。蝶阀可用于控制水、油品、各种腐蚀性物质等各种类型流体的流动，在各种类型流体管道上主要起切断和节流作用。蝶阀的结构如图 3-35 所示。

(1) 三偏心蝶阀

蝶阀密封性能不如闸阀可靠，故在石化生产装置上应用得并不多。但随着石化生产装置的大型化，用蝶阀代替闸阀是必然的趋势。目前，许多生产厂都在开发生产双偏心或三偏心高性能金属硬密封蝶阀，较好地解决了热胀补偿和磨损补偿的问题。因此，它们也开始逐渐用于油品、油气管道上。

三偏心结构如图 3-36 所示，具体指：

第一偏心：阀杆中心线偏离密封面中心线。

第二偏心：阀杆中心线偏离管路及阀门中心线。

第三偏心：阀座为斜锥形，其中心线偏离管路中心线。这样就可以在关闭和开启过程中消除摩擦作用，并且实现环绕整个阀座的均匀一致的压缩密封效果。

三偏心结构使得阀门在开启过程中完全无摩擦，延长了阀座的使用寿命。

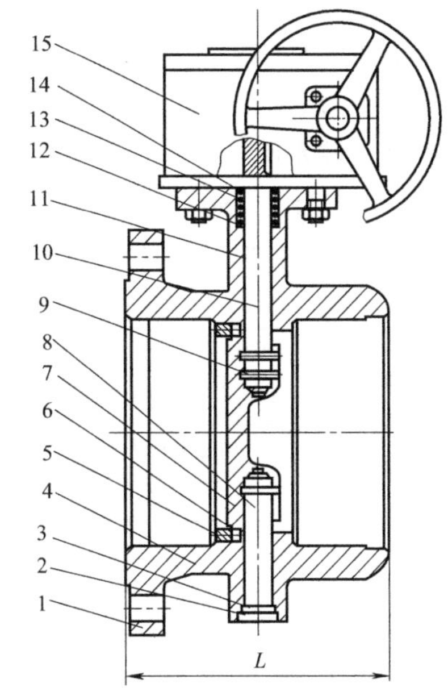

图 3-35　蝶阀基本结构和主要零部件示意

1—法兰；2—底盖；3—阀杆支承件；4—阀体；5—压簧；6—密封圈；7—蝶板；8—固定轴；9—销；10—阀杆；11—轴套；12—填料箱；13—阀杆密封件；14—挡圈；15—传动箱；L—蝶阀结构长度

(2) 蝶阀的特点及选用

① DN 相同的情况下，蝶阀是结构尺寸最小、高度最小、重量最轻的阀门。

② 切断和节流都能用。

③ 流体阻力小，操作省力。

④ 蝶阀可以制成很大口径，大口径蝶阀往往用蜗轮-蜗杆或电力、液压来传动。

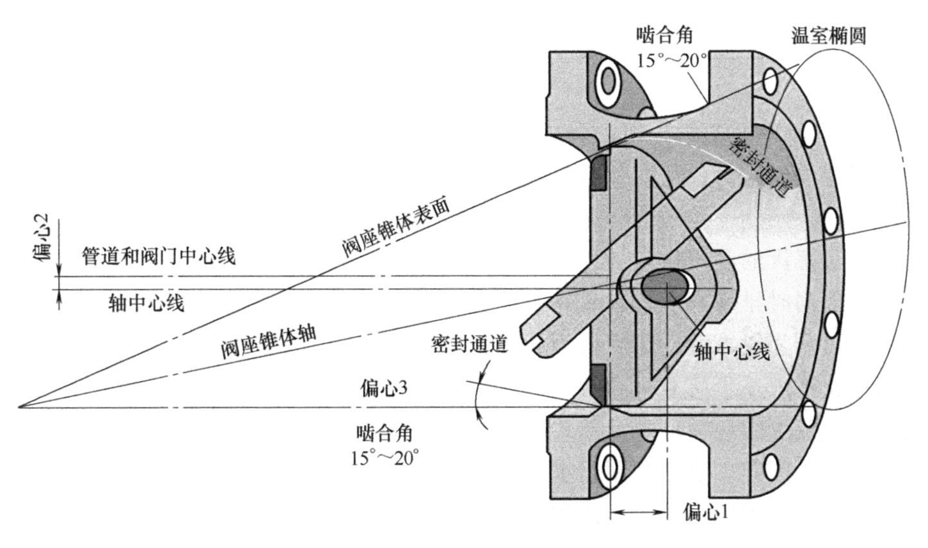

图 3-36　三偏心蝶阀原理图

⑤ 蝶阀具有 90°旋转快速开启关闭的特点。

⑥ 蝶阀比闸阀经济，能够使用蝶阀的地方，最好不要使用闸阀，而且调节流量的性能

也要好。

对于设计压力较低、管道直径较大、要求快速启闭的场合一般选用蝶阀。蝶阀结构形式代号见表3-30。

7. 蒸汽疏水阀

蒸汽疏水阀（steam traps）又称疏水器、阻汽排水阀，它是能利用介质的温度、液位、动态特性的变化自动排除凝结水，同时阻止蒸汽泄漏的自动控制装置。

表3-30 蝶阀结构形式代号

结构形式		代号	结构形式		代号
密封副有密封性要求的	单偏心	0	密封副无密封要求的	单偏心	5
	中心对称垂直板	1		中心垂直板	6
	双偏心	2		双偏心	7
	三偏心	3		三偏心	8
	连杆机构	4		连杆机构	9

油库中疏水阀常被安装在以下几个位置：

① 输油管路蒸汽伴热管线支管上，将伴热管线中产生的凝结水排出；

② 油罐加热器的出口，以确保蒸汽全部冷凝，充分利用热能。

由于疏水阀的阻汽排水功能，疏水阀具有以下作用。

① 防止水击：若蒸汽管路中有凝结水，在高速流动的蒸汽推动下，会使凝结水在管壁和阀门及蒸汽使用设备上进行强烈的撞击，从而造成管道转弯处、阀门和用汽设备的损伤或破坏。

② 提高蒸汽使用设备的效率：用汽设备（特别是间接加热装置）都是为了有效地利用蒸汽的潜热，在这些装置中滞留过多的凝结水与加热面接触，减小了加热面积、上下加热不均匀，从而使设备效率显著降低。

③ 防止腐蚀蒸汽使用设备内部：水和空气中的氧与设备接触，会发生化学反应，使铁锈蚀。

④ 防止蒸汽使用设备的损伤：由于蒸汽和水的温度不同，设备内的凝结水使设备局部产生温差，引起温差应力，从而使设备破坏。

⑤ 提高蒸汽利用率：加热管中的蒸汽受疏水阀阻挡，促使其充分放出热量，凝结成水后排出，提高了蒸汽的利用率。

疏水阀要能同时排水、阻汽，首先它应有识别蒸汽和凝结水的能力，根据疏水阀区别水汽的原理不同可分为机械型、热静力型和热动力型3种类型。

(1) 机械型蒸汽疏水阀

机械型蒸汽疏水阀包括自由浮球式、先导活塞式、杠杆浮球式、倒置桶式、倒吊桶差压式和泵式蒸汽疏水阀等。它是利用了水与蒸汽之间的密度差，进行水汽区别，并通过检测凝结水液位的变化启闭阀门。由于蒸汽和凝结水的密度相差很大，它们对浮子会产生不同的浮力，使浮子随凝结水位的高低而升降，从而达到启闭阀门的目的。机械型疏水阀的过冷度小，不受工作压力和温度变化的影响，有水即排，加热设备里不存水，能使加热设备达到最佳换热效率；最大背压率不低于80%，工作质量高，适用于蒸汽用量大的加热设备的疏水，是生产工艺加热设备最理想的疏水阀；适用于安装在水平管道上。

①自由浮球式疏水阀［图 3-37（a）］结构简单，内部只有一个活动部件——精细研磨的不锈钢空心浮球，既是浮子又是启闭件，无易损零件，使用寿命很长。设备刚启动工作时，管道内的空气经过自动排空气装置排出，低温凝结水进入疏水阀内，凝结水的液位上升，浮球上升，阀门开启；凝结水迅速排出，蒸汽很快进入设备，设备迅速升温，自动排空气装置的感温液体膨胀，自动排空气装置关闭。疏水阀开始正常工作时，浮球随凝结水液位升降，阻汽排水。

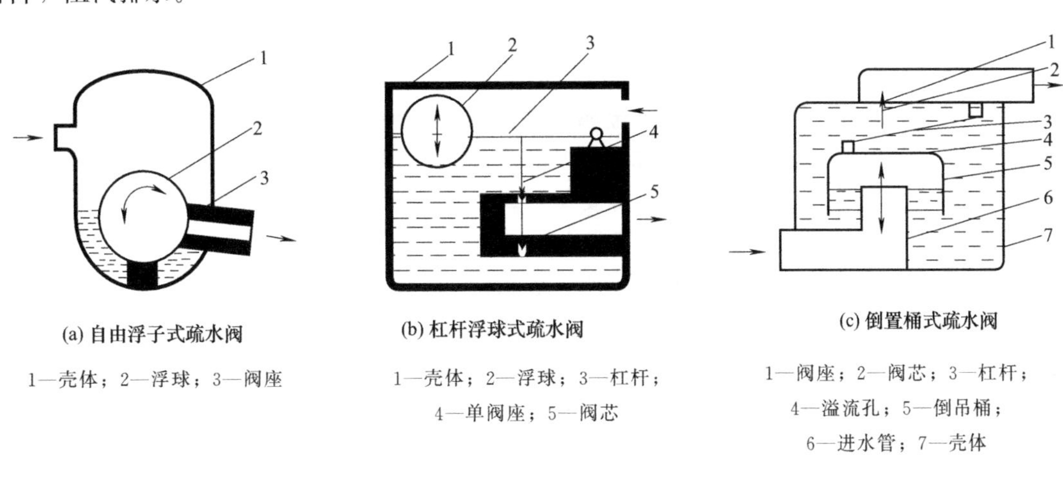

(a) 自由浮子式疏水阀

1—壳体；2—浮球；3—阀座

(b) 杠杆浮球式疏水阀

1—壳体；2—浮球；3—杠杆；
4—单阀座；5—阀芯

(c) 倒置桶式疏水阀

1—阀座；2—阀芯；3—杠杆；
4—溢流孔；5—倒吊桶；
6—进水管；7—壳体

图 3-37 机械型疏水阀（部分形式）

②杠杆浮球式疏水阀［图 3-37（b）］的基本特点与自由浮球式相同，内部结构是浮球连接杠杆带动阀心，随凝结水的液位升降进行开关阀门。杠杆浮球式疏水阀可利用双阀座增加凝结水排量，体积小、排量大，是大型加热设备最理想的疏水阀。

③倒置桶式疏水阀［图 3-37（c）］内部是一个倒吊桶，为液位敏感件，吊桶开口向下，倒吊桶连接杠杆带动阀心开闭阀门。当装置刚启动时，管道内的空气和低温凝结水进入疏水阀内，倒置桶靠自身重量下坠，其连接杠杆带动阀心开启阀门，空气和低温凝结水迅速排出；当蒸汽进入倒置桶内，倒置桶的蒸汽产生向上浮力，倒吊桶上升连接杠杆带动阀心关闭阀门。倒置桶上开有一小孔，当一部分蒸汽从小孔排出时，另一部分蒸汽产生凝结水，使其失去浮力，靠自身重量向下沉，其连接杠杆带动阀心开启阀门，循环工作，间断排水。

（2）热静力型蒸汽疏水阀

热静力型蒸汽疏水阀也叫恒温型疏水阀。它是利用水与蒸汽之间的密度差进行识别，并通过检测凝结水温度的变化启闭阀门的，这就要冷凝水必须过冷才能排出。热静力型有双金属片式、压力平衡式和液体或固体膨胀式蒸汽疏水阀等形式。它们的体积比热动力略大，工作起来性能稳定，且无噪声，但是普遍疏水量较小，疏出的水也有一定的过冷度（疏出的凝结水温与饱和水温之差）。双金属片式根据凝结水的温度变化使金属板呈凸形或凹形弯曲，并以此启闭疏水阀。此种疏水阀具有排量大、体积小、动作噪声小、可靠性高、蒸汽损失少、允许背压高、有止回作用、可以在水平管道也可以在垂直管道上安装等优点，因此，它成为石化生产装置中应用最多的一种疏水阀。

①双金属片式疏水阀如图 3-38（a）所示。

双金属片疏水阀的主要部件是双金属片感温元件，其随蒸汽温度升降受热变形，推动阀芯开关阀门。双金属片式疏水阀设有调整螺栓，可根据需要调节使用温度，一般过冷度调整范围低于饱和温度 15～30℃，背压率大于 70%，能排不凝结气体、不怕冻、体积小、能抗水锤、耐高压、任意位置都可安装。双金属片有疲劳性，需要经常调整。

当装置刚启动时，管道出现低温冷凝水，双金属片是平展的，阀芯在弹簧的弹力下，阀门处于开启位置；当冷凝水温度渐渐升高时，双金属片感温元件开始弯曲变形，并把阀芯推向关闭位置；在冷凝水达到饱和温度之前，疏水阀开始关闭。双金属片随蒸汽温度变化控制阀门开关，起到阻汽排水作用。

② 膜盒式疏水阀如图 3-38（b）所示。

膜盒式疏水阀的主要动作元件是金属膜盒，内充一种汽化温度比水的饱和温度低的液体，有开阀温度低于饱和温度 15℃和 30℃两种供选择。膜盒式疏水阀的反应特别灵敏，不怕冻、体积小、耐过热、任意位置都可安装；背压率大于 80%，能排不凝结气体，膜盒坚固、使用寿命长、维修方便、使用范围很广。

装置刚启动时，管道出现低温冷凝水，膜盒内的液体处于冷凝状态，阀门处于开启位置，当冷凝水温度渐渐升高时，膜盒内充液开始蒸发，膜盒内压力上升，膜片带动阀芯向关闭方向移动；在冷凝水达到饱和温度之前，疏水阀开始关闭。膜盒随蒸汽温度变化控制阀门开关，起到阻汽排水作用。

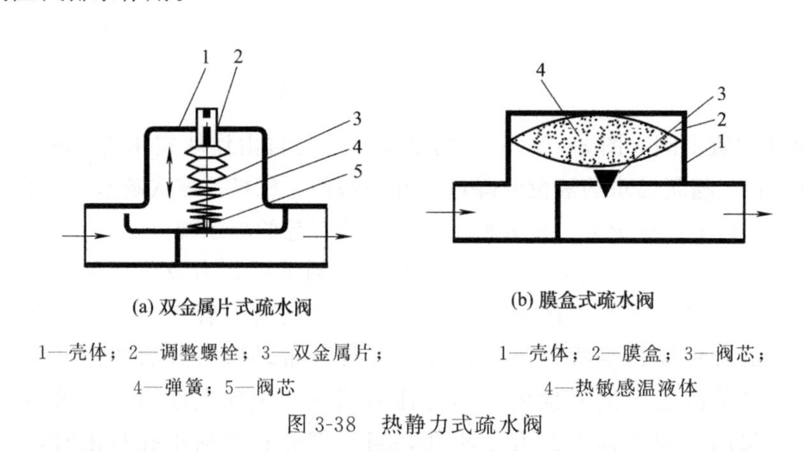

(a) 双金属片式疏水阀

1—壳体；2—调整螺栓；3—双金属片；4—弹簧；5—阀芯

(b) 膜盒式疏水阀

1—壳体；2—膜盒；3—阀芯；4—热敏感温液体

图 3-38　热静力式疏水阀

(3) 热动力型蒸汽疏水阀

热动力型是利用蒸汽和凝结水的热动力特性差别来区分二者，通过凝结水动态特性的变化启闭阀门的。热动力型蒸汽疏水阀包括盘式蒸汽疏水阀和迷宫式（或孔板式）蒸汽疏水阀两大类（图 3-39）。

盘式蒸汽疏水阀由阀体、阀座、圆盘阀片、过滤网等零件组成，其结构如图 3-39（a）所示，由壳体内进口与压力室之间的压差变化来驱动圆盘的启闭流道。当凝结水和管内空气进入阀门时，压力将阀片顶开，凝结水和空气排出。当蒸汽流过阀片底下时，由于蒸汽的重度和黏滞性比凝结水小，流速要快，因此使阀片和阀座间静压下降，同时阀片上面的控制室压力增大，阀片回座，关闭通道，阻止蒸汽流出。随着压力室内蒸汽变冷凝结成水，压力下降，同时阀片下凝结水逐渐增多，阀片又被顶开，进行新的循环。

孔板式疏水器的主要原理是利用蒸汽和饱和凝结水不同比热容所造成的流阻，并根据凝结水流量的大小和压差，来选取适当的孔径，从而把系统内产生的凝结水顺利地排放掉，使蒸汽的泄漏减少到最低程度，达到节能的目的。

孔板式疏水器具有以下优点：①节能效果好。比盘式热动力型疏水器节能14%；比浮桶式疏水器节能18%。②结构简单、成本低、易于制造。③使用方便、工作可靠、维修工作量小。④可适用于用汽较稳定的热交换系统，也可适用于用汽有所变化、汽压低于1kg/cm^2的热交换系统。

由于热动力式疏水阀结构简单、体积小、重量轻、不易损坏、维修方便、动作灵敏可靠，工作压力范围广且压力变化时不需调整，不需保温，适合户外使用。因此，在油库中热动力式疏水阀应用最为广泛。但它同时具有空气流入后不能动作、动作噪声大、背压允许度低、不能在低压（0.03MPa以下）使用、有蒸汽泄漏现象、不适用于大排量情况等的缺点。

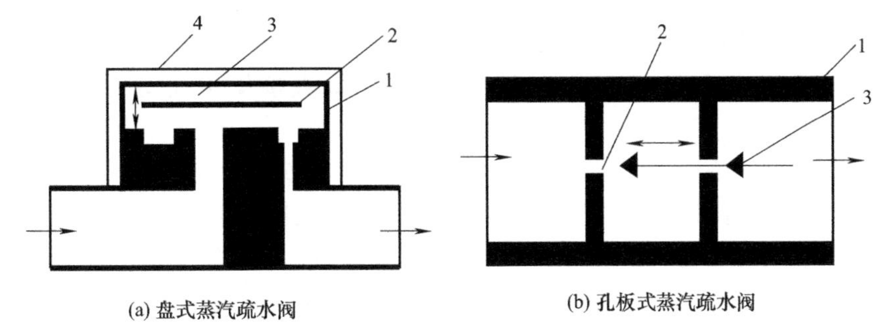

(a) 盘式蒸汽疏水阀　　(b) 孔板式蒸汽疏水阀

1—阀体；2—圆盘阀片；3—压力室；4—保温罩　　1—壳体；2—节流孔；3—阀芯

图3-39　热动力型疏水阀

8. 安全阀

安全阀（safety valve，safety relief valve）是一种自动阀门，当管道或设备内介质压力超过规定值时，启闭件（阀瓣）自动开启排放介质；低于规定值时，启闭件（阀瓣）自动关闭并阻止介质继续流出。

安全阀按照作用原理可分为直接作用式安全阀和非直接作用式安全阀。

（1）直接作用式安全阀

一种仅靠直接的机械加载装置，如重锤、杠杆加重锤或弹簧来克服由阀瓣下介质压力所产生作用力的安全阀。直接作用式安全阀又可分为静重力式（重锤式和杠杆重锤式）安全阀和弹簧直接载荷式安全阀。

① 重锤式安全阀是用重锤直接加载于阀瓣上的。最早的安全阀是这种形式，由于重锤加载的数值很有限，因此目前在工业中几乎不再采用。

② 杠杆重锤式安全阀中，重锤通过杠杆加载于阀瓣上。这种安全阀广泛应用于发电厂和石油化学工业中。其特点是载荷不随同阀瓣升高而变化，并可以十分精确地加载。但其加载方式决定了其载荷不可能很大（一般小于7500N），而且不适合移动和振动的场合。随着弹簧式安全阀的发展和日益完善，杠杆重锤式安全阀有被取代之势。

③ 弹簧式安全阀利用弹簧来加载于阀瓣。弹簧式安全阀具有结构简单、体积小、载荷范围大、对振动不敏感等优点，但其载荷随阀瓣的开启而增加。所以，早期的弹簧安全阀达不到较大的开启高度，以致限制了它的广泛应用。为了克服上述弱点，人们从两个方面来改进安全阀结构，增大介质对阀瓣的作用力：一是增大受介质静压力和冲击作用的阀瓣有效面积；二是通过反冲机构来改变喷出介质的流向，利用介质动量的变化来获得巨大的阀瓣升力。全启式安全阀正是综合利用了这两种原理，从而达到了很高的开启高度和很大的排放能

力。这样就使得弹簧式安全阀的应用越来越广泛。

(2) 非直接作用式安全阀

这类安全阀不是或不完全是在工作介质的直接作用下开启的。它们又分为下列两种主要形式。

① 先导式安全阀：这种安全阀的主阀是依靠从导阀排出的介质来驱动或控制的，而导阀本身是一个直接作用式安全阀。有时也采用其他形式的阀门，例如用电磁泄放阀来作用于导阀，或者把它同直接作用式导阀并用，以提高先导式安全阀的可靠性。

先导式安全阀特别适用于高压、大口径的场合。先导式安全阀的主阀还可以设计成依靠工作介质来密封的形式，或者可以对阀瓣施加比直接作用式安全阀大得多的机械载荷，因而具有良好的密封性能。同时，它的动作很少受背压变化的影响。基于上述原因，先导式安全阀同直接作用式安全阀一样得到了广泛的应用。这种安全阀的缺点在于它的可靠性同主阀和导阀两者有关，动作也不如直接作用式安全阀那样直接和敏捷，而且结构较复杂。

② 带动力辅助装置的安全阀：这种安全阀借助于一个动力辅助装置（如空气或蒸汽辅力、电磁力等作用），可以在低于正常开启压力的情况下强制开启安全阀。但必须注意的是如果辅助装置失灵，安全阀仍必须能如直接作用式安全阀一样动作。这种安全阀适用于开启压力很接近于工作压力的场合，或需定期开启安全阀以进行校查或吹除黏着、冻结的介质的场合。同时，也为运行人员提供了一种在紧急情况下强制开启安全阀的手段。

由于安全阀用于不同的介质，结构不同，其开启高度也各不相同，如用于液体的安全阀开启高度就比较小。根据开启高度的不同分为以下几种类型。

① 微启式安全阀：微启式安全阀开启高度介于（1/40～1/20）d_0（阀座喉部直径），阀瓣密封面有平面和锥面两种，它们的排放面积分别按阀瓣与阀座之间形成的圆柱面或圆锥面的面积来计算，优点是结构简单，制造、维修和试验调节都比较方便；适用于泄放量较小、背压较大及要求系统压力平稳的液体场合，有时也用于需要排放量很小的气体场合。

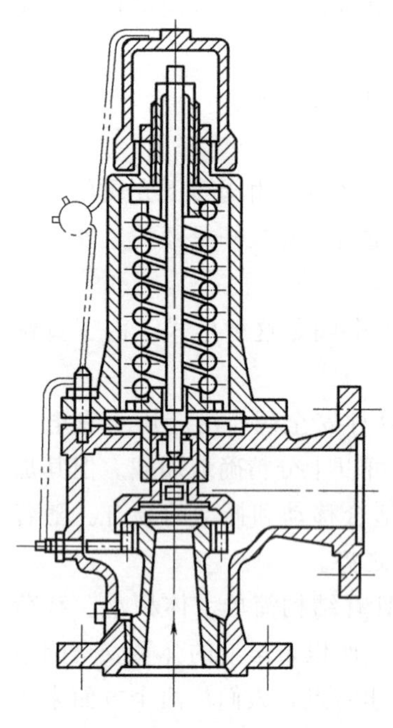

图 3-40　弹簧式安全阀构造

② 全启式安全阀：开启高度大于等于 1/4 d_0，称为全启式安全阀。全启式安全阀的排放面积是阀座喉部最小截面积。这种安全阀的动作过程属于两段作用式，必须借助于一个升力机构才能达到全开启。全启式安全阀主要用于气体介质的场合。

③ 中启式安全阀：开启高度介于微启式与全启式之间，称为中启式安全阀。其既可以做成两段作用式，也可以做成比例作用式。这种形式的安全网在我国应用得比较少。

根据结构特点，安全阀可分为封闭式和非封闭式。封闭式安全阀即排除的介质不外泄，全部沿着出口排泄到指定地点，一般用在有毒和腐蚀性介质中；非封闭式安全阀开启后介质直接排放到大气中。对于空气和蒸汽用安全阀，多采用非封闭式安全阀。

常用弹簧直接载荷式安全阀的构造如图 3-40 所示，它主要由阀体、阀盖、阀座、阀瓣、阀杆和弹簧等组成。

安全阀类型代号见表 3-31。

表 3-31　安全阀类型代号

结构形式		代号	结构形式		代号
弹簧载荷,弹簧封闭结构	带散热片全启式	0	弹簧载荷,弹簧不封闭且带扳手结构	微启式、双联阀	3
	微启式	1		微启式	7
	全启式	2		全启式	8
	带板手全启式	4		—	—
杠杆式	单杠杆	2	带控制机构全启式		6
	双杠杆	4	脉冲式		9

六、管路系统图形符号

在工作中，往往接触到大量的管路系统图纸，GB/T 6567 对管路系统画法作出明确规定。表 3-32～表 3-35 摘录了常用阀门和管路符号。

表 3-32　常用阀门符号（GB/T 6567.4—2008）

名称		符号	说明
截止阀			
闸阀			
节流阀			
球阀			
蝶阀		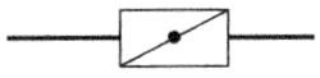	
隔膜阀			
旋塞阀		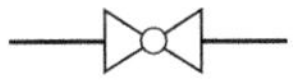	
止回阀			流向由空白三角形至非空白三角形
安全阀	弹簧式		
	重锤式	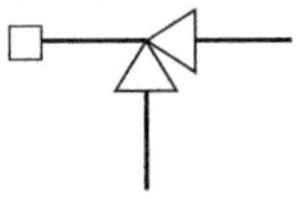	
减压阀			小三角形一端为高压端
疏水阀		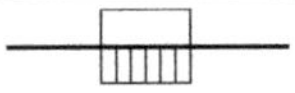	
角阀		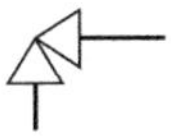	
三通阀			
四通阀		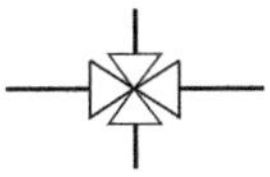	

表 3-33 阀门与管路一般连接形式符号（GB/T 6567.4—2008）

名称	符号	说明
螺纹连接		
法兰连接		
焊接连接		

表 3-34 阀门控制元件符号Ⅰ（GB/T 6567.4—2008）

名称	符号	说明
手动(包括脚动)元件		
自动元件		
带弹簧薄膜元件		
不带弹簧薄膜元件		
活塞元件		
电磁元件	Σ	
电动元件	M	

表 3-35 阀门控制元件符号Ⅱ（GB/T 6567.2—2008）

名称	符号	说明
保温管		起隔热作用。可在被保温管路的全部或局部上用该符号表示或省去符号仅用文字说明
夹套管		管路内及夹层内均有介质出入。该符号可用波浪线断开表示
蒸汽伴热管		
电伴热管		
交叉管	d　$5d_{min}$	指两管路交叉不连接。当需要表示两管路相对位置时，其中在下方或后方的管路应断开表示
相交管	$3d \sim 5d$　d	指两管路相交连接，连接点的直径为所连接管路符号线宽 d 的 3 倍～5 倍

续表

名　称	符　　号	说　　明
弯折管	——⊙	表示管路朝向观察者弯成90°
	——○	表示管路背离观察者弯成90°
介质流向	——→——	一般标注在靠近阀的图形符号处，箭头的形式按GB/T 4458.4—2003的规定绘制
管路坡度	0.002　3°　1:500	管路坡度符号按GB/T 4458.4—2003中的斜度符号绘制

七、油库常用阀门的使用与维护

1. 阀门的使用

阀门密封性能的好坏、寿命的长短，不仅与其制造质量有关，也与操作者的使用方法是否正确有很大关系。正确操作阀门应注意以下几点。

① 启闭阀门时，用力要均匀，不可冲击；同时阀门的启闭速度不能太快，以免产生较大的水击压力而损坏管件。

② 利用螺杆启闭的阀门在关闭或开启到头（即上死点或下死点）时，要回转半扣或1/4扣，使螺纹更好密合，以免拧得过紧损坏阀件或在温度变化时把闸板楔紧。

③ 暗杆阀门全开、全闭时的阀杆位置应标明。这样既可以避免全开时撞击死点，又便于检查阀门是否关严了。

④ 若手轮转不动，不得借助其他器械强行开启；应分析原因，排除故障后再开启。

⑤ 管道在检修完后，再次投入使用时，先可将阀门稍微开启一点，利用介质的高速流动冲走阀内的残余杂质；然后反复开关几次，待冲尽杂物后，再投入正常使用。

⑥ 闸阀、截止阀、球阀只能全开或全闭，不允许节流。

⑦ 蒸汽阀开启前应预热，并排除阀内和管道中的冷凝水；开启时，应尽量缓慢，以免产生很大的水击压力。

2. 阀门的维护

① 管道中的泥沙、铁锈等杂质会严重冲蚀密封面，使阀门逐渐失效。为了减少铁锈，油罐内壁宜作防腐处理，管道内壁也尽可能作防腐处理。在作业时，不要让泥沙、木屑、棉纱等杂物掉进油罐或油槽中，并应定期清罐和清洗过滤器。

② 管道投入使用前或检修后，应用压缩空气清扫10～15min，以清除管道中的杂质。

③ 不经常启闭的阀门，要定期转动手轮，以防螺杆因锈蚀而咬住；如果螺杆生锈，则可用汽油湿润阀杆，然后慢慢转动手轮。

④ 应保持阀门的清洁，定期清除阀杆上的铁锈，并涂上防锈的润滑脂。通常每个月要进行一次除锈和擦油。

⑤ 露天场所的阀门应戴上降雨罩，冬季应采取保温措施。

⑥ 当阀门的法兰和填料函泄漏时，应压紧或更换垫片与填料。

⑦ 当发现阀门内部渗漏时，应及时研磨闸板、阀座或更换阀门。

⑧ 阀门出现故障时，应立即停止使用，并查明原因，待修复或更换后再使用。

⑨ 门应定期检修和试压，常用的阀门应每年进行一次。

⑩ 应建立日常检查和定期检查制度，检查内容包括：耐压部位的泄漏情况；动作是否灵活，是否有异常振动和噪声；活动部件的定期注油；不常用阀门的定期开闭检查等。

⑪ 应给阀门涂一次防锈漆，涂漆前应先清除阀门上的铁锈和旧漆，然后刷两道红丹底漆，最后刷上与原来颜色相同的面漆；注意标牌的清洁。

⑫ 阀门的技术档案应记录有关数据及维护和故障排除情况。

思 考 题

1. 管道的主要技术参数有哪些？
2. 油库常用过滤器有哪些？各自适用于哪些情况？
3. 油库管路热应力补偿的方法有哪些？
4. 管路的敷设形式有哪几类？
5. 管路怎样做保温层？
6. 油库管路的投用方法有哪些？
7. 油库中经常用什么方法确定输油管线的直径？
8. 阀门分为哪些类型？试比较各自的优缺点。
9. 阀门的基本参数有哪些？
10. 阀门的型号如何表示？
11. 油库常用阀门有哪些类型？请简述它们各自的结构特点和作用。

习 题

1. 某油库新建一条装卸油管道，要求装卸最大流速不大于 3.5m/s，最大流量为 $150m^3/h$，则输油泵出口选用的阀门公称直径应为（　　）。

A. 80mm　　B. 100mm　　C. 125mm　　D. 150mm

2. 某输油管道规格为 *DN*100，则该管的公称直径为（　　）。

A. 100m　　B. 100cm　　C. 100dm　　D. 100mm

3. 某输油管道的工作压力亦正亦负，应选择（　　）作为连接管。

A. 压力胶管　　B. 真空胶管　　C. 压力真空胶管　　D. 普通胶管

4. 铸铁管的规格标称方法是（　　）。

A. 外径×壁厚　　B. 公称直径

C. 公称直径×公称压力　　D. 内径

5. 对 ϕ219×7 的无缝钢管，下列选项正确的是（　　）。

A. 219 表示钢管内径为 219mm，7 表示钢管壁厚为 7mm

B. 219 表示钢管外径为 219mm，7 表示钢管壁厚为 7mm

C. 219 表示钢管的公称直径为 219mm，7 表示钢管公称压力为 0.7MPa

D. 219 表示钢管的公称压力为 2.19MPa，7 表示钢管壁厚为 7mm

6. 某油罐新安装一条进油线，要求进油速度为 3m/s，每小时最大进油量为 $1000m^3$，则选用的管线的通径最小应为（　　）。

A. 250mm　　B. 300mm　　C. 350mm　　D. 400mm

7. 在流体流速恒定的条件下，流体流量的大小与管径的（　　）成正比。

A. 一次方　　B. 二次方根　　C. 二次方　　D. 三次方

8. 对 ϕ219×7 的无缝钢管，下列选项正确的是（　　）。

A. 219 表示钢管内径为 219mm，7 表示钢管壁厚为 7mm
B. 219 表示钢管外径为 219mm，7 表示钢管壁厚为 7mm
C. 219 表示钢管的公称直径为 219mm，7 表示钢管公称压力为 0.7MPa
D. 219 表示钢管的公称压力为 2.19MPa，7 表示钢管壁厚为 7mm

9. ϕ89mm×5mm 的无缝钢管，其内径为（　　）。
A. 79mm　　B. 80mm　　C. 82mm　　D. 84mm

10. 通常钢管直径的大小用公称直径或（　　）表示。
A. 内径　　B. 公称压力　　C. 钢管的厚度　　D. 外径×钢管的厚度

11. 关闭件沿着阀座通道的中心线移动的阀门是（　　）。
A. 闸阀　　B. 截止阀　　C. 球阀　　D. 蝶阀

12. 阀体上铸有流向标志的阀门是（　　）。
A. 闸阀　　B. 球阀　　C. 止回阀　　D. 安全阀

13. 球阀的类型代号是（　　）。
A. J　　B. E　　C. Q　　D. H

14. 闸阀的驱动部分包括阀杆和（　　）。
A. 手轮　　B. 壳体　　C. 阀座　　D. 阀体

15. 连接关闭件与传动装置的一种零件是（　　）。
A. 手轮　　B. 阀杆　　C. 紧固件　　D. 壳体

16. 球阀的类别是按其结构来区分的，一般分为（　　）球阀和固定球阀两类。
A. 活动　　B. 浮动　　C. 移动　　D. 转动

17. 具有阻力小、启闭迅速等特点的是（　　）。
A. 逆止阀　　B. 球阀　　C. 截止阀　　D. 闸阀

18. 具有操作方便、结构简单、便于制造和检修、价格便宜等优点的是（　　）。
A. 安全阀　　B. 球阀　　C. 截止阀　　D. 闸阀

19. 因调节性能差，（　　）一般不作调节流量用。
A. 节流阀　　B. 减压阀　　C. 截止阀　　D. 闸阀

20. 球阀具有流体阻力小、启闭迅速的特点，适合安装在（　　）。
A. 收油管路　　B. 发油管路　　C. 任意管路　　D. 高压管路

21. 在阀门型号编制中，传动方式代号可以省略的情况是用手驱动的阀、安全阀、单向阀和（　　）。
A. 截止阀　　B. 球阀　　C. 减压阀　　D. 蝶阀

22. 在阀门型号编制中，阀体材料代号可以省略的情况是（　　）。
A. $PN \leqslant 1.6$MPa 的灰铸铁阀　　B. $PN > 1.6$MPa 的灰铸铁阀
C. $PN \geqslant 3.5$MPa 的碳素钢阀　　D. $PN < 2.5$MPa 的碳素钢阀

23. 阀门型号 Z41H-16 中的“Z”表示（　　）。
A. 结构方式　　B. 传动方式　　C. 阀门类型　　D. 密封材料

24. 阀门型号 Z41H-25 中的“4”表示（　　）。
A. 公称压力数值　B. 阀体材料　　C. 结构形式　　D. 连接方式

25. 闸阀的类型代号是（　　）。
A. Z　　B. J　　C. C　　D. Q

26. 阀门传动方式代号中，6S 表示（　　）传动。
A. 蜗轮　　B. 正齿轮　　C. 电动　　D. 气动带手动

27. 低温的阀门，在类型代号前加字母（　　）。
A. B　　B. W　　C. D　　D. E

28. 阀门的法兰连接形式代号为（　　）。

A. 1　　B. 2　　C. 4　　D. 6

29. 阀体上标注有“PN100”，表示该阀门的（　　）。

A. 公称压力　　B. 工作压力　　C. 公称直径　　D. 介质流向

30. 双流向管道应选择的阀门是闸阀和（　　）。

A. 截止阀　　B. 止回阀　　C. 球阀　　D. 疏水阀

31. 要求快速启闭的管道（如公路发油台），首选的阀门类型是（　　）。

A. 闸阀　　B. 单向阀　　C. 球阀　　D. 截止阀

32. 蒸汽管道和供热设备上应设置的阀门类型是（　　）。

A. 节流阀　　B. 旋塞阀　　C. 疏水阀　　D. 减压阀

33. 与其他截断阀相比，蝶阀具有的特性是结构简单、启闭迅速且具有调节能力（　　）。

A. 单向流向　　B. 体积小、重量轻、流体阻力较小

C. 密封不好　　D. 体积大、重量重、流体阻力较大

34. 与截止阀相比，闸阀具有的特性是双流向性和（　　）。

A. 紧急切断性　　B. 流体流动阻力小

C. 启闭时间短　　D. 易损坏

35. 结构简单，但高温下密封性能差，适用于结焦高温介质的是（　　）。

A. 楔式单闸板闸阀　　B. 弹性闸板闸阀

C. 双闸板闸阀　　D. 平行式闸阀

36. 高温时密封性能好，不易卡住，适于开关频繁的部位，但不适于结焦介质的是（　　）。

A. 楔式单闸板闸阀　　2B. 弹性闸板闸阀

C. 双闸板闸阀　　D. 平行式闸阀

37. 密封性能差，除闸板上有固定板的以外，闸板易脱落，使用不可靠，适于工作温度及压力较低介质的是（　　）。

A. 楔式单闸板闸阀　　B. 弹性闸板闸阀

C. 双闸板闸阀　　D. 平行式闸阀

38. 截止阀较闸阀（　　），介质中（　　）有杂质，且有方向性。

A. 好；允许　　B. 差；允许

C. 好；不允许　　D. 差；不允许

39. 为防止油品反向灌泵，在泵的出口应加装的阀门类型是（　　）。

A. 止回阀　　B. 安全阀　　C. 闸阀　　D. 疏水阀

40. 升降式止回阀密封性较好，宜安装在（　　）管线上。

A. 水平　　B. 水平或垂直　　C. 倾斜　　D. 任意

41. 止回阀按阀瓣数可分单瓣、双瓣和多瓣式几种，其中双瓣式适于管径（　　）以下的管路上。

A. 300mm　　B. 500mm　　C. 600mm　　D. 700mm

42. 疏水器的作用是（　　）。

A. 降低蒸汽的热使用效率　　B. 阻汽排水

C. 可以带出少量蒸汽　　D. 阻止蒸汽凝结成水

43. 由于控制孔连续泄漏，所以排气性能较好的疏水器是（　　）。

A. 机械式　　B. 恒温型　　C. 脉冲型　　D. 热动力式

44. 应用蒸汽与凝结水的密度差原理工作的是（　　）疏水器。

A. 机械式　　B. 恒温型　　C. 脉冲型　　D. 热动力式

45. 应用蒸汽与凝结水温度差的原理工作的疏水器是（　　）疏水器。

A. 机械式　　B. 恒温型　　C. 脉冲型　　D. 热动力式

46. 特点是动作稳定、不容易被卡住，适用于疏水量较多的地方的疏水器是（　　）。

A. 浮桶式　　B. 吊桶式　　C. 热动力式　　D. 脉冲式

47. 特点是稳定可靠、使用时不需调整，但动作迟缓、有漏气现象的疏水器是（　　）。

A. 浮桶式　　B. 吊桶式　　C. 热动力式　　D. 脉冲式

48. 结构简单、排水量大、维修方便、动作灵敏可靠，适用于中高压管道上的疏水器为（　　）。

A. 浮桶式　　B. 吊桶式　　C. 热动力式　　D. 脉冲式

49. 排气性能很差，一般都在疏水器本体上设置手动或自动放气阀的疏水器是（　　）。

A. 浮桶式　　B. 机械式　　C. 热动力式　　D. 脉冲式

50. 密封泄漏的重要原因是填料选用不当，装填不合要求，没有被压紧及（　　）老化。

A. 原料　　B. 垫片　　C. 填料　　D. 断裂

51. 截止阀密封面泄漏，产生的原因是介质流向不对，冲蚀密封面，预防和排除方法是按流向箭头或（　　）安装。

A. 结构形式　　B. 阀门类型　　C. 安装位置　　D. 阀门材料

52. 阀门盘根因憋压造成泄漏而无法消压时，可先松开（　　），使阀腔内的介质流出，以降低阀腔压力。

A. 阀门大盖　　B. 法兰螺栓　　C. 填料压盖　　D. 手轮铜套

53. 管线强度试验压力为工作压力的（　　）。

A. 0.5倍　　B. 1倍　　C. 1.5倍　　D. 2倍

54. 埋地管线安装完后应（　　）。

A. 试压—防腐—保温—回填　　B. 回填—防腐—保温—试压

C. 防腐—保温—试压—回填　　D. 保温—防腐—回填—试压

第四章 油库用泵

泵（pump）是用来提升流体压力并输送流体的通用水力机械。

油库应用泵的场合较广，主要是用泵来收发和输转油品，此外，消防系统、含油污水处理系统和给水系统也离不开泵。

泵的分类方法很多，通常按其工作原理可分为三类，即叶片式泵、容积式泵和其他类型泵。

叶片式泵：叶片式也叫透平式，是依靠旋转的工作叶轮将机械能传递给流体介质，来实现输送流体，并提高输送压力的。此种类型的泵按照叶轮结构的不同分为离心泵、轴流泵、混流泵和旋涡泵等。油库常用的离心泵、管道泵就属此类。

容积式泵：它是利用泵工作腔容积的周期性变化把能量传递给流体来实现流体的增压和输送的。也可按照原理分为两大类：一类是做往复运动的往复泵，如活塞泵、柱塞泵和隔膜泵等；另一类是做旋转运动的旋转式容积泵，如齿轮泵、螺杆泵、滑片泵以及摆动转子泵等。在油品储运系统中使用着各种形式的容积泵。

其他类型泵：除上述外还有一些靠其他原理工作的泵，如引射泵、电磁泵等。油气储运系统中很少使用到。

第一节 离心泵结构原理

一、离心泵的基本结构

离心泵（centrifugal pump）的基本结构包括泵壳（包括泵体和泵盖）、转子、轴、密封环和轴封装置等，如图 4-1 所示。有些离心泵还有导叶、诱导轮和轴向力平衡装置等。

1. 泵壳

泵壳（pump case）是离心泵的主体，是液体吸入、排出和能量转换的组件，结构上包括泵体和泵盖两部分。叶轮主体在泵体内，泵体再与泵盖构成介质流动与叶轮做功的封闭空间。

从功能上分，泵壳又可分为吸入室和压出室两部分。

吸入室位于叶轮进口前，其作用是把液体从吸入室引入叶轮。吸入室有 3 种形式：锥形管吸入室、圆环形吸入室和螺旋形吸入室。悬臂式离心泵一般采用锥形管吸入室，多级泵则常用圆环形吸入室，而我国中开式离心泵和部分悬臂式离心泵采用螺旋形吸入室。

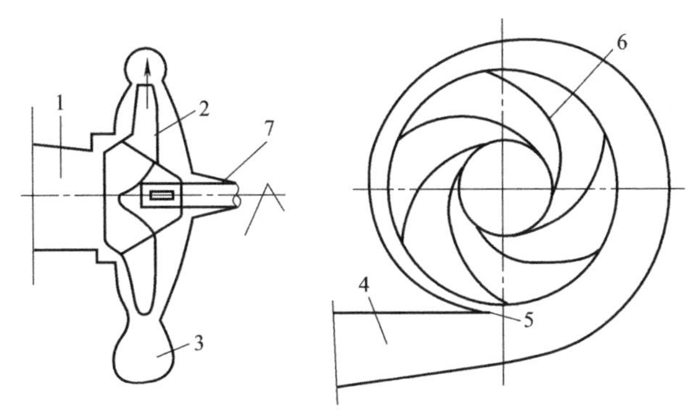

图 4-1 离心泵的基本结构

1—吸入室；2—叶轮；3—蜗壳；4—扩散管；5—隔舌；6—叶片；7—泵轴

压出室又叫蜗壳，位于叶轮出口之后。压出室的作用是收集叶轮排出的液体将其送入下一级叶轮或排水管，并在这个过程中将部分动能转换为压能。泵壳还能起到支撑固定的作用，并与安装轴承的托架相连接。

2. 转子

转子（rotor）由叶轮、叶轮螺母、轴、轴承、轴套、联轴器等构件组成，是离心泵的能量产生组件。

叶轮（impeller）是离心泵内传递能量给液体的唯一元件，泵通过它使机械能变成了液体的压力能，使液体的压力提高。叶轮用键固定于轴上，随轴由原动机带动旋转，通过叶片把原动机的能量传给液体。叶轮是一个均匀分布着若干叶片的轮盘。叶轮的叶片数一般在6～12片之间。叶片的形状大多为后弯圆柱面状。根据应用场合的不同，常用的叶轮有开式、闭式和半开式3种，见图4-2；油库常用离心泵为闭式叶轮离心泵。根据吸入方式的不同，还可分为单吸叶轮和双吸叶轮两种。

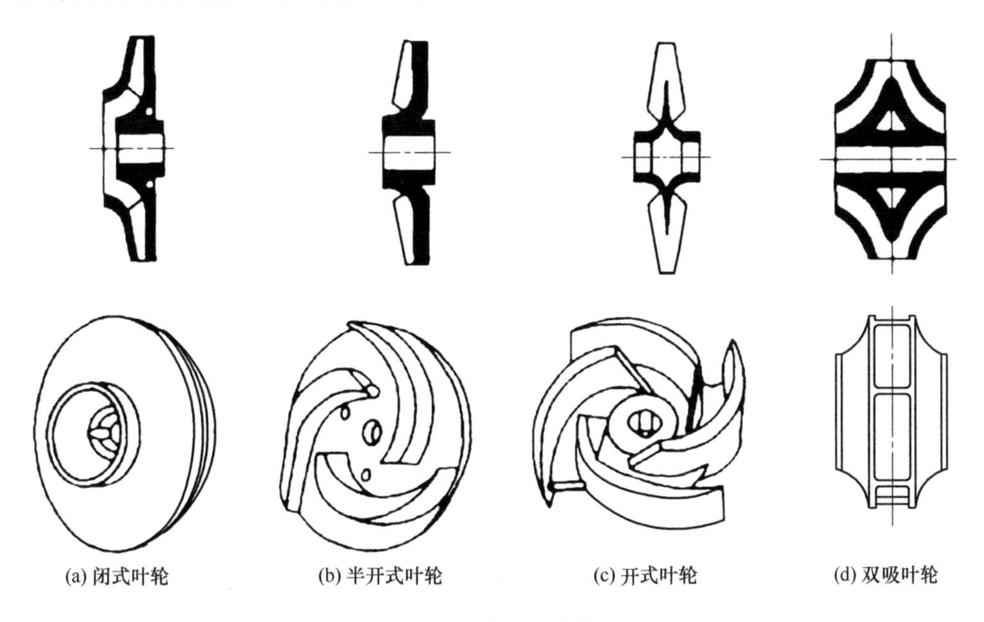

图 4-2 离心泵叶轮

离心泵工作时，叶轮通过泵轴在驱动机（如电动机）的带动下高速旋转，受到较大的离心力和水力冲击力，其工作环境较差，故对叶轮材料的要求较高。当圆周速度较大时，多用青铜或钢制造；当需输送介质温度较高时，多用铸钢或合金钢制造；当输送腐蚀性液体时，多用青铜或不锈钢制造。

3. 密封环

离心泵的叶轮做高速转动，因此它与固定的泵壳之间必有间隙存在。而离心泵叶轮出口压力总高于入口压力，在叶轮出口与入口之间形成压力差。介质就会沿着叶轮前盖与泵壳内表面间隙回流，从而降低了泵的效率，如图 4-3 所示。为了减少这种泄漏，必须尽可能地减小叶轮与泵壳之间的间隙。但是间隙过小将容易发生叶轮与泵壳的摩擦，这就要求在此部位的泵壳和叶轮前盖入口处安装一个密封环，以保持叶轮与泵壳之间具有最小的间隙，减少泄漏。

密封环又叫口环，可装在叶轮进口处相对的泵体上，亦可分别装在叶轮和泵体上。其密封机理是依靠密封环和叶轮间隙流体阻力效应来实现密封的。当密封间隙加大后，只需更换口环，不需换泵壳或叶轮。密封环按其轴截面形状可分为平环式、直角式、迷宫式和锯齿式等，如图 4-4 所示。平环式和直角式由于结构简单、便于加工和拆装，因此在一般离心泵中得到广泛应用。高压离心泵中由于扬程高，常采用迷宫式和锯齿式。在油库中离心泵扬程均不太高，故常采用平环式与角接式。

密封环常采用耐磨材料（如优质灰铸铁、青铜或碳钢）制造。

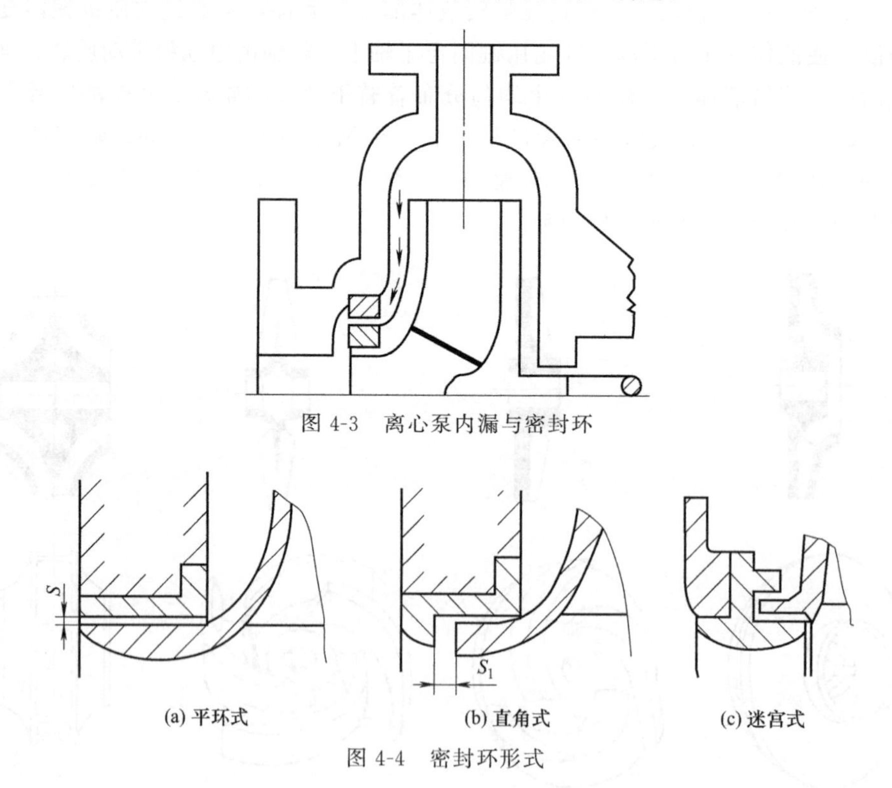

图 4-3 离心泵内漏与密封环

(a) 平环式　(b) 直角式　(c) 迷宫式

图 4-4 密封环形式

4. 轴封装置

离心泵的转子部分装置于泵壳内，泵轴与泵壳间必然存在着间隙。当离心泵工作时，出口端处于高压，压力一定高于当地大气压。若在泵轴与泵壳之间没有合适的密封装置，泵的出口端将有较多的液体泄漏，这不但大大降低了泵的效率，严重时还使泵根本无法工作。所以，合适的密封装置是保证离心泵正常工作不可缺少的重要组成部分。

轴封装置是为防止泵轴与泵体之间的间隙处液体泄漏或空气漏入。油库常用离心泵的轴封装置是填料密封和机械密封。

(1) 填料密封

填料密封又称盘根箱密封，是将软填料填入填料箱中，通过适当拧紧压盖螺栓，在压盖斜面上产生一定的径向分力，使填料适当抱紧泵轴，达到密封的目的。它的基本结构见图4-5，由填料（主要密封件）、填料环（使压紧力均匀，并引入冷却液和引走漏损液）、填料压盖（起压紧填料之用）等组成。

对于双吸泵或多级泵，填料区的内端可能处于真空条件下，此时空气有可能进入泵内，影响泵的工作性能。对这种场合，填料区内通常应设液封装置，以便把高压通入液封的空腔，一方面堵塞气体通道，另一方面对填料起润滑作用。

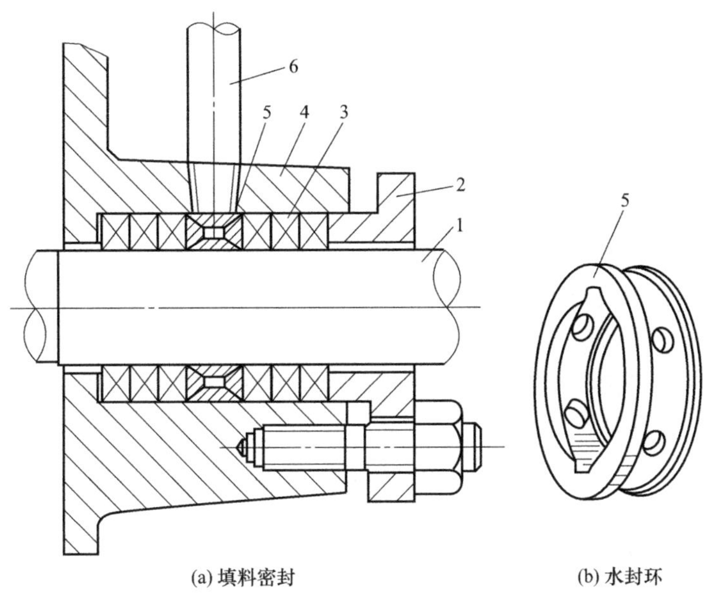

图 4-5 带水封环的填料密封

1—轴；2—压盖；3—填料；4—填料箱；5—水封环；6—引水管

填料密封的特点是结构简单，但密封性能欠佳，使用寿命短，维修工作量大，功耗大，不宜输送易燃易爆介质，现逐渐被机械密封所取代。

(2) 机械密封

机械密封（mechanical seals）是靠两个经过精密加工的端面（动环和静环）沿轴向紧密接触达到密封效果的，所以机械密封也称端面密封，其结构如图4-6所示。工作时，动环和静环的轴向密封端面间需保持一层水膜，起冷却和润滑作用。由于技术性能的日益成熟，近几年在油库中应用较广。

机械密封与填料密封相比具有下述特点：密封性能好，泄漏量小，约10mL/h，为填料密封的1%；使用寿命长，约两年才调换一次，而填料寿命只几个月；功耗小，约为填料密封的10%～15%：轴不易磨损，故加工精度要求低，泵运转时轴的振动对机械密封影响小；但成本较高，安装要求很高。

从图 4-6 的机械密封结构中看，可能产生的泄漏有 4 处：B 点是静环与压盖之间接触，这是一种静密封，可以用有弹性的密封圈置于静环与压盖之间，用螺栓固紧；C 点位于动环和轴之间，因为轴和动环一起转动，所以这也是一种静密封，可安装 O 形和 V 形密封圈，然后用推环压紧达到目的；A 点是较困难、也是最主要的点，是动静环端面之间的密封，是一种动密封，由于 A、B、C 三点的密封作用，D 点几乎不可能有大的泄漏，况且 D 点属于静密封，用一般密封圈完全可以起到保护作用。

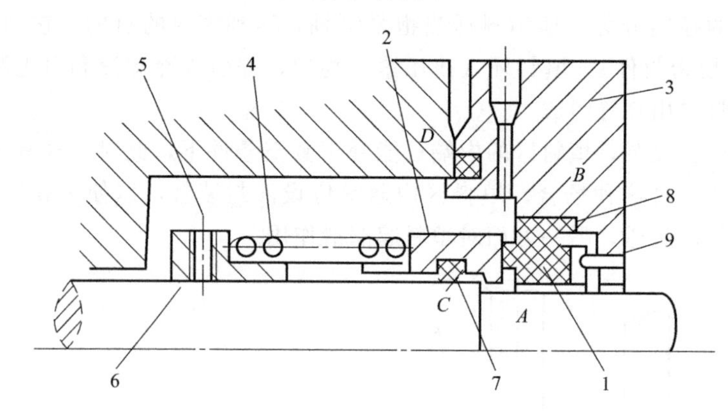

图 4-6 机械密封原理

1—静环；2—动环；3—压盖；4—弹簧；5—弹簧座；6—固定螺钉；7，8—密封圈；9—防转销

(3) 机械密封的使用

① 启动前的注意事项与准备工作：

a. 应滤净被输送介质中的颗粒和杂质；

b. 检查机械密封的附设装置、冷却和润滑系统是否完善，有无堵塞；

c. 检查密封压盖处是否泄漏；

d. 用手转动泵轴，是否轻松运转，如很沉重，应检查。

② 运转：

a. 运转时保证腔内充满介质，无介质时不宜长时间空转，防止密封面得不到润滑和冷却而发热损坏；

b. 检查密封是否泄漏；

c. 检查机械密封温升是否正常。

③ 停泵：停泵时应先停电源，后停冷却水。

5. 轴向力平衡装置

单吸单级泵和某些多级泵的叶轮有轴向推力存在，如果不消除这种轴向推力，将导致泵轴及叶轮的窜动和受力引起的相互研磨而损伤部件。

(1) 不平衡轴向力的产生

由于叶轮结构上的不对称和制造上的偏差，使得叶轮两侧液体压力分布不均匀。正是由于这种不均匀的压力分布，才导致轴向推力的产生。

(2) 轴向力平衡

存在不平衡的轴向力会使泵轴、叶轮的磨损加快，必须采取必要的措施来平衡它。

单级泵轴向力的平衡主要采用双吸叶轮、开平衡孔、采用平衡管和平衡叶片等方法来实现，如图 4-7 所示；而多级泵轴向力平衡一般采用叶轮对称布置，加装平衡鼓或平衡盘的

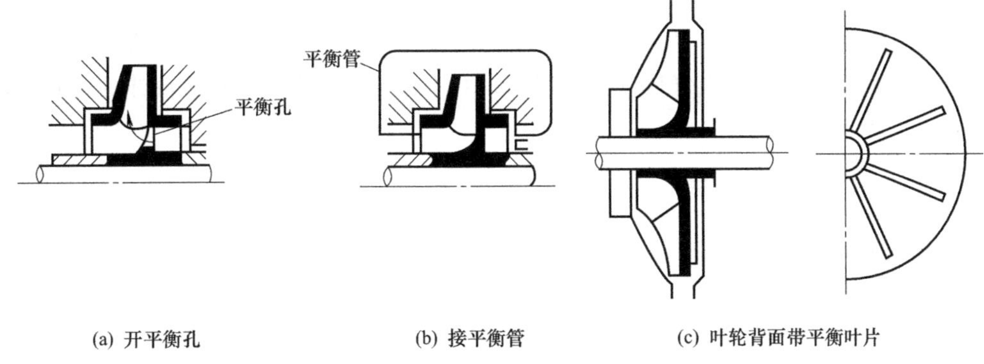

(a) 开平衡孔　　(b) 接平衡管　　(c) 叶轮背面带平衡叶片

图 4-7　单级离心泵的轴向力平衡装置

方法。

二、离心泵的工作原理

图 4-8 是离心泵工作装置的最常见配置方式。离心泵在启动之前，必须先给泵内和吸入管段灌满液体，此过程称为灌泵。在油库中，离心泵同样需要灌泵，不过多数都十分简单，这是因为泵的入口管线内充满着带压力的液体，只要打开进口阀门就完成了灌泵工作。

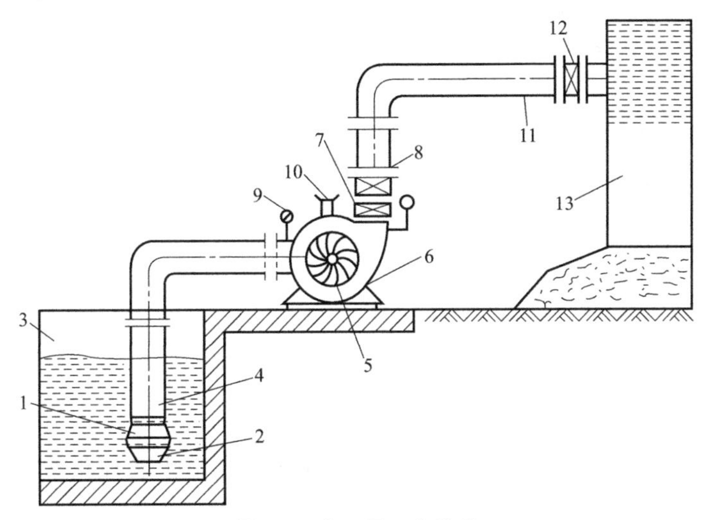

图 4-8　离心泵工作装置

1—底阀；2—过滤器；3—吸入罐；4—吸入管；5—叶轮；6—蜗壳；7—排出阀；8—单向阀；9—真空表；10—灌泵漏斗；11—排出管；12—闸阀；13—排出罐

灌泵后，启动电动机，驱动机通过泵轴带动叶轮旋转，叶轮的叶片驱使液体一起旋转，因而产生离心力。液体在此离心力的作用下，沿叶轮流道向叶轮出口甩出。从叶轮出口流出的高速流体，在蜗道内速度逐渐变慢，压力逐渐升高，并能沿排出口排出。与此同时，叶轮入口处的液体减少，压力降低，在吸液罐与叶轮中心的液体之间形成压差。在此压差作用下，能源源不断地将吸液罐的液体补充到叶轮入口，从而使叶轮旋转过程中，一面不断地吸入液体，一面又不断地给液体能量，并将液体从泵内排出。

由离心泵的工作原理可知，离心泵在启动前，其吸入管与泵壳中必须灌满液体。否则，离心泵没有抽吸液体的能力。这是因为空气的密度比液体小得多，叶轮旋转所产生的离心力不足以在泵内形成使液体吸入的真空度，也就无法将液体吸入泵内，故离心泵使用前灌泵就是一项必备工作。灌满液体，是为了排净吸入管与泵壳中的空气。对于功率大、排量大的离心泵，常采用前置真空泵抽吸气体的方式启动；对于输送温度高、易挥发液体的离心泵，采用正压进泵的方式工作。

三、油库常用离心油泵

1. Y 型卧式离心油泵

Y 型卧式离心油泵是用以输送不含固体颗粒的石油及其产品的，被输送介质的温度在−45～400℃范围内。

型号意义：如 BYⅠ100-60A；SYⅡ500-150×2；DYⅠ12-50×9；SSY 500-150×2。

BY——悬壁式油泵；

SY——双吸式油泵；

DY——多级式油泵；

SSY——储运油泵；

100，500，12——泵设计点流量值，m^3/h；

60，150，50——泵设计点单级扬程，m；

Ⅰ，Ⅱ——泵用材料代号；

2，9——叶轮个数（级数）；

A——叶轮经第一次切割。

2. YS 型单级双吸离心冷油泵

YS 型泵用来输送温度不超过 80℃，黏度在 $120\times10^{-6}m^2/s$ 以下的洁净石油产品。

型号意义：如 YS 150-50A。

YS——单级双吸卧式冷油泵；

150——泵吸入口直径，mm；

50——泵设计点单级扬程，m；

A——叶轮经第一次切割。

3. IS 型单级单吸离心式清水泵

IS 型泵系单级单吸（轴向吸入）离心泵，适用于输送清水及理化性质类似于水的液体（如轻油）。

型号意义：如 IS80-65-160。

IS——单级单吸离心式清水泵（国际标准统一符号，即我国原 BA 型泵）；

80——吸入口直径为 80mm；

65——排出口直径为 65mm；

160——叶轮名义直径为 160mm。

4. AY 型卧式离心油泵型号意义

型号意义：如 50AY60×2A。

50——泵的吸入口径为 50mm；

AY——经过改造的卧式离心油泵；

60——泵的设计点单级扬程为 60m；

2——泵的级数为 2 级；

A——叶轮外径切割代号。

5. **管道油泵**

管道油泵（pipeline oil pump）属于立式离心油泵。管道油泵的结构也是由泵体、叶轮、密封装置、联轴器等部件组成的（图 4-9）。

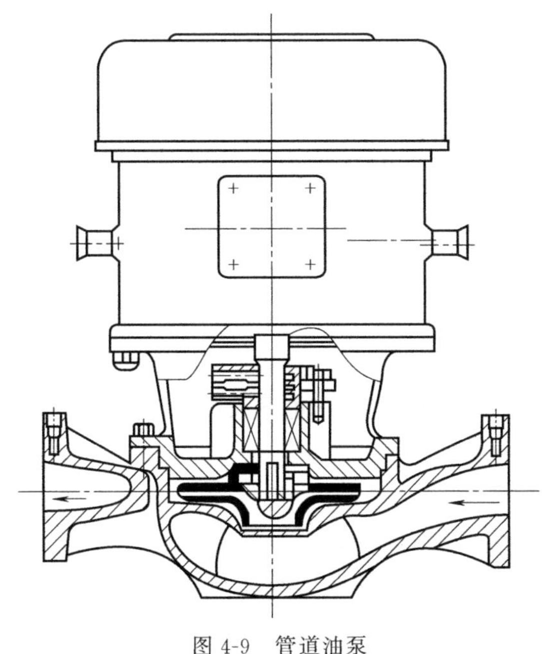

图 4-9　管道油泵

在整体铸造的外壳上，进出口位于同一水平线上，且直径相同，用法兰与管路相连接。泵体上端用螺栓与泵盖相连，泵体与泵盖形成泵室，内装泵轴与叶轮。

管道油泵的结构特点是：

① 整个泵外形像是个电动阀门，可以直接安装在管线上，不用机座。

② 泵壳、机座合成一体，也没有轴承箱，结构简单。

③ 轴向力直接由电动机承受，选择电动机时必须加以说明。

管道油泵的型号有 GY、YG 和 HGY 等几种。YG 型管路油泵系列的流量范围为 6.25～425m^3/h（管径为 250mm），GY 型管路油泵可达 1500m^3/h（管径 350mm），扬程范围为 15～150m。该泵的吸入性能较好，泵的允许吸上真空度最大可达 6m。

管道油泵常用于泵直接发油的工艺管路与群泵并联的铁路卸油管路中，有时也用来为长距离输送油品的管路多台泵接力使用，此外，它还可用于污水处理管路和其他辅助管路中。

管道油泵最大的优势在于全密闭输送消除了中转油罐带来的油品损耗问题。近几年来，油品储运行业铁路油罐车卸车工艺大量采用了潜油泵卸车、管道油泵接力的卸车工艺，就是利用了这一优点。同时这种工艺避免了鹤管出现气阻断流的可能，弥补了潜油泵扬程不足的缺点。

6. **自吸离心泵**

自吸离心泵（self-priming pump）由于结构上的独特性而使其具有较高的自吸性能和兼有扫管线和舱底残油性能，而使其在中小型油库中得到广泛应用。

自吸泵结构的最大特征是，泵壳上的吸入管的中心高于叶轮轴的中心，排出口在泵壳上方。泵第一次工作前应向泵内灌满输转液，此后，泵体内始终储存一部分被输转的液体，也就是说，泵的叶轮始终浸没在输转液中。泵体上部空间为油气分离室，并有排气管与泵的排出管或大气相通。泵体下部为储油室，并通过射流孔与叶轮室相通。

自吸泵的种类较多，可供吸送汽油、煤油、柴油之用，如 ZX、Z、TC 等型号。这里仅以 ZX 型为例，该泵具有能自动吸上、运转可靠而且使用方便、维护简易之优点，现介绍如下。

泵型号的意义：如 ZX25-18。

ZX——自吸离心泵；

25——流量为 $25m^3/h$；

18——扬程为 18m。

7. 液压潜油泵

液压潜油泵（hydraulic submersible pump）是卸轻质油品及性质类似的无腐蚀性液体的专用泵。潜油泵浸没在槽车内油品中，从根本上解决了夏季和高原地区接卸轻质油品的气阻问题。同时该泵用液压油作动力，避免了电气火花、设备表面高温的出现，从而满足了防爆要求。其主要特点是：

① 鹤管不存在气阻问题。

② 由于采用了本泵增压，不需要灌泵。

③ 缩短工作时间，减轻工人劳动强度，提高工作效率，减少铁路运力损失，减少油品损耗（夏季卸一组车只需 1h）。

④ 满足卸车安全要求。

YB60-6 型液压潜油泵由液压马达与泵两大部件组成，见图 4-10。工作原理是：液压马达驱动液压泵，液压泵输出压力油经溢流阀驱动液压马达，并带动油泵叶轮旋转，达到输送轻质油品的目的。由于潜油泵在垂管底部，起到增压的作用，使进油管路在正压下输油，因此消除了鹤管的气阻现象。

四、离心泵的汽蚀现象

从前面所述离心泵的工作原理可知，泵在工作时叶轮入口处的压力是低于吸液槽液面压力的，而且叶轮入口处的压力越低，泵的吸入性能就越好。但当叶轮入口处的压力低到某一极限值以下时，离心泵就会出现汽蚀现象，这对泵的危害是很大的。

1. 汽蚀现象的产生

离心泵在工作时，当叶轮的叶片进口处压力低于工作温度下液体的饱和蒸气压时，液体汽化产生气泡，当这些气泡随液体流到叶轮内的高压区时，由于气泡周围的压力大于液体的饱和蒸气压，使形成气泡的蒸气重新凝结为液体，气泡破灭。由于这种气泡的产生和破灭过程是非常短暂的，气泡破灭后原先所占据的空间形成了真空，周围压力较高的液体以极高的速度向真空区域冲击，因此造成液体的相互撞击使局部压力骤然剧增。这不仅影响液体的正常流动，更为严重的是，如果这些气泡在叶轮壁面附近破灭，则周围液体就像无数小弹头一样，以极高的频率连续撞击金属表面，使金属产生疲劳。若气泡中含有一些活性气体（如氧气等），则借助气泡凝结时放出的热量会对金属起电化学腐蚀的作用。这种由于液体汽化、凝结而使叶轮遭受破坏及影响泵正常运行的现象称为离心泵的“汽蚀现象”。

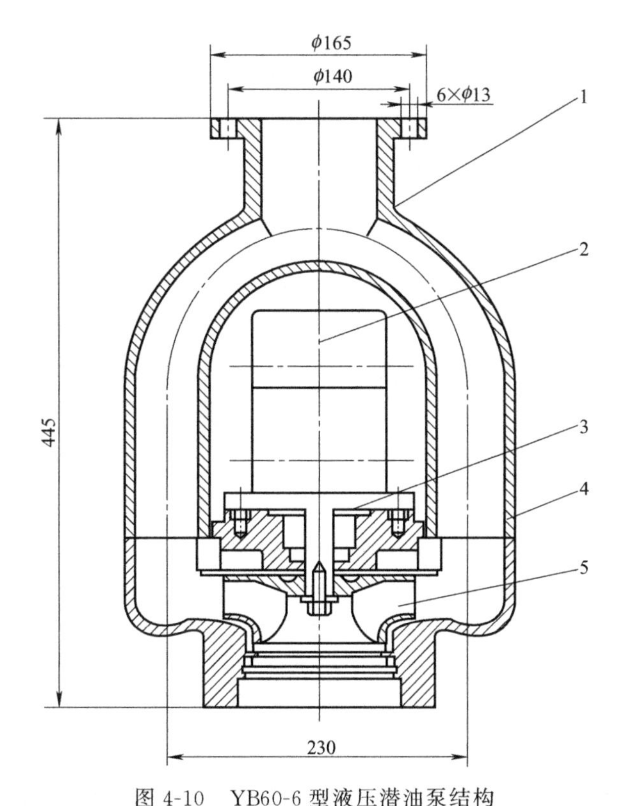

图 4-10 YB60-6 型液压潜油泵结构

1—汇流管；2—液压马达；3—机械密封；4—泵体；5—叶轮

2. 汽蚀的危害

离心泵发生汽蚀时会使泵产生振动和噪声、过流元件点蚀泵性能下降。泵发生汽蚀时，泵内发出各种频率的噪声，严重时可听到泵内有“噼啪”的爆炸声，同时引起泵体的振动。汽蚀使液体在叶轮中的流动受到严重干扰，使泵的扬程、功率和效率明显下降，性能曲线也出现急剧下降的情况，这时泵已无法继续工作。通常叶片入口附近是遭受汽蚀最严重的部位，表面出现麻点、沟槽和蜂窝状等痕迹，严重时可造成叶轮的叶片或前后盖板穿孔，甚至叶轮破裂，造成事故。

3. 防止汽蚀的措施

由于离心泵发生汽蚀的根本原因是泵入口处的压力过低或液体的饱和蒸气压过高，所以防止汽蚀可从这两方面着手分析问题和采取措施。

① 降低泵的安装高度。泵的安装高度越高其入口处的压力就越低，因此降低泵的安装高度可提高泵入口处的压力，避免汽蚀现象的发生。

② 减少吸液管的阻力损失。在泵吸液管路中设置的弯头、阀门等管件越多，管路阻力越大，泵入口处的压力就越低。因此要尽量减少一些不必要的管件，尽可能缩短吸液管的长度和增大管径，以减少管路阻力，防止汽蚀现象的发生。

③ 降低输送液体的温度。液体的饱和蒸气压是随其温度的升高而升高的，在泵的入口压力不变的情况下，当被输送液体的温度较高时，液体的饱和蒸气压也较高，有可能接近或超过泵的入口压力，使泵发生汽蚀现象。

④ 减小输送液体的密度。输送密度较大的液体时，泵在吸液段所消耗的能量较大，泵

入口处的压力较低。所以当用已安装好的输送密度较小液体的泵改送密度较大的液体时，泵就有可能发生汽蚀。但用输送密度较大液体的泵改送密度较小的液体时，泵的入口压力较高，不会发生汽蚀现象。

⑤ 提高吸液罐液面的压力。吸液罐液面压力越高，泵入口处的压力也就越高，泵就不容易发生汽蚀现象。当离心泵入口处的压力 p 始终高于液体的饱和蒸汽压 p_t 时，就不会发生汽蚀现象。

⑥ 在相同的温度下，较易挥发的液体其饱和蒸气压较高，所以输送易挥发的液体时泵容易发生汽蚀现象。表 4-1 是不同温度下几种油品和水的饱和蒸气压。

表 4-1 常用油品和水在不同温度下的饱和蒸气压 kPa

液体种类	温度/℃							
	−10	0	10	20	30	40	50	65
车用汽油	13.72	19.60	27.46	37.27	50.00	68.65	90.22	
煤油					0.54	0.88	1.37	2.75
柴油								0.54
水		0.59	1.18	2.35	4.22	7.36	12.75	

另外，在离心泵叶轮前加装诱导轮、采用抗汽蚀材料制造叶轮及提高加工精度等，也都能提高泵的抗汽蚀性能。

第二节 离心泵的性能参数与操作使用

一、离心泵的主要性能参数

不同类型的泵，都有不同的性能参数。泵出厂时，在泵体铭牌上所列的流量、扬程、功率和汽蚀余量等指标就是该泵的主要性能参数，另外尚有性能表、性能曲线图等也是描述该泵性能的资料，它们都是离心泵选用的依据。

1. 流量

泵的流量是指在单位时间内流经泵进出口的流体质量数或体积数。与流体在管路中的流量一样，泵的流量也有体积流量和质量流量之分，通常用体积流量 Q 表示，单位为 m^3/h、m^3/s 或 L/s。

2. 扬程

泵的扬程是指单位质量流体通过泵后其能量的增值，常用 H 表示，在工程实际中，扬程的单位常用米（m）液柱来表示。

需要指出的是，虽然泵扬程的单位与高度单位是一样的，但不应把泵的扬程简单地理解为液体所能排送的垂直高度，这是因为泵的扬程不仅要用来使液体提高位置水头，而且还要用来克服液体在输送过程中的阻力损失，以及用来提高输送液体的静压头和速度头等。

泵扬程 H 与压差进出口管路附近同一水平高度上 Δp 的换算关系为：

$$\Delta p=\rho g H \tag{4-1}$$

3. 转速

转速是指泵轴在单位时间内转过的圈数，常用 n 表示，单位常用转/分或 r/min 表示，普通离心泵的转速有 960r/min、1450r/min、2900r/min 等 3 种。

4. 功率

泵的功率有轴功率和有效功率之分，功率的单位常用 kW。

(1) *有效功率*

有效功率也就是输出功率，指在单位时间内，液体通过泵后所获得的能量，常用符号 N_e 表示。

因泵的扬程是单位质量液体从泵中获得的能量，所以扬程和质量流量 G 的乘积就是单位时间内从泵中输出液体所获得的能量，故泵的有效功率为：

$$N_e = HG = \frac{\rho g Q H}{1000} \tag{4-2}$$

式中　N_e——泵的有效功率，kW；

ρ——流体的密度，kg/m^3；

Q——体积流量，m^3/s；

H——泵的扬程，m。

(2) *轴功率*

轴功率是指在一定流量下动力机给泵轴上的功率，也称输入功率，常用 N_a 表示。轴功率和有效功率的关系为：

$$N_a = \frac{N_e}{\eta} = \frac{\rho g Q H}{1000\eta} \tag{4-3}$$

由于泵内有各种损失，所以轴功率总比有效功率大些，它们之间相差一个泵效率 η。

5. 效率

效率表征泵内各种能量损失程度，是泵的一项重要技术经济指标，用 η 表示。由式(4-3) 得：

$$\eta = \frac{N_e}{N_a} \times 100\% \tag{4-4}$$

由此可见，泵的效率越高，说明泵内的功率损失越小。泵铭牌上的效率是指泵的最高效率，油泵一般在 60%～70%之间，水泵一般在 70%～80%之间，有些大型泵的效率超过 80%。

6. 汽蚀余量

离心泵的汽蚀余量是表示泵汽蚀性能的主要参数，用符号 Δh_r 表示，单位为米 (m) 液柱，在有些地方还称其为净正吸入扬程，常用 NPSH 表示。汽蚀余量对于离心泵的吸入性能有很大的影响。如果介质饱和蒸气压高，则应选汽蚀余量小的泵。

二、离心泵的效率和特性曲线

为了探讨离心泵的实际特性曲线，先来研究离心泵机内的能量损失。

1. 离心泵的机内损失和效率

如前所述，离心泵的效率总是小于 1，即其有效功率总是小于轴功率，这是因为泵在运转过程中，不可避免地伴随着能量损失。离心泵机内能量损失包括水力损失、容积损失和机械损失。

(1) *水力损失与水力效率*

泵内的水力损失可分为液体流动阻力损失和流动冲击损失。液体流动阻力损失包括局部流动阻力损失和沿程流动阻力损失，它的大小与过流部件的几何形状、壁面粗糙度以及液体的黏性密切相关，还与流量有关。流体进入叶轮的液流有一角度，泵上标注的额定流量是按该角度与叶片安装角相同而设计的，实际工作时上述两角度会有差异，这就会产生冲击损失，冲击损失的大小与流量的偏离程度有关。

水力损失的大小，常用水力效率 η_h 来反映。

(2) 容积损失与容积效率

离心泵结构中，由于转动部件与静止部件存在间隙，所以当叶轮工作时，在间隙两侧产生压差，这使部分液体从高压区通过间隙再漏回到低压区；此外还有为平衡轴向力而设置的平衡孔内通过的回流量。这些液体已经从叶轮处获得了能量，常把这种损失称为泄漏损失或容积损失。

对于容积损失，通常用容积效率 η_V 来表示。

(3) 机械损失与机械效率

泵的机械损失包括：叶轮轮盘和机壳内液体间的摩擦损失；轴承和轴以及轴和填料密封的摩擦损失。泵的机械损失中以圆盘损失为主，但当泵用填料密封时，如压盖压得很紧，也会使轴封损失增大。

泵的机械损失常用机械效率 η_m 来表示。

(4) 泵的总效率

可以证明，泵的总效率 η 为上述各分效率之乘积，即：

$$\eta = \eta_h \eta_V \eta_m \tag{4-5}$$

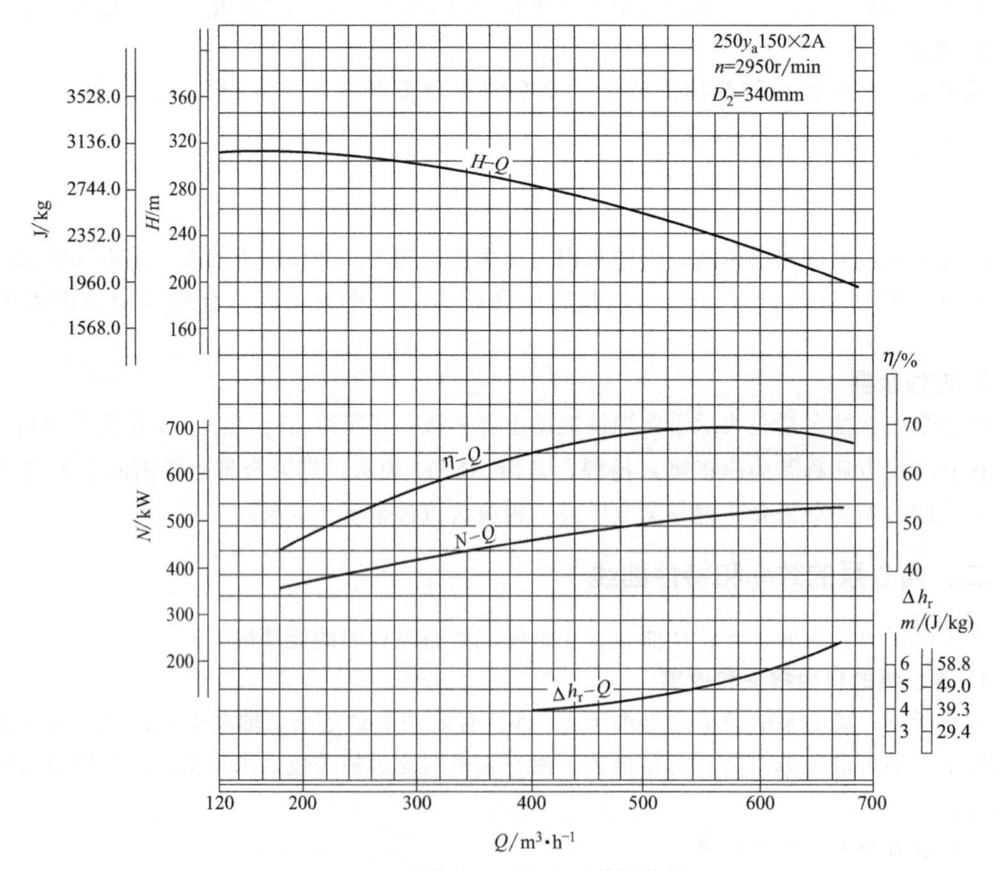

图 4-11 某台离心泵的实际特性曲线

2. 离心泵的特性曲线

离心泵的实际特性曲线是扣除了各种泵内损失而得到的。它是描述其性能的主要依据之一，包括流量-扬程、流量-效率、流量-功率特性曲线。离心泵的实际特性曲线一般在泵出厂时的产品说明书上注明，它可通过实验得到。如图 4-11 所示为某台离心泵的实际特性曲线。

离心泵的实际特性曲线主要有以下作用。

① 可以粗略判断泵的性能及工作特点，以便为选泵提供一个依据。

以流量-扬程特性为例，如图 4-12 所示，若曲线为平坦型，则其特点是流量变化很大时，扬程变化不大，具有这种特性的泵适宜于长距离输送液体的场合；若曲线呈陡降型，其特点是流量稍有变化，扬程就有明显的变化，这种泵可用于输送黏性的液体；若曲线呈驼峰型，这种泵在一定的运行条件下可能出现不稳定工作，选泵时应避免。

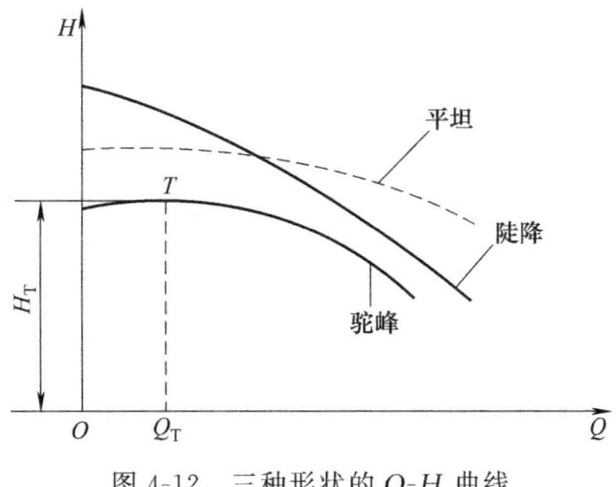

图 4-12 三种形状的 Q-H 曲线

② 与管路特性曲线一起可以讨论泵的实际工作情况，即泵的装置特性，便于合理调度。

三、离心泵的装置特性

1. 离心泵的装置工作点

在实际生产中泵和管路系统是一个不可分割的整体，在泵稳定工作时，必有：

泵提供的扬程＝液体沿管路输送时所消耗的扬程

泵排出的流量＝液体在管路内的流量

这是保证泵正常工作时的能量守恒条件，达到这些条件时，装置就实现了稳定状态。必须指出，这种稳定的状态是自动实现的，即离心泵装置的工作点既要在泵的 H-Q 特性曲线上，又要在管路 H-Q 特性曲线上。因此可把泵的特性及管路特性绘在同一图上，叫装置特性，两曲线的交点为该装置的工作点，见图 4-13。

2. 影响泵工作点的因素

前面已经介绍了泵稳定工作的条件，一旦泵和管路的特性任何一方发生变化，都将引起工作点改变，以满足新的能量平衡。因此，任何影响泵或管路特性的因素变化，都会改变泵的工作点。

① 泵转速的变化。泵性能曲线是在某一转速下的参数关系，转速改变将引起泵的 Q-H 曲线变化，因而工作点随之变化，如图 4-14（a）所示。

② 管路阻力改变。管路阻力改变引起管路 Q-H 曲线的改变，因而工作点变化，如图 4-14（b）所示。管路阻力增大（如关小排出阀），流量减小。

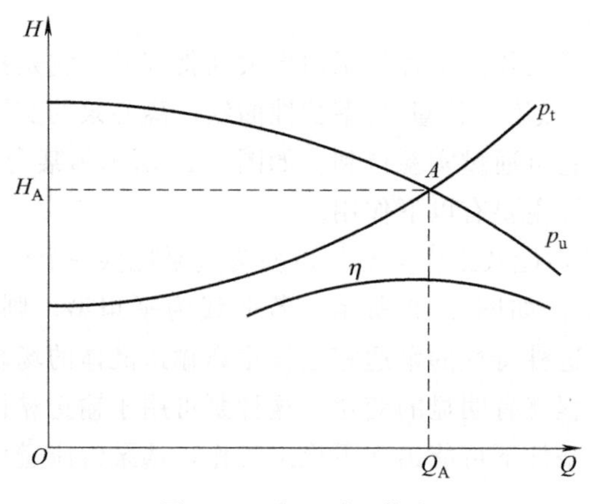

图 4-13　离心泵工作点

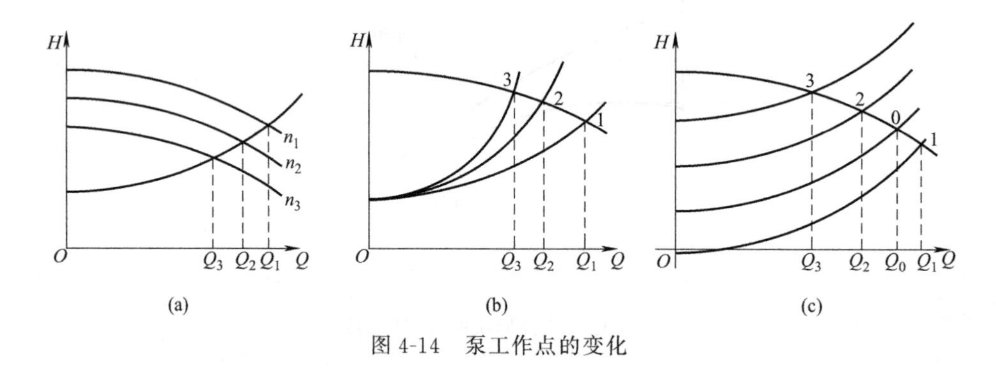

图 4-14　泵工作点的变化

③ 改变两罐液面高度差或液面上的压力变化引起工作点改变，如图 4-14（c）所示。

四、离心泵的并联和串联运行

实际工作中，当一台泵的流量或扬程不能满足要求时，可以用两台或多台泵并联或串联工作。并联的目的是为了在同一扬程下获得较大的流量；串联则是为了在一定流量下获得较高的扬程。下面分别介绍多泵的串、并联工作特点和联合运行装置工作点的确定。

1. 两台性能相同的泵并联运行

两台性能相同的泵并联工作时，在同一工作点，每台泵的扬程相同，各泵流量等于并联后总流量的一半。

图 4-15 是两台性能相同的离心泵并联工作的特性曲线图。曲线Ⅰ（Ⅱ）是泵的性能曲线（两台泵性能相同），Ⅲ是管路特性曲线，η 是单泵的效率曲线。为了求并联后泵的性能曲线，将同一扬程（纵坐标）下的流量（横坐标）相加绘制出的曲线（Ⅰ＋Ⅱ）即是两泵并联后的性能曲线，（Ⅰ＋Ⅱ）曲线与Ⅲ曲线的交点就是并联后的工作点。

从图 4-15 中可以看出，单泵工作时的工作点为 1，这时的流量为 Q_1、扬程为 H_1、效率为 η_1。那么并联工作后各泵的工作点又在哪儿呢？从并联工作点 2 作水平横线（扬程相同）与单泵性能曲线的交点 3 就是每台泵并联后各自的工作点。此时每台泵的流量为 Q_3，扬程（即并联后的扬程）为 $H_{(1+2)}$，效率为 $\eta_{(1+2)}$。从图上可清楚地看出：并联工作后各泵的流量比单泵工作时的流量要小，效率 η 也有所降低，扬程增加。这是因为两泵并联后，管路内流量增加，阻力也随之增大，要求泵提供的扬程也增加，每台泵的流量必然有所下

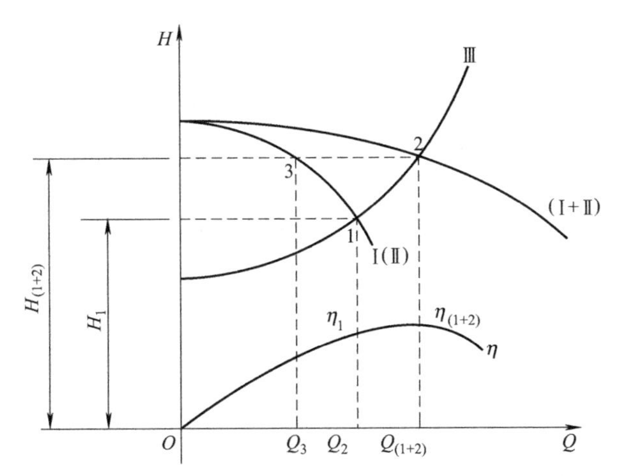

图 4-15 两台性能相同的离心泵并联工作的特性曲线图

降。因此两台泵并联后流量不能成倍增长。

2. 两台泵串联工作

当一台泵的扬程不能满足要求时，可以用串联的方法来提高扬程。两泵串联时，要求两台泵的性能尽可能相同，至少流量相同。

离心泵串联的特点是：每台泵之间的流量相等，串联后总扬程等于各台泵扬程之和。

如图 4-16 所示是两台性能相同的泵串联工作的特性曲线。曲线Ⅰ是每台泵单独工作时的性能曲线，η 是效率曲线，Ⅲ是管路特性曲线。每台泵单独工作时的工作点为 1 点，流量为 Q_1、扬程为 H_1、效率为 η_1。

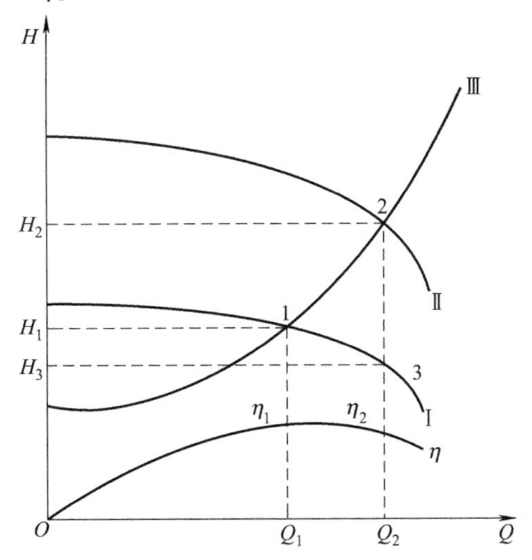

图 4-16 两台性能相同的泵串联工作的特性曲线图

由于串联工作时，流过各泵的流量相等，因此，将单泵性能曲线在同一流量（横坐标）下的扬程（纵坐标）叠加，所得的曲线Ⅱ就是串联后的 Q-H 曲线。曲线Ⅱ与曲线Ⅲ的交点 2 即为串联后的工作点，此时的流量为 Q_2、扬程为 H_2、效率为 η_2。显然，串联工作时的流量和总扬程都大于单泵工作时的流量和扬程，即 $Q_2>Q_1$，$H_2>H_1$。

从串联工作点 2 引垂线与单泵的性能曲线的交点 3，就是两泵串联工作后每台泵的实际工作点。此时，各泵的流量为 Q_2、扬程为 H_3、效率为 η_3。

从图上可以看出，串联后每台泵的流量比单泵工作时大，扬程比单泵时小。这是因为串联后泵提供的能量增加，提高了管路的输送能力，即增加了流量，使单泵的扬程有所下降。所以，两泵串联工作时总扬程小于两泵单独工作时的扬程之和，不可能成倍增加。

3. 离心泵串、并联运行的注意点

① 两泵串联后，流量大于单泵在同一管路中工作时的流量。

② 两泵并联后，扬程高于单泵在同一管路中工作时的扬程。

五、离心泵的流量调节

在实际生产中，为满足工艺要求，有时需要对泵的流量进行调节。离心泵的流量调节可以从改变管路特性和改变泵的特性两个方面着手。

1. 改变管路系统特性的调节方法

（1）节流调节

节流调节的原理就是改变管路特性，从而改变离心泵的工作点，如图 4-17 所示。

节流调节的方法是改变排出调节阀开度大小，改变阀门的阻力系数，从而改变管路的特性，使管路特性曲线发生变化，离心泵的工作点也就产生了移动，实现了流量的改变。如图 4-17 所示，当排出调节阀关小时，管路阻力损失增加，装置扬程特性曲线就变陡，如图中 K_1 比 K_2 开度大，K_2 比 K_3 开度大，当阀门关小时就到小流量去工作了。

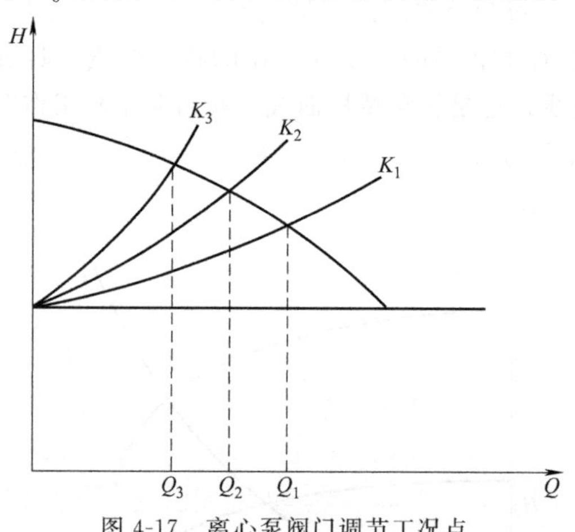

图 4-17　离心泵阀门调节工况点

节流调节简便可靠，是常用的一种流量调节方法。但节流调节的能量损失较大，因而经济性较差。

由于阀门调节将造成泵的效率降低，而泵的扬程曲线越陡，则效率降低越厉害。因此比转数 n_s 越大，越不宜于用阀门调节来调节流量。

阀门调节的调节范围还取决于泵的大小，消耗功率的大小。对于离心泵，大致到额定流量的 50%左右；对于轴流泵，认为到 80%左右，超过这个范围，用闸阀调节不是理想的办法。

对于流量调节阀的位置，以用设置于紧接泵出口后的阀为宜。如果泵进口一侧设阀而又用这个阀调节，则泵的吸入压力减小，就会发生汽蚀。另外，在出口一侧操作离泵相当距离的阀时，必须注意可能产生压力脉动。

一般作为流量调节所使用的阀有蝶形阀、针形阀以及做三角形开口的旋塞阀等。普通的闸阀除全闭状态以外，闸板离开阀座，成为浮动状态，因此，用于平常调节流量是不够理想的。

(2) 利用旁路的调节方法

在泵出口管线和入口管线中加设旁路管线，这种方法对旋涡泵较为合适（因旋涡泵的特性曲线是泵流量增大时，轴功率反而减小）。但一般不适于离心泵，只有在没有选择到合适的小泵而用大泵代替时，才使用这种方法，并必须注意在不升高吸入液体温度的条件下（泵的流量大于最小流量）使用，否则可能产生汽蚀。

2. 泵特性的调节方法

(1) 改变泵的转速

变速调节是通过改变泵原动机的转速，来改变泵性能曲线的位置，从而变更泵的工作点，实现流量调节的。离心泵的变速调节，因为没有附加的能量损失，所以是比较经济的方法。以前这种方法只能适用于可变的原动机，如汽、柴油机和可变速直流电动机等。但近年来，随着（能够实现将交流电整流变为直流电，再逆变为所需频率交流电的电力电子设备）技术的成熟，变频器在离心泵控制上得到了广泛使用。其原理为变频器能够实现将交流电整流变为直流电，再逆变为所需频率交流电，电动机转速与电流频率成正比，从而改变电动机转速。离心泵转速变化的泵性能曲线如图 4-18 所示。

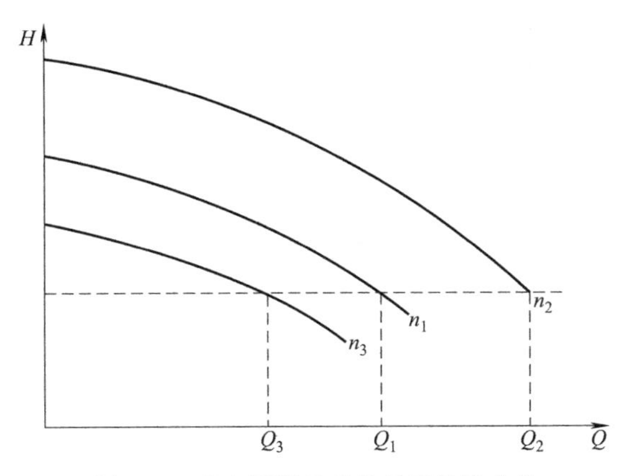

图 4-18　离心泵转速变化的泵性能曲线

这种转速的改变是有限度的，一般规定提高转速时，不能超过 10%，否则会使水泵的某些零件损坏；降低转速时，不能超过 50%，否则会使泵的效率下降太多，或抽不上液体来。

转速改变后，水泵的流量、扬程、轴功率也都要相应改变。它们的变化关系是：泵的流量与泵的转速成正比；泵的扬程与泵转速的二次方成正比；泵的轴功率与泵转速的三次方成正比。这就是泵的比例定律，用公式表示为

$$\frac{Q_1}{Q_2}=\frac{n_1}{n_2};\ Q_2=Q_1\frac{n_2}{n_1} \tag{4-6}$$

$$\frac{H_1}{H_2}=\left(\frac{n_1}{n_2}\right)^2;\ H_2=H_1\left(\frac{n_2}{n_1}\right)^2 \tag{4-7}$$

$$\frac{P_1}{P_2}=\left(\frac{n_1}{n_2}\right)^3;\ P_2=P_1\left(\frac{n_2}{n_1}\right)^3 \tag{4-8}$$

式中　n_1，n_2——分别为原来的转速和改变后的转速；

Q_1，Q_2——分别为原来的流量和改变转速后的流量；

H_1，H_2——分别为原来的扬程和改变转速后的扬程；

P_1，P_2——分别为原来的功率和改变转速后的功率。

(2) 改变叶轮直径的方法

在其他条件不变的情况下，当离心泵的叶轮外径减小时，泵对液体所提供的能量减小，从而改变工作点，达到调节流量的目的。更换直径较小的叶轮或切割叶轮，这种方法只适用于离心泵在较长时期改变成小流量操作时使用。叶轮直径改变后，泵的各项性能按切割定律变化（图 4-19），即

$$\frac{Q_1}{Q_2}=\frac{D_1}{D_2};\ Q_2=Q_1\frac{D_2}{D_1} \tag{4-9}$$

$$\frac{H_1}{H_2}=\left(\frac{D_1}{D_2}\right)^2;\ H_2=H_1\left(\frac{D_2}{D_1}\right)^2 \tag{4-10}$$

$$\frac{P_1}{P_2}=\left(\frac{D_1}{D_2}\right)^3;\ P_2=P_1\left(\frac{D_2}{D_1}\right)^3 \tag{4-11}$$

式中　Q_1，Q_2——分别为原来的流量和切割叶轮后的流量；

H_1，H_2——分别为原来的扬程和切割叶轮后的扬程；

P_1，P_2——分别为原来的功率和切割叶轮后的功率。

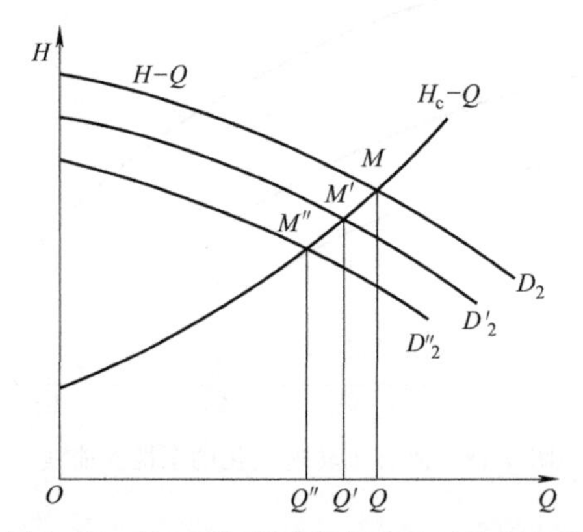

图 4-19　离心泵切割叶轮外径的泵性能曲线

水泵叶轮切割后效率不变或有所下降，但下降不多，若切割太多，效率会下降得很多，不经济，其允许的最大切割量见表 4-2。

表 4-2　离心泵叶轮最大切割量

比转数 n_s/r·min^{-1}	60	120	200	300	350	>350
最大允许切割量/%	20	15	11	9	7	0
效率下降值	每车削 10%，下降 1%			每车削 4%，下降 1%		

切割时，只切叶片，不要切割侧盖。也可以根据切割定律放大，以能装入泵腔为限。

【例】　一台 100Y-120 型泵，流量是 120m^3/h，扬程 116m，轴功率 59.3kW，叶轮直径 310mm，现在需要扬程 70m，问叶轮直径应切割多少？切割后的流量和轴功率是多少？

解：根据切割定律 $\frac{H_1}{H_2}=\left(\frac{D_1}{D_2}\right)^2$ 有：

$$D_2=D_1\sqrt{\frac{H_2}{H_1}}=310\times\sqrt{\frac{70}{116}}=241\ (\text{mm})$$

为安全起见，计算后加 2～3mm 余量，可以取 245mm，则应切割 310－245＝65（mm）

切割后的流量：$Q_2=Q_1\dfrac{D_2}{D_1}=120\times\dfrac{245}{310}=95\ (\text{m}^3/\text{h})$

切割后的轴功率：$P_2=P_1\left(\dfrac{D_2}{D_1}\right)^3=59.3\times\left(\dfrac{245}{310}\right)^3=29.3\ (\text{kW})$

答：叶轮直径应切割 65mm，切割后的流量为 95m^3/h，轴功率为 29.3kW。

车削后应该对叶片进行修理，如果性能较大，可修整叶片的工作面（凸面），如图 4-20（a）所示；如性能偏小要增大，则可修整叶片的背面，如图 4-20（b）所示。修整叶片应光滑，过渡尺寸见表 4-3。

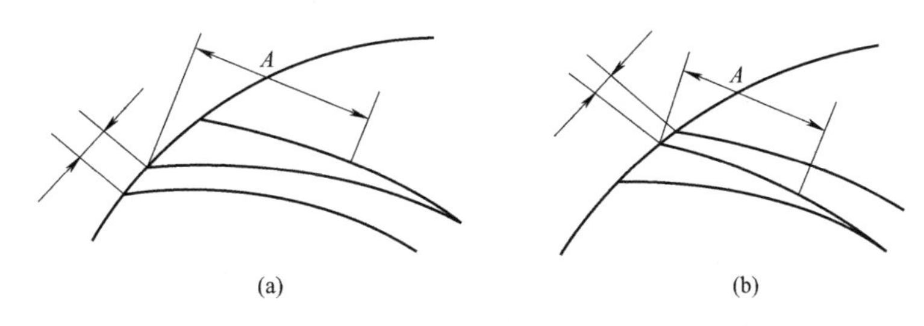

图 4-20 叶片修整

表 4-3 修整叶片过渡尺寸

叶轮外径/mm	250 以下	250～380	380～500	500～750	750 以上
过渡尺寸 A/mm	35	60	90	120	150

对于蜗壳式多级泵应该在各级叶轮上平均车削，否则会引起轴向力不平衡，运转时会使轴承受到损坏。

(3) 改变叶轮级数的方法

在多级泵中取出叶轮改变整个泵的级数，使泵的扬程减小。这种方法在级数较多的多级离心泵中可以采用。叶轮拆除后，用长度等于叶轮轮壳的间隔套来代替叶轮原来的位置，但不可拆除吸入侧的第一个叶轮，也不可连续拆除几个叶轮。要注意间隔套的长度和轮壳相等，其端面必须平行，以避免轴歪曲。这样做可能降低效率 3%～4%，但比不拆除叶轮而浪费扬程要经济。如在减少泵段的同时将轴缩短，其效果更好。

(4) 堵塞叶轮部分入口的方法

减少泵的流量，这种方法适用于需要长期减少流量的情况。

六、离心泵的操作

1. 开泵前检查准备

① 检查机泵、阀门及过滤器各部位连接螺钉是否紧固，地脚螺钉有无松动，电动机接地是否连接牢靠。

② 检查轴节螺栓有无松动，用手（或专用工具）盘车 3～5 圈，检查转动是否灵活。

③ 检查润滑部位是否有油，有无进水或乳化变质，缺油时应加油到规定位置。

④ 打开压力表和冷却水阀，打开泵房内与作业有关的流程阀门。

⑤ 做好与泵房作业相关岗位（如栈桥、油码头、油罐区等）的联系工作，确定工艺流程。

2. 开泵

① 打开泵进口阀门灌泵引油，当不能靠罐自压灌泵时，可用真空泵引油或人工方法灌泵。灌泵时，先打开离心泵上放空阀，直到排净泵内空气至泵内充满油品为止，然后关闭放空阀。

② 按下启动按钮开泵，待泵压升起压力达到额定（或最大）数值并稳定后，再缓慢打开泵出口阀门，直到调整泵压到规定数值（实际中常在压力表规定值处画上红线）。开泵后，泵出口阀关闭时，不能连续运转时间太长，一般不超过 1～2min。如遇出口阀打开压力迅速下降，说明泵抽空不上油，应及时停泵查找原因。故障排除后，再重新开泵。

3. 运转中检查

① 泵运转中应观察压力和电流波动情况，不得超过规定值，每 1～2h 应巡检并记录。

② 泵运转中，应采取“听、看、摸、闻”方法巡检。即：听听机泵运转声音是否正常；看看机泵密封漏油是否在允许范围内，冷却水量大小是否合适；摸摸或检测各部位温度是否过高，以不烫手为宜；闻闻泵房内有无异常气味存在。规定电动机轴承温度不得超过 65℃（有的规定 70℃），泵的填料函温度不得超过 60℃（或不高于环境温度 45℃），遇温度过高的情况应查清原因，原因不明、温度不降，应停泵处理。

③ 检查机泵填料函漏油情况：规定轻油不大于 20 滴/min，黏油不大于 10 滴/min。

检查机械密封泄漏油情况：规定轻油不超过 10 滴/min，黏油不超过 5 滴/min。

④ 调节流量或扬程，应通过泵出口阀门予以控制，不能关小进口阀门。

4. 停泵

① 停泵时，先关闭泵出口阀，然后再按停泵按钮，接着关闭泵入口阀。

② 关闭冷却水阀和压力表阀，关闭泵房内不需常开的阀门，防止串油、跑油发生。

③ 冬季露天机泵应放净冷却水管存水或水阀小开保持长流水以防冻坏设备。

④ 黏油输送后，要及时联系清汽扫线。

第三节　常用容积泵

一、往复泵

往复泵（reciprocating pump）属于容积泵的一种，它是依靠泵缸内工作容积作周期性的变化而吸入和排出液体的。往复泵主要用于高压力、小流量的场合输送黏性液体，要求精确计量、流量随压力变化较小的情况下。

1. 往复泵的构造及工作原理

往复泵总体上由工作机构和运动机构两大部分组成。如图 4-21 所示，工作机构由活塞、泵缸、吸入阀、排出阀、吸液管和排液管等组成。当活塞从左端点开始向右移动时，泵缸的工作容积逐渐增大，缸内压力降低形成一定的真空，这时由于排液管中压力高于泵缸内压力，所以排出阀是关闭的，泵缸内由于形成了真空，吸液池中液体在大气压力的作用下通过吸液管上升并顶开泵缸上的吸入阀而进入泵缸内，这一过程称为泵缸的吸入过程，吸入过程在活塞移动到右端点时结束。当活塞从右端点向左移动时，泵缸内的液体受到挤压压力升

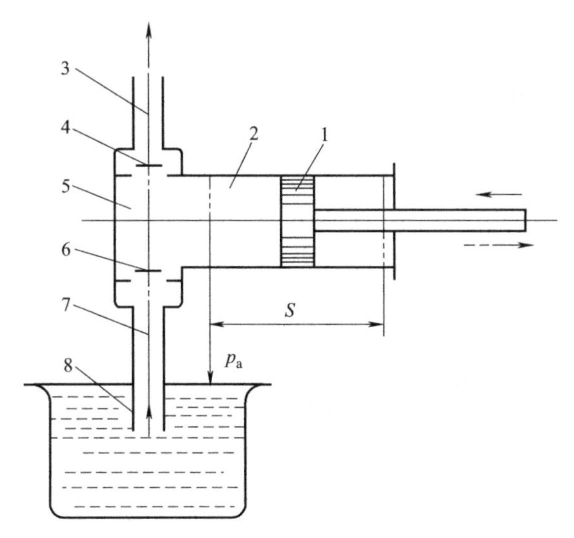

图 4-21　往复泵工作原理示意图

1—活塞；2—泵缸；3—排液管；4—排出阀；5—工作室；
6—吸入阀；7—吸液管；8—吸液池

高，吸入阀关闭、排出阀被顶开，缸内液体排出，这一过程称为泵缸的排出过程，在活塞移动到左端点时排出过程结束。活塞往复运动一次，泵缸完成一个吸入过程和排出过程，称为一个工作循环。往复泵的工作过程就是其工作循环的简单重复，泵缸左端点至右端点的距离称为活塞的行程。

往复泵的运动机构取决于原动机运动形式。如果原动机为直线往复运动，如蒸汽机，则构成直动往复泵（简称汽泵）。但目前大部分原动机为电动机、汽轮机，则需要曲柄连杆机构将曲轴的旋转运动转化为活塞的往复运动，曲轴每旋转一周，泵缸完成一个工作循环。曲柄连杆机构由曲轴、连杆、十字头、驱动机等组成。驱动机带动曲轴旋转，曲柄连杆机构在往复泵中使用很多，它具有效率高、当输送介质黏度升高时对泵效率影响不大等优点。油库中常采用双缸电动活塞往复泵输送润滑油，有时还用小型往复泵为离心泵引油灌泵，或用来抽吸车底油，个别油库还在高温季节利用往复泵卸汽油。

2. 往复泵的分类

往复泵按其活塞的结构形式有活塞泵（piston pump）、柱塞泵（plunger pump）和隔膜泵（diaphragm pump）三种，如图 4-22 所示。根据泵缸的工作方式有单作用式、双作用式和差动式三种。单作用式往复泵只在活塞的一侧装有吸入阀和排出阀，活塞往复运动一次，泵缸吸排液一次；双作用式往复泵是在活塞的两侧都装有吸入阀和排出阀，活塞往复运动一次，泵缸有两次吸排液过程；差动式往复泵也是只在活塞的一侧装有吸入阀和排出阀，但排液管与活塞另一侧的泵缸是连通的，所以活塞往复运动一次泵缸有一次吸液过程和两次排液过程，排出比单作用式往复泵均匀。

一般活塞泵做成双作用结构，而柱塞泵及隔膜泵做成单作用结构。单作用往复泵排送液体不均匀，为克服这一缺点，油库常采用双作用或多缸往复泵。

往复泵还可以根据传动机构的特点分为动力式、直接作用式和手摇式三种，动力式往复泵是由电动机或内燃机驱动的；直接作用式往复泵由高压蒸汽或压缩空气驱动，不需要曲柄连杆机构；手摇式往复泵是靠人力通过杠杆作用使活塞作往复运动的。

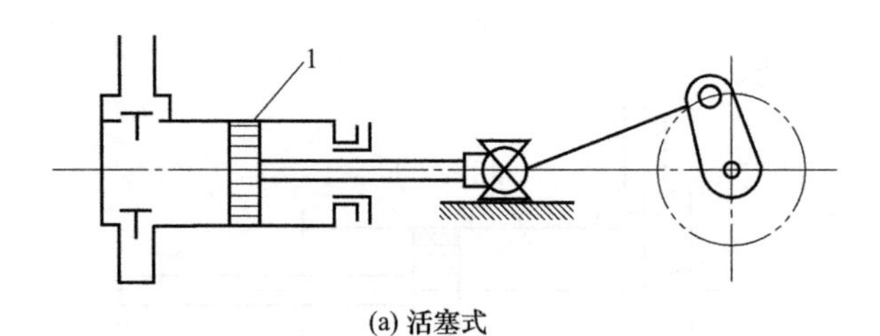

(a) 活塞式

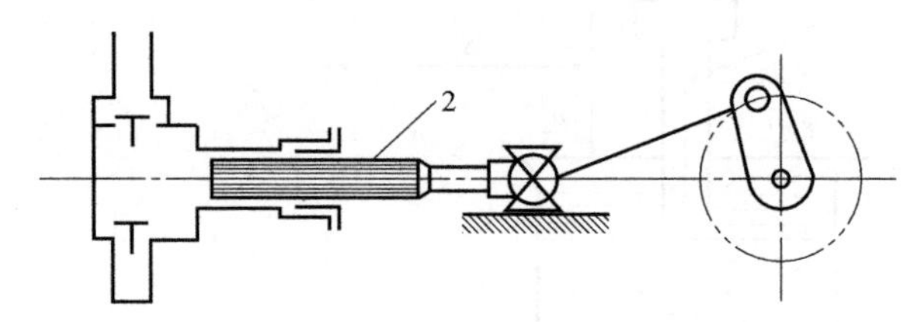

(b) 柱塞式

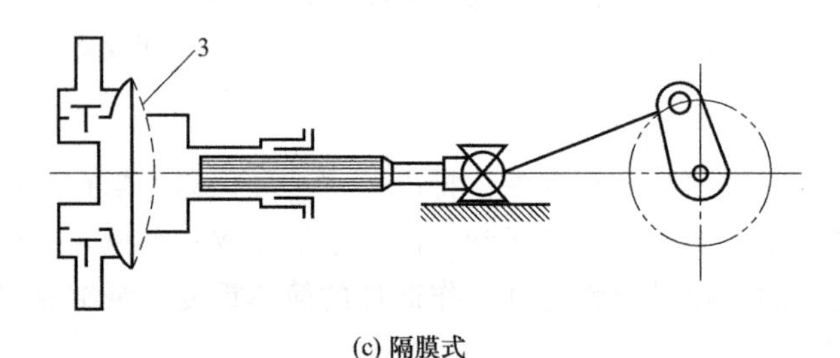

(c) 隔膜式

图 4-22 活塞式、柱塞式、隔膜式往复泵

1—活塞；2—柱塞；3—隔膜

3. 往复泵的主要性能与参数

（1）流量

往复泵的流量常用理论平均流量来表示，单位为 m^3/h。

对于单缸单作用泵

$$Q=60FSn\eta_r \tag{4-12}$$

式中 Q——往复泵体积流量，m^3/h；

F——活塞面积，m^2；

S——活塞行程，m；

n——活塞往复频率，次/min；

η_r——容积效率。

如果是单缸双作用泵，则上式变为

$$Q=60(2F-f)Sn\eta_r \tag{4-13}$$

式中 f——活塞杆侧容积断面积，m^2。

（2）扬程

在往复泵中把扬程和排出压力视为同一概念。往复泵中的排出压力取决于液体输送高度和排出管路阻力损失。如管路具有足够的强度，电动机也具有足够的功率，那么，在排出管路堵塞时泵的排出压力将无限上升。实际上管路的强度有限，泵的强度也有限度，所以不能任意提高泵的排出压力，更不允许在启动和运转过程中关闭泵的排出阀。为防止事故，在往复泵的排出口往往装有安全阀，以控制排出压力。

往复泵扬程的计算方法和离心泵相同，其 H-Q 曲线为一竖直线。往复泵出口压力取决于输送高度和排出管阻力的大小。如果排出管道阻塞时，泵的扬程将无限上升，直到泵、管道或电动机破坏为止。因此不允许任意提高泵的排出压力，绝对不允许在启动和运转时关闭泵的排出阀。为了防止误操作，要求在往复泵进出口间安装安全阀。当排出口压力过高时，安全阀打开泄压到吸入口，以保护往复泵及管路系统。

(3) 允许吸入真空高度

泵的产品样本所提供的吸上真空度数值，是在一定转数下，大气压力为 1 标准大气压、输送温度低于 30℃的水所标定的数据。如使用条件与泵厂试验条件不同，应当予以换算，换算的办法与离心泵的相同。

(4) 效率与功率

往复泵本身有 3 种能量损失：水力损失、容积损失和机械损失。有效功率约为轴功率的 0.65～0.85（即 η）。轴功率的计算与离心泵相同。

4. 往复泵使用的注意事项

往复泵在使用时应注意以下几点。

① 开泵前，检查泵的传动机构有无卡位或不灵活的现象；检查润滑油是否符合要求，填料是否严密，各部件连接是否牢固可靠。开泵前应首先打开排出管路上的所有阀门，这是因为容积泵启动后压力骤升，会造成设备破坏（从特性曲线可以看出）。为减少启动电流还应将回流阀打开，待电动机启动正常后，再缓慢关闭回流阀。

② 往复泵正常运转时，禁止关闭出口阀门，否则可能挤破管路和附件，憋坏泵或超载烧坏电动机，造成严重事故，为防止因误动作发生这类事故，装在出口管线上的安全阀应定期检修，保持灵敏度完好。

③ 往复泵切忌不能用排出阀来调节流量，如工艺需要，可用旁通管路上的阀门进行调节。若需减少流量，可打开旁通管路上的回流阀，从而控制流量。若以转速来调节，应注意不能任意提高转速加大流量，而只能在低于正常转速范围内调节。

泵的工作压力可通过调节安全阀弹簧的松紧程度来实现。

④ 停泵时应先打开回流阀，再关泵，最后关闭出口阀门。

二、齿轮泵

1. 齿轮泵的基本结构

齿轮泵（gear pump）是一种容积式回转型泵，被广泛用于输送润滑油、燃料油和沥青等黏稠液体及膏状物料。其基本结构如图 4-23 所示。

从图中可知，齿轮泵主要由泵体、主动齿轮、从动齿轮、轴承、前后盖板、传动轴及安全阀等部件构成。

齿轮泵有多种类型，根据主、从动齿轮啮合方式的不同，可分为外啮合和内啮合两种，如图 4-24 所示；按齿轮形状可分为正齿轮泵、斜齿轮泵（螺旋齿轮泵）和人字形齿轮泵等。根据齿向、齿轮个数的不同，又可分为多种形式。

齿轮泵泵体上装有安全阀，阀体被弹簧压在阀座上。当排出压力过大（例如排出管路上的阀门没有打开，油品黏度过大等）时，泵内压力超过最大允许压力，液体压力便把阀体顶

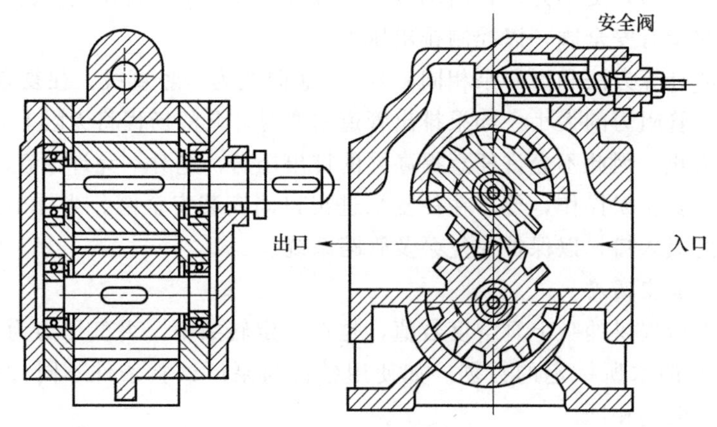

图 4-23 外啮合齿轮泵

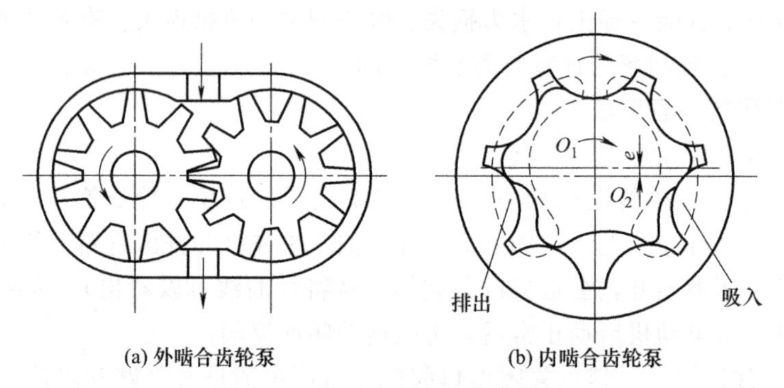

图 4-24 外啮合和内啮合齿轮泵

开，油品就经泵壳内流道回流到吸入腔内，以保证泵与管路不被挤坏，拧动安全阀上的调节杆改变弹簧的松紧度，就可以改变安全阀的控制压力。

2. 齿轮泵的工作原理

如图 4-25 所示，当主动齿轮Ⅰ在驱动机的驱动下带动从动齿轮Ⅱ按箭头所示方向旋转时，吸液腔内的主、从动齿轮不断脱离啮合，由于先脱离啮合的轮齿 7 和 7′顶圆半径所扫过的容积大于后脱离啮合的轮齿 8 和 8′啮合点半径所扫过的容积，吸液腔的容积增大，压力降

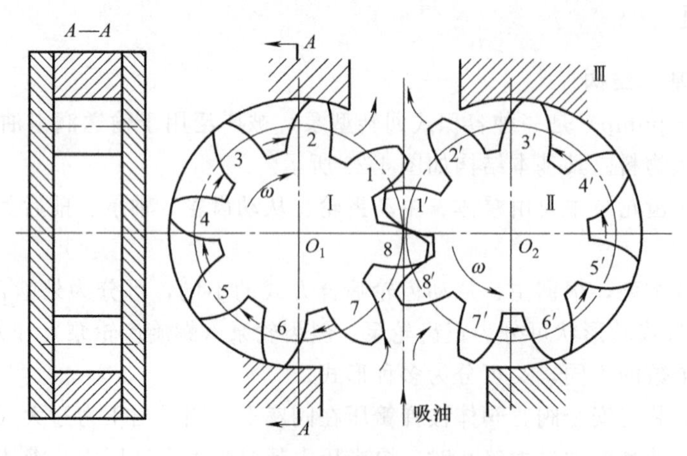

图 4-25 齿轮泵的工作原理

低，产生真空，因此液体在外界大气压力的作用下进入吸入室；充满齿间的液体沿泵体内表面被带到排液腔，排液腔内的主、从动齿轮不断进入啮合，由于先进入啮合的轮齿1和1′啮合点半径所扫过的容积小于后进入啮合的轮齿2和2′顶圆半径所扫过的容积，因此液体受压，压力升高，被挤出排液腔，进入排出管道。齿轮连续旋转，液体就不间断地被吸入和排出，实现了齿轮泵的连续工作。其输出压力取决于驱动机功率、设备强度及排液管路的压力损失。

齿轮泵是由两个齿轮互相啮合和分离而收入和排出油品的，所以转速不宜太高。即使是人字形齿轮，工作起来比较平衡，噪声小，转速一般也只能达到950r/min，最高也不超过1450r/min。

3. 铭牌及符号的意义

油库中常用齿轮泵的型号有KCB、KCY、Ch等。

如KCB-300-1型泵，其符号的意义为：K——该泵带安全阀；CB——齿轮泵；300——输油量为0.3m^3/min；1——设计序号。

又如KCY为外啮合齿轮油泵，如2KCY-38/2.8-1型泵，其符号的意义为：2——齿轮数；K——带安全阀（有时K省略）；CY——外啮合齿轮油泵；38——输油量为38m^3/min；2.8——排出压力为0.28MPa；1——泵设计序号。

三、螺杆泵

螺杆泵（screw pump）也是一种容积式泵，是近几年油库中应用较多的一种泵。它是依靠几根相互啮合的螺杆间容积变化来输送液体的。螺杆泵有单螺杆泵、双螺杆泵和三螺杆泵等。

1. 螺杆泵的工作原理

螺杆泵的工作原理如图4-26所示。泵体和装在泵体内相互啮合的2～3格构成彼此相互隔离的空腔，以使泵的吸入口与排出口隔开。当主动螺杆旋转时，带动与其相互啮合的从动螺杆一起旋转，螺旋槽中的油品，在滚动着的螺杆啮合面的挤压下，沿着螺旋槽出入口端向排出端运动，并在入口端形成一定的真空度，不断将油品吸入泵内；在出口端，由于油品的积累，压力升高，油品便均匀地流向排出管。由于主动螺杆和从动螺杆的啮合面变化始终是平稳的（不像齿轮泵那样时合时分的波动），啮合面间也始终保持有一层黏膜，因此使螺杆泵在运转时振动小、噪声小、工作平稳。又由于其具有流量大、扬程高、效率高等特点，在油库中应用越来越广，常用以输送各种黏性油品或柴油。

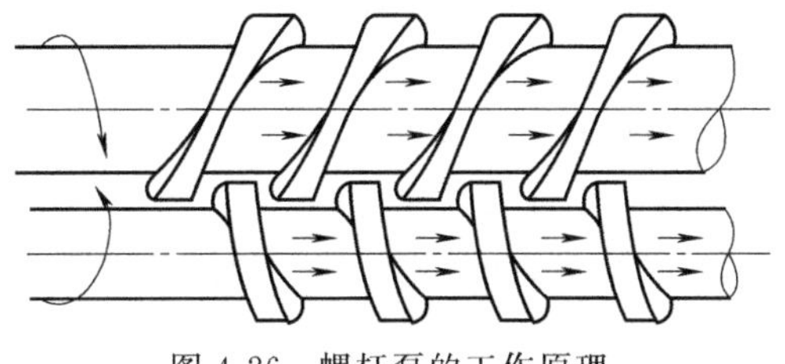

图4-26 螺杆泵的工作原理

2. 螺杆泵的构造

油库中常用的螺杆泵有3U80_D-25型单吸螺杆泵和3SU110_D-25型双吸螺杆泵。它们的型号意义为：3——螺杆数；S——双吸式；U——螺杆泵；80_D或110_D——主动螺杆外径；25——最大排出压力。

图4-27所示为3U80_D-25型螺杆泵的构造。

该泵由泵体、泵套、主动螺杆和从动螺杆组成。主动螺杆穿过机械密封装置伸出泵体之

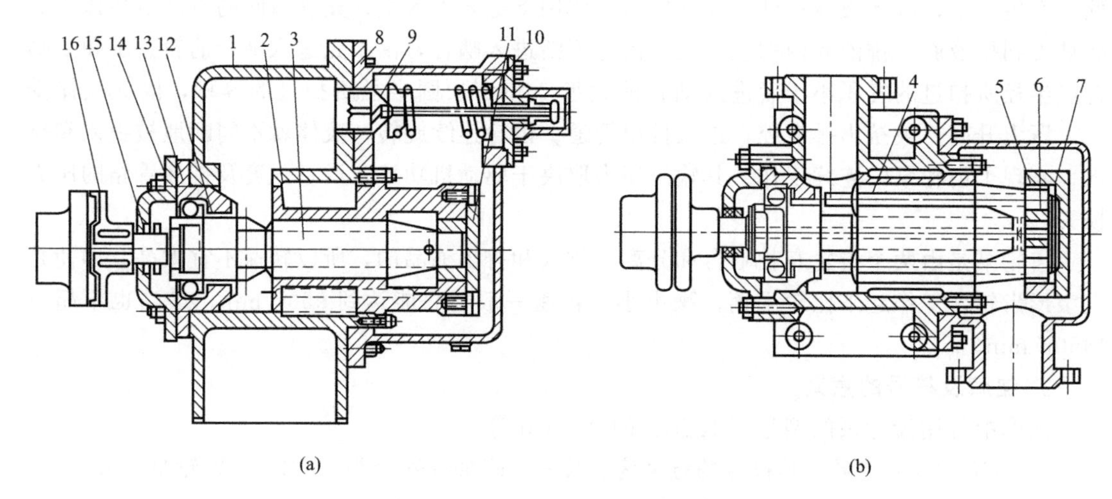

图 4-27　3U80$_D$-25 型螺杆泵的构造

1—泵体；2—泵套；3—主动螺杆；4—从动螺杆；5—从动螺杆衬套；6—主动螺杆衬套；7—止推垫；8—后盖；9—安全阀组件；10—安全阀盖；11—泵套盖；12—轴套；13—轴承体；14—前盖；15—机械密封组件；16—弹性联轴器

外，并通过弹性联轴器与原动机相连接。螺杆和泵套的配合间隙很小。泵上装有安全阀，当排出管的工作压力超过泵规定的工作压力时，安全阀自动打开，使油品回流，安全阀的控制压力可用调整螺钉调节。

单吸螺杆泵工作时会产生轴向推力，因此在泵套上开有通孔，将高压油引到后盖，通到3根螺杆的末端，以平衡螺杆所承受的轴向力。此外，在螺杆末端还装有止推垫，作为承受轴向摩擦的易损件。

双吸式螺杆泵的轴向力可自行平衡。机械密封装置的密封腔与吸入腔相通，使密封腔内的高压液体向低压吸入腔回流，一方面降低密封腔压力，减少漏油，另一方面也可带走机械密封组件中的摩擦热量，但从工作效率的角度来看，回流量是一种效率损失。

螺杆泵的流量随转速不同而变化。理论上流量与压力无关，但实际上随着排出压力的升高，泄漏引起的回流损失增大，流量降低。螺杆泵的扬程（或工作压力）由排出管路的阻力损失和输送的高度决定。

3. 螺杆泵的性能特点

螺杆泵具有下列特点：

① 结构简单紧凑。可与电动机直接连接，操作管理方便，具备离心泵的特点。

② 流量大。一般流量范围广，最大流量可达 2000m^3/h，具有离心泵的特点。

③ 扬程高。排出压力可达 40MPa，常用在无缝钢管耐压强度内，具备往复泵的优点。

④ 转速高。一般转速为 1450r/min、2900r/min 两种，尚有 10000r/min 以上者，最高转速远高于其他容积式泵。

⑤ 效率高，一般为 80%～90%。

⑥ 工作平稳，流量均匀。流体在螺杆密封腔内无搅拌地、连续地作轴向移动，没有脉动和旋涡，接近离心泵的优点。

⑦ 振动小，无噪声。主杆对从杆以液压传动，螺杆之间保持油膜，无扭矩，具备离心泵的优点。

⑧ 有自吸能力，略低于往复泵，为一般离心泵所不及。

⑨ 流量随压力变化很小，在输送高度有变化时，能保持一定流量，具备容积式泵的优点。

⑩ 能输送黏油和柴油，几乎兼备离心泵和容积泵的用途。

综合以上各点，螺杆泵兼备叶片式泵和容积式泵之所长，优点突出，油库中只要精心使用和维护，很有发展前途。

四、摆动转子泵

BZYB 系列摆动转子泵是一种新型容积式泵。该泵在结构及性能上具有独特的优点，它快速的自吸能力，液、气混输的特点，保证了 BZYB 型摆动转子泵在不同的工作环境、工况下都能良好工作。BZYB 型摆动转子泵适用于输送介质温度在－40～80℃的汽油、煤油、柴油、航煤、润滑油等油品，一般化工液体及所有可能出现气体的泵送场合，如油库油料输送、冷凝水泵、液化气泵、火车卸槽、汽车加油、油船货油扫舱等；适用的流量范围为 0～200m^3/h，出口压力为 0～3.0MPa，介质黏度范围为 0～1520mm^2/s。小形体、大流量、高扬程、极强的抽吸能力、高效率、气液两相混输是该泵的突出特点。

1. 工作原理及结构

BZYB 系列摆动转子泵以国家发明专利“摆动转子式机器”为核心，用于气、液、固多相混输。

BZYB 系列摆动转子泵结构上采用曲柄滑块机构，如图 4-28 所示，经演化变为图 4-29 所示的结构。图 4-29 中的转子相当于图 4-28 中的连杆，曲轴相当于图 4-28 中的曲柄，而滑块对应于图 4-28 中的滑块，然后再以曲轴旋转带动转子产生的外轨迹圆为缸体，构成了完整的泵的结构原理图。

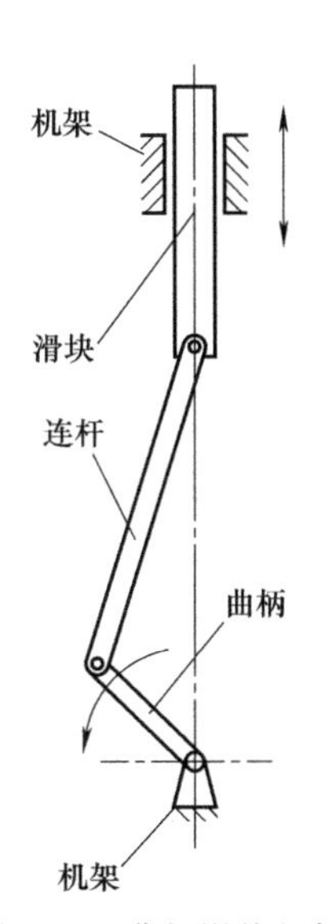

图 4-28　曲柄滑块机构

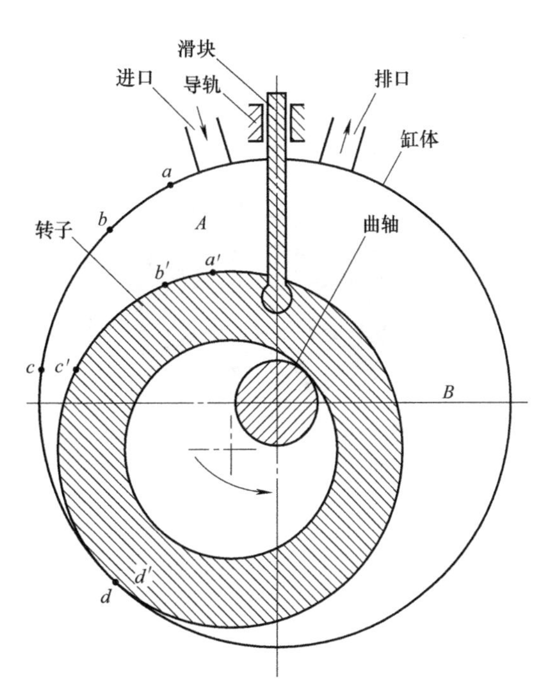

图 4-29　摆动转子泵原理示意图

2. 摆动转子泵的特点

BZYB系列摆动转子泵的设计融合了泵和压缩机的工作原理，兼具液体输送泵、气体压缩机及真空泵3个作用。该泵相对其他类型泵具有以下显著特点：

① 加工制造简单，配合精度高。

② 维护方便，可以在现场进行泵的拆卸及更换零部件。

③ 有极强的自吸能力，极限真空度可达99%，可代替真空泵用于虹吸和扫舱。

④ 优异的气液混输能力，可以0%～100%的气液比混输介质，并适用于黏度小的介质和黏度大的介质的单独输送或多相混合输送。

⑤ 泵工作容腔空间大，有较强的抗杂质性能。

⑥ 无密封件处的易损件，整机唯一的接触摩擦产生于导芯与缸体的接触部位，但因为其线速度极低（一般小于0.5m/s）且磨损不影响泵的工作性能，故无需考虑更换。

⑦ 高速与低速时吸入性能变化小，可达到的极限真空度基本无变化，可制造必需汽蚀余量在0.5～1.5m的泵。

⑧ 高的泵效率，全液相效率大于72%。

⑨ 可在室外工作，不建泵房。

⑩ 采用标准机械密封，性能可靠、寿命长、更换方便。

五、滑片泵

1. 基本结构

滑片泵（vane pump）也称刮板泵，它是容积泵的一种，由泵体、泵盖、偏心转子等元件构成，如图4-30所示。其中，转子偏心地安装在泵壳内，偏心转子上沿径向开有若干个槽，槽内置有滑片。转子转动时，前半转滑片在离心力的作用下自转子内滑出，而在后半转泵体内壁将滑片逐步推入，滑片能够始终紧贴泵体表面滑动；泵体上开有进、出口，进、出口间由密封凸座隔离，密封凸座的夹角应大于两滑片间的夹角。

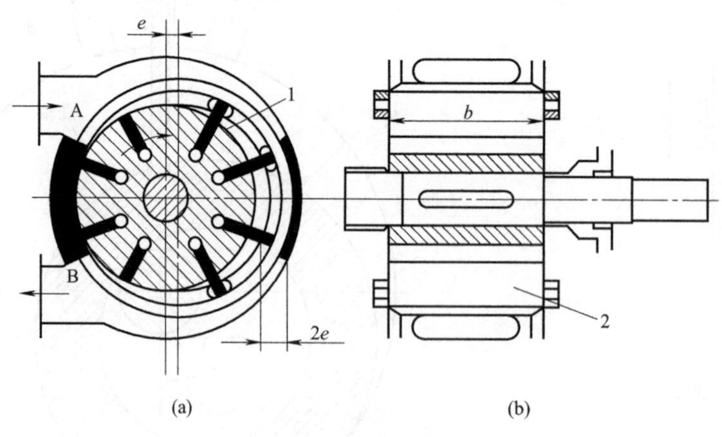

图4-30 滑片泵结构

1—转子；2—滑片；A，B—密封凸座

2. 工作原理

当转子在驱动机的带动下旋转时，滑片在离心力的作用下，自转子滑槽内滑出，紧贴泵体的内表面滑动。由于转子在泵体内偏心安装，转子、滑片、泵体及端盖构成的容积在上半圈（吸入侧）逐渐增大，液体压力降低，因此形成真空，介质被吸入；随着转子的继续旋转，以上容积在下半圈（排出侧）逐渐减少，液体压力升高，从排出口排出。转子连续旋转，以上过程周而复始地进行，实现了介质输送的目的。

滑片通常使用聚四氟乙烯（PTFE）制造。聚四氟乙烯具有优良的耐腐蚀性、耐磨性和自润滑性能。因此，在离心力的作用下滑片顶面与泵体紧密接触滑动，只存在极小的摩擦力，几乎消除了顶部间隙。滑片泵两侧面泵盖与泵体间隙可调整，调整该间隙，也就调整了滑片与泵盖之间的侧隙。同样由于聚四氟乙烯的耐磨性和自润滑性，该间隙可以调得很小。这样就保证了滑片泵具有良好的自吸性能和极高的机械效率。

3. 特点

① 具有较好的自吸性能，抽吸高度可达4.5m，并可实现50%的气液混输，能够广泛地用于输送各种轻油和稠油，同时具备扫舱能力。

② 由于滑片顶隙和侧隙极小，因此容积效率很高；同时滑片与泵盖和泵体的摩擦力很小，所以机械效率很高，其整机效率一般可达80%以上。

③ 滑片泵零件少，结构简单、维修方便。

④ 滑片从转子槽中滑出，不断补充磨损而不降低泵的性能。聚四氟乙烯耐磨性好，寿命长，即使磨损，也很容易更换。

第四节　水环式真空泵与真空泵系统

水环式真空泵又叫液环泵。水环式真空泵在油库中主要有以下几个功用：

① 上部卸车时，将鹤管内抽真空，形成虹吸，实现自流卸车；

② 将离心泵及其吸入系统抽真空引油罐泵；

③ 抽吸油槽车底部余油——扫舱。

真空泵有以下两个主要参数。

① 抽气速率：是指单位时间内真空泵在残余压力下从进气管吸入的气体容积，即真空泵的生产能力（或称流量Q），以m^3/h或L/s表示。

② 残余压力或极限真空度：是指该泵所能达到的最低绝对压力。用一台真空泵抽吸某一密闭容器中的气体，无论抽吸的时间有多久，容器中的压力也不可能无限地降低到零，即绝对真空，这是因为气体压力低于某一值后，或是由于泵中液体发生汽化，或是由于高压侧漏回的气量与真空泵的抽气量相同，或是真空泵的压缩过高，容积系数降低为零，都会使泵实际上无法继续吸入新鲜气体。容器中的压力，在此种情况下再也不会降低了，此时的绝对压力值称为残余压力或极限真空度。

一、水环式真空泵的工作原理

水环式真空泵的工作原理如图4-31所示。启动前向泵内灌注一定量的液体，当叶轮在驱动机带动下旋转时，由于离心力的作用，液体向外运动，形成一个旋转的水环。由于叶轮偏心地安装在壳体中，因此液环的内表面也就与叶轮偏心，液环上部内表面与轮毂相切，下部内表面与轮毂相离，液环的内表面与轮毂表面和壳体的两个端面形成一个月牙形空间，这个空间被叶片分隔成许多互不相通的小空间。

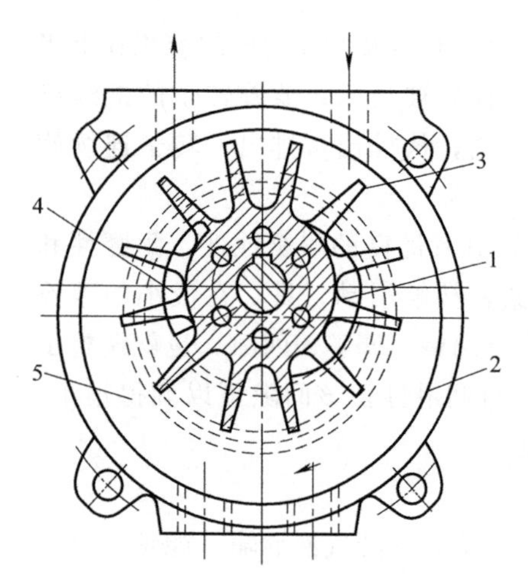

图 4-31 水环式真空泵工作原理图
1—吸入室；2—泵壳；3—叶轮；
4—排出室；5—水环

当叶轮按箭头方向旋转时，在前半转中，液环的内表面逐渐与叶轮轮毂脱离，各叶片间的气体小空间逐渐扩大，压力降低，形成真空，气体被吸入；在后半转中，液环的内表面逐渐与叶轮轮毂接近，各叶片间的气体小空间逐渐缩小，压力升高，气体被排出。这样，叶轮每转一周，两叶片间的容积改变一次，完成一次吸气与排气过程。叶轮连续运转，气体不断地被吸入与排出。

这种泵既能输送气体，也能输送液体，只是在抽送液体时效率较低。在输送气体时，也可作压缩机使用，排出压力为0.1～0.2MPa。一般都是当作真空泵使用，其排气范围为15～1800m³/h，真空度可达70%～80%，有的可达99.5%。

水环式真空泵有SZ（S——水环式，Z——真空泵）和SZB（B——悬臂式）两种型号。油库常用SZ-2型，个别油库也采用SZ-3型。在油库中不仅能够引流灌泵、扫舱，而且能够提供一定量的压缩空气，供某些需要压缩空气的场所使用。

由于真空泵工作中常常漏水，故造成泵站集水，冬天还易冻冰，而且必须采用真空罐，真空罐是一个危险源。另外，真空泵排出的油气易造成污染、能源浪费，并有可能引发火灾事故，所以GB 50074—2014不再推荐使用真空泵，而是用一些干吸能力强的容积泵（如滑片泵和摆动转子泵）代替真空泵。

二、水环式真空泵的操作

水环式真空泵在使用时与水箱、真空罐和管路组成一个系统，其流程见图4-32。

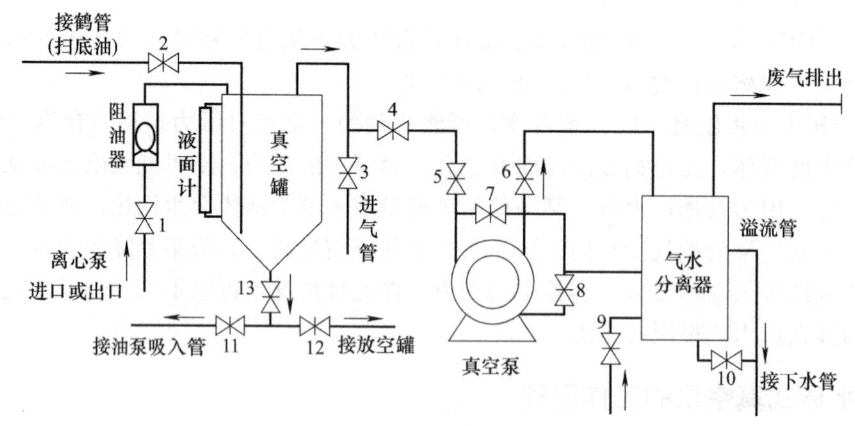

图 4-32 水环式真空泵真空系统

1. 水环式真空泵引油灌泵操作过程

① 开泵前，打开灌水阀9、8及阀7分别向供水箱和真空泵注水至溢流管溢水为止，关闭阀9。

② 关闭连接真空罐管路上的阀1、2、3和打开水环泵上的阀4、5和6，关闭阀7并启

动真空泵。

③ 开泵后真空泵把真空罐内气体抽出，并把泵内的一部分气体和水一起排到水箱；在水箱中空气与水分离后由排气管放到大气中，水经阀 8 还可循环使用。

④ 待真空罐达到一定真空度后打开阀 1，真空泵便开始抽吸离心泵吸入系统的空气，当阻油器有进油声音或真空罐有少量油品进入时，说明灌泵已经完毕，关闭阀 1，停止灌泵。

⑤ 停泵前应先关水环泵的阀 4，并打开空气阀 3，然后停泵，防止泵内液体被抽吸到真空罐内。

2. 真空泵抽吸油罐车底油（扫舱）操作过程

把真空系统与鹤管上抽底油（扫舱）系统连起来，再连真空上的阀 2 管路，便可构成抽底油的管路。抽底油准备工作与灌泵启动真空泵的方法类似，待真空罐内达到工艺要求的真空度后，打开阀 2，则罐车内底油和混合气体被抽到真空罐内，当罐内油面达到一定高度后，打开放油阀 13、11（或 12），把油放入泵入口（或放空罐）。

3. 水环式真空泵的操作注意事项

① 真空泵在操作前应检查泵、电动机、管路系统和各部件连接是否良好。

② 循环水量要适当，水温不能过高，在南方 SZ 型水环泵有时不设水箱，直接由自来水供水，这时要根据电动负荷情况，调节供水量，若供水量小，电流表读数下降，抽气能力降低；供水量大，电流表读数上升，抽气能力较强，使用时应兼顾既使抽气量大又不使电动机超载。

③ 用真空泵抽吸油罐车底油，若气温太低，而真空罐底有水时，应防止真空泵放油管（连阀 3 的管路）冻结。

④ 严寒季节，停泵后，应把泵和水箱内的水放尽，以防冻结。

思 考 题

1. 离心泵的工作原理是什么？
2. 油库中常用的离心泵有哪几种？
3. 防止泵汽蚀的方法有哪些？
4. 离心泵的特性曲线有哪些作用？
5. 怎样用图解法确定离心泵和管路组成系统的工作点？
6. 离心泵怎样操作使用？
7. 齿轮泵的工作原理是什么？
8. 螺杆泵、往复泵、滑片泵的工作原理是什么？
9. 水环式真空泵在油库内起什么作用？怎样使用？

习 题

一、选择题

1. 叶轮、叶轮螺帽和轴套组成离心泵的（　　）。

A. 转子　　B. 轴承　　C. 泵体　　D. 泵盖

2. 100YⅡ-150×2A 型离心泵中，数字 100 代表（　　）。

A. 吸入口直径　　B. 泵用材料代号　　C. 设计单级扬程　　D. 级数

3. 离心泵靠（ ）高速旋转使液体获得动能。

A. 对轮　B. 叶轮　C. 泵轴　D. 轴承

4. 离心泵靠扩散管或导叶将（ ）变为压力。

A. 动能　B. 势能　C. 电能　D. 离心力

5. 离心泵常见的性能参数中，（ ）代表扬程。

A. Q　B. H　C. Hs　D. η

6. 泵的流量是指单位时间内泵所输送的液体量，以符号（ ）表示。

A. Q　B. η　C. N　D. H

7. 一般离心油泵采用电动机驱动，最常见的额定转数是（ ）r/min。

A. 730　B. 960　C. 1460　D. 2950

8. （ ）适用于流量小、扬程高的作业。

A. 活塞泵　B. 柱塞泵　C. 隔膜泵　D. 手动泵

9. （ ）适用于较大流量和较小扬程的作业。

A. 活塞泵　B. 柱塞泵　C. 隔膜泵　D. 手动泵

10. 往复泵属于（ ）的一种。

A. 轴流泵　B. 叶片泵　C. 真空泵　D. 容积泵

11. 往复泵是利用活塞在泵缸内作往复运动而改变泵缸（ ）来吸入和排出液体的。

A. 压力　B. 真空度　C. 工作容积　D. 温度

12. 往复泵由于活塞的移动，泵缸排出阀关闭，吸入阀打开，泵缸（ ）。

A. 工作容积逐渐增大，压力降低　B. 工作容积逐渐减小，压力降低

C. 工作容积逐渐增大，压力升高　D. 工作容积逐渐减小，压力升高

二、判断题

1. 离心泵的轴功率随流量的增加而增大。

2. 往复泵的流量是脉动的、不均匀的。

3. 往复泵与离心泵一样，启动前必须灌泵。

4. 齿轮泵适用于流量大、中低压力下工作。

5. 齿轮泵启动前要灌泵，其作用是防止汽蚀现象的发生。

6. 齿轮泵具有体积小、结构简单、操作与维修方便、工作比较平稳的特点。

7. 螺杆泵的工作过程中，随着液体的不断流入，排出室压力升高，液体便经排出管输出。

8. 当螺杆泵的主动螺杆旋转时，吸入端密封线连续不断地向排出端作轴向移动，使吸入腔容积增大，压力升高。

9. 自吸泵结构上最大的特征是泵壳上的吸入管的中心高于叶轮轴的中心，排出口在泵壳的上方。

10. 往复泵按工作机构可分为活塞泵和柱塞泵。

第五章

油品的装卸设施及作业

油品装卸形式包括铁路装卸、水运装卸、公路装卸和管路直输。目前在我国油田外输主要采用管输和铁路运输形式；炼厂则采用管道、铁路和水运进行原油输入和成品油输出；在销售领域油库则大部分采用铁路或管道输入，公路运输进行配送的方式。本章主要介绍的是铁路、水运和公路的装卸设施及作业要求。

第一节　铁路装卸油系统及装卸方法

铁路装卸油设施根据油品性质不同，可分为轻油装卸设施和黏油装卸设施；从油品的装卸工艺考虑，又可分为上装上卸、上装下卸；按照装卸油是否需要动力，还可分为自流和泵送等类型。

一、铁路装卸油系统

1. 轻油装卸系统

轻油装卸设施是由输油设备、真空设备、放空设备三部分组成的，如图 5-1 所示。

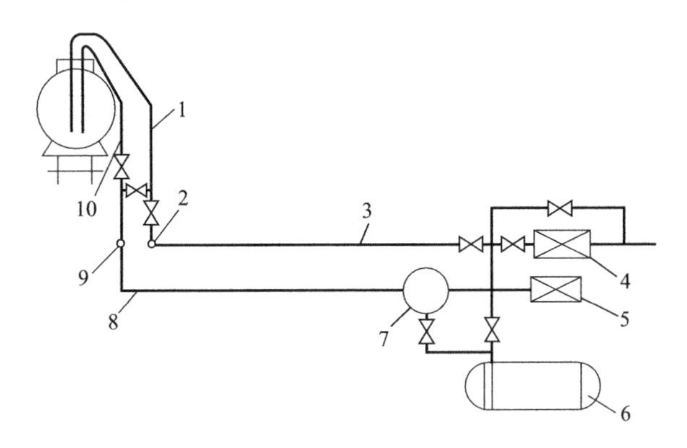

图 5-1　轻油装卸系统

1—装卸油鹤管；2—集油管；3—输油管；4—输油泵；5—真空泵；6—散空罐；7—真空罐；8—真空管；9—扫舱总管；10—扫舱短管

输油设备的作用是输转油罐车与储油罐内的油品，它包括装卸油鹤管、集油管、输油管、输油泵等。输油泵通常采用离心泵真空设备的作用是抽气引油灌泵和收净油罐车底油

(即扫舱),它包括真空泵、真空罐、真空管路和扫舱短管等。

放空设备的作用是在装卸完毕后,将管线中的油品放空,以免下次输送其他油品时造成混油或易凝油品冻结于管线中。它包括放空罐和放空管路,放空罐多放置在油泵房附近,并采用地下卧式油罐。目前大多数油库的输油管路,因输送油品性质相近,不致造成混油或冻结,故很少再设放空设备。

2. 黏油装卸系统

黏油包括原油、重油、渣油、蜡油、油浆和润滑油。黏油多采用上装下卸,选用吸入能力较强的齿轮泵或螺杆泵,因此不需要设置真空设备。黏油的卸车设施是为了使罐车中的黏油顺利地卸出并送至储罐的专用设施,应采用密闭自流、下卸式工艺流程。一般情况下,该设施包括卸油台、鹤管、汇油管、过滤器、导油管、零位罐及转油泵等黏油装卸系统;但为了降低油品黏度,便于输送,一般需要满足油品加热的要求,故一般都有相应的加热设施,如加热盘管和蒸汽甩头等。

二、管路系统

1. 鹤管与集油管的连接

① 专用单鹤管式如图 5-2 (a) 所示,这种布置方式用于质量要求较高的油品装卸中。集油管布置在铁路油品装卸线的一侧,在集油管上每隔 12m 或 12.5m 设置一个鹤管。液化石油气、特种油的鹤管应专管专用。

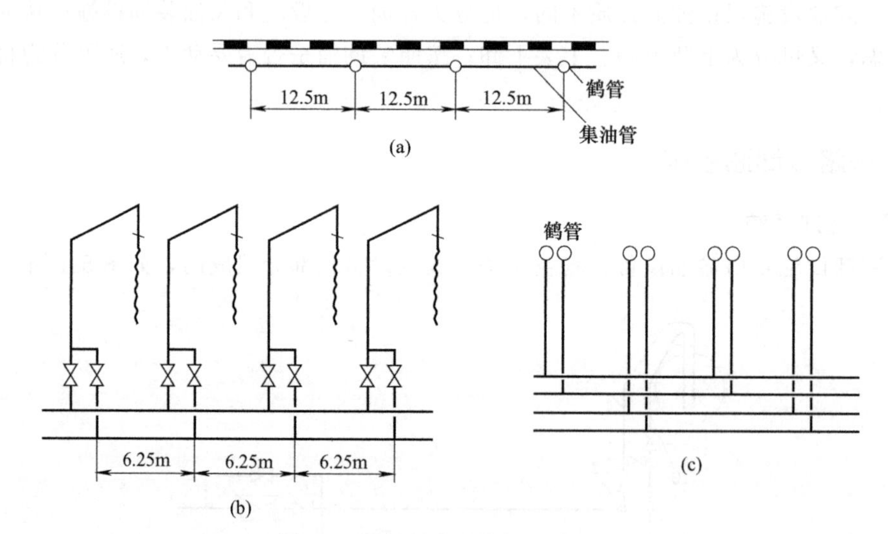

图 5-2 鹤管与集油管的连接工艺

② 两用(或多用)单鹤管式如图 5-2 (b) 所示。依据性质相近且少量混合又不影响质量的油品可共用鹤管原则,每一个鹤管分别和两条(或多条)集油管相连,鹤管间的距离根据铁路油品装卸线的股数确定。

只建一股油品装卸线时,鹤管间距一般为 12m 或 12.5m;若有两股油品装卸线,则集油管设置在两股油品装卸线之间,鹤管间距一般为 6m 或 6.25m。这种连接方式可以同时装卸两种(或多种)油品,常用于汽油、柴油的装卸系统中。

③ 双鹤管式如图 5-2 (c) 所示,每组为两个鹤管,分别与各自的集油管线相连,每组鹤管的间距为 4～6m,可以根据油品种类的多少而定。这种连接方式适用于品种多而收发

量小，但产品质量要求较高的油品，例如润滑油。

2. **输油管与真空管的连接**

输油管与真空管的连接一般有两种方式。一种是在每一个鹤管控制阀门的上部引出一条短管与真空集油管相连，如图 5-3（a）所示。这种连接方式造成鹤管虹吸速度快，油品可以在虹吸作用下自流进入泵房或零位油罐。若采用泵卸时，在操作上需打开泵的出口阀门或泵的放气阀，依靠油品的自流将吸入管路的气体排出，然后再启动离心泵。另一种方式是使真空管路与输油管在泵入口附近连接，如图 5-3（b）所示。使用时，开动真空泵，使吸入管路中的气体全部由真空系统排出，因此抽气引油速度较慢。但这种连接方式可以免开离心泵出口阀或放气阀，真空集油管兼作扫舱用。

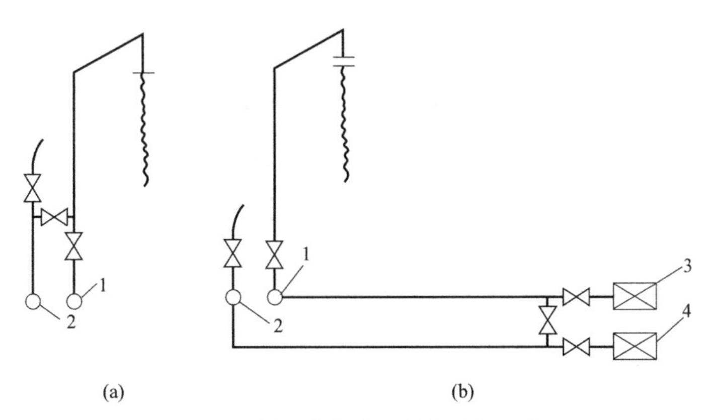

图 5-3　输油管与真空管的连接工艺

1—集油管；2—真空集油管（扫舱总管）；3—输油泵；4—真空泵

3. **集油管和输油管的连接**

集油管是鹤管的汇集总管，当鹤管数目较多时，也可用两种不同管径的钢焊接而成，在集油管的中部引出一条输油管与输油泵相连。

用泵卸油时，集油管与泵吸入管相接，油品直接经泵输送到储油罐。自流卸油时，集油管与卸油管相接，油料进入零位油罐后再用泵输送到储油罐。

集油管的直径一般比泵的吸入管口径大一些，以减少吸阻力。例如，泵的吸入管口径为 150mm 时，集油管直径为 200mm。

集油管的平面布置一般是与铁路油品装卸线相平行。对单股油品装卸线，集油管布置在靠泵房一侧，如图 5-4 所示。

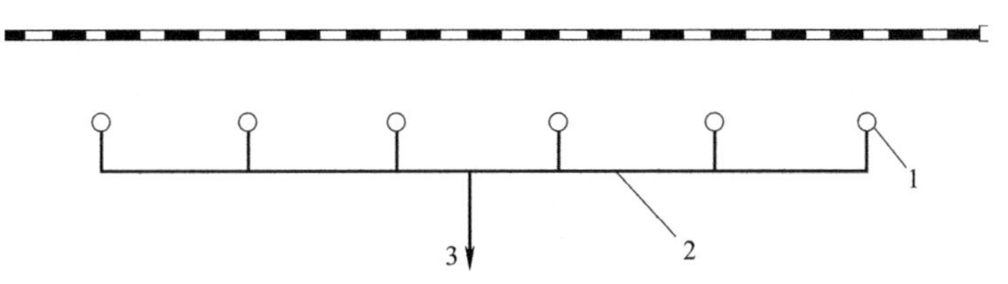

图 5-4　单股油品装卸线集油管的布置

1 —鹤管；2—集油管；3—至泵房

对双股油品装卸线，集油管应布置在两股油品装卸线中间，如图 5-5 所示。此时鹤管供两条油品装卸线共用，泵的吸入管需要穿过铁路，施工较麻烦。

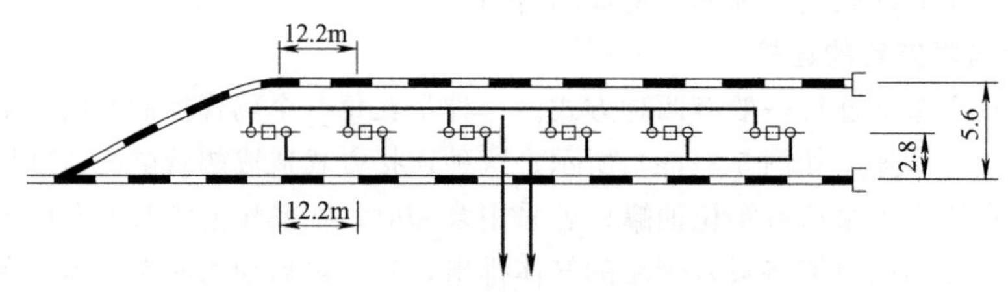

图 5-5 双股油品装卸线集油管的布置

当油品品种较多、收发作业量较小、油品质量要求较高时，可以采用图 5-6 所示的布置形式。黏油集油管一般采取这种布置形式。

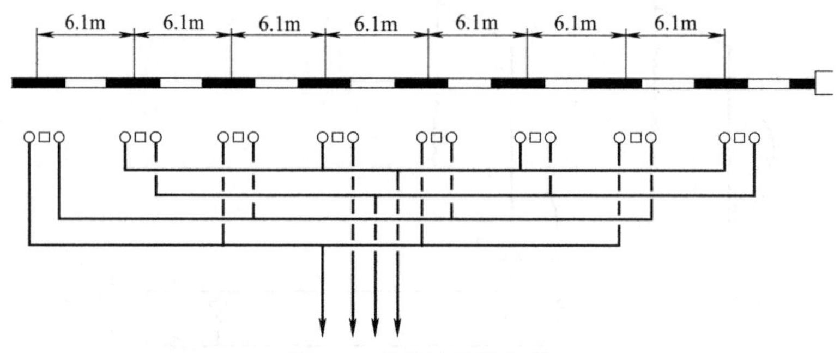

图 5-6 单股油品装卸线

集油管的敷设方式主要有直接埋土和管沟敷设两种。直接埋土是将集油管直接埋入土中或沙砾石里，其优点是管路受大气温度影响小，施工方便，但检修较麻烦。管沟敷设是将管路敷设在有盖板的管沟内，其优点是检修方便，但造价较高，安全性较差。黏油管路均采用管沟敷设。轻油管路过去多采用管沟敷设，但新建时应尽量采用直接埋土。直接埋土时，集油管中心距铁路枕木端部的距离应大于 60cm，以免影响铁路安全。集油管管顶的最大标高应低于铁路道渣厚度的一半以下，以利于铁路排水，防止枕木腐烂。

轻油集油管的坡度为 3‰～5‰，黏油为 5‰～10‰，一般从两端坡向中间，中部与泵吸入管相接，以减少集油管的阻力损失。泵吸入管应连接于集油管下面，以便放空。如采用输油管，输油管宜向下坡向泵房。集油管的连接，一般采用焊接而不采用法兰，尤其是直接埋入土中时更应如此。在特殊情况下需用法兰连接时，在连接处应设检查井，以便检修。

三、装卸油工艺

铁路装卸油工艺一般可分为上部卸油和下部卸油两种。在我国，目前所有油品铁路装车都采用上部装车工艺；轻质油品采用上部卸车工艺，黏油采用下部卸车工艺。

1. 上部卸油

上部卸油是将鹤管端部的橡胶软管或活动铝管从油罐车上部的人孔插入油罐车内，然后用泵或虹吸自流卸车。

(1) 泵卸油

如图 5-7 (a) 所示，该工艺要求泵吸入系统充满油品，并在鹤管顶点和吸入系统任何部位都不产生气阻断流的现象，所以必须配有真空泵以满足灌泵和抽吸底油的要求。在某些大型油库，由于储油区和装卸区距离较远，而且标高差较大，故采用一台泵接卸时，则要求卸油泵必须具备大排量、高扬程的特性，而且输油管管径也势必加大，这样就会增大投资，因此这类油库常采用图 5-7（a）中实线所示流程。其中卸油泵采用具有大排量、低扬程特性的泵，以满足快装快卸的要求；输转泵采用小排量、高扬程的泵，这样就可节省投资。这种工艺系统一般适合罐区较远的中转油库。

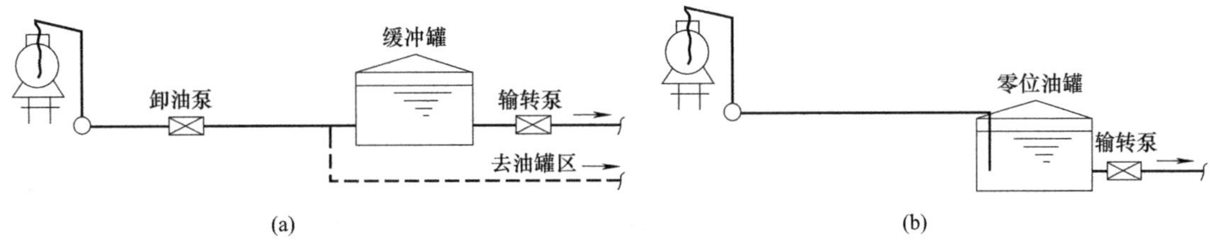

图 5-7　上部卸油工艺

用泵卸油的优点是：从油罐车内卸出的油品可直接泵送至储油罐，不经过零位罐，减少了油品损耗。其缺点是：必须设置高大的鹤管、栈桥和真空系统等，设备多、操作复杂，高温时易形成气阻，影响正常卸油。

（2）自流卸油

当油罐车液面高于零位油罐并具有足够的位差时，可采用虹吸自流卸油，如图 5-7（b）所示，但必须具备抽真空或填充鹤管虹吸的设备。这种卸油方法的优点是设备少、操作简单；缺点是增加了零位油罐，多一次输转，增加了油品的损耗。

2. 潜油泵（卸槽泵）上部卸油

利用潜油泵（卸槽泵）进行油品的上卸，如图 5-8 所示。这种潜油泵（卸槽泵）通常安装在卸油鹤管的软管末端；液压站为液压马达提供高压液压油，液压马达驱动潜油泵。由于液压马达不产生电火花，液压站安装在相对安全的栈桥下面，因此有效地解决了槽车内电动机防爆难题。这种卸油方法灵活有效，适用于野外作业，并且可以克服气阻。中国石化集团公司规定，销售企业油库卸油工艺应采用潜油泵配合离心泵卸车，用容积泵扫舱，典型流程如下。

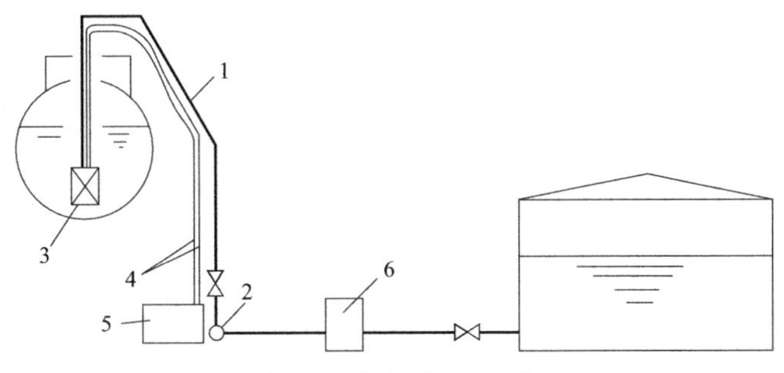

图 5-8　潜油泵卸油工艺

1—卸油鹤管；2—集油管；3—潜油泵；4—液压油管；5—液压站；6—管道泵

卸车流程：铁路槽车→潜油泵→集油管→输转泵→油罐；

扫舱流程：铁路槽车底油→扫舱泵→扫舱缓冲罐→扫舱泵→油罐。

并要求选用带立柱和平衡装置的卸油鹤管，末端垂管应为铝制；鹤管内轻质油品的流速不应大于 4.5m/s；扫舱罐应采用卧式罐，容量应根据栈桥车位的多少合理配置，一般为

$10\sim20m^3$。采用该工艺卸油对油泵的要求如下。

① 装卸轻质油品应采用离心式管道泵，装卸润滑油等黏度较高的油品宜采用螺杆泵，泵的流量应满足铁路部门对卸油作业时间的要求。

② 扫舱泵应选用自吸能力强、运行平稳、低噪声、寿命长、可用于油气混输的容积式泵，如摆动转子泵、双螺杆泵等。

③ 轻质油品应采用潜油泵辅助正压卸油工艺，以避免气阻现象发生，加快卸油速度。

④ 汽油、柴油泵和管路应分别设置，管路不应互相连接。

⑤ 同类油品中，对品质要求较高的牌号应设专用泵和管路。

3. 下部卸油

下部卸油如图 5-9 所示，是目前接卸黏油时广泛采用的方法。它由油罐车下卸器与输油管路等组成。油罐车下卸器与集油管的连接是靠橡胶管或铝制卸油臂完成的。采用下部卸油，克服了上部卸油的全部缺点，地面建筑少、操作方便。

4. 自流装车与泵送装车

当储油罐的液位和装油鹤管最高处的高差足够大时，均采用自流方式装油，如图 5-10 (a) 所示。这样不仅节省投资，减少经营费用，更主要的是不受电源影响，安全可靠。有些油库因高差过大，为保证计量精度、实现稳定自流而在中间设有缓冲罐，缓冲罐的位置、容量大小、设置个数要经过计算确定。

地形条件不具备自流装车条件的油库，大都采用泵送装车，如图 5-10 (b) 所示。

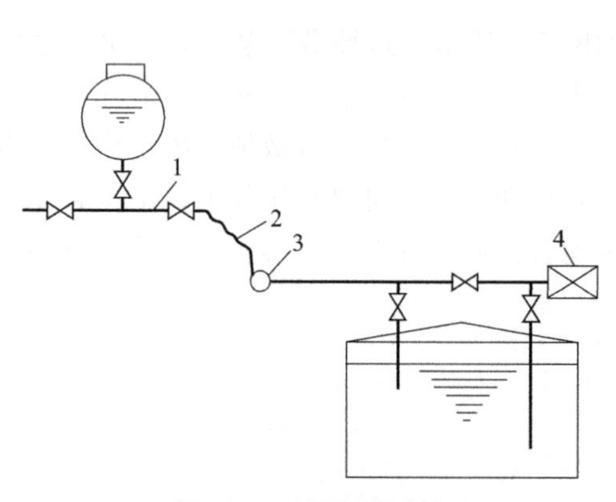

图 5-9 下部卸油系统

1—油罐车下卸器；2—软管；3—集油管；4—油泵

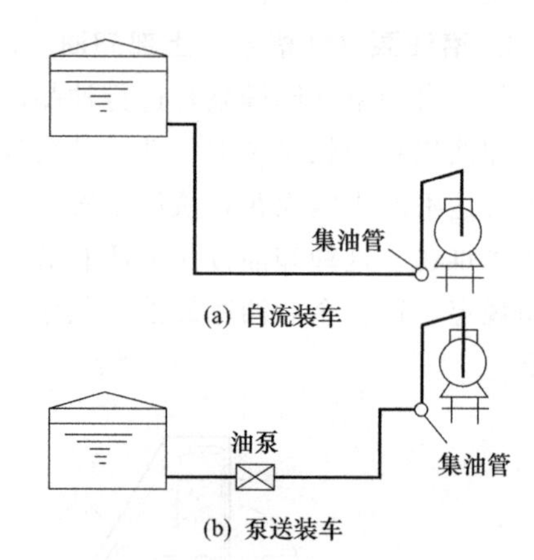

图 5-10 自流装车与泵送装车

5. 典型铁路装卸工艺流程

图 5-11 是当前比较通用的一种典型轻质油品卸车工艺流程。

该铁路装卸油工艺流程的主要特点如下。

① 该工艺系统广泛应用于 8 个鹤位以上的火车槽车中汽油、柴油和航煤等油品的卸车作业。

② 摆动转子泵通过虹吸给离心泵灌泵，摆动转子泵出口可到储罐，若储罐太高则可打到放空罐。

③ 摆动转子泵用于扫舱，若打开摆动转子泵进口 $DN50$ 的沿途管线，则出口去往储罐(若出口太高则通往放空罐)。

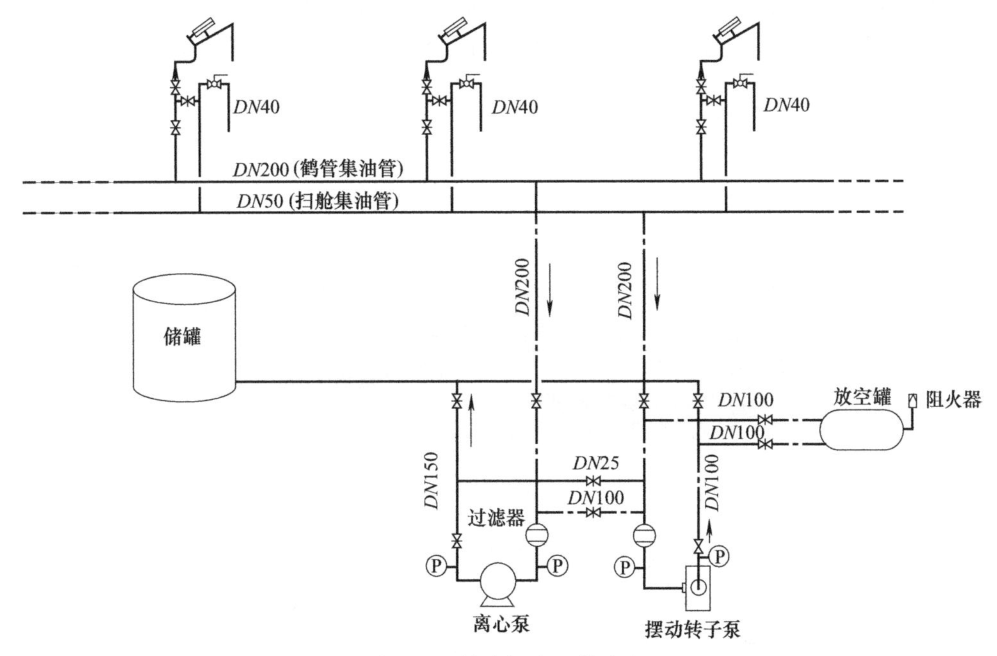

图 5-11　铁路卸车工艺流程

④ 放空罐内的液体可用摆动转子泵打往储罐，若储罐太高，则由摆动转子泵给离心泵灌泵，然后由离心泵打往储罐。

⑤ 采用 $DN50$ 的扫舱集油管具有形成真空速度快，利于快速扫舱的优点。

⑥ 可以边卸车边扫舱，提高工作效率。

⑦ 如果抽气时间太长（一般大于 10min），则开启 $DN25$ 的阀门让摆动转子泵回点液，防止泵升温。

⑧ 摆动转子泵进口管线以略高于离心泵进口管线为好。

第二节　铁路装卸油常用设备设施及其选择

一、铁路罐车

罐车是一种车体呈罐形的车辆，又称槽车，专门用来装运各种液体、液化气体及粉末状货物等。这些货物包括汽油、原油、各种黏油、食用油、液氨、液氯、水、水泥、氧化铝粉等。油气储运专业主要接户的是各类油罐车。

1. 铁路罐车的分类

在我国，石油化工产品的运输仍以铁路运输为主。铁路油罐车是散装油品铁路运输的专用车辆。铁路油罐车类型按功能分类，主要有：轻油罐车、黏油罐车、沥青罐车、液化气体罐车。

按罐车结构特点分：有空气包罐车、无空气包罐车；有底架罐车、无底架罐车；上卸式罐车、下卸式罐车。

2. 铁路罐车结构

铁路罐车既是运输工具，也是工作计量器具。经检定后，铁路罐车可用于液体产品的贸易结算。铁路罐车一般由罐体、底架、转向架、制动装置、车钩缓冲装置等组成。

铁路油罐车由罐体、油罐附件、底架和走行部分组成，如图 5-12 所示。

图 5-12　GQ_{70} 型轻油罐车

罐体由封头、筒体、人孔、安全装置等组成。封头采用碟形、椭圆形或球缺形；筒体采用圆柱体、锥体或其他形体。有些罐体上部设有空气包，人孔做在空气包上方，作用是防止罐内油品热膨胀溢出。目前新车型全部取消了空气包。

罐车底架可采用有中梁或无中梁的结构形式，根据需要设置通过台。有中梁罐车与底架的连接方式可采用上、下鞍螺栓紧固与卡带组合；也可采用其他可靠的连接方式。无中梁罐车应将罐体与牵枕装置焊为一体，牵枕装置的枕梁与筒体的连接包角大于等于 120°。

铁路罐车设外梯、车顶走板和车顶栏杆；罐体内梯根据需要设置，供操作人员登车和进入罐内。内梯和罐体底部的连接采用活动连接。罐体顶部中央设有人孔方便罐车清洗检修。车顶栏杆的高度不小于 500mm。

罐车在罐体内设置限制装料的容积标尺或在罐体外设置液位显示（测量）装置。罐车应根据介质的特性设加装与排卸装置，上卸式宜在罐体底部设聚液窝（液化气体罐车除外）。

罐车的承载结构均为整体承载。由于罐体是一个卧式整体筒形结构，具有较大的强度和刚度，罐体不但能承受所装货物的重量，还可承担作用在罐体上的纵向力。因此，新型罐车基本取消了底架，采用无底架结构。

3. 轻油罐车

轻油罐车可以运输汽油、煤油、石脑油、轻柴油等轻质油类的石油产品。为了装卸方便，曾经研究过采用下装下卸的方法装卸轻油罐车中的液体。但由于下卸阀在常年使用中可能发生漏泄，造成罐内油品漏出，可能引起爆炸事故。为此，轻油罐车一律采用上卸式，尽可能排除事故隐患。罐体外部涂成银色，以减少太阳辐射热的影响，避免罐内液体温升过高，也减少油类货物的蒸发。

我国生产的轻油类罐车主要有 G_3、G_{16}、G_{18}、G_{50}、G_{60} 及 G_{70} 系列，GQ_{70} 型罐车等，目前线路运营的主要为 G_{60} 系列、G_{70} 系列、G_{75} 系列、GQ_{70}、GQ_{70H} 型罐车，其他型号的轻油罐车已经淘汰。下面简单介绍 GQ_{70} 轻油罐车。

GQ_{70} 型罐车是轻油罐车的更新换代产品，容积大，载重达到了 70t（表 5-1）；罐体采用斜底结构，便于油品卸出，卸净率高；采用无中梁结构，装卸方式为上装上卸；主要由罐体装配、牵枕装配、车钩缓冲装置、制动装置、转向架及安全附件等组成，顶部安装呼吸式安全阀。

罐体装配主要由封头、筒体、人孔、聚液窝等组成。罐体采用直锥圆截面斜底结构，底部由筒体两端向中间截面下斜，斜度为 1.2°；采用椭圆封头，材质为 Q295A 低合金高强度结构钢。筒体两端内径为 ϕ3050mm，中部内径 ϕ3150mm，壁厚为 10mm，材质为 Q345A 低合金高强度结构钢。罐体顶部设助开式人孔，罐体底部设聚液窝。

牵枕装配主要由牵引梁装配、枕梁装配、边梁装配、端梁装配等组成。枕梁采用单腹板、侧管支撑结构，枕梁包角 120°。枕梁腹板、下盖板壁厚 16mm，材质为 Q345A 低合金高强度结构钢。

表 5-1　GQ_{70} 型罐车主要技术参数

自重/t	≤23.6	车辆长度/mm	12216
载重/t	70	车辆宽度/mm	3320
总容积/m^3	80.3	罐体长度/mm	11100
有效容积/m^3	78.7	罐体直径/mm	中部 3150、端部 3050
构造速度/(km/h)	120	车辆定距/mm	8050
通过最小曲线半径/m	145		

4. 黏油罐车

黏油罐车是运输原油、重柴油、润滑油等黏度较大油类的罐车。此类罐车采用上装下卸方式，在罐体下部设有排油装置。为了加快卸货速度，黏油罐车罐体上设有加温装置。

黏油类罐车主要有 G_4、G_{12} 及 G_{17} 系列，GN_{70}、GN_{70H} 型罐车等，目前参加线路运营的主要为 G_{17} 系列，GN_{70}、GN_{70H} 型罐车，其他型号的黏油罐车已经淘汰。

运送原油的罐车，罐体外部涂成黑色；运送成品黏油的罐车，罐体表面一般涂成黄色。

如图 5-13 所示，重油罐车均有下卸装置和加温装置，装油一般均在上部进行。下卸装置由中心排油阀、侧排油阀和排油管组成；排油管口有螺纹，以便与卸油鹤管的活接头连接，实现卸油操作。加温装置由设在罐体下半部的加温套及蒸汽管道组成，蒸汽管道与卸油台的蒸汽甩头通过带有管螺纹的活接头连接后，打开阀门即可实现对罐体及排油阀的加热；当罐内油品达到所需温度后，就可打开排油阀进行自流式卸油。排油管口的螺纹有多种规格，如 G_{12} 型车为 M140、G_{17} 型车为 M130×3 等。实际卸油操作时需准备多种螺纹规格的活接头。蒸汽管口的螺纹一般均为 2in 管螺纹。以下简单介绍常见的 G_{17K} 型黏油罐车。

G_{17K} 型黏油罐车是一种专为石油化工工业而设计的专用罐车；是用于装运原油、润滑油、重柴油等黏油类介质，带加温装置的上装下卸式四轴铁路罐车。

罐体为无空气包结构的圆筒形容器，内直径为 2800mm。罐体上部设有一个可以开闭的内直径为 567mm 的人孔和一个开启压力为 0.15MPa、吸入压力为 0.1～0.2MPa 的呼吸式安全阀。罐体内人孔座处设有容积标尺，其上平面所在高度即为有效容积的液面高度；人孔下部设有直通罐底的内梯。罐体上部设有工作台、扶手及安全栏杆，端部位置设有端梯。

G_{17K} 型黏油罐车的排油装置由下卸阀、开闭轴、阀座及三通管等零部件组成。罐体底部设有通径 ϕ100mm 的球形阀，为改进型下卸阀。排油装置为排油防盗装置，通过两侧的丝扣式排油接头（内直径 100mm）进行排油。开闭轴和排油接头均应满足防盗和防脱的使用要求。

罐体下半部分设有加温套和加温管路，并在排油管上设有夹套，与加温管路相通，由固定蒸汽源向加温管路通入蒸汽。蒸汽通入加温套及排油管夹套，对介质进行加热。加温套由一根纵向支铁沿罐体水平中心环绕罐体组成一个支架，焊在罐体下半部。在支架上覆盖厚度为5mm的钢板，焊接组成一个暖气加温层。在纵向支铁上焊有加强筋以增加纵向支铁的稳定性。为防止加温套板凹陷，在罐体适当位置上焊固一些高40mm的支撑管。

底架由中梁、枕梁、罐体托架、端梁、侧梁等部件组焊而成。

G_{17K} 型黏油罐车（图5-13）主要技术参数如下。

自重：22.8t；载重：57t；总容积：62m^3；有效容积：60m^3；车辆长度：11988mm；车辆宽度：2950mm；罐体直径：2800mm。

图5-13 G_{17K} 型黏油罐车

5. 液化气罐车

液化气体罐车主要用以运送常温下加压液化的石油气，如丙烯、丙烷、正丁烷、异丁烷、丁烯、异丁烯、丁二烯及其混合物等液化气体。此类罐车工作压力较高，罐体属于压力容器，所以采用高强度钢板制造，除满足一般的罐车要求外，还须按照压力容器的要求进行设计、试验和检测。车型较多，一般由石化厂或化工机械厂生产罐体，再安装在铁路工厂制造的底架上；其容积以36m^3、50m^3、55m^{3}规格为主，较新的车型为100m^{3}和110m^{3}的无底架液化气罐车。液化气罐车的设计压力随其运载介质不同而略有差异，一般为1.8～2.2MPa，允许的工作温度为－40～50℃。液化气罐车采用上装、上卸的操作方式，在高于运载介质的临界压力下进行密闭装卸。

液化气体罐车有设押运间和不设押运间两种形式。罐体上部设有安全阀、液相阀、气相阀、液位计、压力表、手压泵、手动紧急切断阀等部件。

目前液化气体罐车的种类主要有 GY_{40} 系列、GY_{60} 系列、GY_{80} 系列、GY_{95} 系列和 GY_{100} 系列等。

液化气体罐车罐体表面涂成浅银色，纵向中部涂有一条环形色带，用不同颜色来区别液化气体种类。GY_{80A} 型液化气体罐车见图5-14。

图5-14 GY_{80A} 型液化气体罐车

装卸油的管口均设在罐车上部，管径为 $DN50$；同时罐车上部还设有气相管接口（$DN40$），装车时排气，卸车时进气；一般还在罐上部设双管式滑管液位计，显示罐车内液位高度。下面简单介绍 GY_{95S} 型液化气体罐车，其主要参数见表 5-2。

表 5-2　GY_{95S} 型液化气体罐车主要技术参数

自重/t	40.5	车辆长度/mm	18538
载重/t	40.3	车辆宽度/mm	3100
总容积/m^3	96	罐体长度/mm	16066
构造速度/(km/h)	100	罐体直径/mm	2800
通过最小曲线半径/m	145	车辆定距/mm	13100

GY_{95S} 型液化气体罐车专供用于运输混合液化石油气、丙烷、丙烯等介质，主要由底架、罐体装配、加排及安全附件、押运间、制动装置装配、内梯、外梯及车顶走板、车钩缓冲装置、转向架等部件组成。罐体主要由筒体、封头、人孔颈、人孔法兰、安全阀座等组成。罐体材质为 16MnR，标准椭圆形封头，壁厚 22mm；筒体内径为 ϕ2804mm，壁厚 20mm；罐体总长 16066mm。底架主要由中梁、枕梁、鞍座、端梁、侧梁、通过台栏杆及安装钩缓、制动所需的有关零部件组成。底架总长 17600mm，总宽 2880mm，在车辆 1 位端设有通过台，2 位端装设押运间。

GY_{95S} 型液化气体罐车加排与安全附件：根据有关规定设置液相阀、气相阀、液位计、最高液位检查阀、排净检查阀、压力表、温度计、手压泵、油路控制阀、工作油缸、手动紧急切断阀、安全阀等。内梯从罐体上部人孔内直通罐底。外梯包括两个通往上部走板处的侧梯和车顶走板及防护栏杆。押运间主要由钢结构、防寒材、木结构、内部设施等组成。押运间内设有通风器、灭火器、暖瓶架、应急灯、行李架、折叠铺等设施，为押运人员提供了良好的押运条件，从而确保液化气体铁路罐车的安全运行。

6. 沥青罐车

沥青罐车是沥青运输专用罐车。沥青的装卸作业应在 120～180℃范围内进行，低于 120℃则由于沥青黏度太大，将给卸油造成困难，所以，沥青罐车的保温十分重要。根据中国石化集团公司重点科技攻关项目“沥青罐车改进”的要求，中国石化北京设计院与茂名石油工业公司共同研制 86-A 及 86-B 型沥青罐车，可使所装沥青（装车时沥青温度不低于 160℃）运行 7 天后仍能保持 120℃左右，免除了卸车操作中的加热过程，缩短了卸油时间并且节省了加热所用的燃油。下面以 GL_{70} 型沥青罐车为例介绍沥青铁路罐车的主要结构。

GL_{70} 型沥青罐车采用无中梁结构，主要由罐体装配、牵枕装配、保温装置、加热装置、端梯及工作台、车钩缓冲装置、制动装置、转向架等组成（图 5-15）。

GL_{70} 型沥青罐车罐体由封头、筒体、人孔、安全阀、内梯等零部件组成。封头采用标准椭圆形封头，内径为 3000mm。筒体采用斜底结构，底部由两端向中间截面下斜 50mm。罐体顶部设有助开式人孔与呼吸式安全阀。

保温装置主要由保温壳、保温材料、支撑、压条等零部件组成；保温壳采用铆接连接。火管进火口、火管出烟口、安全阀、罐体人孔、卸油管均设有保温罩；保温材料采用玻璃棉。加热装置采用内置加热的方式，由火管加热装置和蒸汽加热装置组成；火管加热装置由两根水平火管和一根竖立火管组成。在罐体 1 位封头处设有火管进火口，在罐体顶部设有火管出烟口。蒸汽加热装置在火管加热装置基础上增加了进气管和排水管，进气管位于车辆中

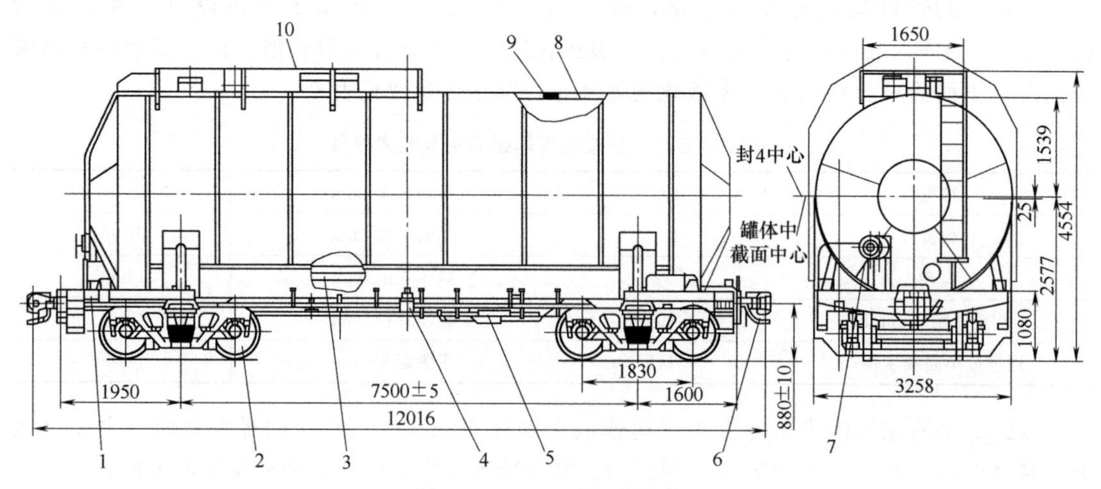

图 5-15 GL_{70} 型沥青罐车

1—牵枕装配；2—转向架；3—加热装置；4—排油装置；5—空气制动装置装配；6—车钩缓冲装置；7—手制动装置；8—罐体装配；9—保温装置；10—端梯及工作台

部，排水管位于车辆 1 位端。

在罐体底部两侧各设置一个排油阀，排油阀采用改进型保温旋塞阀。

在车辆 1 位端设置端梯和工作台，罐顶设有工作台和防护栏杆。工作台采用符合防滑性能要求的钢格板。

二、铁路专用线常识

油库铁路专用线又可分成库内线和库外线，是油库沟通国家铁路网的重要设施。由于铁路油品装卸线专业性很强，所以大多数油库都是委托铁路部门维护和管理的。这里只介绍油库库内线的基本知识。

(1) 铁路专用线的布置原则

铁路专用线是指从铁路车站至油库支线的总称，实施收发油作业的线段，称为油品装卸线。

修建铁路专用线要少占耕地，尤其要少占良田和民房，以保护人民群众的利益。另外，为了安全，应避开大中型建筑，如厂矿、水库、桥梁、隧道等。

专用线应尽可能减少土石方工程，避免穿越各种自然障碍，尽量不建桥梁、隧道和涵洞，以降低工程造价。专用线地质情况应良好，避免通过滑坡、断层等不良地段。

铁路专用线应从靠油库最近的国家铁路干线站台出岔，不允许在干线中途出岔，以免影响国家干线的运输和安全。

铁路专用线的长度和油品装卸线的股数根据铁路干线的牵引能力、收发量、油库容量、地形条件等因素决定。

铁路专用线的长度一般不宜超过 5km，以免投资太大。铁路专用线的最大坡度应保证列车能顺利进库；按《工业标准轨距铁路设计规范》规定，最大坡度不能超过 3%。专用线的曲率半径，一般地段为 300m，困难地段为 200m。

在专用线与车站线路接轨处应设安全线（长度一般为 50m），以防专用线内的车辆由于管理不善而冲入车站发生事故。

铁路专用线与附近建筑物之间的距离必须符合《标准轨距铁路接近限界》的要求，如图5-16所示。

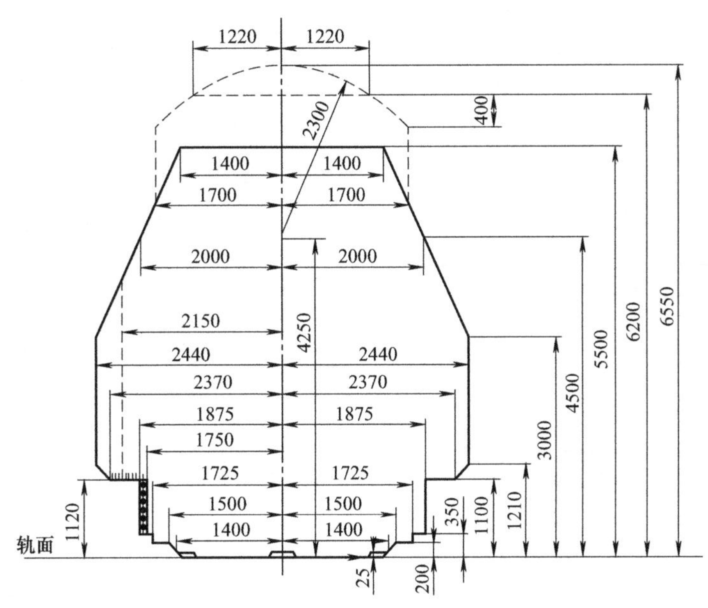

图5-16 标准轨距铁路接近限界

(2) 铁路油品装卸线布置形式

油品装卸线是铁路油罐车停放并进行收发作业的线段。油品装卸线布置是否适当，与作业方便与否和安全防火有直接关系。

油品装卸线应为水平直线，一般为尽端式布置。为防止调车时溜车，进油品装卸线前100m也应无坡度。

油品装卸线根据具体条件一般有三股、双股和单股等3种布置形式。

大、中型油库一般设三股油品装卸线，如受地形条件限制也可设两股油品装卸线。当设置三股油品装卸线时，其中两股为甲B、乙、丙A类油品装卸线，一股为丙B类油品装卸线，分设两个站台。当平行设三股油品装卸线时，丙B类油品装卸线与相邻甲B、乙、丙A类油品装卸线之间的距离，以铁路中心线计应不小于10m，一般为15m；两股甲B、乙、丙A类油品装卸线的中心距为5.6m，如图5-17所示。

同时，要求装甲B、乙类油品的装卸线中心线至石油库内非罐车铁路装卸线中心线的安全距离不应小于20m；卸甲B、乙类油品的装卸线中心线至石油库内非罐车铁路装卸线中心线的安全距离不应小于15m；装卸丙类油品的装卸线中心线至石油库内非罐车铁路装卸线中心线的安全距离不应小于10m。

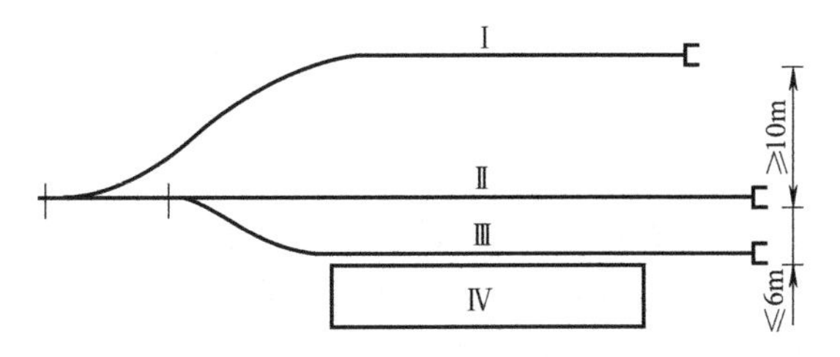

图5-17 三股油品装卸线的布置

Ⅰ—丙B类油品装卸线；Ⅱ—甲B、乙、丙A类油品装卸线；
Ⅲ—甲B、乙、丙A类与桶装油品装卸线；
Ⅳ—货物装卸站台油品装卸线

三股油品装卸线的布置形式，甲B、乙、丙A类和黏油收发作业互不干扰，操作方便，有利于安全防火，但占地面积较大。

中、小型油库一般设双股油品装卸线和单股油品装卸线，分别如图 5-18（a）、（b）所示。考虑到丙 B 类油品装卸量少，每次作业时间长，所以放在尾部较适宜。甲 B、乙、丙 A 类油品收发作业量较大，火灾危险性也较大，为便于牵引进出，甲 B、乙、丙类油品装卸线宜设在前部。甲 B、乙、丙 A 类油品与丙 B 类油品鹤位的间距应不小于 24m，但如果不同时作业，鹤管间距可不受限制。最后一个鹤位距油品装卸线终端土挡的距离应不小于 20m。

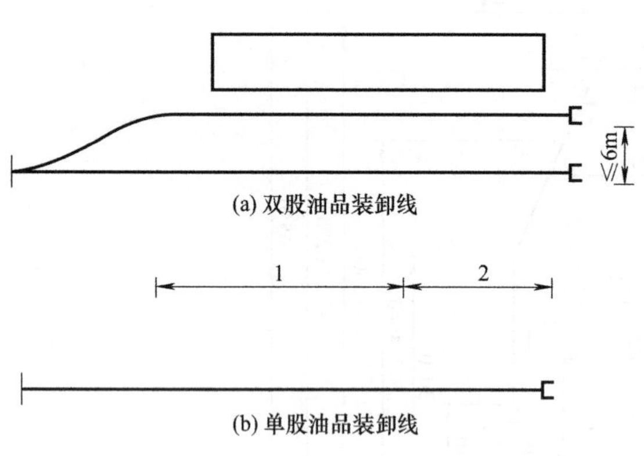

图 5-18　单股和双股油品装卸线的布置

1—甲 B、乙、丙 A 类作业区；2—丙 B 类油品作业区

双股或单股油品装卸线的缺点是甲 B、乙、丙 A 类、丙 B 类油品装卸作业互相干扰，调车不方便，特别是桶装油棚车或黏油罐车发生火灾时，不能及时引出库区，不利于油库的安全防火。此外，双股油品装卸线推送重油罐车的机车要穿过甲 B、乙、丙 A 类油品装卸线，对安全防火也不利。单股油品装卸线虽然占地少、造价低，但集油管路较长，增加了泵的吸入阻力损失，因此它只适合于小型油库。

（3）油品装卸线的技术要求

① 为了便于自流发油，油品装卸线通常设在油库的最低处。油品装卸线的标高是油库竖向布置的依据，习惯上油库的标高常用铁路油品装卸线轨顶标高作为±0.00 确定。

② 为了防止铁路油罐车自行滑动跑车，并保证计量准确，油品装卸线应严格保持水平。

③ 为了使作业区的设备施工安装和操作使用方便，油品装卸线应尽量为直线。若因地形条件限制，则油品装卸线的曲率半径应大于 600m，并且要求轨面不作超高，以免油罐车计量不准。

④ 为了及时导走装卸作业过程中产生的静电，油品装卸线必须有接地装置。两股油品装卸线之间应有适当的坡度，以便排出雨水和偶然洒出的油品。

每条油品装卸线的有效长度可按下式计算：

$$L = L_1 + L_2 + L_3 + L_4 \tag{5-1}$$

式中　L——装卸线有效长度，m；

L_1——机车至警冲标的距离，取 $L_1 = 9$m（此数值为铁路标准规定值）；

L_2——机车长度，m，取常用大型调车机车长度值为 22m；

L_3——油罐车列的总长度，m，如果甲 B、乙类、丙 A 类油品与丙 B 类油品布置在一条装卸线上时，还应再加 12m；

L_4——装卸线终端安全距离，取 $L_4 = 20$m。

股道有效长是指股道上可以停放机车车辆而不妨碍邻线列车及调车车列安全运行的最大长度。股道有效长的起止点按警冲标、道岔的尖轨尖端、出站信号机、轨道绝缘节和车挡等分别确定，即装卸线上油罐车列的始端车位车钩中心线至前方铁路道岔警冲标的安全距离不应小于 31m（9m+22m）；终端车位车钩中心线至装卸线车挡的安全距离应为 20m。

警冲标是指相邻股道间至两侧线路垂直距离均为 2m 交点处的警示标志物。警冲标以内为安全停放区，以外为侵限区，妨碍邻线列车安全运行。

对于有一条以上装卸线的油库装卸区，机车在送取、摘挂油罐车后，其前端至前方警冲标应留有供机车司机向前方及邻线瞭望的 9m 距离，以保证机车安全地退出。

终端车位车钩中心线至装卸线车挡间 20m 的安全距离，是考虑在装卸过程中发生油罐车着火时，为规避着火油罐车，将其后部的油罐车后移所必需的安全距离。同时有此段缓冲距离，也利于油罐车列的调车对位，以及避免发生油罐车冲出车挡的事故。

三、铁路装卸油鹤管

铁路装卸油常用设备很多，这里主要介绍上卸用的鹤管和下卸用的卸油臂。鹤管和卸油臂都是连接铁路罐车与集油管的设备。装卸作业时一般都是通过人工操作或液压传动，使鹤管伸入罐车内或使卸油臂接口与油罐车下卸接口相连。因此，为了减轻劳动强度和启动时间，且要满足工艺需要，要求鹤管和卸油臂具有操作灵活、密封性好、可靠耐用、有效工作半径大等特点。目前国内常用的鹤管有以下几种形式。

1. *DN*100 固定式万向鹤管

这种鹤管由 *DN*100 的钢制立管、横管、铝制短管、旋转接头、平衡重锤等组成，如图 5-19 所示。鹤管在其立管上装有旋转接头，能使鹤管在水平方向旋转。横管固定在可以旋转的活动杠杆上，并利用橡胶软管与立管相连，当横管上下起落时，短管即可插入或从车内取出。为了减轻劳动强度，在活动杠杆的另一端有平衡重锤。横管和短管是靠特制的法兰连接的，当松动法兰的螺栓后，短管则可保持自然铅垂。短管用铝管制成，不仅质量轻，同时也可避免当它与油罐车碰撞时产生火花。

这种鹤管的优点是结构简单、重量较轻、操作方便、转动灵活，减小了劳动强度和装卸油的辅助作业时间。

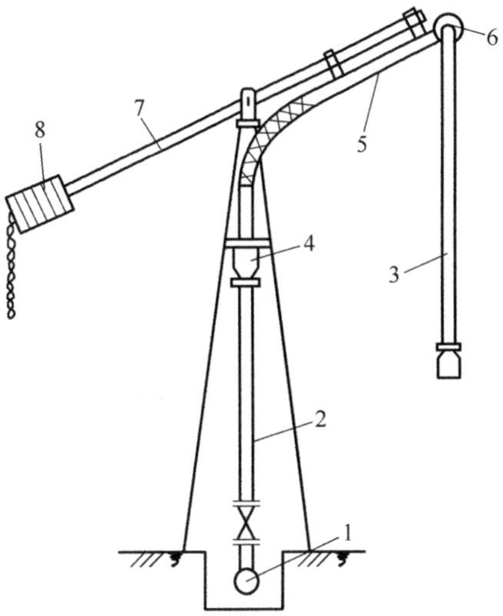

图 5-19　*DN*100 固定式万向鹤管

1—集油管；2—立管；3—短管；4—旋转接头；5—横管；6—法兰；7—活动杠杆；8—平衡重锤

2. 自重力平衡式鹤管

如图 5-20 所示，这种鹤管是人工操作的装卸油设备。它采用压缩弹簧平衡器与鹤管自重力矩平衡。这种鹤管配有回转器，能旋转 360°，故能给栈桥两旁铁路专用线上的油罐车装卸油品。此外，还配有使鹤管上下运动的升降器、对准油罐车位的水平活节和垂直活节及调节对位距离的小臂。这种鹤管具有操作上下自如、轻便灵活的优点。

3. QDY005 型轻油装卸鹤管

如图 5-21 所示，这种鹤管是“弹簧自平衡式”手动装卸车鹤管。它主要由立管、吸油管（垂直管）、半径管、自平衡弹簧、加长管和内部结构相同的转动接头组成；结构上采用压簧平衡，不占栈桥空间，能在作业范围内任意位置保持平衡；具有操作灵活、重量轻、对为方便的特点。这种鹤管如在端部配备液压潜油泵，并为潜油泵配置液压站，则可方便地实现潜油泵卸车工艺。

4. 卸油臂

卸油臂也称下卸鹤管，用于黏油罐车下部装卸油，其结构见图 5-22。这种卸油臂的优点是设有水平活节和垂直活节，操作较灵活方便，收拢和伸长位置调节幅度可达 4m，有效

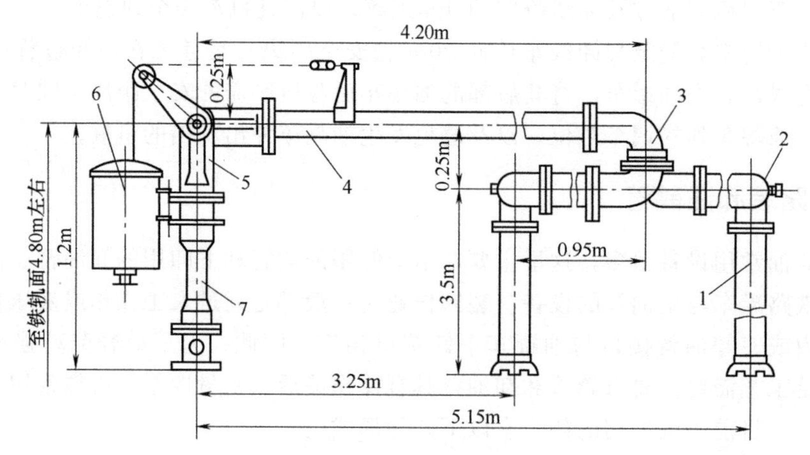

图 5-20 自重力平衡式鹤管

1—小臂直管；2—垂直活节；3—水平活节；4—水平管；5—升降器；6—平衡器；7—回转器

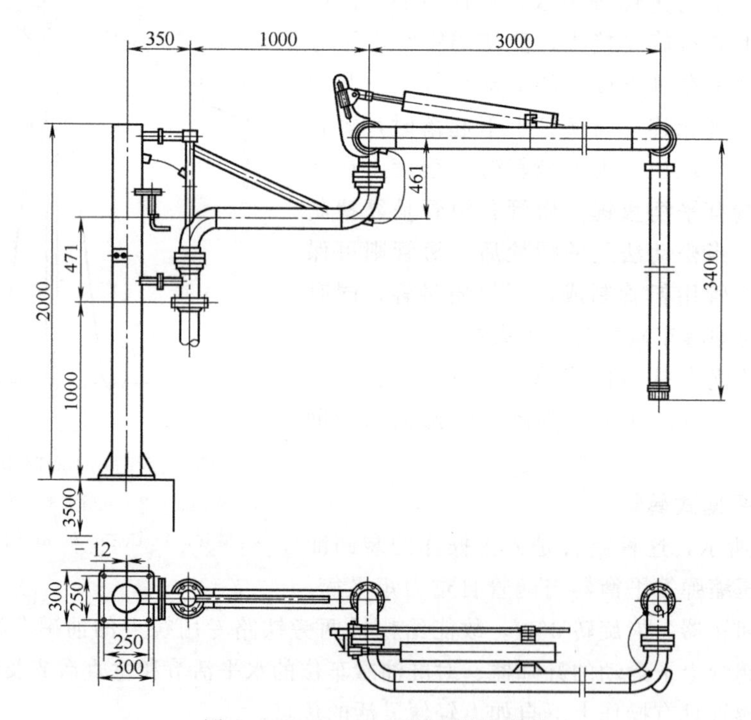

图 5-21 QDY005 型轻油装卸鹤管

工作半径范围大，便于油罐车对位和编组。

5. *DN*200 轻油装车大鹤管

*DN*200 大鹤管在国内作为一种先进的装车技术，具有投资少、易实现自动控制、有利于油气密闭回收等优点，在许多油田和炼油厂都采用了大鹤管装车设施。

大鹤管设施由鹤管系统、小爬车、控制联锁系统、工艺管线系统、密闭回收系统等部分组成。

大鹤管由鹤管本体（包括升降油缸、伸缩油缸、密封盖、分流头和鹤管筒体）、鹤管小车、液面计以及与之相配套的油品入口金属软管（*DN*200）和油气出口金属软管（*DN*100）

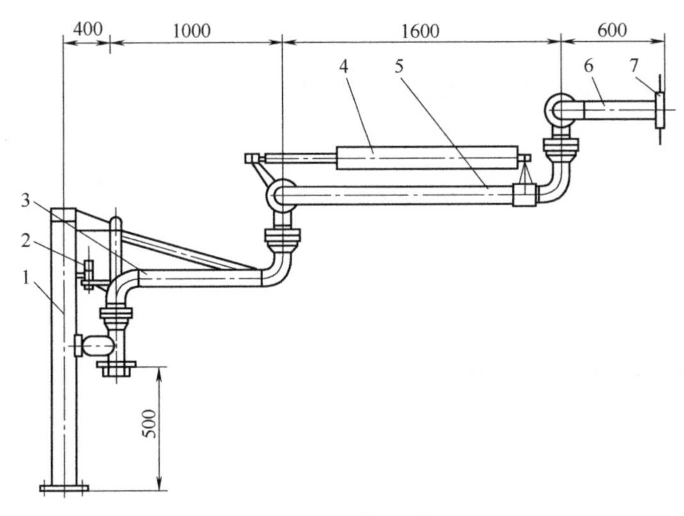

图 5-22 卸油臂

1—立柱；2—短臂锁紧；3—短臂及旋转接头；4—平衡器；5—长臂及旋转接头；6—垂管；7—快速接头

所组成。鹤管本体的作用是向油罐车装油，完成装油过程中的各个动作。鹤管小车是载运鹤管本体沿铁路中心运动，完成鹤管对油罐车装油口的精确对位；行车速度可根据实际需要通过液压马达油量进行调节。液面计安装在密封盖上，根据不同的车型将液面计测量元件调至油罐车内一定位置并固定之，以便正确监视测量装车液位，保证装车安全。鹤管系统安装在装卸线正上方横跨铁路，鹤管安装在装卸线中心线上。与人孔对中时，液压系统带动鹤管作升降运动和前后微调运动。

控制联锁系统可以自动监测油流静电电位、鹤管与罐车等电位连接电阻、油气浓度、罐车内液位等参数，实现安全联锁控制。

由于通常是一台大鹤管负责多辆罐车装车，因此采用小爬车推走已灌装罐车，实现多辆罐车依次灌装和大致对位。小爬车安装在铁路路基上，推动罐车车轮前进。

大鹤管装车的特点是：

① 装车流量大，速度快。小鹤管一般装车速度（$50m^3$ 罐车）为 25～30min/车，大鹤管仅为 6～8min/车。

② 鹤管用量少，栈桥短，减少投资和人力。48 辆罐车小鹤管需要至少 24 个货位和装车鹤管，但是大鹤管只需要 4 个货位和 4 个大鹤管，每个货位最多能装 12 台车，4 个货位可以同时装车。

③ 便于集中控制，有利于实现装油自动化，减轻操作人员劳动强度，提高作业效率和可靠性。

④ 罐车和鹤管的对位方式为“小爬车”牵引装置移动罐车进行粗对位，然后利用鹤管小车进行微量调节，装油鹤管采用升降方式进出罐车。因为需要牵引进出，所以辅助油品装卸线需要较长，同时增加了牵引设备的投资。

⑤ 液压驱动可靠性高。鹤管的升降机构、伸缩套管、接油斗的驱动系统动力全部是液压驱动，机构动作平稳、安全可靠、速度可调、易于操作和控制。

⑥ 浸没密闭装车安全性高。鹤管可以伸至罐车底部自动停止，鹤管口的新型分流头浸没于罐车底部进行装车，可以有效防止油品流动过程中摩擦产生的静电，确保了大流量、高

速装车过程的安全性。

6. 密闭装车鹤管

依据国家标准，为了减少装车造成的环境污染，必须采用密闭装车工艺。密闭装车鹤管相对传统装车鹤管具有以下优势：

① 密封装车鹤管带有能密封车口的罐车盖，罐车盖上增设了油气出口，使车内油气靠装油时车内气相空间的正压力从油气出口流出。

② 每个鹤管上的油气口均用管线与油气干管连接，形成了油气回收系统管线。

③ 油气干管可与油气回收装置连接。

四、油品装卸线鹤管数（车位数）的确定

油库中全部鹤管数等于各种油品所需鹤管数的总和，或在此基础上根据装卸流程、各种油品同时装卸的可能性等予以调整。某种油品鹤管的数目，应等于该种油品一次对准货位的同时装卸的要求。它取决于该种油品铁路运输的年周转量、铁路干线上机车的牵引能力和列车编组等多种因素。

对于供应（分配）油库的某种油品，一次到库的最多油罐车数 N_i，可按下式计算

$$N_i=\frac{KG}{\tau V\rho A} \tag{5-2}$$

式中 G——该种油品散装铁路收发的计划年周转量，t/a；

K——铁路运输不均衡系数，原油库推荐值为 $K=1.2$，商业成品油库推荐值为 $K=2\sim3$；

V——一辆油罐车容积，m^3，油罐车的种类和规格较多，当有几种规格时，可按其加权平均值考虑；

τ——油品的年操作天数，一般为 350d；

ρ——该种油品的密度，t/m^3；

A——油罐车装满系数，原油、汽油、灯用煤油、轻柴油、喷气燃料等可取 $A=0.90$，润滑油、重油、液体沥青宜取 $A=0.95$，液化石油气宜取 $A=0.85$。

对于储备油库或大型中转油库，由于收发量较大、时间集中，常是整列收发。因此，一次到库的最多油罐车数 N 即为整列油罐车的数目，它取决于铁路干线机车牵引定数，并按下式计算：

$$N=\frac{\text{列车途径的铁路线上机车的牵引定数}}{\text{辆油罐车的自重}+\text{标记载重}} \tag{5-3}$$

式中，右侧各参数单位均为 t。

机车的牵引重量与铁路线路坡度有关，其数值关系见表 5-3；主要铁路货物列车牵引定数见表 5-4。其中表 5-4 只是部分数据，而且我国铁路发展迅速，数据一直在变化中。

罐车自重及标记载重依据具体车型参数。若一列车中油罐车型号不同，则需分别计算。

在设计工作中，一列罐车的车数不能自行计算确定，应在设计工作开始时即向铁路部门咨询，并应得到装卸油设施所在地铁路管理部门的认同。

在实际设计工作中，如果不能确定应该采用式（5-2）还是式（5-3），则可分别计算，鹤管数（或车位数）n 取其中较小者，描述为下式：

$$n=\min(\sum N_i, N) \tag{5-4}$$

表 5-3　国产主型机车单机牵引重量计算表

限制坡度 i_0/‰	机车计算牵引重量/t							
	电力机车			内燃机车			蒸汽机车	
	韶山 1 型（SS_1）	韶山 3 型（SS_3）	韶山 4 型（SS_4）	东风型（DF）	东风 4 型（DF_4）	东风 8 型（DF_8）	前进型（QJ）	建设型（JS）
	计算速度（持续制）U=43km/h	计算速度（持续制）U=83km/h	计算速度（持续制）U=51.5km/h	最低计算速度 U=18km/h	最低计算速度 U=20km/h	最低计算速度 U=30km/h	最低计算速度 U=20km/h	最低计算速度 U=20km/h
4	5364	5510	7511	3592	5793	5943	4584	3604
5	4524	4663	6371	2990	4835	4981	3827	3009
6	3906	4037	5525	2556	4144	4282	3281	2580
7	3433	3556	4873	2228	3621	3751	2868	2255
8	3059	3174	4354	1971	3213	333	2548	2001
9	2756	2863	3932	1765	2884	2997	2285	1797
10	2506	2606	3582	1596	2614	2720	2072	1629
11	2295	2389	3286	1455	2389	2488	1894	1489
12	2115	2205	3034	1335	2197	2291	1743	1370
13	1960	2045	2816	1232	2033	2121	1613	1268
14	1825	1905	2625	1142	1890	1974	1500	1179
15	1707	1783	2458	1064	1765	1844	1407	1101
16	1602	1674	2309	995	1654	1730	1314	1032
17	1508	1577	2171	933	1556	1628	1234	971
18	1124	1490	2056	878	1468	1537	1166	916
19	1328	1411	1948	828	13B8	1454	1104	867
20	1279	1340	1850	783	1317	1379	1047	822
25	1012	1062	1470	610	1039	1091	828	650
30	829	873	1210	492	851	895	679	533

表 5-4　我国铁路几条主要干线和区段货物列车牵引定数（部分）

线别	区段别	牵引定数(上行/下行)/t
哈大线	哈尔滨—长春	5300/5000
沈山线	沈阳—山海关	3500
京山线	山海关—北京	3500
津浦线	南京—天津	5000
沪宁线	上海—无锡	3500
	无锡—常州	3200/3800
	常州—南京	3200/3800、3500
京广线	广州—城陵矶	4000/5000
	城陵矶—江岸西	3300
	江岸西—郑州	3100/3500

续表

线别	区段别	牵引定数(上行/下行)/t
京广线	郑州—石家庄	3500
	石家庄—北京	3800
鹰厦线	厦门—漳平	1450/1700
	漳平—永安	1350
	永安—来舟	1700
	来舟—肖家	1900/2400
	肖家—鹰潭	1900/1600
陇海线	连云港—徐州	3000
	徐州—郑州	3500
	宝鸡—郑州	3500
	天水—宝鸡	2600～3250/2400
	天水—陇西	2800/2400
	兰州—陇西	3250/3000
兰新线	乌鲁木齐—兰州	2600～3000
宝成线	成都—宝鸡	2400

五、栈桥和货物装卸站台

1. 栈桥

栈桥是铁路油罐车装卸油作业（鹤管）操作平台，用以改善收发作业时的工作条件。栈桥一般与鹤管建在一起，如图 5-23 所示。在栈桥到罐车之间设有吊梯（其倾斜角不大于

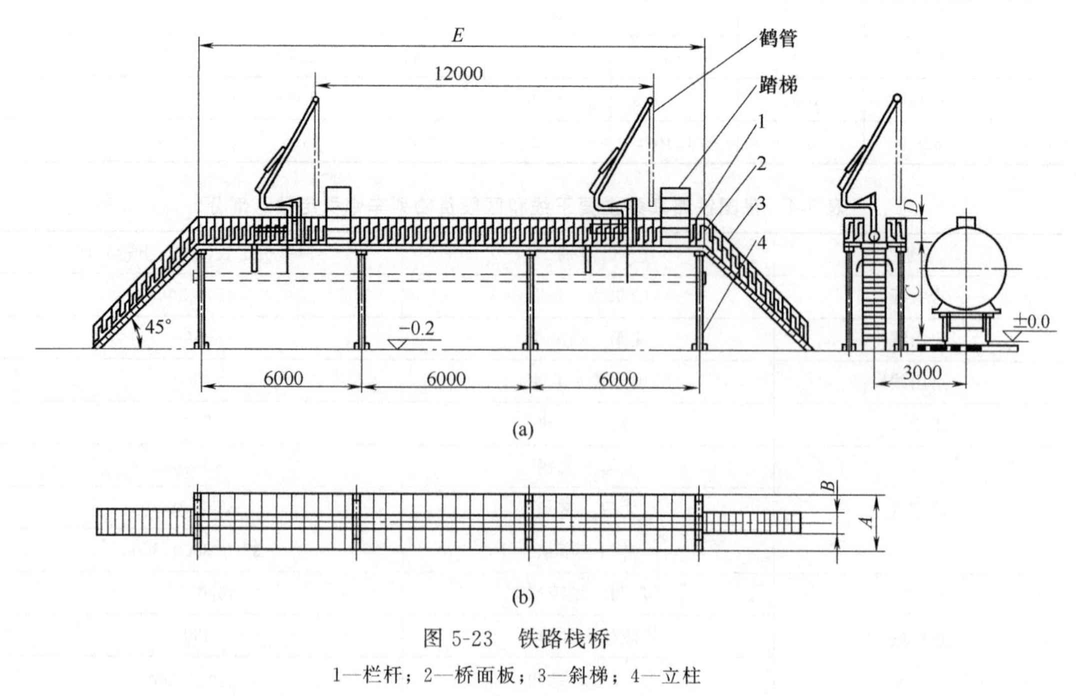

图 5-23 铁路栈桥

1—栏杆；2—桥面板；3—斜梯；4—立柱

60°)，操作人员可由此上到油罐车进行操作，完成操作后应及时收拢吊梯，平时应检查其牢固性。

在设计和建造栈桥时，必须注意栈桥上的任何部分都不能伸到规定的铁路限界中去。有些必须伸入到接近限界以内的部件（鹤管、吊梯等）要做成旋转式的，在非装卸油时，应位于铁路接近限界之外。

栈桥有单侧操作和双侧操作两种。在一次卸车量相同的情况下，单侧卸油栈台较双侧卸油栈台长，且占地多，但可使铁路减少一副道岔，机车调车次数减少一次。一般大、中型油库均采用双侧操作形式，只有一次来车量很小的小型油库才采用单侧栈桥。

栈桥可采用钢结构或钢筋混凝土结构。台面高度一般在铁路轨顶以上 3.2～3.5m，台面宽度为 1.5～2m，单侧使用时可窄些，双侧可以宽些。栈桥上设有安全栏杆。栈桥立柱间距应尽量与鹤管间距一致，一般为 6m 或 12m。栈桥两端和沿栈桥每隔 60～80m 处，常设上、下栈桥的梯子。

单侧栈桥的长度可按下式计算：

$$L=nl-\frac{l}{2} \tag{5-5}$$

双侧栈桥的长度可按下式计算：

$$L=\frac{n}{2}l-\frac{l}{2} \tag{5-6}$$

式中 L——栈桥长度，m；

n——一次到库最大的油罐车数；

l——一辆油罐车的计算长度，取 12～12.2m；

$\frac{n}{2}$——应向上取整。

2. 货物装卸站台

油库中桶装油品、油品器材和其他物资的装卸，需要设置一个小型的货物装卸站台。站台的主要尺寸应根据装卸量而定。一般站台长 50～100m，宽不小于 6m，一般为 12m 左右，站台地坪标高应高出轨顶标高 1.1 m，站台边缘至油品装卸线中心距离为 1.75m。站台台面要坚实，保证各种气候下都能使用。

站台位置一般选在与公路和灌桶间相联系的地方。站台与公路衔接处的端头应设置坡度不大于 1∶10 的斜坡道，以便于车辆上下。

六、零位油罐和转油泵

对于原油、沥青等黏度较高的液体，通常采用下部卸车经集油管汇集后流入零位罐，再通过转油泵将所卸油品转输至库区油罐。

如果地形条件允许，应尽量将卸油台布置在较高处，零位罐布置在较低处，使零位罐按地上油罐设计即可满足自流卸车的要求；当无自然地形条件可以利用时，则零位罐只能是地下式或半地下式油罐。

地上式油罐应采用钢结构油罐，地下或半地下式油罐一般均采用离壁式或贴壁式钢混结构油罐，混凝土罐已不再使用。

零位罐上应设通气管（不应设呼吸阀）、阻火器、透光孔、人孔及液面指示仪表等。

零位罐的有效总容积应等于一批车的卸油总量。如果每批车即是一列车，则零位罐的有效总容积应为一列罐车的总油量。

当一批车即为一列车时，在一列车的车辆数较大的情况下，卸油台过长，对位和其他操作难以进行。因此，设计时采用双侧卸油的卸油台，即将一列车分为两组，在卸油台的两侧各停放一组（每组车辆数为半列车的车数），两组车共用一条汇油管。

一般情况下，一列车由 48～50 辆罐车组成，对双侧卸油台每隔 10～12 个车位即设一个零位罐（即该零位罐应能容纳半列车的卸油量），整列车共设两座零位罐。

转油泵可选用潜油泵（泵为离心泵，电动机设于零位罐顶之上），这种做法经实践证明是成功的，所以，过去地下式零位罐的转油泵需设在地下式泵房中的做法，目前日趋淘汰。

当日卸车批数大于 1，且转油泵的台数等于或小于 2 时，可设一台备用泵；否则，可不设备用泵。一般转油泵至少设两台，并联操作。

转油泵的总流量应满足在两次来车的间隔时间内即可将零位油罐中的油品全部转走的要求。

七、铁路卸油管系气阻的产生与消除

在使用离心泵接卸汽油等饱和蒸气压较高的液体时常常会发生气阻现象，使得卸车速度变慢，在夏季气温较高时，甚至有整天都无法卸油的情况。以下介绍气阻产生的原因和目前消除气阻的一些措施。

1. 卸油管系气阻产生的原因

液体在一定温度和压力条件下会产生剧烈的汽化，即沸腾现象。铁路卸油管系在输转过程中，管内任意处液体压力低于相应温度下的油品饱和蒸气压时，所输送液体便都会发生沸腾现象，在易于气体积集的部位，聚积汽化，形成气袋，阻碍甚至完全阻塞液体的流动，严重时整个管段都会产生汽化，这些现象统称为气阻，又叫气阻断流。铁路卸油作业中最容易产生气阻的是汽油。柴油和煤油因它们的饱和蒸气压力较小，一般不产生气阻。

对于卸油管系，从油罐车液面鹤管到泵进口管任一点的剩余压力（绝对压力）p_{sh} 都可用下式计算：

$$p_{sh}=p_a-\rho g\left(\Delta z+h_f+\frac{v^2}{2g}\right) \tag{5-7}$$

或者

$$H_{sh}=H_a-\left(\Delta z+h_f+\frac{v^2}{2g}\right) \tag{5-8}$$

式中 p_{sh}——剩余压力，Pa；

p_a——油罐车油液面压力，Pa；

Δz——计算点与油罐车液面的标高差，m；

h_f——从油罐车液面到计算点间的管路水力摩阻损失，m；

v——鹤管内油品流速，m/s；

H_{sh}——剩余压头，m 液柱；

H_a——大气压头，m 液柱。

则防止气阻断流的条件可由不等式表示

$$p_{sh}>p_t \tag{5-9}$$

或者

$$H_{sh}>\frac{p_t}{\rho g} \tag{5-10}$$

2. 系统工况调节消除气阻

(1) 流量调节法

流量调节法的目的是通过减少临界气阻点前的水力摩阻损失 h_f 和流速 v，增大剩余压力 p_{sh}，以消除气阻。

油库目前流量调节有两种途径，即多鹤管并联卸油法和节流调节法（卸油离心泵的出口流量调节）。

(2) 降温法

降温法是目前应用较广的消除气阻的一种有效方法，有人工降温和自然降温两种。

人工降温分油罐车淋水和回冷油两种。自然降温是在午夜或清晨待油温自然冷却到较低温度后卸油。

降温法能消除气阻的原理与油品的饱和蒸气压随温度变化而变化的性质有关，即通过降温可减小该温度下的油品饱和蒸气压 p_t，满足式（5-9）的条件。

但节流和降温法调节效应均较小，这是因为在盛夏季节昼夜油温都偏高，综合调节后也常出现无法卸油的情况，这时应考虑采用其他方法来缓和气阻。

3. 几种消除气阻的工艺及设备

从式（5-10）可知，消除气阻的工艺及设备都应使不等式 $H_a-\left(\Delta z+h_f+\frac{v^2}{2g}\right)>\frac{p_t}{\rho g}$成立，也就是应使不等式中几项因素都得到有效的调整，即提高 H_a 或降低 Δz、h_f，均是消除气阻的基本原理和方法。

下面简要介绍本系统消除气阻的工艺及设备和其应用情况。

(1) 气压卸油工艺

这是提高不等式中 H_a 这项因素，即提高罐车液面压力的方法。具体的做法是设法将油罐车盖口密封，加入压缩空气来提高 H_a。

气压卸油工艺的主要问题是人们担心压缩空气导入罐车可能存在危险因素，其中，主要是静电和混合气体的危险浓度，另外是油品溶入空气后的质量变化情况。研究表明，理论上完全可行，在南方一些油库也有一定应用。

直接影响气压卸油工艺推广应用的原因在于我国油罐车车型杂、盖口规格多，很难设计出一种能适合各种车型油罐车盖口密封要求，同时又操作简便、安全耐久的密封盖。

(2) 分层卸油工艺

据有关资料，在阳光辐射下，油罐车中油品温度上层、中间和下层变化很大。在气温为28℃时，罐车内上、中、下层油品温度可分别为39℃、31℃和24℃，有的上层油温可达47℃。按传统的鹤管卸油方法，将鹤管插到罐车底部，首先卸出的是罐车底层油品，而上层油温最高的油品却要待到油位最低时才开始卸出。显然这将促使气阻现象的发生，理由是最上层高温油品本身的位能在卸油过程中被损耗掉了。

分层卸油工艺便是根据高层、高温油品先卸，利用其本身的位能，相当于减小 Δz，以减轻或消除气阻。

常见的分层卸油设备是一个圆柱形的套筒，其外径应能方便地从油罐车口伸入，将其装在鹤管伸入罐车内的管段上。圆筒内设计一个漏斗状的浮筒，当该装置连同鹤管伸入罐车内卸油时，会首先将上层油品导向鹤管，随着油位的下降，浮筒也逐渐往下降，最后才卸下层温度较低的油品，由此达到分层卸油的目的。

分层卸油工艺是一种方便可行的工艺，如能降低装置局部损失，那么应用将会更广。

因为局部损失的存在，相当于在消耗位能，所以若其量值过大，也就失去了分层卸油工艺想充分利用的位能。

(3) 卸槽泵卸油工艺

卸槽泵或潜油泵是一种将小型离心泵支装在鹤管吸入口，浸没在油液下与卸油泵串联工作。对卸槽泵所需提供的扬程要求不高，当泵扬程大于$\Delta z+h_{\mathrm{f}}+\frac{v^2}{2g}$时，便可使鹤管处于正压状态，完全消除气阻。

卸槽泵有 XCB 卸槽泵和气动潜油泵两种类型，它们的防爆性能已经能满足要求，并在南方和西北地区有一定应用。

(4) 改进鹤管形式

现有鹤管形式存在的缺点：弯头活节多；水力摩擦阻力大；密封不严易漏气，鹤管由栈桥中心向油罐口延伸，必须高于栈桥栏杆，再伸入罐车，这使得位能损失较大等。这些缺点的存在，不仅易产生气阻，而且也影响卸油泵的位置，大多只能设在地面以下。

改进型鹤管是将鹤管改成固定弯管式，可直接搭在罐车口，降低了高度，同时这种鹤管弯头少，转弯半径大，改善了油品流动状态。故这种形式的鹤管可以减轻气阻。

(5) 真空系统与离心泵联合卸油工艺

真空系统与离心泵联合卸油工艺的原理是利用真空系统改善卸油泵的吸入工况，设想用加大鹤管流量、带走气阻点汽化气的方式，来减轻或消除气阻。

真空泵联合法卸油的最大前提条件必须是离心泵不发生汽蚀，换句话也就是说离心泵能维持正常的吸入真空。当未发生气阻时，若真空泵一直联合卸油泵工作，则只会增加能量消耗；在临界气阻状态，并入真空系统来克服气阻的效率不高，且会产生很高的蒸发损耗。一旦发生气阻，抽气后还会使离心泵发生汽蚀，结果是尽管泵机彻夜轰鸣，但卸油泵和真空系统都卸不下油。

尽管目前油库应用这种方法卸油很多，但它不是克服气阻的最佳工艺，只能在一定程度上缓和气阻。

(6) 下部卸油

前面已指出最易产生气阻的部位是在鹤管最高远端，是由于上部卸油造成的。因此假如同黏油罐车卸油那样，从罐车下部卸油，那么，轻油管系中的气阻将不复存在。

(7) 对罐车进行淋水降温

通过对罐车进行淋水降温，以降低油品饱和蒸气压，从而减轻或消除气阻现象。这种方法效果比较明显，但由于消耗水量大，且产生大量的含油污水，造成成本较高，因此，很难推广。

实现轻油罐车下部卸油应是最理想的方案，但由于轻油易燃、易爆、渗透性强，要保证油罐车在高度机动、大范围运行中永久性的安全，且全部改造将涉及社会的许多部门，因此前些年经过有关专家综合论证认为在我国目前不可行。

所以，目前解决气阻问题都以改进上部装卸作业条件和设备性能为前提进行。

第三节　水运装卸油码头设施及装卸方法

水上运输按其航行的区域，可划分为远洋运输、沿海运输和内河运输三种类型。水上运输与其他运输方式相比，其载运量大、能耗少、成本低。

我国海岸线长度达 1.8 万千米，有良好的港湾和优越的建港条件。2015 年 6 月，国家发改委发布《石化产业规划布局方案》（以下简称《方案》），《方案》对石化产业布局进行了总体部署，提及要打造世界一流七大石化产业基地，包括大连长兴岛（西中岛）、上海漕泾、广东惠州、福建古雷、河北曹妃甸、江苏连云港以及浙江宁波，这七大石化基地全部具有建设大型石化码头的条件。

从 1993 年开始，我国已是纯石油进口国。2011 年，我国原油进口量为 25378 万吨。2018 年，我国原油进口量为 46190 万吨，成为全球第一大石油进口国，对外依存度上升至 69.8%。这些进口油料主要从俄罗斯、沙特阿拉伯、安哥拉、伊拉克、阿曼、伊朗和委内瑞拉等国买进，大部分由海上进口，因而促进了我国油料海运事业的发展。

同时，2018 年我国天然气消费量为 2766 亿立方米，同比增长为 16.6%；天然气进口量为 1254 亿立方米，增速 31.7%。其中，进口 LNG 占到天然气供应总量的 53%，全部为海洋运输进口。

长江水系通航航线里程在 8 万千米以上，占全国内河通航航线里程的一半，万吨级油轮在洪水期从上海可直达武汉，枯水期也可直达南京。沿江已建有扬子石化、南京炼厂、安庆石化、九江石化、长岭炼化、武汉石化等多座油运码头。

我国内河运输大都是东西走向的横干线，而海上运输则是南北纵向。它把沿海各地和陆地上主要的东西走向的运输线连接起来，成为我国东部的一条纵向运输线。

在 20 世纪 90 年代以前，国内成品油运输主要由铁路承担，水运量在 1980 年只占 26%，到 1990 年达到了 31.5%，总运量约为 2810 万吨。随着我国经济的高速发展，对油料的需求量有了很大提高。

一、水路装卸工艺流程

1. 装卸船流程

向油船装油可以采用泵装或自流方式。某些港口地面油库，如果油罐与油船高差小、距离远，可采用泵装油；如果储罐的地理位置很高，则进行自流装船。装船流程为：储罐→机泵→计量仪表→输油臂→油轮油舱。一般情况下从成品油罐向船装油，有的炼油厂在向大型油轮装油时，用多台泵抽组分油，经管道调和器和在线质量仪表监控直接装船，国外大型炼油厂有很多这种实例。

卸船流程为：油轮油舱→油轮输油泵→输油臂→计量仪表→储罐。

从油船卸油可用船上的泵。若储油区与码头距离不远、高差不大，可用油船上的泵直接送至储油区。若储油区与码头高差较大或距离较远时，一般在岸上设置缓冲油罐，利用船上的泵先将油品输入缓冲罐，然后再由中继泵将缓冲罐中的油品输送至储油区。

2. 油船装卸工艺流程设计要求

油船装卸油的工艺流程应满足下列基本要求：可同时装卸不同油品而不互相干扰；管线和泵可互相备用；发生故障时能迅速切断油路，并有有效的放空设施。

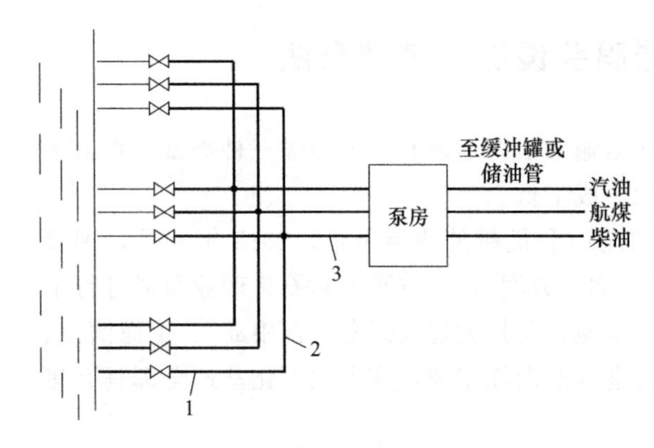

图 5-24 码头装卸油设备配置示意图
1—分支装卸油管；2—集油管；3—泵吸入管

油船装卸油必须在码头上设置装卸油管路，其配置情况如图 5-24 所示。每种油品单独设置一组装卸油管路，在集油管线上设置若干分支管路，支管间距一般为 10m 左右，分支管路的数量和直径，集油管、泵吸入管的直径等，应根据油船、油驳的尺寸、容量和装卸油速度等具体条件确定。在具体配置时，一般将不同油品的几个分支管路（即装卸油短管）设置在一个操作井或操作间内；平时将操作井盖上盖板，使用时打开盖板，接上耐油软管。

油船装卸工艺流程设计的基本原则是：

① 应能满足油港装卸作业和适应多种作业的要求；

② 同时装卸几种油品时不互相干扰；

③ 管线互为备用，能把油品调度到任一条管路中去，不致因某一条管路发生故障而影响操作；

④ 泵能互为备用，当某台泵出现故障时，能照常工作，必要时数台泵可同时工作；

⑤ 发生故障时船迅速切断油路，并考虑有效放空措施。

在设计装卸油管道流程时，应特别注意管道的排气、吹扫、置换、循环、保温、伴热、泄压等措施。

输油臂坡向油轮部分可以自流入船舱内，输油臂内的存液可用扫线介质吹扫入船舱内，也可用泵抽吸打入输油母管内，也可自流排入泊位上的放空罐内。吹扫介质最好是氮气，也可用蒸气、压缩空气和水。

装卸油母管在正常情况下，油品可以滞留在管道中，对易凝黏油，要长期保温伴热或定期循环置换。在母管中保留余油能节省动力、简化操作；由于管子充满油品，隔绝了空气，可以延缓管内壁腐蚀，也有利于油品的计量和结算。

管道检修动火时，应该考虑吹扫措施。管内存油有扫向船舱的，但更多的是扫向岸上储罐的；也有的是在管道低点设排空罐，让油品自流入排空罐，再用泵抽走；也有的是设置地下或半地下泵，直接把母管中的油抽送回储罐。

利用氮气吹扫原油、轻质油是最安全可靠的，但成本很高。炼油厂的附属码头，由于蒸气供应方便，习惯用它来吹扫原油、重油。蒸气扫线虽然安全，但由于温度高和有凝结水，也带来许多不利因素，如管道要按蒸气来考虑热补偿，容易产生水锤；管道振动，易使管道接头泄漏；增加油品含水量，易促进管壁腐蚀等。

用压缩空气扫线，对柴油、重质油是可行的。原油可先用轻质油或热水顶线，再用蒸气吹扫，汽油、煤油则用水顶线或用氮气扫线。

用水顶线后放空，会增加油罐沉降脱水时间，影响油罐周转和油品质量，加大含油污水的处理量，增加管内壁腐蚀机会，并且费用也很高。

不论何种扫线方法，在计量仪表处均应走旁通线，避免直接通过流量计。扫线管与油品管道连接处应设双阀，在隔断阀中间加检查阀，以便及时发现串油。不经常操作时，也可在切断阀处加盲板。

油品的膨胀系数大约在 0.06%～0.13%，随着温度升高，体积要膨胀，在油品管道上可设定压泄压阀，把膨胀的液体引回储罐。液态烃随着温度升高，蒸气压急剧增大，为了防止超压，在密闭的管段内可设安全阀，将泄放的气体排入回气管。

3. 设备选型及安装要求

① 输油臂和装卸软管应设置排空系统。当采用顶水方式扫线时，库内接收油罐应设脱水装置。

② 用码头或趸船的卸油泵接卸轻质油品，应采用离心泵或双螺杆泵；接卸黏度较高的油品，宜采用容积式泵；灌泵、清底收舱等作业应采用容积式泵。

③ 应根据航运部门对装卸油时间的要求、油轮（驳）载货量、输油距离、液位差等数据，合理选择装卸泵的流量、扬程以及输油管道的管径，正常作业状态时，管道安全流速不应大于 4.5m/s。

④ 在通向水域引桥、引堤的根部和装卸油平台靠近装卸设备的工艺管道上，应设置便于操作的切断阀。

二、装卸油码头及其管路系统

港口由水域和陆域两部分组成。水域是供船舶进出、运输、锚泊和装卸作业使用的。陆域包括码头、泊位、道路、仓储区、装卸设施和辅助生产设施（包括给水排水和消防系统，输电及配电系统，办公、维修、生活用建筑物，工作船基地等）。

港口中供船舶停靠的水工建筑物叫码头。码头前沿线通常即为港口的生产线，也是港口水域和陆域的交界线。

码头上停靠船舶的位置叫泊位，也叫船位。一个泊位可供一艘船停泊，一座码头可同时停泊一艘或多艘船只，即一座码头可同时有一个或多个泊位。泊位的长度要与船型的长度相适应。在同一条线上的两个泊位间还要留出两船之间的距离，以便船舶系解缆绳，因此码头线长度是由泊位数和每个泊位所需长度决定的。

装卸油码头是供水运油船装卸油品及停泊用的油库专用码头。

1. 装卸油码头选址要求

① 装卸油码头应设在能够遮挡风浪的港湾中，必要时还应设置防波堤。

② 应有足够的水域面积，以便设置适当数量的码头供船只停靠和调动之用。

③ 水位应有足够的深度，保证来库的最大船只能安全停靠。

④ 水底和岸上地质条件良好。

⑤ 装卸油码头应与货运码头、客运码头、舰艇加油码头、桥梁以及其他重要建筑物保持一定距离，并应建在城镇和上述各建（构）筑物的下游，其最小净距应不小于 300m，以利安全，若因特殊原因油码头需建在上游时，与各建（构）筑物之间的距离应大于 3km。

⑥ 油码头至客运、货运码头及桥梁的防火间距：装卸闪点＜45℃的油品时，不小于 300m；装卸闪点＞45℃的油品时，不小于 200m。

⑦ 装卸油码头的数量、规模及码头形式，应根据装卸作业量的大小、油品的品种、船只吨位及自然条件等综合考虑。一般应分别设置轻油码头和黏油码头各一个，其净距一般不小于 200m；轻油码头应设在下游位置。

装卸闪点＜45℃油品的油码头上，两船位的防火距离（净距）与油船的吨位有关。载重量＞1000t 的油船，两船净距为 50m；载重量＜1000t 时，两船净距为 30m。

⑧ 对于水位经常变动（如涨、落潮）的港口，应设置可以随水位升降的浮动码头（又称趸船），趸船有钢质趸船和混凝土趸船两种。其中，钢质趸船在靠船时抵抗水力冲击的能力较强，适于安装大型的起重设备，但造价高，维修保养困难，每隔 2～3 年就要防锈、涂漆。因此，只有在水流急、回水大的地区才选用钢质趸船，一般情况多选用混凝土趸船。趸船的长度应根据停靠船只的长度以及水域条件好坏决定，一般以趸船长与船长之比等于 0.7～0.8 设计。

2. 装卸油码头的布置要求

易燃和可燃液体装卸码头宜布置在港口的边缘地区和下游；易燃和可燃液体装卸码头宜独立设置；易燃和可燃液体装卸码头与公路桥梁、铁路桥梁等的安全距离，不应小于表 5-5 的规定。

表 5-5 易燃和可燃液体装卸码头与公路桥梁、铁路桥梁等的安全距离

易燃和可燃液体装卸码头位置	液体类别	安全距离/m
公路桥梁、铁路桥梁的下游	甲 B、乙	150(75)
	丙	100(50)
公路桥梁、铁路桥梁的上游	甲 B、乙	300(150)
	丙	200(100)
内河大型船队锚地、固定停泊所、城市水源取水口的上游	甲 B、乙、丙	1000(500)

注：表中括号内数字为停靠小于 500t 船舶码头的安全距离。

易燃和可燃液体装卸码头之间或易燃和可燃液体码头相邻两泊位的船舶安全距离，不应小于表 5-6 的规定。

表 5-6 易燃和可燃液体装卸码头之间或易燃和可燃液体码头相邻两泊位的船舶安全距离

停靠船舶吨级	船长 L/m	安全距离/m
大于 1000t 级	$L \leqslant 110$	25
	$110 < L \leqslant 150$	35
	$150 < L \leqslant 182$	40
	$182 < L \leqslant 235$	50
	$L > 235$	55
小于等于 1000t 级	L	$0.3L$

注：1. 船舶安全距离系指相邻液体泊位设计船型首尾间的净距。
2. 当相邻泊位设计船型不同时，其间距应按吨级较大者计算。
3. 当突堤或栈桥码头两侧靠船时，对于装卸甲类液体泊位，船舷之间的安全距离不应小于 25m。

3. 装卸油码头的类型

（1）*近岸式固定码头*

近岸式固定码头如图 5-25 所示。这种码头一般均利用自然地形顺海岸建筑。它的特点是整体性好、结构坚固耐久、施工作业较简单；其缺点是港区内风浪较大时，不利于油船停靠作业，也不适合水位落差较大的内河修建。

这种码头形式较为简单，只要沿河（湖）岸用石块砌筑或水泥浇注一段防护堤即可，防堤堤面与地面相平，同时可作卸油码头用。

(2) 近岸式浮码头

近岸式浮码头见图 5-26，由趸船、趸船锚系和支撑设施、引桥、护岸设施、浮动泵站及输油管等组成。浮码头的特点是趸船随水位涨落升降，它和船舶间的联系在任何水位一样方便。所以，它在沿海及内陆大江河中得到广泛的应用。

常用趸船有钢质和水泥两种。引桥一般采用钢结构，宽度不应小于 2m。当趸船离岸较远时，除了活动引桥外，还可加设固定引桥。

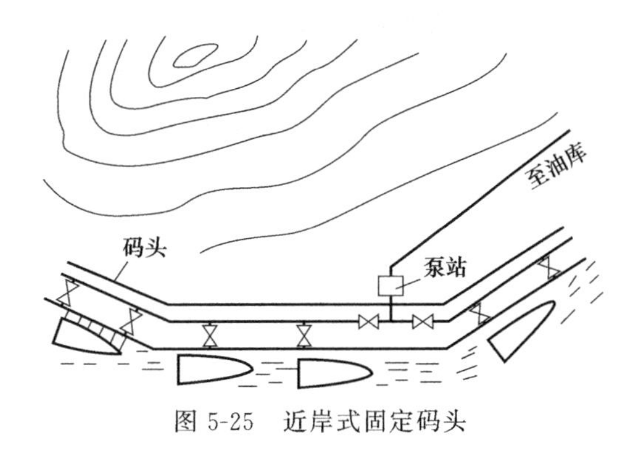

图 5-25　近岸式固定码头

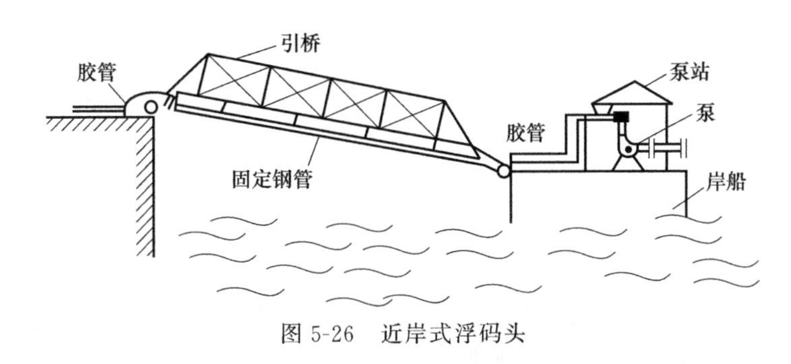

图 5-26　近岸式浮码头

在内陆长江、大河沿岸，有的油库浮码头也有采用小型垫挡趸船加跳板代替引桥。一些油库还有采用导轨及卷扬机牵引小型操作平台的，在卷扬机牵引下随水位上升或下降，始终使平台与油船船舷保持适当位置。大型平台上安置些卸油设备，并利用油船甲板进行装卸作业的导牵引式码头，其作用与浮码头类似，但其更适应作处于坡陡、岸高的小型油库卸油码头。

(3) 栈桥式固定码头

近岸式固定码头和浮码头能供停泊的油船吨位都不大，随着船舶的大型化，目前万吨以上油轮多采用栈桥式固定码头，见图 5-27。这种码头借助引桥将泊位引向深水处。栈桥码头一般由引桥、工作平台和靠船墩等部分组成。引桥作人行和敷设管路之用；工作平台作为装卸油品操作用；靠船墩则作为靠船系船之用，在靠船墩上使用护木或橡胶物保护。沿海大型油码头多为这种形式。

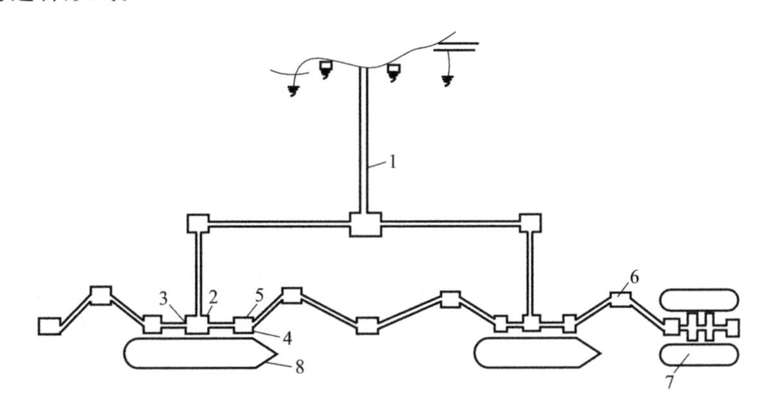

图 5-27　栈桥式固定码头

1—栈桥；2—工作平台；3—卸油臂；4—护木；5—靠船墩；6—系船墩；7—工作船；8—油船

(4) 外海油轮系泊码头

随着油轮吨级加大，船的吃水深度也在加大，近岸码头的水深条件一般很难满足要求，所以海港码头多采用栈桥式固定码头或外海油轮系泊码头。

远离岸边的水域叫“外海”。在外海修建栈桥、防波堤等，工程浩大，很不现实。由于大船对风浪的适应性强，这种码头大都是孤立地建造于水中，因此叫做岛式码头，如图 5-28 所示。由于岛式码头建立在外海开敞的海面上，故被认为是提高装卸效率的有效措施。其主要特点是备有独立的靠船墩、系缆墩和装油平台，各个独立结构物之间用人行桥把它连接起来。

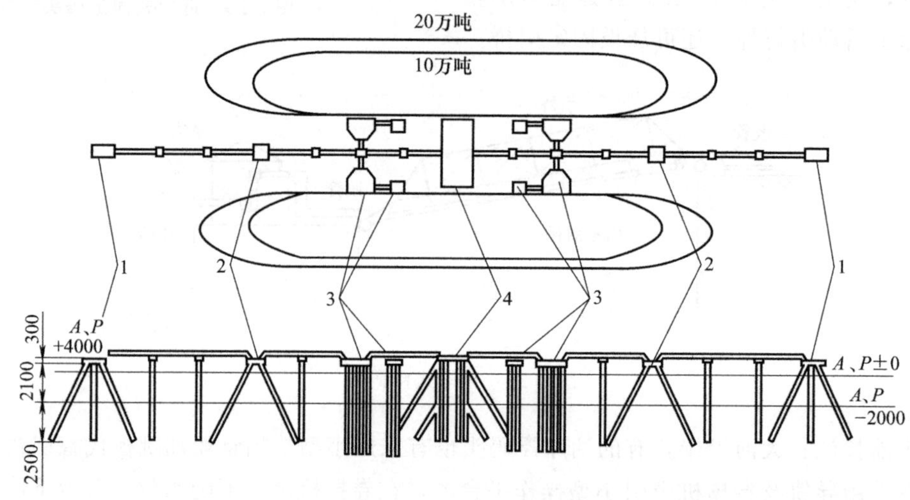

图 5-28 岛式码头

1—外侧系泊桩台；2—内侧系泊桩台；3—靠船桩台；4—工作平台

这种码头特别适合停靠油轮，这是因为可以铺设水下管道直接与岸上连通。如果船只停泊不靠码头，而是抛锚，或者系在浮筒上停泊，则通称“锚泊”的水域叫“锚地”。锚地可供等待泊位的船只临时停泊，也可以就在锚地上傍靠，另用船只转载油料，叫做“过驳”，或“捣载”。内河驳船队的排队或解队也在锚地进行。

在外海系泊超级油轮，除修建孤立的岛式码头外，还可以采用浮筒系泊。采用多个浮筒、多条缆索系船的叫“多点系泊”码头。但近来更多采用“单点系泊”(single point mooring，SPM) 码头，即在海中只设一个特殊的浮筒或塔架系住船首，系船部分有转轴，油轮可随水流和风向变化而改变方位。

单点的位置由油轮吃水和海域水深来决定；单点系泊的作业半径至少为最大油轮长度的 3 倍。在作业半径范围内，不得有任何固定建筑物，如平台、浮标以及暗礁和沉船或其他潜在危险物。

常见的单点系泊形式有悬链泊腿系统和固定塔式系泊系统，如图 5-29 和图 5-30 所示。前者应用广泛，目前全世界 80%的单点系泊为该系统，其优点是可在比较大的水深范围内移位；其缺点是在台风季节漂浮软管和水浮标须排除和移走。固定塔式系泊系统的优点是其主要机械设备和关键部件位于水面以上，易于安装和维修；其缺点是系统弹性较差。

4. 装卸油码头管路系统

本系统沿海油库油品运输以油轮为主。油轮都配有装卸油设备，故海运装卸油码头一般

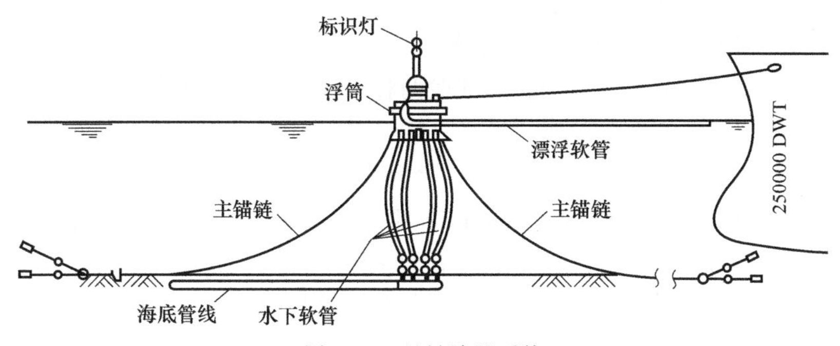

图 5-29　悬链泊腿系统

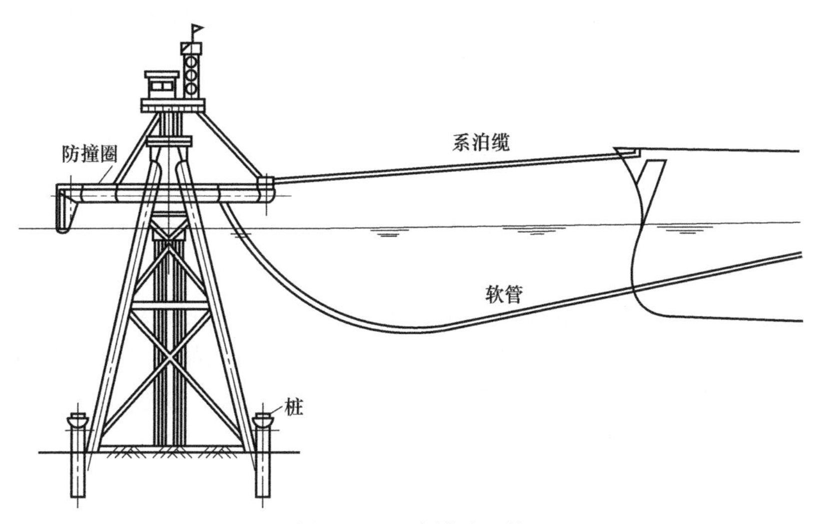

图 5-30　固定塔式系统

都不设泵房，即使因油罐区较远，需设中转泵房，也都将中转泵房设在岸上，以节省投资。因此，海运装卸油码头设施一般只有相应的管路工艺，不设泵房。

根据生产性质不同，这些管路又可分为输油管路和辅助管路。

(1) 输油管路及工艺

相对于铁路装卸油工艺，海运码头输油管路工艺较为简单，大多数码头都设置专管专用工艺，但也可根据生产需要设计成互为备用式的工艺流程。

活动引桥管路接头部分及与油轮管系相连接部分管路，一般均需采用耐油橡胶软管。根据规定，凡水运（包括海运、内陆水运）装卸油码头输油管，必须在岸边适当部位设置一机械强度较高的总控制阀，一般为钢阀，以防备意外情况发生时控制油流不进入码头水域。

(2) 辅助管路及工艺

辅助管路一般有自来水管、船用燃料油管、压舱水管及消防用管系等。

自来水管提供油轮生活用水及其他用途的淡水补给水。

船用燃料油管用作输送供油轮动力及生活用燃料油。

油轮空载航行时需有一定的压舱水。停靠需要排放压舱水或洗舱水船舶的码头，应设置接受压舱水或洗舱水的设施。一般要求海运油库有较强能力的污水处理装置，所以压舱水管可以导向污水处理装置，经净化处理后再导向专用水池或排入大海。

消防管系主要由供水导管和消防泡沫管等管系组成。

5. 内陆江河油库码头装卸油工艺及设施

由于内陆大河油品运输工具有油轮和油驳两种，而一般油驳无自卸能力，只能依靠岸上油泵卸油。因此为了保证卸油泵的吸入条件，卸油泵尽量接近油驳，这样卸油泵房必须设在码头趸船上。

这种趸船式卸油泵房工艺流程可联系铁路卸油泵房工艺流程，一般也必须设有卸油系统，以及为了灌泵和清舱所设的真空系统，有的趸船泵房还设有通风系统及消防系统；各管系与岸上油库和海运油库码头相应管道连接工艺和要求相同。

三、油船

油船是运载油品的工具，根据油船有无自航能力，分为油轮与油驳。船上装有轮机，可以自航的称为油轮；没有轮机，必须依靠拖船牵引的称为油驳。油轮上一般设有输油、扫舱、加热以及消防等设施，油驳上油品的装卸和加热则必须依靠油库的设施来完成。

油轮的主力船型为8万～32.5万吨级，其中最大峰值出现在22.5万～32.5万吨级的船型，占总运力的37.3%；其次为8万～15万吨级的船型，占总运力的26.6%。远洋原油运输多采用20万～30万吨级的油轮，以节省运输成本；中短途原油海运采用8万～15万吨级的油轮更为合适。

在世界油轮中，成品油油轮的吨位占油轮总吨位的17%，在1万～6万吨级的油轮中，85%是成品油油轮；在6万～15万吨级的油轮中，11.5%是成品油油轮。综观国际成品油海运航线上的船型配置，1万吨级以下成品油油轮主要用于地区内的贸易航线；2万～5万吨级的成品油油轮主要用于地区间的贸易航线，如中东—欧洲、欧洲—美国；5万吨级以上的成品油油轮主要用于承运石脑油。

国内沿海和内河航行的油轮有万吨以上、3000t以上和3000t以下几种。万吨以上油轮主要用于沿海原油运输，成品油的沿海和内河运输多以3000t以下的油轮为主。我国的原油油轮船队主要由5万～7万吨级的油轮组成，目前已经有30万吨级油轮投入使用；成品油油轮均在3.5万吨级以下。图5-31为常见的油轮结构示意图。

运油船为单甲板、艉机型，过去是单层底和设置纵舱壁，现在多为双层底、纵舱壁和双层壳的结构形式。《1973年国际防止船舶造成污染公约》规定，新造的载重量超过2万吨级的原油油船或载重量超过3万吨级的成品油船都要设专用压载舱，载重量2万吨以上的油船还须设有惰性气体防爆系统；还对装油区的专用压载舱的保护面积做出规定，这是因为油船的保护面积如果足够大，船壳破洞后装油舱可保持完整，不致引起泄漏。

油船用来装油的部分称为油舱，油舱由许多横向隔板和几块纵向隔板分隔成若干相互密封隔绝的舱室。这些舱室能保证油船不致沉没，还可以增加其稳定性，当油船摇动时，减少油品的水力冲击。自几个舱室缓慢抽出油品时，可以使油船向船首或船尾倾斜，这样更便于油品抽吸干净。同时，将油船分成若干舱室，还可以增加其防火安全性。在油舱与机舱、燃油舱等其他舱之间设有隔离舱，隔离舱的宽度不得小于0.9m，当运输汽油等甲B类油品（闪点低于28℃）时，在隔离舱内必须灌水。当油船要运载几种油品时，为了避免由于隔板泄漏而使油品混合变质，每两个舱室之间亦须设一隔离舱。油舱部分的横断面呈“凸”字形，“凸”字的顶部为副甲板，肩部为主甲板，舱室高于主甲板的部分叫膨胀箱，以容纳因温度升高而膨胀的油品。每个舱室的膨胀箱上设筒形舱口，口上加盖密封。还有通风管连通

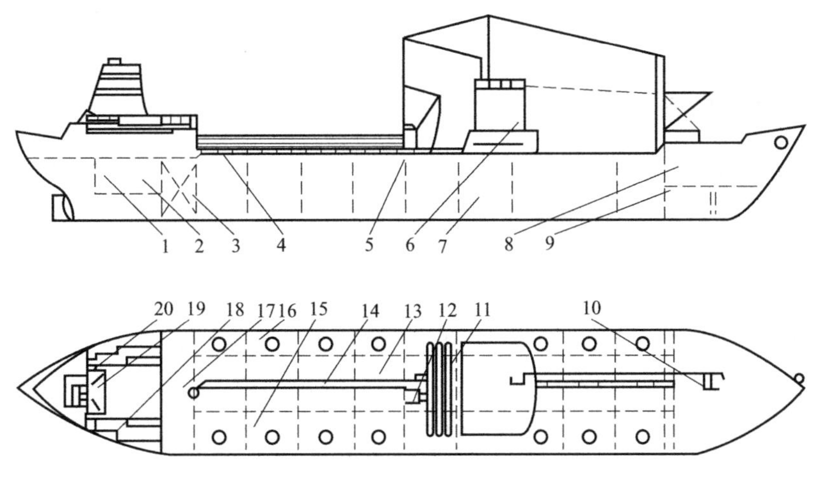

图 5-31 油轮结构示意图

1,19—锅炉舱；2,17—发动机；3—燃油舱；4—栈桥；5—泵房；6—驾驶台；7,16—油舱；
8—干货舱；9—压载舱；10—水泵房；11—管组；12—泵房；13—油舱（中间舱）；
14—输油管；15—油舱（边舱）；18—生活间；20—冷藏间

各舱，并接至前桅杆，沿桅杆上伸，经防火器后与大气相通（有的还设有呼吸阀，以供各舱小呼吸用）。各个舱室都有固定的装卸油管线连接，装卸油管线的阀门操纵盘排列在甲板上以便于开启。

油船上除货油舱外，还设有机舱、锅炉舱、油泵舱、专用压载水舱、隔离空舱、干货舱等。

机舱和锅炉舱设于艉部，即所谓“艉机型”船舶。

货油泵舱是用来布置货油泵等设备的舱室，其数目视油船的大小和营运的某些要求来确定，一般设置一个或两个。货油泵舱在油轮上的位置，有布置在艉部的，亦有布置在艏部或舯区域的。在艏部时，将其放在机炉舱之前，可起着与货油舱的隔离空舱相同的作用；一般安装具有自吸能力的蒸汽往复泵、内齿轮泵及螺杆泵等。

专用压载水舱是为了油轮单程载运货油，返航时压载航行而设置的。为使压载航行时能达到适宜的艏艉吃水，以便保证油轮能得到适宜的适航性、航向稳定性等航海性能，所需要压载水量的多少与航行区域的风浪情况有密切关系。而风浪因季节而变，也因地区而异，一般都按一般风浪（即六级风浪）和较大风浪（六级以上风浪）情况来考虑。确定压载水量的总原则是，在保证适宜的航海性能情况下，尽可能限制在较小的容量范围内，以节省船体造价；在遇到较大风浪时，考虑在部分货油舱内装载压载水。

根据现有的航海经验和世界一些航海组织的建议，压载水量应为载重的 30%～50%。在我国自行设计建造的 50000t 远洋油轮上，设置了专用压载水舱，其容量占货油舱总容量 33%。

为满足操作安全和生活的需要，油船上有多种管系。一般有输油管系、货油泵舱管系、扫舱管系、蒸汽加热管系、专用压载水管系、灭火管系、通风管系等。

油驳按用途分有海上和内河两类。我国油驳一般在内海使用，载重量有 100t、300t、400t、600t、1000t、3000t 等多种。油驳一般有 6～10 个油舱，并有一套可以相互连通或隔离的管组；有的可以装载两种以上的油品。油驳是单条或多条编队，由拖轮拖带或顶推航行的。拖带油驳的拖轮，从防火防爆角度考虑，与一般拖轮有所不同，在拖轮上应有可靠的消防设施。

四、输油臂和软管

目前油码头的装卸油导管有输油臂和软管两种。输油臂是国内外大型油码头广泛采用的金属装卸油导管，它结构安全、密封可靠、操作灵活、省力、造型美观；其缺点是加工制造复杂、造价高。软管在中小型、装卸物料品种多的码头使用较多。过去我国的油码头软管装卸工艺布置简单，装卸时软管与管道用法兰连接，装卸完毕后软管就放置在码头上，有时，多达数十根；由于油码头操作平台较小，因此使码头管理困难。

输油臂系统是安装在码头或浮码头上，用于码头与槽船管道之间传输液相和气相介质的专用设备。它可以克服橡胶管存在的装卸效率低、使用寿命短、易泄漏、连接油轮管路作业时劳动强度大等缺点。

输油臂在未与槽船对接，即空载时，在任意位置上均处于平衡状态。输油臂按结构可分为液压式和重力平衡式两种，一般由立柱、内臂、外臂、回转接头以及与油船接油口连接的接管器等组成。图 5-32 为拉索式输油臂结构，它配有液压系统，操作较为方便。

立柱是支承输油臂的垂直结构件，通过立柱下端底板上的螺栓孔，可以将输油臂安装在

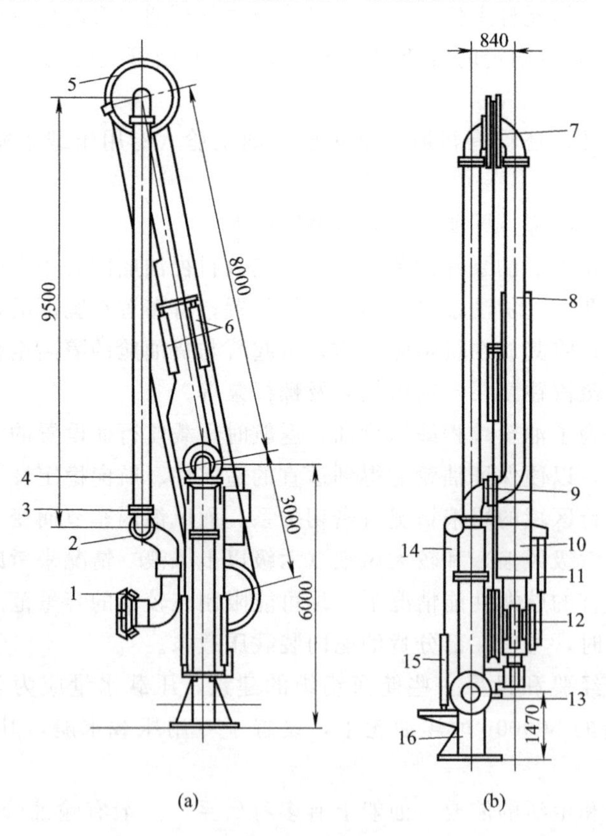

图 5-32　拉索式输油臂结构

1—快速接管器；2—三向回转接头；3—静电绝缘法兰；4—外臂；5—头部大绳轮；6—内臂驱动油缸；7—头部回转接头；8—内臂；9—中间回转接头；10—旋转配重；11—外臂驱动油缸；12—固定配重；13—输油臂连接法兰；14 —竖向回转接头；15—旋转驱动油缸；16—立柱

码头或浮码头基础上。立柱为双层套管，内层套管用以输送液体，外层套管用作支撑。

立柱底部有一弯管，其法兰与岸上的输油管相连，立柱的头部与一竖直回转接头相连。在液压缸的作用下，回转接头的上部结构可作水平方向转动。内臂为一钢管，输送的油品从中通过，同时也起支撑作用。在液压缸的作用下，内臂可绕垂直立柱的水平轴作回转运动，以满足工作需要。

外臂也是一钢管，油品从中通过，其一端（顶部）通过一回转接头由驱动油缸带动大绳轮作上下旋转运动，另一端的静电绝缘法兰与三向回转接头相接。三向回转接头是外臂端部与船舶接油口法兰连接部分，接头由三段弯管分别与 3 个互相垂直的回转接头组装而成，可在 3 个方向自由回转，以满足船舶运动的需要。

外臂管、内臂管、立柱管、旋转接头、法兰及管件共同组成了工艺管线，是介质的通道。

接管器是与船舶接油口法兰连接的部分。接管器的形式很多，最简单的为法兰盘式，用螺栓和油轮接油口的法兰紧固；此外还有全液压驱动型接管器，依靠液体压力达到快速接合、释放的目的。目前，最为常见的是三维接头。三维接头位于外臂端部，由三个旋转接头和弯管构成，适应槽船的颠簸、摇摆和侧倾；三维接头接船法兰上安装快速连接器，可以实现与槽船法兰的迅速对接，绝缘法兰安装在竖直位置，防止产生漂移电流并使船体与岸隔绝。

此外还有绳轮系统。绳轮系统由上绳轮、下绳轮及钢丝绳组成，以实现外臂与配重之间平衡负载的传递。平衡配重用来达到外臂与整体平衡的目的。

当油轮停靠码头进行装卸时，输油臂液压系统开始动作，驱动内、外臂迅速达到需要的位置。当快速接管器与油船上集油管法兰连接妥善后，即可将液压系统断开，使输油臂随船自由运动。输油臂可用来装油，也可用来卸油或接卸压舱水。

重力平衡式输油臂在沿海油库也有一定应用，它的操作原理类似重力平衡式铁路装卸油鹤管，规格有 LS6、SYB6 和 BS6 等几种。

五、登船梯

在油船码头的发展过程中，近代的大型油船码头，特别是处于无掩护的墩式码头，码头面不是完全连续的，而且标高较高，船舶在作业过程中的颠簸、游动频繁，且幅度比较大。由于码头护舷（又称船的护木）大，停靠在码头上的船舷至码头岸线的距离较大。这种条件的船岸联系是油船携带的舷梯难以解决的。因此现代大型油船码头为了加速船舶装卸作业和确保人员上下船的安全，以登船梯取代船舶舷梯是必然的选择。登船梯几乎与输油臂相似，成为不可缺少的油船码头大型作业装置。

登船梯是现代大型油船码头在油船停靠码头作业过程中，装卸作业人员和船员安全顺利上下船舶的装置。登船梯由塔架、升降机构、舷梯、电气控制设备、液压控制设备五个部分组成。

塔架主要由立柱、缀条、行走梯和轨道等组成。

升降机架在塔架的轨道中灵活地上下移动，滚轮与轨道的间隙设计为可调，以满足升降的灵活。

回转机构分为上下回转平台，上平台主要用于连接主梯仰俯的油缸，并满足登船者行走需要的高度；行走的底板采用花纹钢板，防止行走时打滑，四周配有标准的安全护栏。

起升机构由减速器、卷筒、联轴器、制动器、防爆电动机组成，是升降机构的动力源，能使机构停留在任意位置；机架停稳后，插锁定销轴，以实现制动器制动、电动机制动、销轴锁定的三保险。

第四节　公路装卸油工艺及操作

公路装卸油主要包括汽车油罐车装卸油及灌桶两种，是油库中的日常重要作业。

下列情况，通常采用汽车油罐车运输装卸油作业。

在远离铁路、水路交通线的地区建设的油库，其油料运输完全依靠汽车油罐车，这类油库汽车运输距离远（可达数百千米甚至上千千米），运输途中油料损耗大。油库只负责从汽车油罐车收油和向用油部门供油的任务。

为了安全和隐蔽，有些油库的储油区建设在距铁路干线或码头较远的山区。为了收发油方便，在铁路干线和水路码头附近建有铁路或水路装卸油作业区（又称转运站），在作业区配有容量 300～500m^3 的中继罐。从中继罐至储油区依靠汽车油罐车运油，某些前沿油库、海岛油库及机场油库属于这种类型。近年来，这种方式已逐渐为输油管线输油所代替。

主要依靠铁路、水路装卸油料的大、中型油库，为了向用油部门补给油料而设置汽车油罐车装油场所，这种方式比较普遍。

油桶作业则是油库向用油部门零星发放油料的方式之一。

一、公路装卸油设备设施

1. 汽车油罐车

汽车油罐车也叫运油车，这里讲的是用于道路运输常温下为液体介质的车辆。液体具体定义为：在 50℃时蒸气压不大于 0.3MPa（绝对压力）或在 20℃和 0.1013MPa（绝对压力）压力下不完全是气态，在 0.1013MPa（绝对压力）压力下熔点或起始熔点不大于 20℃的货物。可运输轻质油、重质油、二甲苯、芳烃等石油化工产品，载重量一般为 3～30t。

汽车油罐车按照牵引形式分为普通油罐车和半挂式油罐车。普通油罐车由普通货车改装而成；半挂式油罐车由牵引车和半挂车两部分组成，挂两个汽车号牌。半挂车是指车轴位于车辆重心（当车辆均匀受载时）后面，并且装有可将垂直力或水平力传递到牵引车联结装置的挂车。半挂油罐车由罐体、车架、牵引装置、支承装置、电气系统、行走系统、防护装置、附件等组成。汽车油罐车结构见图 5-33。

(1) 罐体结构

油罐车的罐体，应符合 GB 18564.1—2006《道路运输液体危险货物罐式车辆　第 1 部分：金属常压罐体技术要求》。罐体可采用圆形、椭圆形或带有一定曲率的凸多边形截面；根据装载介质，可采用碳素钢板、不锈钢、铝合金焊接而成。罐体内装有加强部件，加强部件由隔仓板、防波板、外部或内部加强圈等组成。隔仓板将罐体分割成互不相同的多个油仓，用于装载不同的油品；防波板横向焊接在罐体筒体周边，上面开孔，能够减轻汽车行驶中加减速时罐内液体的波动，减少水击危害。

罐体顶部有护板、平台和导水管、人孔等，人孔盖上开有上部充装口、安全泄放装置（呼吸阀或安全阀、爆破片装置、安全阀与爆破片串联组合装置，取决于介质危险特性）等附件接管。罐体上部的部件应设置保护装置，以防止因碰撞、翻车造成损坏，可设置为加强

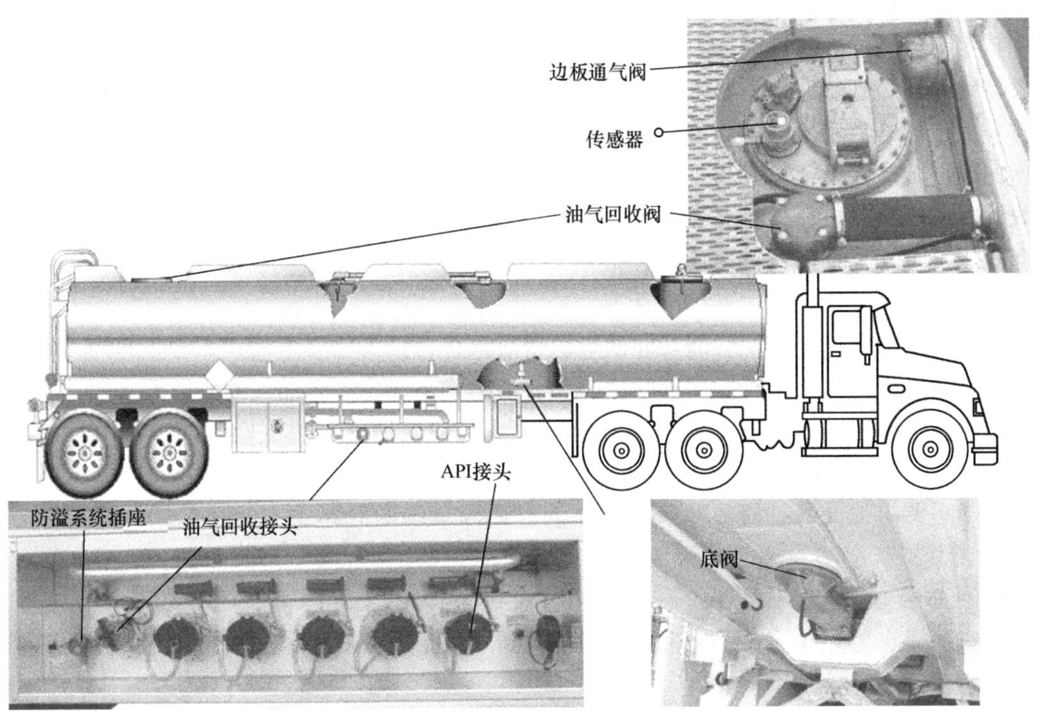

图 5-33　汽车油罐车结构示意图

环或保护顶盖、横向或纵向构件等。

罐体底部设有沉淀槽，打开底部丝堵可排放油罐底部沉积污物；还装有出油管路与泵油系统管路相连通，以实现加油放油等各种功能；在罐后部也可设有自流放油阀门。

罐体与底盘的连接结构和固定装置应牢固可靠，罐体与底盘支座连接的结构形式可采用V形支座或鞍式支座等。

油罐车配备有紧急切断装置，作用是防止在外部配件（管道，外侧切断装置）损坏的情况下罐内液体泄漏。紧急切断装置由紧急切断阀、远程控制系统以及易熔塞自动切断装置组成，能够实现远程关闭、热动（当环境温度达到易熔合金熔融温度 75℃±5℃时关闭）等自动关闭功能。紧急切断装置应动作灵活、性能可靠、便于检修。

紧急切断阀安装位置靠近罐体的根部，不应兼作他用；在非装卸时，紧急切断阀处于闭合状态。

(2) 底部装车系统

汽车油罐车装车方式有上部装车和底部装车两种方法。GB 50074—2014 明确推荐，灌装汽车罐车宜采用底部装车方式。

油罐车底部装车系统（bottom loading system）包括底部装卸料系统、油气回收系统和控制系统。

底部装卸料系统主要包括气动底阀（紧急切断阀）、无缝钢管、阀门、过滤网、API 快速接头、帽盖及其他相关部件。配置底阀的目的是避免因泄漏增加事故的严重性。底阀安装于罐体底部管道进口处，当卸料管道遇到意外损坏后，紧急底阀依然处于关闭状态，介质不会泄漏。紧急底阀有气动和手动两种，操作简便。当发生紧急情况时，可按紧急开关或控制开关关闭该阀；当车辆底部遭到撞击、管道损坏时，紧急阀会沿阀上的凹槽断开，不会伤及罐体，也不会产生漏油。

依据 GB 36220—2018《运油车辆和加油车辆安全技术条件》规定：油罐车应安装油气回收系统，油气回收系统的排放限值应符合 GB 20951 的规定。油气回收系统通过启闭操作装置应能灵活开启和关闭，无卡阻现象。装油时，能够将汽车油罐内排出的油气密闭输入储油库回收系统；往返运输过程中，能够保证油料和油气不泄漏；卸油时，能够将产生的油气回收到汽车油罐内。任何情况下，不应因操作、维修和管理等方面的原因发生汽油泄漏。油气回收系统包括油气回收快速接头、帽盖、无缝钢管气体管线、弯头、管路箱、压力/真空阀、防溢流探头、气动阀、连接胶管等。

油罐汽车油气进出口、底部装卸油口的密封式快速接头应集中放置在管路箱内，油管路和气管路应安装固定支架，以增加强度。多仓油罐汽车应将各仓油气回收管路在罐顶并联后进入管路箱。同时，油罐汽车应配备与仓数对应的油气回收管线气动阀门（油气回收阀）、压力/真空阀（呼吸阀）和防溢流探头。

对于不要求油气回收的油车，还应在油气回收系统的管路中安装通气阀，以释放罐内压力。

2. 汽车装车鹤管

汽车油罐车的装卸油鹤管有手工操作方式和气压传动方式两种；按装油方式分上部装车和底部装车。

（1）上部装车

上装式又分敞开喷溅式和密闭液下式。敞开喷溅式装车油气损耗大，易产生静电，油气污染空气，影响操作人员的身体健康，对轻质油不应采用喷溅式装车。为了防止污染，可以采用密闭装车，装卸油鹤管上装有一个橡皮塞，装油时把槽车口封住，油气由附在装卸油鹤管上的导管引走，集中排放或油气回收。但对沥青、燃料油等丙 B 类油品，可采用喷溅式装车。

汽车油罐车从上部装卸油时采用汽车鹤管。汽车鹤管和铁路油罐车装卸油鹤管一样，结构形式多种多样，可以根据实际情况选用或设计，许多生产厂家都能按用户的要求进行设计制造。如图 5-34 所示是汽车鹤管形式之一，其口径有 *DN*50、*DN*80 和 *DN*100 的，一般车

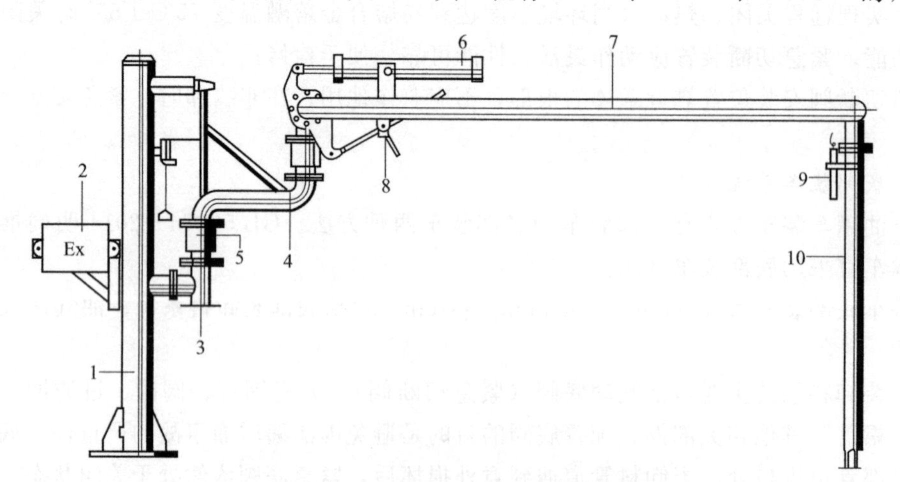

图 5-34 轻质油品油罐汽车防溢装油鹤管

1—立柱；2—液位控制箱；3—接口法兰；4—回转器；5—内臂；6—平衡器；7—外臂；8—外臂锁紧机构；9—液面探头；10—垂直管

型多选用 $DN80$ 装卸油鹤管。用气动操作的装卸油鹤管，气源需用净化压缩空气，压力为 0.4MPa、0.5MPa。汽车鹤管主要用于向汽车油罐车装油，当罐车无下卸器时，也用来卸油。从上部卸油时，应尽量采用自吸式离心泵卸油，这样可以使卸油操作简单、方便。

（2）底部装车

近年来，底部装车已经在国内越来越多的油库实施。采用底部装车时，使用下装鹤管直接连接到油罐车底部接口。下装发油特点主要是：

① 在地面操作，安全高效。首先，操作人员不需要爬到车顶去打开人孔盖并将输油臂放到位置，操纵底部输油臂连接到油罐车更容易。其次，可以同时进行多仓装载，装载速度大大高于顶部灌装。

② 付油时全密闭发油，控制了油气散发，减少了静电产生，具有安全、环保的特点。

③ 便于实施油气回收。与上部装车相比，底部灌装可以有效地回收油气，95%的油气可以被回收。

下装鹤管与上装鹤管相类似，也是由内臂、外臂、垂管、旋转接头等零部件构成的，但是比上装鹤管多出了干式分离接头。主要零部件作用及介绍如下。

内臂：与栈桥上的油管通过法兰方式连接，空间允许的话可在水平范围内做 360°回转。

外臂：用以连接内臂和垂管（软管），可以做俯仰动作。

垂管：主要由金属软管或复合软管构成，是介质流动的主要通道。

旋转接头：下装鹤管的核心部件之一，功能与上装鹤管相类似。

干式分离接头：下装鹤管的又一核心部件，用于与油罐车的连接，可以保证灌装后无漏油。

另外，还有可选部件——停靠装置，用于固定鹤管，以免鹤管因风力或其他未知原因移动而给安全生产带来危害。

轻油灌装必须安装过滤器、消气器、流量计、恒流阀、闸阀、鹤管、加油枪等设备。黏油灌装可不安装消气器、恒流阀。

QDY 汽 006 型手动底部密闭装车鹤管公称直径液相 $DN50$、气相 $DN25$，见图 5-35。该类鹤管具有操作轻便灵活、对位方便等特点，结构上采用缸式压簧平衡装置，不占发油台空间，弹簧可调整到最佳位置，使其能在作业区范围内任意位置保持平衡；采用进口 API 干式快速接头，密封可靠，是汽车油罐车底部密闭装车作业的专用设备。

3. 汽车装车棚

公路发油区位置应靠近油库边缘和库外交通线，用围墙与其他分区分隔。作业区应设单独的汽车出口和入口，当受场地条件限制只能设一个出入口（进出口合用）时，站内应设回车场。作业区不可避免会有滴油、漏油，需要用水冲洗地面，因此应采用现浇混凝土地面。站内停车场和道路路面不得采用沥青地面，因为沥青地面容易受到泄漏油品的侵蚀，沥青层易于破坏；此外，发生火灾事故时沥青将发生熔融而影响车辆撤离和消防工作正常进行。发油区设综合管理室，可包括警卫室、控制室、业务室、休息室、卫生间等。

GB 50074 规定：向汽车罐车灌装甲 B 、乙、丙 A 类液体宜在装车棚（亭）内进行，甲 B 、乙、丙 A 类液体可共用一个装车棚（亭）。

汽车油罐车运送油品、液化石油气等，都属于危险品运输，因此装车棚的位置应设在厂（库）区全年最少频率风向的上风侧。为便于车辆的进出，作业区要靠近公路，在人流较少的库区边缘，出口和入口道路不要与铁路平面交叉。

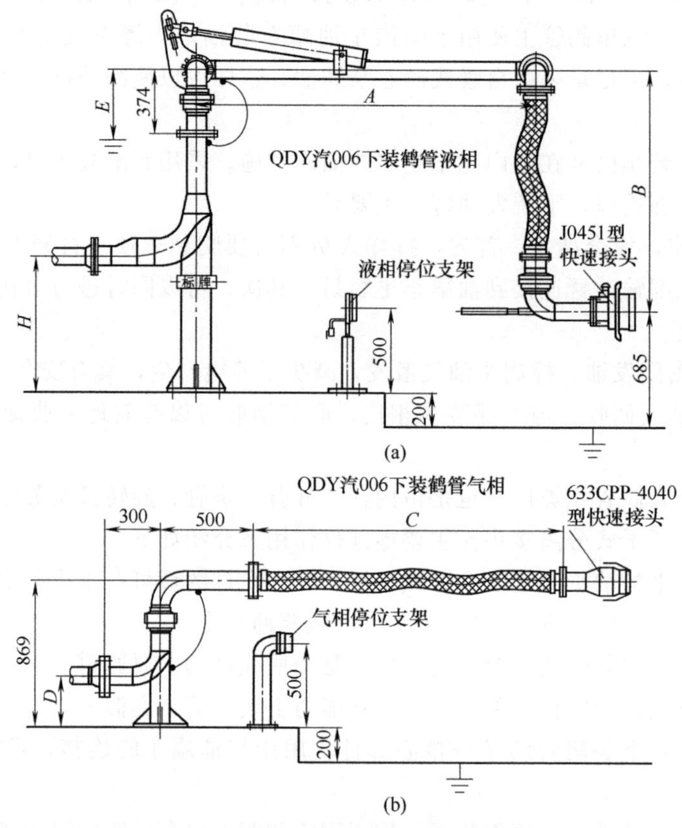

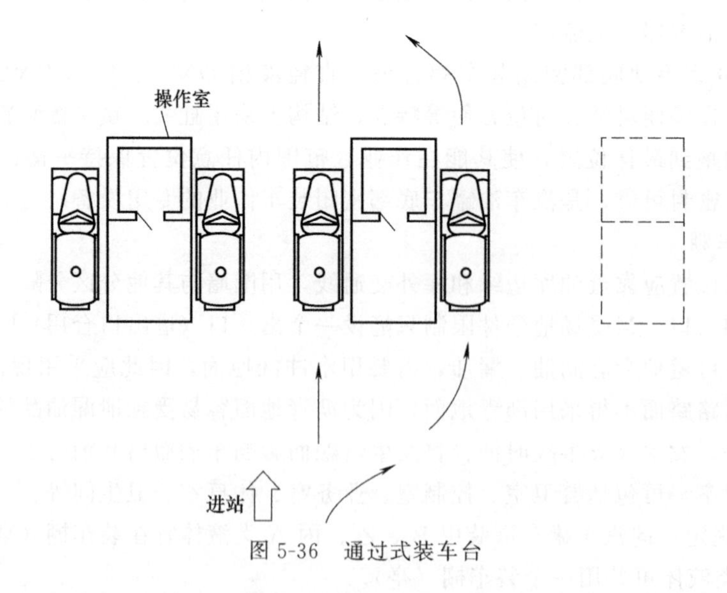

图 5-35 QDY 汽 006 型手动底部密闭装车鹤管

装车棚一般分为通过式和旁靠式（栈桥通过式或岛式）两种，见图 5-36、图 5-39。

图 5-36 通过式装车台

(1) 通过式

GB 50074—2014 规定，汽车灌装棚的建筑设计应为单层建筑，并宜采用通过式。《中国石化销售企业油库建设标准》要求汽车发油亭应采用通过式。

通过式发油棚顶棚宽度应足以遮住一辆汽车。发油设备安装在棚架上，提油汽车直接进入发油棚，停在指定位置上，一般由提油用户自行将加油设备，如发油胶管连同加油枪或汽车加油鹤管放下进行加油。

通过式灌装棚罩棚至地面的净空高度，应满足罐车灌装作业要求，且不得低于 5.0m 。罩棚可采用网架结构或钢结构。罩棚柱应采用钢筋混凝土结构，当采用钢柱时，应在柱表面涂刷防火涂料，使其耐火极限达到 2h。两个发油台之间净距不应小于 8m，罩棚檐口净高为 6.5m～8m，罩棚厚度为 1.4m。上装式发油亭灌装平台距地面净高不宜小于 2.1m。发油区车道转弯半径应大于 15m。

这种形式的发油区，往往是将发油棚设于发油区中间，发油总控制台和发油泵房设在发油区的一侧，控制台应处于能全面观察控制位置，也往往稍高一些。为了在自动控制系统发生故障时也能进行发油作业，发油棚也应设有供油库发油工上、下汽车加油作业的扶梯停靠台或活动操作台，以及相应的手动控制发油设备。

棚架通过式发油台由于在发油棚前后都需留出汽车调车场地，故发油区占地面积大。

由于它的发油形式是全套设备由总控制台统一控制，对配套自动化工艺要求高，故对油库自动化发油工艺的发展有利。缺点是当自动控制系统发生故障时，一般需油库发油工手工控制发油，发油工在现场上、下汽车不便。图 5-37 为此标准要求的汽车发油台鹤管布置形式。图 5-38 为通过式下装发油棚。

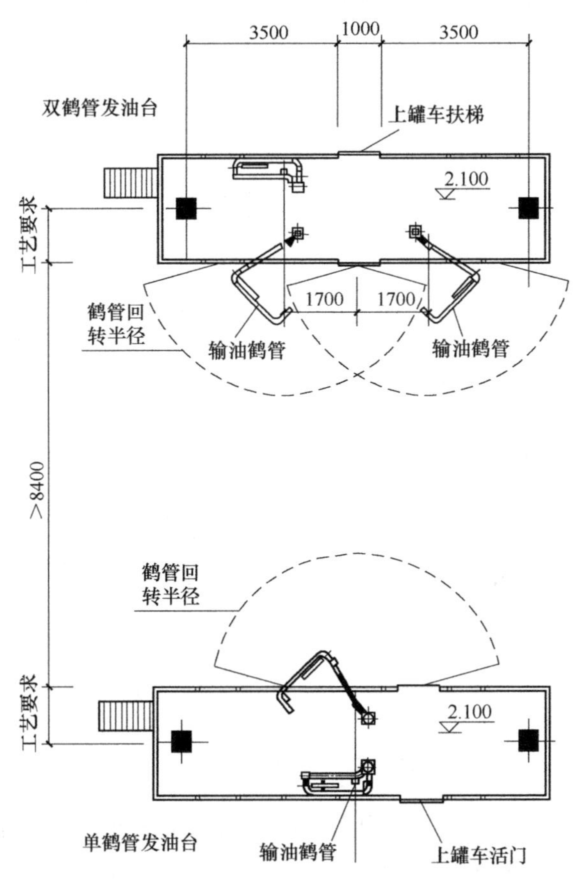

图 5-37　汽车发油台鹤管布置形式

图 5-38 通过式下装发油棚

(2) 旁靠式

这种发油台的特点是用户汽车可直接在发油台边停靠提油。发油台一般为两层，输油管路或机泵等安装在下层，上层为发油操作室，通常安装一些计量仪表和设备，且有较舒适的操作环境。发油台两侧周沿设有 0.5～1m 的平台通道，作为发油作业的操作平台，平台上安装有一些加油灌桶设备，如汽车鹤管、加油枪、旋塞阀等，平台的高度以人在汽车与平台上下较为方便为宜，一般在 1.5m 左右，因此发油台下层常设计成半地下式的。

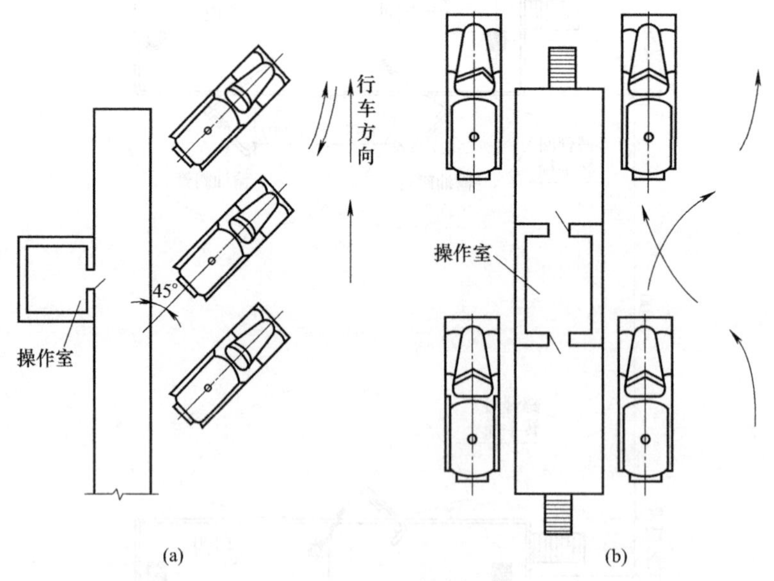

图 5-39 旁靠式装车台

旁靠式发油台的外形有普通形，即其外形与普通房屋建筑相近；圆形，又称发油亭；及扇形、半圆形等其他形式。旁靠式发油台又可根据汽车停靠的方式不同，分为侧靠式和退靠式。场地较宽裕的可设计成侧靠式，一般以退靠式的为多见。

旁靠式发油台因发油台房檐较短，不能有效地遮风挡雨，所以不少油库就以在发油台边搭玻璃钢雨棚进行弥补。

旁靠式发油台的优点是发油区所需调车场地小，节省用地，发油设备集中，便于管理。它特别适应所需发油位不多的中、小型油库，即只要集中设一个发油台（轻油、润滑油分设）的油库。其缺点是工艺设备过于集中，有时操作不便；在较大型油库，一般有多个发油台。

4. 中继罐

自流发油的中继罐（也称灌装罐）可以采用立式钢油罐或卧式钢油罐。对汽车油罐车装油或灌桶，多采用卧式钢油罐。中继罐的容量根据油库的任务和规模确定。一般情况下，中继罐的容量略大于一天的最大装油量。

5. 自动控制系统

轻油灌装广泛采用了自动控制技术。目前轻油灌装自控系统种类较多，发展也很快，但其主要构成、原理及功能大同小异，下面以通用型轻油灌装控制系统为例进行介绍。

通用型轻油灌装控制系统，其原理是通过现场的一次仪表实时采集油料的体积流量、密度、油罐车的接地电阻、液位、最高点状态等参数，并根据间接测量处理方法获得油料质量，从而在执行设备的配合下实现对各鹤位的灌装控制，并将实发数据回送给开票室微机。其系统结构如图 5-40 所示。

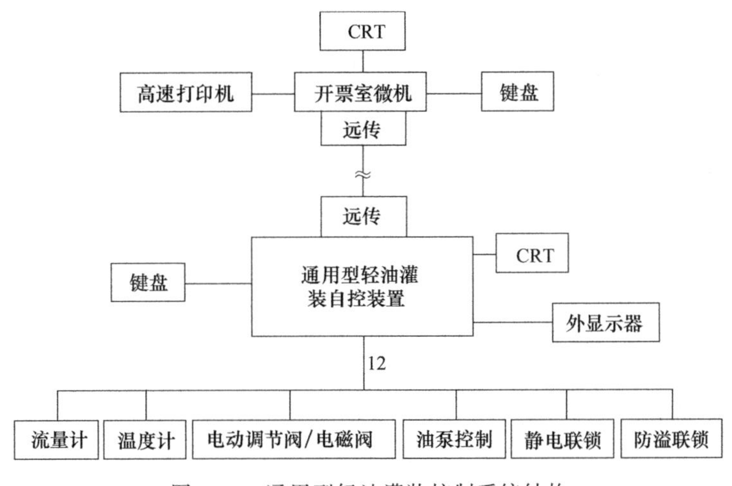

图 5-40　通用型轻油灌装控制系统结构

通用型轻油灌装自控系统由开票系统、自控灌装装置、通信系统和现场仪表组成。由计算机、打印机、数据远传收发器、开票软件等构成开票系统；由符合 STD 总线或 PC 总线标准的工业控制模板构成通用型轻油灌装自控装置。现场仪表由外部显示器、腰轮流量计、温度计、电动调节阀/电磁阀、油泵、防静电接地钳等构成。自控系统工艺流程如图 5-41 所示。

控制系统的工作流程为：领油人员在开票室办理领油手续，即开票室管理机录入发油数据（领油依据、领油单位、油品、数量、车牌号等），打印出发油凭证，并自动将发油数据通过远传收发器送到控制装置；领油车到发油现场后，控制室根据发油凭证和控制装置接收到的数据进行自动核对，正确无误后，才对到位就绪的领油车进行自动控制发油；发油结束

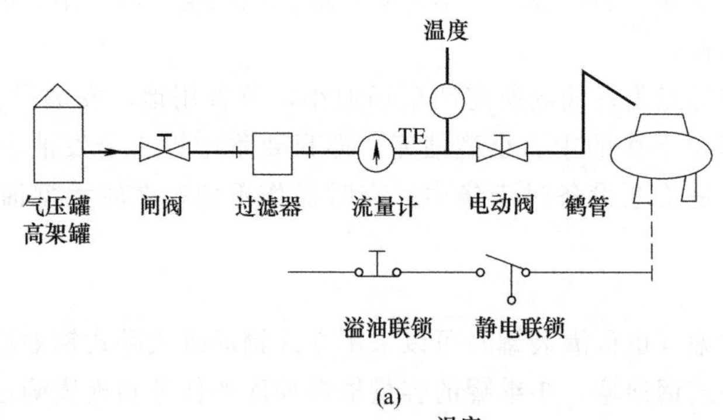

(a)

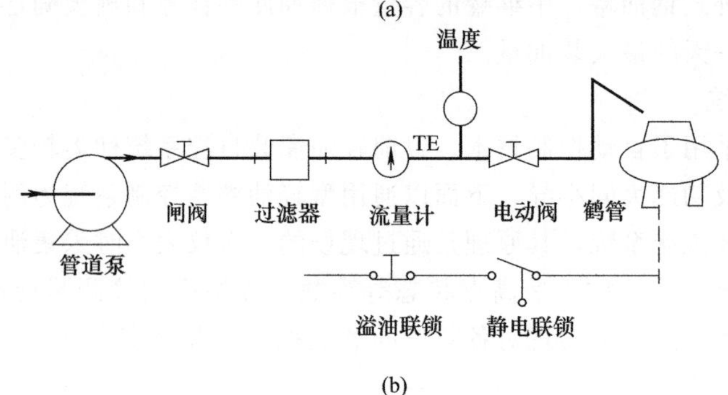

(b)

图 5-41　轻油灌装自控系统工艺流程

后，控制装置将实发数据回传给开票室开票机，开票机接收数据并自动完成存储和账目管理。

二、装车台车位计算

轻质油、重质油、润滑油、液化石油气，由于介质性质相差较大，宜分别设置装车台。汽车油罐车装油台宜设遮阳防雨棚，特别是在炎热多雨的地区。当每一种产品的装车量较小时，一个车位上可设置多个装油臂。当装载的介质性质相近，相混不会引起质量事故时，几种介质可以共用 1 个装油臂。

每种油品的装油臂数量可按下式计算：

$$N=\frac{KBG}{TQ\gamma} \tag{5-11}$$

式中　N——装油臂数量，个；

G——每种油品的年装油量，t；

T——每年装车作业工时，h；

Q——单个装油臂的额定装油量（应低于限制流速），m^3/h；

γ——油品密度，t/m^3；

K——装车不均衡系数，应考虑车辆运行距离、来车的不均衡性、装车时间与辅助作业时间的比例等因素；

B——季节不均衡系数，对于有季节性的油品（如农用柴油、灯用煤油），B 值等于高峰季节的日平均装油量与全年日平均装油量之比，对于无季节性的油品，$B=10$，国标编写组推荐的设计装油速率见表 5-7。

表 5-7 装油臂的设计速率

装油臂尺寸	设计速率/(m^3/h)
$DN80$	50～70
$DN100$	80～110

三、汽车发油工艺

汽车发油工艺是指对油罐汽车或用户汽车车载油桶进行灌装发油的工艺流程，它是油库公路发油的主要项目。本节主要讲解汽车发油工艺。

油库发油区主要应具有发放各种散装油品，包括轻油和润滑油的功能。其中有自流发油和泵送发油两种基本工艺。国标推荐，汽车油罐车的油品灌装宜用泵送装车方式，有地形高差可供利用时，宜采用储油罐直接自流装车方式。汽车油罐车的油品装卸应有计量措施，计量精度应符合国家有关规定。汽车罐车的液体灌装宜采用定量装车控制方式。

油品装车流量不宜小于 $30m^3/h$，但装卸车流速不得大于 4.5m/s。

1. 自流发油工艺

自流发油工艺指将油罐设于一定高度位置，利用位能实现自流作业的工艺。自流发油工艺又可分成利用自然地形高差进行自流发油作业的工艺和人工设立高架罐，采用泵将油品先输入高架罐，然后再发油的工艺两种形式。

自流发油工艺在一些有自然地形可利用的山地油库较为合适。而对于需先设高架罐，再实现自流作业的工艺，过去的油库应用较多，但由于要设高架罐，设备投资多、占地面积大，特别是它增加了发油输转环节，增加了油品大小呼吸损耗，也容易发生“跑、冒”事故，一旦着火不易补救，影响范围大，故逐渐被淘汰。

自流发油工艺适合于轻油，即汽油、煤油、柴油的发油作业。利用自然高差时，油罐相对高度不宜过高，这是因为流速过大会使静电量增加和易产生较大的水击压力，损坏设备。而相对位置过低又会影响发油计量精度，有的油库甚至油罐位置低于发油管口，致使有相当部分罐体内油品不能被充分利用。从水力计算可知，自流发油油罐高度

$$\Delta z = H_g + h_f + \frac{v^2}{2g} \tag{5-12}$$

式中 Δz——油罐底板高度，m；

H_g——发油管系出口位置高度，m；

h_f——允许最小工作流量下的发油管系总水力摩擦阻力，m。

为了保证流量表的计量精度，特别当发送汽油等易汽化油品时，为防止油流在流量表中产生汽蚀，流量表背压差或流量表出口压力应在 0.02MPa 以上。

2. 泵送发油工艺

泵送发油工艺是指发油泵直接从储油罐向外发油的工艺。轻油和润滑油都可采用泵送发油工艺。

与高架罐自流发油工艺相比较，轻油泵送发油工艺减少了油品损耗，一般也可减少设备投资，以及减少占地面积。再加上计算机自动控制发油工艺的推广、普及，泵送发油工艺将是油库汽车轻油发油工艺的主导方向。

但泵送轻油发油工艺发油管系压力、流量变化较大，使得管路流态不稳。为了保证流量

计计量精度，泵送发油工艺要比自流发油工艺采取更严格的稳流工艺。

泵送发油工艺也应注意校核泵的吸入工况。对汽油发油工艺来讲，主要是防止泵的汽蚀和吸入管系的气阻；对于其他油品，则主要是防止吸空。由于泵吸入管系的负压吸入，易吸入空气，同时又考虑到流动过程中的汽化，故在泵送汽油发油工艺流程中，流量计前管路中一般应安装消气器。

汽车罐车的液体灌装宜采用定量装车控制方式。轻油灌装必须安装过滤器、消气器、流量计、恒流阀、闸阀、鹤管、加油枪等设备；黏油灌装可不安装消气器、恒流阀。轻油灌装系统工艺流程如图 5-42 所示。

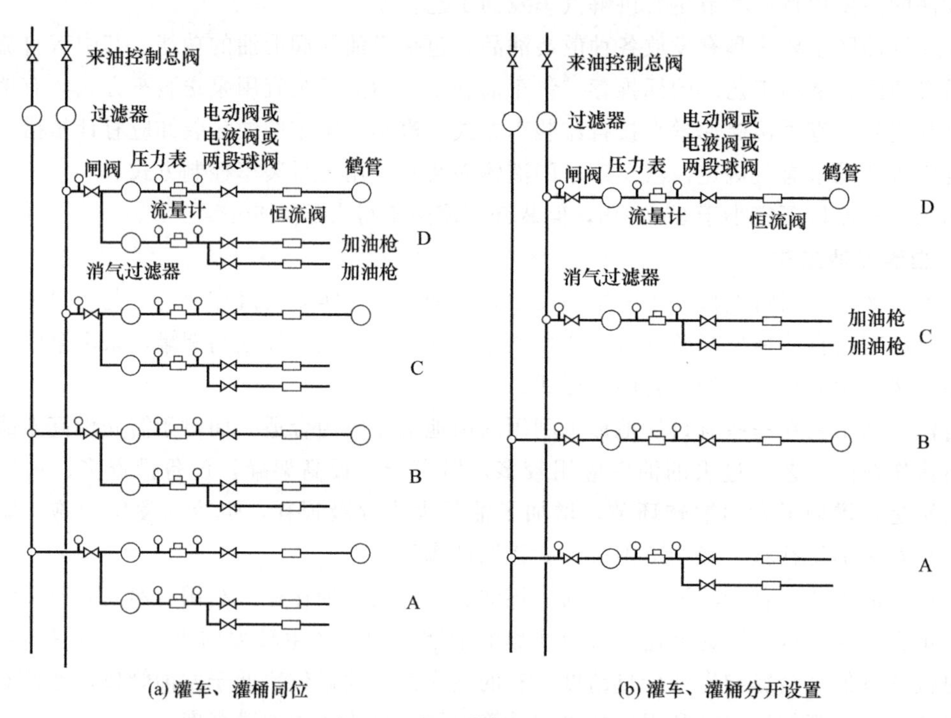

图 5-42　轻油灌装工艺流程图

3. 汽车油罐车卸车系统工艺

汽车罐车向卧式储罐卸甲 B、乙、丙 A 类液体时，应采用密闭管道系统。

四、公路发油操作规程

1. 岗位发货单据、作业台账

(1) 油品提货单

油品提货单是顾客从油库提取油品的一种单据。发油工从顾客手中接到油品提货单后，应将单据中的油品名称，油品的品种、规格、数量、日期看清楚，以免出差错。付完油品后，要在单据的下端付货（印）部位盖上发油工印，证明此单据已付完。

(2) 油品分提单

这种单据是由于提货单位“油品提货单”中数量比较大，一次提不完，或者是提货单位所带的容器装不下，为了方便顾客的一种单据。油品分提单是给提货单位作下一次提货的依据，在填写时字迹要清楚、仔细。

（3）出库单

出库单是顾客从油库提取油品后，作为出库的证明，由顾客交付门卫。出库单上应填写提货名称、日期、油品名称、数量及提单号码。

（4）发货登记账

发货登记账是记录提货单位的名称、发油数量的一种账本。记录每天每台发油设备（流量表）付出数量的提货单位名称，是油库内部查存的依据。

（5）发货日报表

发货日报表是每天发货结束后，发油工按品种规格、实发数量加以填制的。它与“油品提货单”复核出库量、品种、规格是否一致，防止油品错发。

2. 公路发油操作规程

① 核对提货单上的油品规格及数量，认真检查提油手续。

② 灌车、桶的汽车进入灌装位置，应检查顾客提货容器是否符合要求；油罐车放油阀、排污阀是否关闭，排气阀是否打开；检查容器内是否有存油，并接好静电接地线。装油鹤管要伸到距罐底不高于200mm处，严禁喷溅式灌油。

③ 测量油品温度，换算油品体积，核对提油容器是否足够。

④ 在发货登记账上记录提货单位名称、提单号码、数量、油品名称及流量表的起始累计数和终止累计数。

⑤ 发油时，应缓慢打开阀门。如用油泵发油时，应严格遵守油泵操作规程；密切注视电动机电流和出口压力表指示值的情况，发现问题，及时停泵检查。

⑥ 操作时，严守岗位，注视流量计的指示值，待流量将达到发油体积时，应缓慢关闭球阀，严防冒油和水击现象。

⑦ 灌油完毕，提出鹤管或油枪，关闭油罐车口盖或拧紧油桶口盖，封好铅封，卸下静电接地线，交付出库单。

第五节　桶装作业及其库房

油桶是储存油料的小型容器，常用于储存和运输较小数量的油料和质量要求严格的润滑油。桶装油料，也称整装油料，其机动性能好、运输方便、便于储存，特别适用于零散终端用户，是对散装运输方式的重要补充。

一、油桶的规格型号

根据油桶容量大小进行分类，一般5L及以下规格为小包装，10L及以上规格为中包装，180kg左右标准桶称为大包装。

油桶按照制造材质可分为钢桶和塑料桶。钢桶主要用于大包装和中包装（20L及以上），塑料桶主要用于中小包装。这里主要介绍钢桶。

钢桶依据GB/T 325—2010《包装容器 钢桶》设计制造。钢桶按性能要求分为Ⅰ级钢桶、Ⅱ级钢桶、Ⅲ级钢桶。Ⅰ级钢桶适用于盛装危险性较大的货物。Ⅱ级钢桶适用于盛装危险性中等的货物。Ⅲ级钢桶适用于盛装危险性较小的货物和非危险货物。

钢桶按开口形式分为闭口钢桶和全开口钢桶两大类、五种形式，如表5-8所示。

全开口桶（removable head drum）是指装有可拆卸桶顶的金属桶，其桶顶就是全开口桶的顶盖，通常由封闭箍、夹扣或其他装置固定在桶身上；闭口桶（tight head drum）是指装有不可拆卸桶顶的金属桶，其桶顶和桶底用卷边接缝或其他方法永久地固定在桶身上。小开口桶（small open drum）是指桶顶开口直径不大于 70mm 的闭口桶；中开口桶（middling open drum）是指桶顶开口直径大于 70mm 的闭口桶。

全开口钢桶主要用于润滑脂、沥青等高黏度、半固态货物盛装，油桶一般选用闭口小开口钢桶盛装。如图 5-43 所示，钢桶的桶身、桶顶和桶底均由整张薄钢板制成，不允许拼接；桶身焊缝采用电阻焊焊接；为了提高桶身刚度，桶身钢板焊接前经压力加工出 2 道环筋或 3 道～7 道波纹。

200L 油桶主要参数见表 5-9。200L 桶、30L 扁桶、19L 方听装油量见表 5-10。

表 5-8 钢桶类型

类别	规格	形式
闭口钢桶	230L、216.5L、212L、200L、100L、80L、50L、25L、20L	小开口钢桶(含缩颈钢桶)
		中开口钢桶(含缩颈钢桶)
全开口钢桶	216.5L、210L、208L、200L、100L、80L、50L、35L、25L	直开口钢桶
		开口缩颈钢桶
		开口锥形钢桶

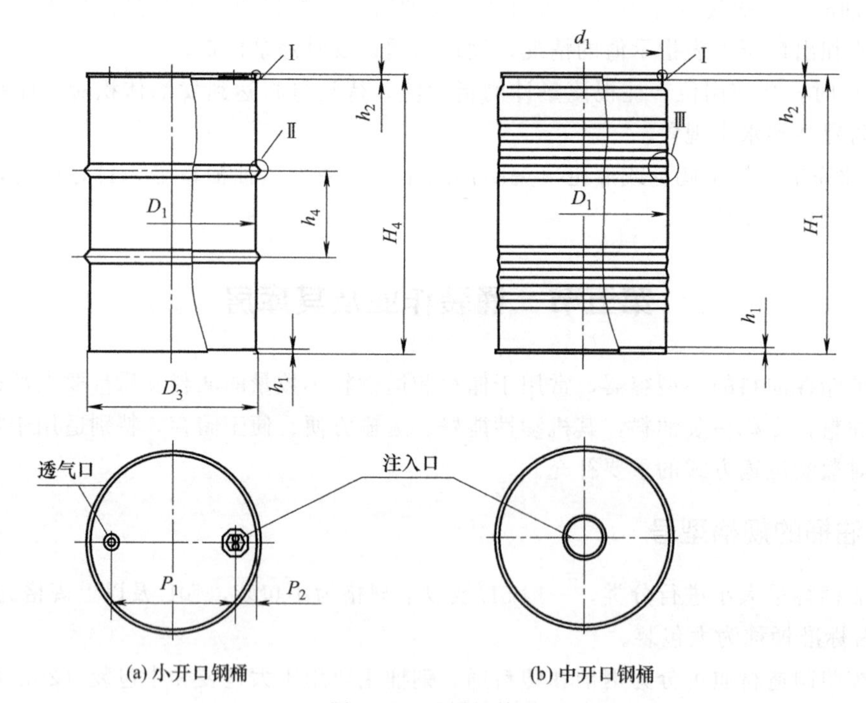

图 5-43 油桶的外形

表 5-9 200L 油桶主要参数

项目	公称容量	实际容量	铁皮厚度	桶的内径	桶的高度	桶的质量
单位	L	L	mm	mm	mm	kg
规格	200	213±2	1.25、1.50	560±2	900±3	21.5～22.5

表 5-10　200L 桶、30L 扁桶、19L 方听装油量　　kg

油品名称	200L 桶		30L 扁桶	19L 方听
	夏季	冬季		
汽油	138	140	21	13
120# 溶剂油	136	138	20	12
200# 溶剂油	140	142	21	13
灯用煤油	158		24	15
轻柴油	160		24	15
重柴油	165		25	16
工业汽油	140	142	21	13
轻质润滑油	165		25	16
中质润滑油	170		26	17
重质润滑油	175		26	17
皂化油	175		26	17
刹车油	165		25	16
润滑脂	180			18
凡士林	180			18

注：1. 轻质润滑油包括仪表油，变压器油，冷冻机油，专用锭子油，电容器油，5#、7# 机械油，稠化机油，软麻油。

2. 重质润滑油包括 100℃时运动黏度为 20mm²/s 以上的润滑油，如气缸油、齿轮油等。

3. 中质润滑油指除上述两类油以外的油料。

二、油桶灌装工艺流程

1. 油桶灌装工艺流程

油桶灌装间内的流程见图 5-44。如果使用计量表计量，应在此流程的消气过滤器和灌油嘴之间装设流量表。油桶灌装总管应布置在中间位置，下设灌油嘴。灌油嘴应按不同油品分组设置，并用阀门和盲板隔离。为防止不同油品相混，可每一种油品设一条总管。灌油嘴数量根据灌装任务确定。

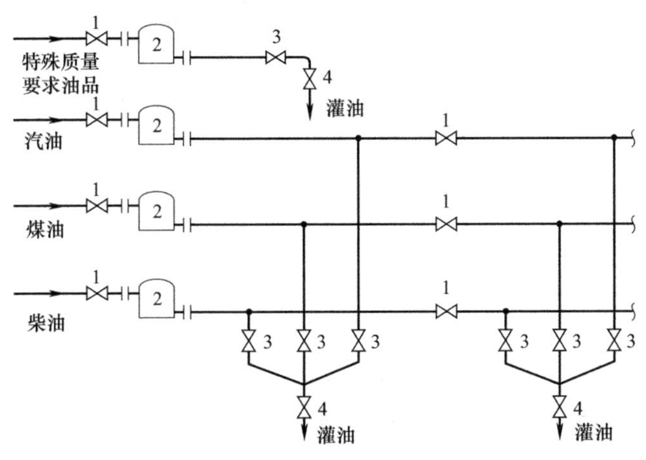

图 5-44　油桶灌装间内的流程

1—油罐；2—泵；3—高位油罐；4—油桶灌装间

对于灌装 200L 甲 B、乙、丙 A 类油桶的时间控制在 1min（流量约为 3L/s）较合适。如果灌桶时间再缩短，即流量再加大，但灌油栓（枪）直径受桶口限制不能再加大（一般不超过 32mm），则灌桶流速将超过 4.5m/s 的安全流速。对轻柴油还会因灌桶速度太快而冒沫，影响灌装作业，操作工人也显得太紧张。如果灌装时间定得过长，就会影响灌装效率，不能充分发挥灌装设备的效益。

润滑油黏度高，在管道中输送阻力大，流速比较慢，因此灌装 200L 润滑油油桶的灌装时间应适当延长，规定为 3min（流量约为 1L/s）比较适宜。

2. 油桶灌装的工作程序

油桶灌装的工作程序：在空油桶顶盖上喷涂规定内容的标记→称量油桶皮重并填写→按规定灌装油数量灌装作业→在标记中填写油品重量→机械或人工搬运到堆放库房（棚、场）。油桶灌装的流程：称量油桶皮重；从前（后）门送入油桶灌装间；油桶灌装作业；机械或人工从后（前）门输出重油桶；搬运到库房（棚、场）堆放。

3. 油桶灌装间工艺布置方案

为便于灌桶，一般设置灌桶间或灌桶棚。灌桶间（棚）的位置，应考虑隐蔽、交通运输方便等条件，一般可布置在公路两旁并靠近铁路货物装卸站台，以便于汽车运输或由铁路转运。为了能自流灌桶，灌桶间一般设在较低之处，并靠近中继罐。灌桶间的布置通常是空桶从一个方向进，实桶从另一方向出。

灌装油总管横穿灌桶间的中央，下面装设灌油栓。灌桶间可以有多种布置形式，如图 5-45 所示是其布置形式之一。

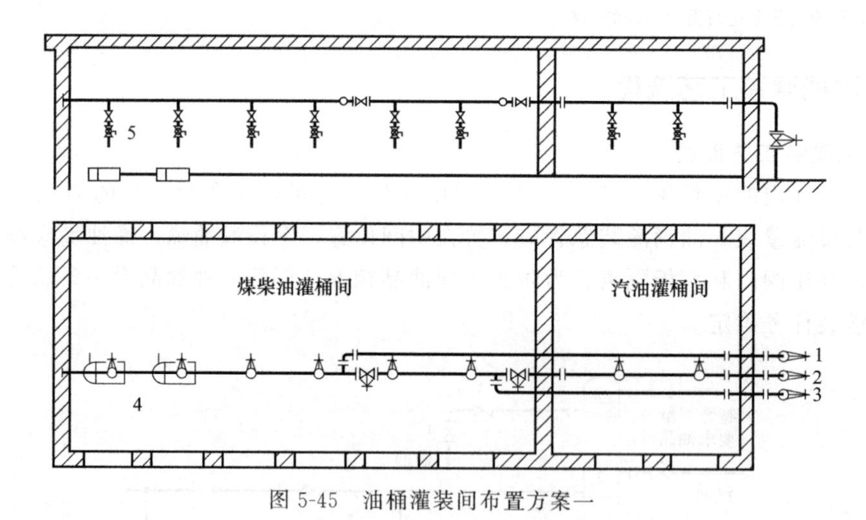

图 5-45　油桶灌装间布置方案一

1—柴油；2—汽油；3—煤油；4—磅秤；5—灌桶嘴

灌桶设施的平面布置，应符合下列规定：

① 空桶堆放场、重桶库房（棚）的布置，应避免运桶作业交叉进行和往返运输。

② 灌装储罐、灌桶场地、收发桶场地等应分区布置，且应方便操作、互不干扰。

③ 灌装泵房、灌桶间、重桶库房可合并设在同一建筑物内。

④ 甲 B、乙类液体的灌桶泵与灌桶栓之间应设防火墙。甲 B、乙类液体的灌桶间与重桶库房合建时，两者之间应设无门、窗、孔洞的防火墙。

⑤ 灌桶设施的辅助生产和行政、生活设施，可与邻近车间联合设置。

灌油栓的相互距离应为2m左右；灌油栓上的阀门安装在地面以上1.5m左右，以方便操作。桶油品管道的总管一般是布置在上方，距地面2m左右；装油支管从总管向下接出与灌油栓连接。采用重量法时磅秤设在地槽中，磅秤面与辊床面保持水平，以方便油桶推上推下。另外，还有以下要求。

① 根据灌桶流程，在灌桶间的前后应布置空桶间、重桶间；空桶间、重桶间的占地面积应根据灌桶数量确定。

② 类别相同的油品可在同一灌油间灌装。在同一灌油间灌装的油品管道应有明显的标志加以区分。不同油品的灌油栓应分开使用。

③ 灌桶间应设有坡度的集油沟。集油沟的最低处应设集油井，以便于收集灌桶时不慎漏出的油品或排到油库的含油污水管网系统。

④ 灌桶间的建筑宽度一般为6m左右，房高为3m左右。对外发油的灌油间（包括重桶间）地坪应高出室外地坪1.1m，以便于重桶装车。重桶间出口处应设停靠汽车或火车的站台，站台高1.1m。

⑤ 采用流量计计量的灌桶间可直接向汽车上的油桶灌装油品，其建筑可建成圆盘式的。

⑥ 灌油间的设置位置还应满足石油库内建筑物、构筑物之间的防火间距。

图5-46是采用传输系统输送空油桶的油桶灌装工艺布置方案。

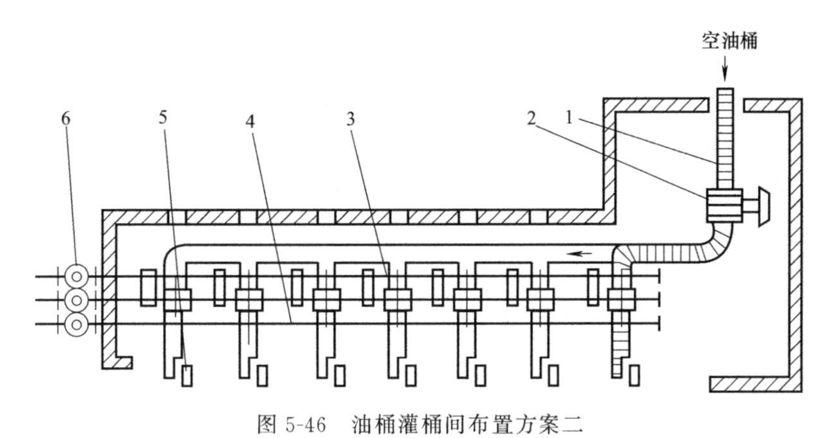

图5-46 油桶灌桶间布置方案二

1—辊床；2—空桶过秤；3—磅秤；4—灌油管道；5—卧桶器；6—气液分离器

三、油桶灌装的主要设备

油桶灌装的主要设备有组成工艺管道系统的钢管、阀门、消气过滤器等；计量设备主要有磅秤（电子秤）、流量计、计算机自动控制设备，还有油桶灌装用的灌桶嘴、灌油栓、加油枪等。灌桶设施可由灌装储罐、灌装泵房、灌桶间、计量室、空桶堆放场、重桶库房（棚）、装卸车站台以及必要的辅助生产设施和行政、生活设施组成，设计可根据需要设置。

1. 灌桶嘴

灌桶嘴是用于灌桶间油桶灌装的一种简易设备，它是由球阀、灌油管、升降管组成的，见图5-47。球阀是控制灌桶油流的，灌油管和升降管是插入桶口的。

2. 灌桶鹤管

灌桶鹤管一般用于给汽车装载油桶装油，其结构简单、操作灵活，如图5-48（a）所示；耐油胶管和加油枪可给汽车装载油桶装油，也可用于站台（场地）摆放油桶装油，见图5-48（b）。

3. 加油枪

加油枪是用于给发油台、站台油桶灌装的，给汽车和用油机械设备加油的设备。加油枪由阀、枪体、弹簧、灌油管等组成，见图 5-49。

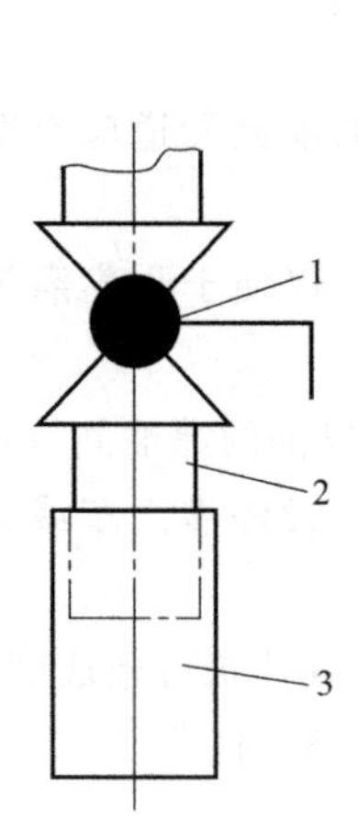

图 5-47 灌桶嘴示意图

1—球阀；2—灌油管；3—升降管

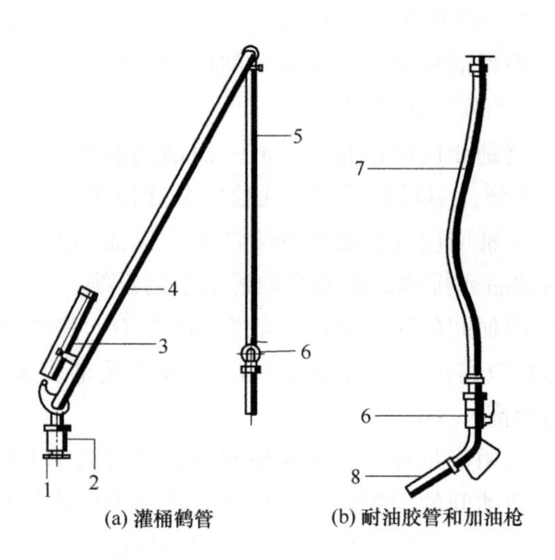

图 5-48 灌桶鹤管

1—接口法兰；2—回转器；3—平衡器；4—内臂；5—钢管外臂；6—球阀；7—软管外臂；8—铝管

加油枪是一种用铝合金材料制作，可单手操作的手动设备，它的外形与手枪相仿。灌桶时将枪口插入桶口，手指扳动类似枪机的扳扣，便可灌油。扳扣的下端设有别扣，可控制和保持加油枪长度，以减少手的紧握时间。为了防止溢油，有的加油枪口设有装置，当油桶灌满时会自动封闭加油枪口。

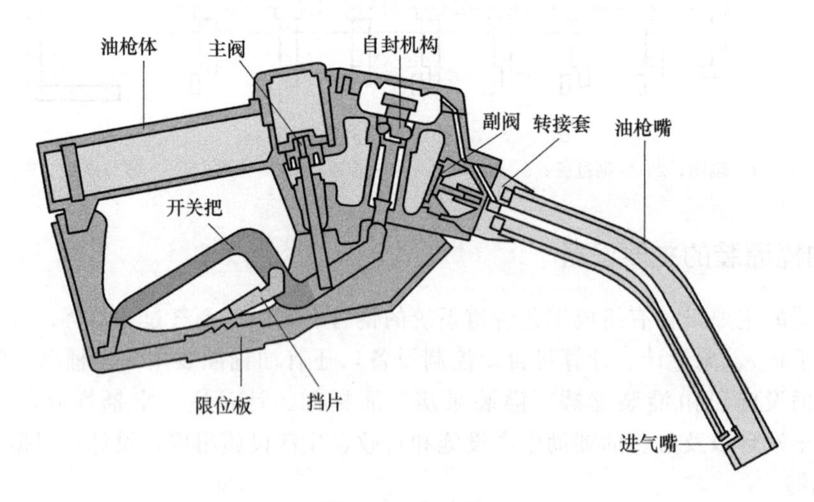

图 5-49 加油枪

四、桶装液体库房

空、重桶的堆放，应满足灌装作业及空、重桶收发作业的要求。空桶的堆放量宜为 1 天的灌装量，重桶的堆放量宜为 3 天的灌装量。空桶可露天堆放。

重桶应堆放在库房（棚）内。桶装液体库房（棚）的设计，应符合下列规定：

① 甲 B、乙类液体重桶与丙类液体重桶储存在同一栋库房内时，两者之间宜设防火墙。

② Ⅰ、Ⅱ级毒性液体重桶与其他液体重桶储存在同一栋库房内时，两者之间应设防火墙。

③ 甲 B、乙类液体的桶装液体库房，不得建地下或半地下式。

④ 桶装液体库房应为单层建筑；当丙类液体的桶装液体库房采用一、二级耐火等级时，可为两层建筑。

⑤ 桶装液体库房应设外开门；丙类液体桶装液体库房，可在墙外侧设推拉门。建筑面积大于或等于 $100m^2$ 的重桶堆放间，门的数量不应少于 2 个，门宽不应小于 2m。桶装液体库房应设置斜坡式门槛，门槛应选用非燃烧材料，且应高出室内地坪 0.15m。

油桶的堆码应符合下列规定：

① 空桶宜卧式堆码。堆码层数宜为 3 层，但不得超过 6 层。

② 重桶应立式堆码。机械堆码时，甲 B 类液体和有毒液体不得超过 2 层，乙类和丙 A 类液体不得超过 3 层，丙 B 类液体不得超过 4 层。人工堆码时，各类液体的重桶均不得超过 2 层。

③ 运输桶的主要通道宽度不应小于 1.8m；桶垛之间的辅助通道宽度不应小于 1.0m；桶垛与墙柱之间的距离不宜小于 0.25m。

④ 单层的桶装液体库房净空高度不得小于 3.5m。桶多层堆码时，最上层桶与屋顶构件的净距不得小于 1m。

五、润滑油小包装灌装生产线简介

小包装油品具有搬运方便、减少浪费、附加利润高等优势，因此是今后发展的方向。多数润滑油生产厂家安装了小包装润滑油自动包装生产线。小包装灌装流程是：调配好的润滑油需要经过上桶、灌装、旋盖、铝箔封口、喷码、贴标、整列、装箱、封箱等一系列步骤，才能成品。润滑油灌装生产线也可分为以下几部分。

1. 上桶部分

可分为人工放桶和自动放桶。自动上桶机作用为，可将整版桶平放在平台上，自动推杆平稳地将空桶推进进桶皮带，提高生产效率。

2. 灌装部分

针对客户不同瓶型、桶型，灌装设备分小包装灌装机、中包装灌装机。生产线能够自动去皮称重计量灌装，每个灌装头均设有称重自动反馈系统，能对每个头灌装量进行定量设置或单个头微调修正，以确保计量一致。灌装阀头应该能够防滴漏、防拉丝，能够实现自动升降。

3. 旋盖部分

集上盖、理盖、旋盖于一体，节省了劳动成本，提高了生产效率。

4. 铝箔封口

利用电磁感应原理达到密闭铝箔与瓶口的黏合，分为手持式和在线式。一般流水线采用在线式，节省人工，提高速度。

5. 喷码设备

是实现产品喷印生产日期等标识的设备，一般分油墨喷码及激光印码两种方式。

6. 贴标设备

根据单桶贴标数量可分为单面及双面贴标机；根据标签材质不同可分为不干胶贴标机、糨糊贴标机以及收缩套标机；根据贴标方式不同可分为直线式贴标机以及回转式贴标机。

7. 开箱机

开箱机也叫纸箱成形机，箱子底部按一定程序折合，并用胶带密封后输送给装箱机的专用设备。

8. 分道整列与自动装箱

将产品按一定排列方式和定量装入箱中（瓦楞纸箱、塑料箱、托盘）。

9. 封箱机

封箱机主要适用于纸箱的封箱包装，既可单机作业，也可与流水线配套使用，为包装流水线作业必需的设备。

一般情况下，整条生产线大部分动作都采用风动马达和气缸执行。

思 考 题

1. 轻油装卸系统由哪几部分组成？各部分的功能是什么？
2. 黏油装卸系统与轻油装卸系统有什么不同？
3. 铁路油罐车装卸方法有哪几种？各有什么特点？适用于什么情况下？
4. 零位油罐的作用是什么？
5. 铁路装卸油系统中，鹤管与集油管的连接方式有哪几种？输油管与集油管怎样连接？真空系统与输油系统怎样连接？
6. 铁路油罐车的装卸设施有哪些？
7. 为什么一般应将综合油库的润滑油装卸作业线设置在靠近车挡的一侧？
8. 密闭装车鹤管相对传统装车鹤管有哪些优势？
9. 油码头的种类有哪些？
10. 发油台有哪几种形式？

习 题

1. 运输成品黏油的罐车，车身颜色为（　　）。

A. 绿色　　B. 黑色　　C. 黄色　　D. 白色

2.《铁路危险货物运输管理规则》规定：充装非气体类液体危险货物时，应根据液体货物的密度、罐体标记载重量、标记容积确定（　　）。

A. 充装量　　B. 安全高度　　C. 空容量　　D. 装油高度

3. 轻油装卸系统主要由输油设备、（　　）、防空设备 3 部分组成。

A. 真空设备　　B. 引油设备　　C. 集油管　　D. 潜油泵

4. G70 型轻油罐车总容积为（　　）。

A. $69.7m^3$　　B. $72m^3$　　C. $78.7m^3$　　D. $80.3m^3$

5. 输油设备的作用是输转储油罐内的油品，它包括装卸油鹤管、集油管、（　　）、输油泵。

A. 集油泵　　B. 排水管　　C. 输油管　　D. 呼吸阀

6. 装车鹤管应采用（　　）材料制造。

A. 铜　　B. 铝合金　　C. 不锈钢　　D. 普通碳钢

7. 某种油品的鹤管数量取决于该种油品一次到库的（　　）。

A. 罐车数量　　B. 最小油罐车数　　C. 最大油罐车数　　D. 最大卸油量

8. 轻油类铁路槽车上部卸油时，必须（　　）。

A. 打开卸油泵放空管灌泵

B. 启动真空泵灌泵

C. 可用高液位油罐倒流压油灌泵

D. 可不灌泵

9. 轻油类铁路槽车上部卸油，当卸车泵运转正常后，需打开真空罐（　　）及真空罐下部物料回卸车泵阀，将真空罐内的物料抽净，以备下次抽真空使用。

A. 泄压阀　　B. 抽真空入口阀　　C. 抽真空出口阀　　D. 排污阀

10. 黏油类铁路槽车卸油时，先将排油管（　　）拧开，与地面油管接通拧紧，再打开排油阀。

A. 一端接头盖　　B. 两端接头盖　　C. 一端阀门　　D. 两端阀门

11. 黏油罐车大多数设有（　　）和排油装置。

A. 冷却装置　　B. 加压装置　　C. 加热装置　　D. 保温装置

12. 油品加热前应先打开加热器（　　）。

A. 出水口阀门　　B. 进水口阀门　　C. 出口阀门　　D. 进口阀门

13. 轻油罐车在罐体上（或空气包上）装有一个进气阀和两个出气阀，以减少运输过程中的呼吸损耗和保证安全，其控制压力为（　　）。

A. 0.05MPa　　B. 0.1MPa　　C. 0.15MPa　　D. 0.2MPa

14. 铁路槽车残存油为轻油普洗时，先用真空抽管回收罐内污油，然后清除罐内的（　　）。

A. 水、油泥、杂物　　B. 纤维、水　　C. 铁锈、纤维　　D. 铁锈、油泥

15. 洗罐人员下槽车作业时，若有（　　）需擦洗，则必要时加入洗涤剂刷洗。

A. 锈迹　　B. 水迹　　C. 油迹　　D. 纤维

16. 铁路槽车（　　）擦洗干净后，需抹干水珠，并鼓风吹干。

A. 罐外壁　　B. 罐内壁　　C. 罐外盖　　D. 罐顶走梯

17. 由铁路罐车车辆型号、罐体结构特征可确定其（　　）。

A. 罐体型号　　B. 罐体编号　　C. 车辆结构　　D. 车辆编号

18. 黏油罐车运输原油的罐车外表涂成（　　），运输成品黏油的罐车涂成黄色。

A. 红色　　B. 黑色　　C. 白色　　D. 蓝色

19. 铁路槽车的基本符号是（　　）。

A. 银白色　　B. 白色　　C. 黄色　　D. 黑色

20. 装载轻油的槽车罐体外壁涂刷（　　）。

A. 2200mm　　B. 2600mm　　C. 2800mm　　D. 3000mm

21. 汽车罐车卸车有（　　）方式。

A. 泵送　　B. 自流

C. 抽（压）送和自流　　D. 加压送

22. 汽车罐车卸油结束时，应将油管线内的残油（　　）。

A. 放空　　B. 保温　　C. 收集　　D. 维持原样

23. 装在油罐车后部罐脚上，经常保持与地面接触，（　　）的作用是随时将油车行驶中由于油料的冲击、晃动产生的静电导入地内，从而防止因静电产生火灾事故。

A. 接地端子　　B. 取力装置　　C. 静电接地链　　D. 管网系统

24. 汽车罐车的油罐内应设置（　　）防波挡板，必要时可设置纵向或水平防波挡板。

A. 横向　　B. 纵向　　C. 平行　　D. 垂直

25. 汽车罐车金属管路中任意两点间、油槽内部导电部件上及拖地胶带末端的导电通路电阻值（　　）。

A. 不大于5Ω　　B. 大于5Ω　　C. 不大于10Ω　　D. 大于10Ω

26. 汽车罐车的装油臂有手工操作方式和（　　）方式两种。

A. 自动操作　　B. 半自动操作　　C. 气压传动　　D. 电动传动

27. 根据输送介质的不同，装油臂可用（　　）、低温钢、不锈钢或聚四氟乙烯衬碳钢制造。

A. 碳钢　　B. 铁皮　　C. 铝合金　　D. 塑胶

28. 一般车型多选用（　　）装油臂。

A. *DN*50　　B. *DN*80　　C. *DN*100　　D. *DN*150

29. 汽车油罐车的装油臂有（　　）方式和气压传动方式两种。

A. 自动操作　　B. 手工操作　　C. 液压传动　　D. 水压传动

30. 以下不属于油品下装作业的特点的是（　　）。

A. 输油管线直接连接到油罐车底部　　B. 实行全密闭发油

C. 降低了油品损耗　　D. 鹤管要伸到距罐底不高于200mm处

31. 以下不属于上装发油与下装发油时的共同点是（　　）。

A. 核对提货单上的油品规格及数量，认真检查提油手续

B. 操作时需要注视流量计的指示值

C. 灌油完毕封好铅封，卸下静电接地线，交付出库单

D. 接好油气回收接口

32. 下装发油的特点主要是发油速度快，实行（　　）发油，控制了油气散发，降低了油品损耗。

A. 敞开　　B. 半敞开　　C. 全密闭　　D. 无规定

33. 装卸油码头应与货运码头、客运码头、舰艇加油码头、桥梁以及其他重要建筑物保持一定距离（　　）。

A. 300m　　B. 200m　　C. 100m　　D. 50m

34. 油船靠泊码头的速度应尽量控制慢，通常要求不超过（　　）。

A. 0.2m/s　　B. 0.5m/s　　C. 1m/s　　D. 2m/s

35. 为避免船舶发生移动，系缆不得少于（　　），并按规定方法，所有缆绳都应随时调节松紧。

A. 2根　　B. 4根　　C. 6根　　D. 8根

36. 因特殊原因油码头需建在上游时，与各建（构）筑物之间的距离应大于（　　）。

A. 5km　　B. 4km　　C. 3km　　D. 2km

37. 油码头至客运、货运码头及桥梁的防火间距，装卸闪点≤45℃的油品时，不小于（　　）。

A. 400m　　B. 300m　　C. 200m　　D. 100m

38. 港口用输油臂用于连接油轮与（　　），进行液态物料的传输。

A. 码头管道　　B. 油池　　C. 油罐　　D. 油轮

39. 三维接头船法兰的轴线设计为，装卸臂处于（　　）状态总是保持水平。

A. 水平旋转　　B. 收回　　C. 起落　　D. 任何运动

40. 输油完毕，通过操作（　　），将输油臂与油轮集管法兰松开。

A. 三维接头　　B. 手动快速接头　　C. 内臂　　D. 外臂

41. 输油臂一般由立柱、内臂、外臂、（　　）以及与油船接油口连接的接管器等组成。

A. 旋转接头　　B. 回转接头　　C. 三维接头　　D. 手动快速接头

42. 输油臂收回时，操作人员应避开（　　）垂直下落的位置，防止发生意外。

A. 内、外臂　　B. 内臂　　C. 外臂　　D. 手动快速接头

43. 输油内臂油缸控制内臂的（　　）。

A. 收回　　B. 起落　　C. 水平移动　　D. 旋转

44. 当油轮停靠码头进行装卸时，输油臂液压系统开始动作，驱动（ ）迅速达到需要的位置。

A. 电力系统　　B. 手动快速接头　　C. 内、外臂　　D. 液压系统

45. 当快速接管器与油船上集油管法兰连接妥善后，即可将（ ）断开，使输油臂随船自由运动。

A. 液压系统　　B. 电力系统　　C. 安全系统　　D. 控制系统

46. 输油臂主要由立柱、内臂、外臂、（ ）、快速接头等部件构成。

A. 静电线　　B. 平衡配重　　C. 安全梯　　D. 遥控柜

47. 船用装载臂主要由三部分组成：主机、电控、（ ）。

A. 内臂　　B. 外臂　　C. 液压　　D. 平衡配重

48. 拉索式金属输油臂的立柱为双层套管，内层套管用以输送液体，外层套管用作（ ）。

A. 固定　　B. 控制器　　C. 排水　　D. 支撑

第六章 油库工艺与油库调度常识

油库工艺流程表征油库生产的过程，它通常可用油库工艺流程图来表达。作为从事油库油品储运作业的人员，熟悉油库工艺流程是一项基本的任务。本章将着重介绍油库工艺流程图的识读方法和应用。

第一节　油库工艺流程

一、油库工艺流程概述

油库工艺流程是指被输转的油品按特定的工艺要求在输转流动过程中，把分布于库区的各生产设施（卸油栈桥、卸油码头、泵房、灌油间、付油间、储油罐和灌装罐等）有机地联系起来，构成一个生产体系，完成各种收发油、倒罐、放空、扫线及抽底油作业的全过程。

油库工艺流程图是表示油库生产关系的图纸，它应反映出油库的主要生产过程。因此，其设计要在结合油库总平面布置和考虑油品装卸作业的同时着手进行。它是油库设计的重要内容之一。对于规模较小，且经营的油品种类不多、业务单一的油库，流程是比较简单的。

但是对于规模较大，经营品种较多的油库，流程便比较复杂，如不注意精心布置，便有可能给生产带来不便，甚至影响使用，造成经济损失。

因此布置油库流程时，必须首先考虑油库的主要业务要求及操作的业务种类，使之操作方便、高度灵活、互不干扰、经济合理、节约投资，不但满足收发作业要求，并应使各油罐间能相互输转，相应油泵能互为备用。要满足这些要求，就必须深入实际进行调查研究，充分了解油库的经营状况，获得第一手资料。并在此基础上，进行恰当分析，分清主次，集中精力去解决主要矛盾，对次要问题视具体情况予以安排；切忌不分主次，片面追求全面的“万能流程”。

一般在具体进行油库工艺流程设计或泵房改造扩建时，可按下述三个方面去考虑。

① 首先应满足油库的主要业务要求，能保质保量地完成收发油任务。

② 能体现出操作方便、高度灵活，例如：

a. 同时装卸几种油品时，不互相干扰。

b. 管线互为备用，能把油品调度到任一条管路中去，不致因某一条管路发生故障而影响操作。

c. 泵互为备用，某一台泵发生故障时，能照常工作，必要时数台泵可同时工作。

d. 发生故障时，能迅速切断油路，并考虑有放空设施。

③ 经济节约，能以少量设备去完成多种任务，并能适应多种作业要求。从经济节约的原则来说，在泵房流程中应体现出一管多用、一泵多用；而从操作灵活的观点出发，则要求专管专用、专泵专用。这个矛盾首先应统一在满足油库的业务要求上，在这个前提下，根据具体情况，作出既符合经济节约原则，又能满足生产、调度灵活的油库工艺流程设计。

但必须指出，某些油品之间允许有一定比例的混合而不破坏其质量。因此，认为丝毫不能混油，只能专管专用、专泵专用的意见是不完全合适的。对于高级油品（如航空煤油、航空润滑油）可采用专管专用、专泵专用。但为了简化流程、节省投资，对一般的油品应尽可能采取一管多用、一泵多用的设计方案，充分提高设备利用率，即在不影响油库正常操作下，利用同一管线和同一台泵输送几种性质相近的油品。

目前，使用上根据油品性质，将油品分为 10 组，同组内的油品可以共用一条管线和一台泵，具体情况见表 6-1。

表 6-1 油品分组表

分类	组别	油品名称	备注
轻油类	1	车用汽油(90 号、93 号、95 号)	75 号航空汽油可根据容量大小设临时输油管或固定管路
	2	航空汽油(75 号、95 号、100 号)	
	3	航空煤油(1 号、2 号、3 号)	
	4	柴油(冬用、夏用和专用柴油)	
	5	锅炉燃料油	
润滑油类	1	车用机油(6 号、10 号、15 号等)	8 号航空润滑油、汽轮机油(变压器油)以及其他机油(5 组)，若其中一个品种的储量在 200m^3 以上时，也可单设输油管线
	2	柴油机油(11 号、14 号等)	
	3	航空润滑油(8 号、20 号等)	
	4	齿轮油(冬、夏用和通用)	
	5	其他机油(机械油、气缸油、压缩机油)	

上述分组是为了确保油品质量而拟定的，管道数量需要较多，中小油库管道不足时，可以在加强管道清洗的前提下，适当并组使用。泵、管线互用时的洗刷要求及罐车换装清洗类别见表 6-2、表 6-3。

表 6-2 泵、管线互用时的洗刷要求

项目	燃一组	燃二组	燃三组	燃四组	燃五组	滑一组	滑二组	滑三组
燃一组	1	1	2	0	0	0	0	0
燃二组	0	1	2	0	0	0	2	0
燃三组	2	1	1	0	0	2	3	0
燃四组	2	1	1	1	2	0	0	0
燃五组	0	0	0	1	1	0	0	0
滑一组	0	0	0	0	0	1	2	2
滑二组	0	0	0	0	0	2	1	2
滑三组	0	0	0	0	0	2	2	1

表 6-3 罐车换装清洗类别

项目		残存油品										
		航空汽油	喷气燃料	汽油	溶剂油	煤油	轻柴油	重柴油	燃料油（重油）	一类润滑油	二类润滑油	三类润滑油
待装油品	航空汽油	3	3	3	3	3	3	0	0	—	—	—
	喷气燃料	3	3	3	3	3	3	0	0	—	—	—
	汽油	1	2	1	1	2	2	0	0	—	—	—
	溶剂油	3	2	3	1	2	2	0	0	—	—	—
	煤油	2	1	2	2	1	2	0	0	—	—	—
	轻柴油	2	1	2	2	1	1	0	0	—	—	—
	重柴油	0	0	0	0	0	0	1	1	—	—	—
	燃料油(重油)	0	0	0	0	0	0	1	1	—	—	—
	一类润滑油	0	0	0	0	0	0	0	0	2	3	3
	二类润滑油	0	0	0	0	0	0	0	0	1	1	2
	三类润滑油	0	0	0	0	0	0	0	0	1	1	1

注：1. 当残存油与要装入油的种类、牌号相同，并认为合乎要求时，可按 1 执行。食用油脂抽提用溶剂油不包括在本项目中，应用专门容器储运。

2. 符号说明：

0——不宜装入。但遇特殊情况，可按 3 的要求，特别刷洗装入。

1——不需刷洗。但要求不得有杂物、油泥等；车底残存油宽度不宜超过 300mm，油船、油罐残存油深不宜超过 30mm（判明同号油品者不限）。

2——普通刷洗。清除残存油，进行一般刷洗，要求达到无明水、浊底、油泥及其他杂质。

3——特别严洗。用适宜的洗刷剂刷净或溶剂喷刷（刷后需除净溶剂），必要时用蒸气吹刷，要求达到无杂质、水及油垢和纤维，并无明铁锈；目视或用抹布擦拭检查不呈现锈皮、锈渣及黑色。

3. 润滑油类别说明。一类润滑油：仪表油变压器油、汽轮机油、冷冻机油、真空泵油、航空润滑油、电缆油、白色油、优质机械油、高速机油、液压油等；二类润滑油：机械油、汽油机润滑油、柴油机润滑油、压缩机油等；三类润滑油：气缸油、车轴油、齿轮油、重机油等。

4. 装运食用油、抽提用溶剂油和医药用溶剂油或白油、凡士林等须用专用清洁容器。

5. 装运出口石油产品，油船油舱的检验还须按国家有关部门的有关规定执行。

6. 重油、原油铁路运输时一律使用黏油罐车，不需刷洗。

7. 苯类产品铁路运输时，除尽量使用专用罐车外，还可以使用装过汽油等的轻油罐车，根据所运苯类产品的用途，刷洗（如医药、国防用特洗，农药、油漆用普洗）后装运。为防止洗罐中毒，凡残存有苯类的罐车，除确认原装品种可重复装同种产品外；一律只允许装运车用汽油，以避免洗苯类罐车。还应强调指出，对于有特殊要求的油品，例如航空汽油、航空煤油等，必须专管专用、专泵专用；溶剂汽油也不能用含铅汽油的管道输送等。

反映油库工艺流程的图纸称为油库工艺流程图。油库工艺流程图是储运工所必须掌握的，它一般不按比例绘出，但各区域内设备方位尽可能与总平面布置图一致，以便与总图联系和取得比较形象的概念。

为了更好地熟悉油库工艺流程图，下面先介绍油库最重要的局部工艺流程，即油罐区工艺流程和泵房工艺流程。

二、油罐区工艺流程

油罐区（或油库区）的管路工艺一般有单管系统、独立管路系统及双（多）管系统等布置形式。

1. **单管系统**

单管系统的特征是，同一油罐组的两个（或两个以上）油罐共用一根管路，见图 6-1。其特点是所需管路少、建设费用省，但它只以一根管路作为一组油罐的进出油管，这种工艺流程不能同时收发，罐组油罐之间也不能互相输转，必须输转时需另设临时管线。若该组油罐有几个油品，为了防止混油，输送不同油品时管路就需排空。

这种工艺一般应用在品种单一、收发业务量较少、通常不需输转作业的油库。

2. **独立管路**

独立管路系统的特征是，任一罐区的每个油罐单独设置一根管路，如图 6-2 所示。其特点是布置清晰、专管专用，使用完毕不需排空，检修时也不影响其他油罐的作业。但材料消耗大，泵房管组也相应增多。这种工艺在油库应用中也较多，一般用于润滑油管路，它们品种数量较多，但不能混入其他油品，业务量相对轻油要少，不需要经常倒罐。

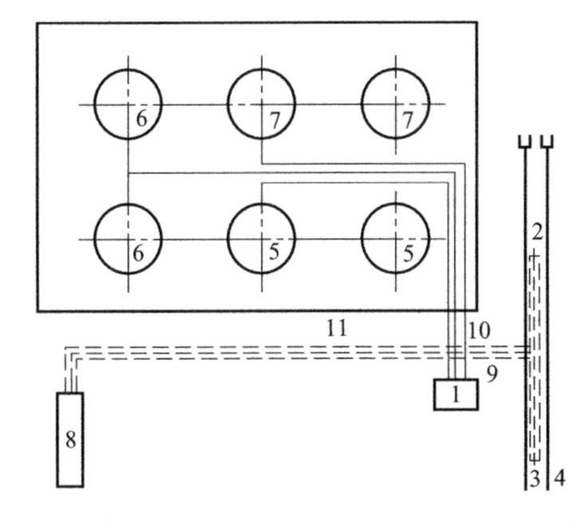

图 6-1　单管系统工艺流程示意图

1—油泵房；2—卸油鹤管；3—集油管；4—铁路；5—煤油罐；6—汽油罐；7—柴油罐；8—灌桶间；9,10—输油管；11—油管

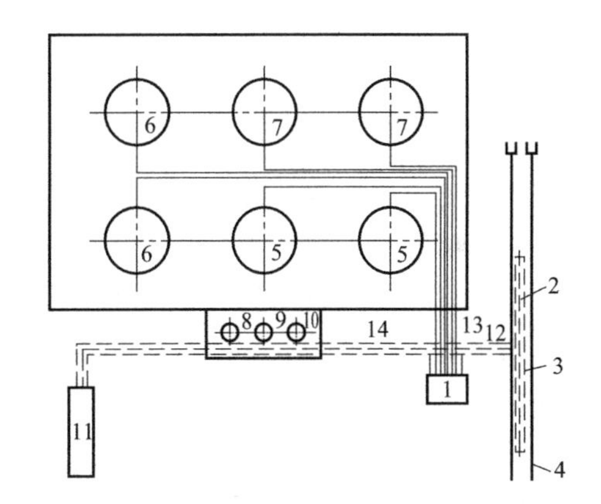

图 6-2　独立管路系统工艺流程示意图

1—油泵房；2—卸油鹤管；3—集油管；4—铁路；5—煤油罐；6—汽油罐；7—柴油罐；8—汽油灌装罐；9—煤油灌装罐；10—柴油灌装罐；11—灌桶间；12,13—输油管；14—灌油管

3. **双（多）管系统**

双管系统是一个或一个以上油罐共用两根管路，多管系统则是两个或两个以上油罐共用两根以上管路。

双管系统的特征是对大宗散装油品的每个油品都设两根主干道，分别用于收油作业和发油作业。同时每个油罐也设两根进出油管，规定它们作进油和付油专用，并与相应进出油干道相连。实际中，常用箭头或不同颜色对进出油管路或阀门分别作出记号，便于安全操作。

典型的双管系统工艺流程图如图 6-3 所示。这种工艺的最大特点是同组油罐间可以互相输转，也可同时进行收发作业，故油库罐区工艺流程一般多以双管系统为主，辅以单管系统或独立管路系统。双管系统在输转作业时，由于同时占用两根管路，不能再进行收发作业，因此对作业量较大、同组油罐大于两个的油库常采用三管系统。这样既可以保证库内油品的输转，又可以同时进行收油（或发油）作业。同样，也可保证两路收油一路发油或两路发油一路收油的作业。

4. **多管布置系统**

如图 6-4 所示，这种布置工艺先进、操作方便、互不干扰，能满足生产与经营的各种需要。只是流程较复杂、消耗钢材多、投资较大。

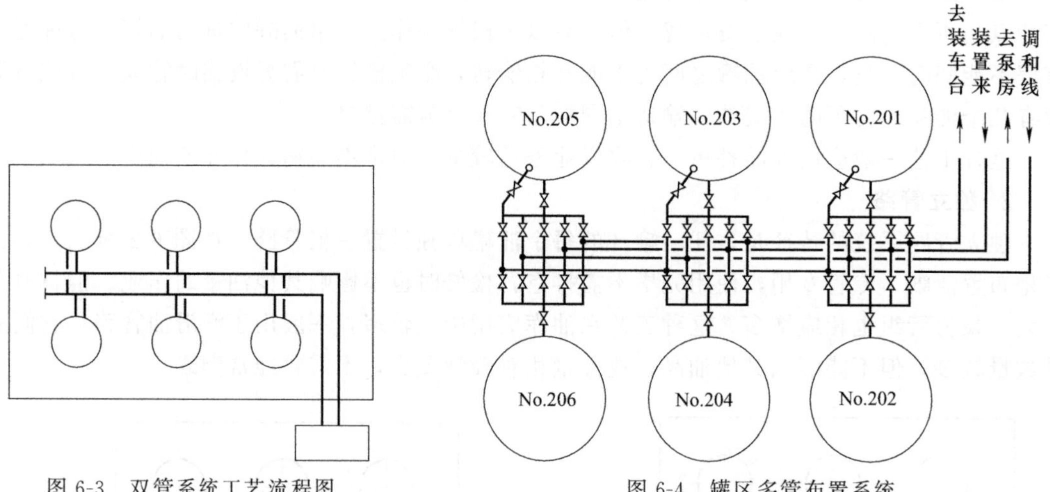

图 6-3 双管系统工艺流程图

图 6-4 罐区多管布置系统

显而易见，以上四种管道布置从材料消耗看，单管系统最省，多管布置系统最费。但从使用来看，单管却有较多的缺点，如同组油罐无法输转，必须输转时需另装临时管线；一条管线发生故障时，同组的所有油罐均不能操作。而独立管道系统，虽然布置清晰、专管专用、不用排空，检修时也不影响其他油罐的操作，但是管材消耗太多，泵房管组也要相应增大。因此在实际应用上，除临时性油库或地方性小油库采用单管系统外，对于油罐数目较多、油品种类多的油库，多以双管系统为主，辅以单管或独立管道系统。

油库具体采用什么管道系统进行工艺流程设计，应根据油库业务特点，结合具体情况，因地制宜，慎重选择。

三、油库工艺流程图的绘制和识读

1. 油库工艺流程图的绘制方法

① 在绘制油库工艺流程图时，可按油库平面布置的大体位置，将各种工艺设备布置好，然后按正常生产工艺流程、辅助工艺流程的要求，用管路、管件和阀件将各种工艺设备联系起来。

② 地上管路用粗实线表示，地下管路用粗虚线表示，管沟管路用粗虚线外加双点画线表示。主要工艺管路（输油管路）用最粗的线型，次要或辅助管路（真空管路）用较细的线型。不论管路的直径有多大，在图上体现的线条粗细都应一致，且在油品的主要进、出油的油罐区管路、码头管路、铁路装卸油管路、泵房进出口附近管路及发油台附近管路上，每条管路要引出标注线，标注线上必须注明编号、油品名称、管路公称直径及油品流向。

③ 为了在图样上避免管线与管线、管线与设备间发生重叠，通常把管线画在设备的上方或下方；管线与管线发生交叉时，应遵循竖断横连的原则在图上画出。

④ 管路上的主要设备、阀门及其他重要附件要用细实线按规定符号在相应处画出。

各种设备在图上一般只需用细实线画出大致外形轮廓或示意结构，设备大小只需大致保持设备间相对大小、设备之间相对位置及设备上重要接管口位置大致符合实际情况即可。不论设备的规格如何，其在同一图纸上出现的规定符号大小都应基本一致。

⑤ 图上设备要进行编号，通常注在设备图形附近，也可直接注在设备图形之内。图上还通常附有设备一览表，列出设备的编号、名称、规格及数量等项。若图中全部采用规定画法的，可不再有图例。

⑥ 常用设备、阀门及管路附件的规定画法见表 6-4。

表 6-4 工艺流程常用图例

序号	名称	图例	序号	名称	图例
1	闸阀		13	电动离心泵	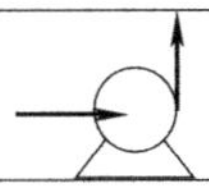
2	截止阀		14	管道泵	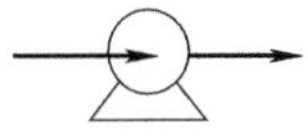
3	止回阀		15	电动往复泵	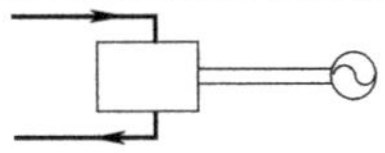
4	球阀	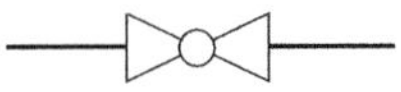	16	蒸汽往复泵	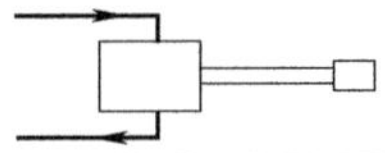
5	蝶阀	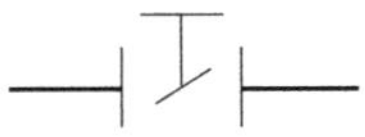	17	齿轮泵	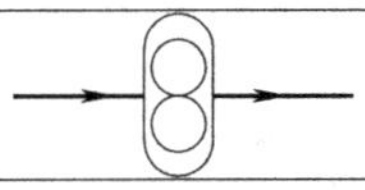
6	旋塞阀	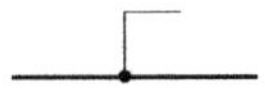	18	螺杆泵	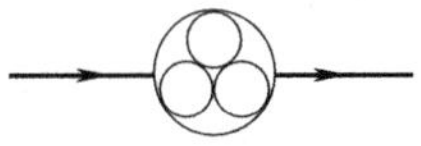
7	电动阀	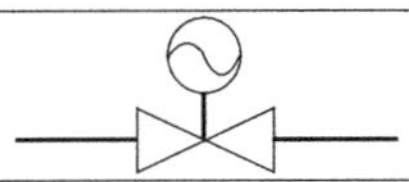	19	真空泵	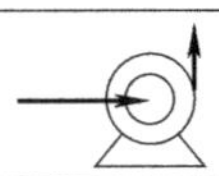
8	安全阀	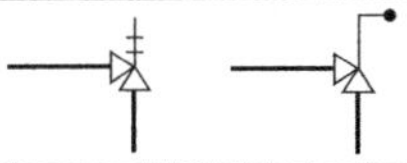	20	立式油罐	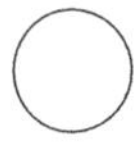
9	电磁阀	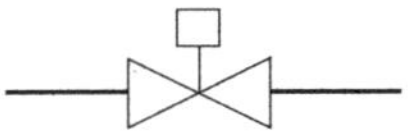	21	卧式油罐	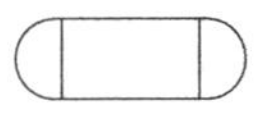
10	过滤器	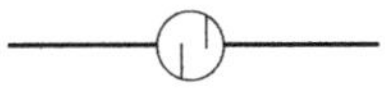	22	鹤管	
11	流量计		23	胶管	
12	消气器	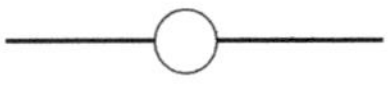	24	卸油臂（快速接头）	

2. 油库工艺流程的识读

（1）识读方法

① 先读标题栏，看看是局部工艺流程还是总工艺流程。

② 再看油库主要作业区收发油情况：收油是管路直接来油，还是铁路或水路来油；发油是利用位差自流发油，还是采用高架罐自流发油或泵直接发油工艺；受油容器是铁路槽车、油船还是汽车或油桶图。

③ 然后看油罐区，共有几种油品、几类油罐、油罐单罐容积、油罐分组，罐区管路工艺是单管系统、双管系统还是独立管路系统。

④ 接着再看油泵房，看看其名称、泵房个数、油泵台数及其功用，看看是否能够倒罐。

⑤ 再看看管路走向、管路附件等。

⑥ 最后看看说明等。

⑦ 根据要求看懂卸任一种油品、发任一种油品或倒某种油品的工艺。

（2）识读技巧

不论是要求卸一种油品，还是发一种油品，或倒某种油品的工艺，都可以采取“抓两头（起点与终点），看中间”的方法，一般不会出现任何差错。如要求卸某种油品，则可以先找出起点——该油品从何种运输工具来油，再找终点——要进哪个油罐，看看中间有哪些主要环节，是用船上泵直接进库还是用本库卸油泵房的泵卸铁路来油。找到这3处后再沿卸油点——中间（泵房）出油方向（油罐）找出沿线所有管路附件及设备，进而确定在进行该项作业时，哪些阀门关闭，哪些阀门开启。

同样，如果是库内输转（或倒罐），只是起点换成了油罐，则其他方法同上；如果是发油，则起终点及油品流向正好与卸油方向相反。

第二节 油 泵 站

一、油泵站的类型和特点

按照输送油品的性质，可分为轻油泵站和黏油泵站。因为汽油、煤油、柴油易燃、易爆、易产生静电、黏度小，对泵站的建筑和泵站内的设备有着基本的共同要求，所以把它们放在一个泵站内，称为轻油泵站。润滑油的黏度大、不易输送，虽然可燃，但不爆炸，对泵站的建筑防火要求比轻油泵站低，泵的类型也不同，故将它们放在另一个泵站内，称为黏油泵站。

按照泵站的地坪标高，分为地上泵站、地下泵站和半地下泵站。在以前的泵站设计中，采用地下泵房的相当普遍，其地坪标高低于轨顶或泵站外地坪2～3m，也有的深达5～6m；然而由于标高太低，不便于解决防排水问题，同时增加了土方工程量，也容易积聚油气，给建筑施工、设备安装、操作使用，特别是安全管理带来很多问题，因此目前推荐油泵站最好采用地上式。但如果有军事上的防护和隐蔽要求，常将泵站建成半地下或地下式，有条件的则建在洞库内。

按照泵站的建筑形式，可分为房间式（泵房）、棚式（泵棚），亦可采用露天式。从建筑形式看，泵房虽有利于设备和操作环境，但一方面增大了建房、通风等的投资，另一方面容易积聚油气，于安全不利；露天泵站造价低、设备简单、油气不容易积聚，但设备和操作人员易受环境气候影响；泵棚则介于泵房与露天泵站之间，应当说是一种较好的泵站形式。

按照油品的输送方式，可分为固定泵站、浮动泵站和移动泵站。从铁路油罐车来油的油库，一般多用固定泵站；从油船、油驳来的内河和沿海油库，常用浮动泵站（要与岸上固定泵站配合）；对于野战油库或油品临时补给点，常采用移动泵站。

油库泵站尽管它们有各种各样的名称，但其基本的功能却是相同的，都是输送油品。从油库泵站的这种共性出发，再结合不同的个性，即考虑各种泵站的具体作业特点，对于泵站流程、泵站设备和泵房建筑等的不同要求，便能对各种泵站的设计与管理作出比较合适的处理。例如，矿场原油库外输泵站的作业特点是输送油品单一，但输油量大，停输时间限制很严（以防发生原油在管线中凝固的严重事故），泵机组必须长时期连续运转，因而这种泵站对泵机组的效率、可靠性及备用率等要求就比较高；成品油储备库的泵站，因为油品在库内储存时间长、周转系数小，所以，它的作业特点是泵机组利用率低；部队的供应油库或商业系统的分配油库的泵站，它的作业特点是输送油品的种类较多，周转也较为频繁，但每次的收发量却不一定很大，因而这种泵站机组应当考虑互为备用，并要求流程应当有一定的灵活性。

通常，习惯按照泵站的作业性质分为（装）卸油泵站、发油泵站、中转泵站及综合泵站。装卸油泵站的功能是进行大批量装卸作业，一般设在铁路油品装卸线附近或装卸油码头附近。发油泵站的功能是直接发放油品至用户，它常设在发油台或发油间附近。中转泵站的功用是进行库内油品的输转，如需要更换油品时油罐与油罐之间的输转，或从油罐向高架罐输油等。综合泵站有装（卸）中转、发油中转、卸油发油、卸油中转发油 4 类，它具有两种或两种以上的功能。

二、油泵站的建筑形式

《石油库设计规范》规定：油泵站宜采用地上式，其建筑形式应根据输送介质的特点、运行条件及当地气象条件等综合考虑确定，可采用房间式（泵房）、棚式（泵棚），亦可采用露天式。

泵机组是设置在泵房内，还是泵棚下或露天布置，要考虑气候条件、输送物料的性质、泵机组的运行情况及泵体的材质等因素。

① 在极端最低气温低于－30℃的地区（包括东北、内蒙古、西北大部地区），考虑到在这样严寒地区泵机组运行及管理的实际困难，应设置泵房。

② 在极端最低气温为－30～－20℃的地区，应根据输送介质的性质（黏度、凝固点）、运行情况（是长时间连续运行，还是非长时间连续运行）、泵体材质以及风沙对机泵运转及操作的影响等因素，考虑设泵房或泵棚。

③ 在极端最低气温高于－20℃、累计平均年降雨量为 1000mm 以上的地区，要设置泵棚。

④ 在每年最热月的月平均气温高于 32℃的地区，宜设泵棚。

⑤ 历年平均降雨量在 1000mm 以上的地区，应设置泵棚。

⑥ 上述以外的地区，可采用露天布置。

在泵站设计中，应尽量避免采用地下泵房。地下泵房不便于解决防排水问题，同时土方工程量大，也容易积聚油气，给建筑施工、设备安装、操作使用，特别是安全管理带来很多问题，所以推荐油泵站建成地上式。

从建筑形式看，泵房虽有利于设备和操作环境，但一方面增大了建房、通风等的投资，另一方面容易积聚油气，于安全不利；露天泵站造价低、设备简单、油气不容易积聚，但设备和操作人员易受环境气候影响；泵棚则介于泵房与露天泵站之间，应当说是一种较好的泵站形式。

三、油泵站工艺流程

油库泵站流程是油库工艺流程的一个重要组成部分。油库中油品的收发和输转，是依靠泵站内的泵机组和管路配合工作来完成的。因此，泵站流程设计得是否合理，将影响到油库作业能否顺利完成。

泵站流程包括工艺系统、真空系统及放空系统等三个部分。真空系统及放空系统在前面章节做了简单介绍，同时考虑到目前应用逐渐减少。

油库泵站的工艺流程是指被输转的油品按特定的工艺要求，从吸入管进入泵站和从排出管排出泵站外流经泵站内管路和设备的全过程。

泵站工艺流程应根据油库业务，分别满足收油、发油（包括用泵发油和自流发油）、输转、倒罐、放空以及油罐车、船舱和放空罐的底油清扫等要求。

泵站工艺流程的设计应遵循以下原则：

① 应首先满足油库主要业务要求，能保质保量地完成收、发任务。

② 能体现操作方便、调度灵活。

a. 同时装卸几种油品，不互相干扰；

b. 根据油品的性质，管线互为备用，能把油品调度到备用管路中去，不致因某一条管路发生故障而影响操作；

c. 泵互为备用，不致因某一台发生故障而影响作业，必要时还可以数台泵同时工作；

d. 发生故障时，能迅速切断油路，并有充分的放空设施。

③ 经济节约，能以少量设备去完成多种任务，并能适应多种作业要求。

从经济节约的原则来说，在泵站流程中应体现出一管多用、一泵多用。而从操作灵活、保证质量的观点出发，则要求专管专用、专泵专用。这个矛盾首先应该统一在满足油库的主要业务要求上，在这个前提下，根据具体情况作出既符合经济节约原则，又满足灵活方便要求的泵站流程设计。

但必须指出，某些油品之间是允许有一定比例的混合而不影响其质量。因此，除航空煤油和航空汽油外，输送一般油品在不超过允许浓度的情况下，是可以一管多用、一泵多用的。

1. 轻油泵站工艺流程

图 6-5 为一轻油泵站工艺流程，其特点是专管专用、专泵专用，可同时装卸 4 种油品互不干扰；同时 90# 汽油泵与 93# 汽油泵、柴油泵与煤油泵双双互为备用，还可以相互并联或串联；既可自流发油，又可用泵发油。

这种泵站往往用在品种较多、规模较小的油库。

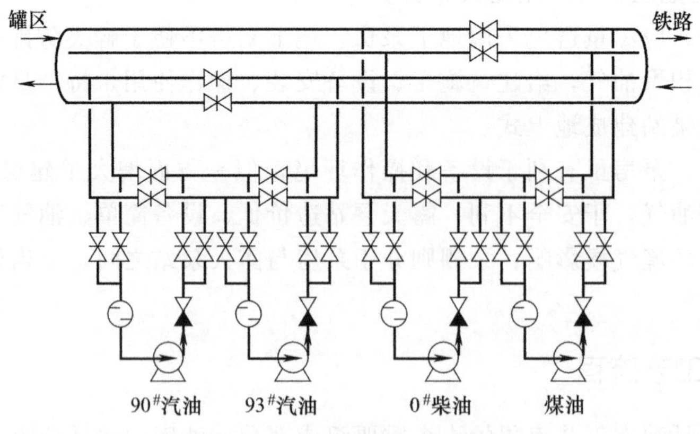

图 6-5 轻油泵站工艺流程

2. 润滑油泵站工艺流程

图 6-6 是一种典型的润滑油泵站工艺流程。该润滑油泵站工艺流程的特点是，专管专用、专泵专用，各泵互为备用，即可用任一台泵装卸任一种油品；可同时装卸 4 种油品而互不干扰；可自流发油或用泵发油。

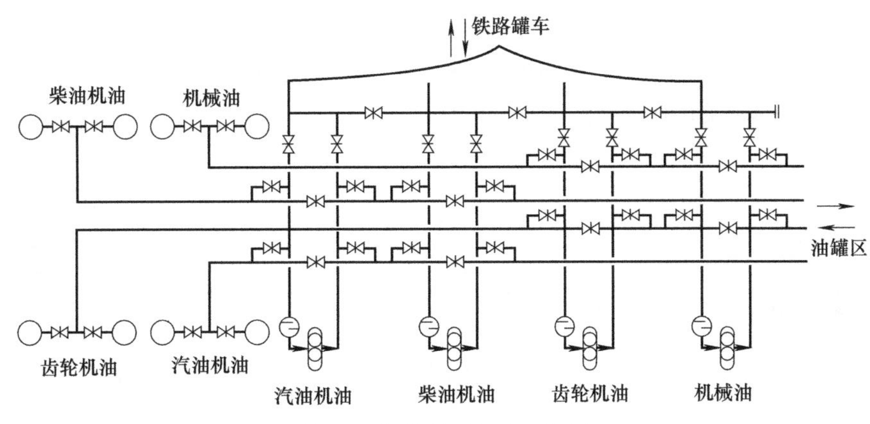

图 6-6 润滑油泵站工艺流程

这种泵站主要是考虑润滑油品种较多，而销售数量较少的因素，在过去建造的一些油库中有一定的应用。目前，本系统油库的许多润滑油泵站采用独立用泵和管路，以确保油品不会混油。

3. **标准泵站工艺流程**

上述两种泵站工艺具有操作灵活的优点，但设备多、阀门多、管路多，对于作业量较大的油库不能体现出经济的原则，故目前石化销售系统油库常用一种标准泵站工艺流程，见图 6-7。

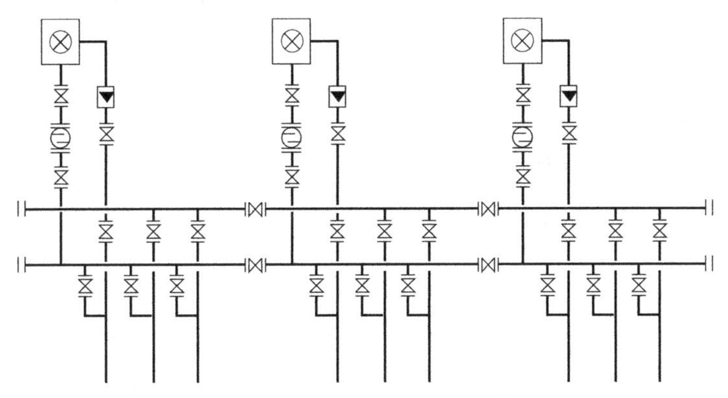

图 6-7 标准泵站工艺流程图

图 6-7 是较常见的一种标准泵站工艺流程。它设计简单、排列整齐、操作方便，不管油品输向什么地方，都可与泵前的两条集油管按同一方式连接。油库中为了防止混油，泵间集油管上的 1～4 号闸阀通常不安装，用盲板隔开。正常输油时，各泵输送各自设定的油品，但当泵机组发生故障时，便可拆下盲板，临时安装上阀门，由另一台泵代输。这样，相邻的泵可互为备用。

需要强调的是，这种工艺的集油管之间的闸阀为常闭阀，要求有良好的密封性能，以防混油或串油，且每隔半个月或一个月要开启一次，检查其灵活性，以便在切换时能用。

此外，由于该工艺属于标准工艺，虽然在不同油库、不同场合，其具体形式也会发生一些变化，但在功能上仍然具有标准泵房工艺的特点。

4. **其他场所用泵的工艺流程**

上述泵房工艺流程主要指铁路收发油的泵房工艺流程，而在公路、水运以及油品掺配作业中，往往有单泵、双泵等工艺流程，现介绍如下。

(1) 单泵的工艺流程

① 单泵收油、自流发油工艺流程图如图 6-8 所示。收油时，打开阀 1、2，关闭阀 3；自流发油时，打开阀 3，关闭阀 1、2。

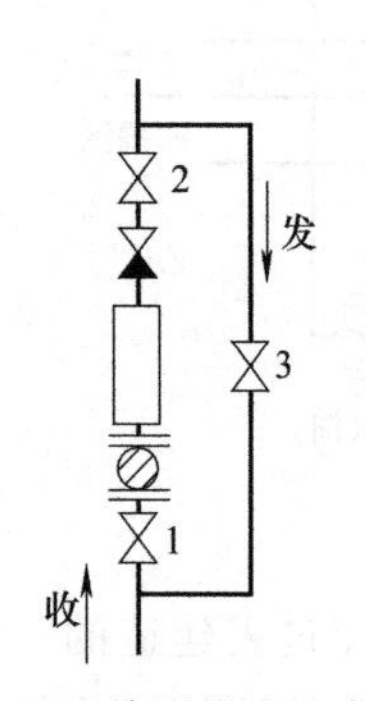

图 6-8 单泵收油、自流发油工艺流程图

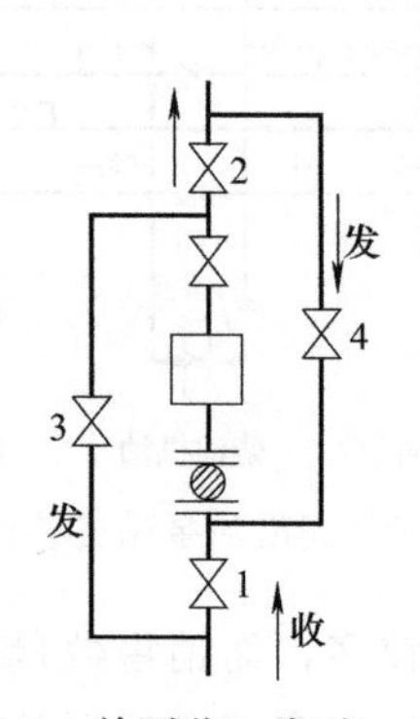

图 6-9 单泵收、发油，自流发油工艺流程图（四阀）

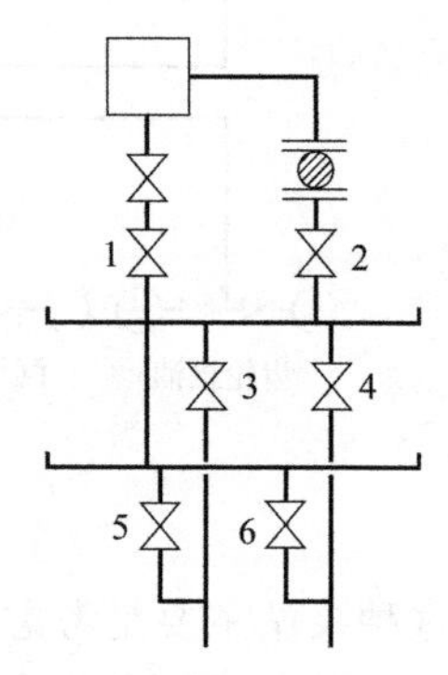

图 6-10 单泵收、发油，自流发油工艺流程图（六阀）

② 单泵收、发油，自流发油工艺流程可分为两种方式。

四阀（不含止回阀）的流程如图 6-9 所示。收油时，打开阀 1、2，关闭阀 3、4；发油时，打开阀 3、4，关闭阀 1、2；自流发油时，打开阀 2、3，关闭阀 1、4，或打开阀 4、1，关闭阀 2、3。

六阀（不含止回阀）的流程如图 6-10 所示。收油时，打开阀 4、2、1、5，关闭阀 6、3；发油时，打开阀 3、2、1、6，关闭阀 5、4；自流发油时，打开阀 3、4，关闭阀 2、5、6、1，或者打开阀 5、6，关闭阀 1、3、2、4。

(2) 双泵的工艺流程

双泵收、发油，自流发油工艺流程如图 6-11 所示。

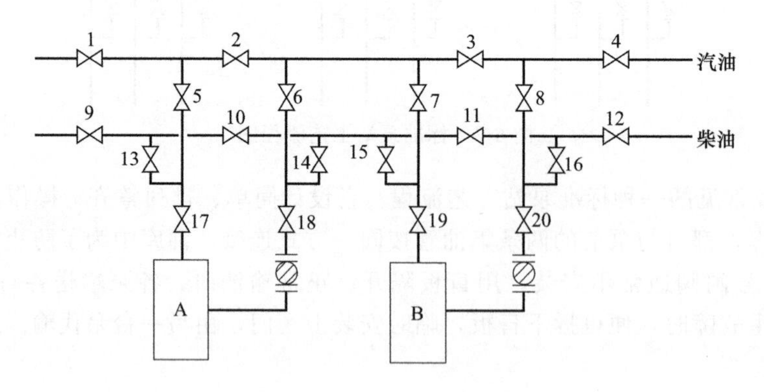

图 6-11 双泵收、发油，自流发油工艺流程图

① 正常流程。

B 泵卸汽油：打开阀 4、8、20、19、7、2、1，其余全关闭。

A 泵卸柴油：打开阀 12、11、14、18、17、13、9，其余全关闭。

② 调泵流程。

B 泵卸柴油：打开阀 12、16、20、19、15、10、9，其余全关闭。

A 泵卸汽油：打开阀 4、3、6、18、17、5、1，其余全关闭。

③ 倒流程。

B 泵装柴油：打开阀 1、2、3、8、20、19、15、11、12，其余全关闭。

A 泵装汽油：打开阀 9、10、14、18、17、5、2、3、4，其余全关闭。

④ 调泵倒流程。

B 泵装汽油：打开阀 9、10、11、16、20、19、7、3、4，其余全关闭。

A 泵装柴油：打开阀 1、2、6、18、17、13、10、11、1，其余全关闭。

(3) 三泵的工艺流程

三泵收、发油工艺流程如图 6-12 所示。阀门操作如下。

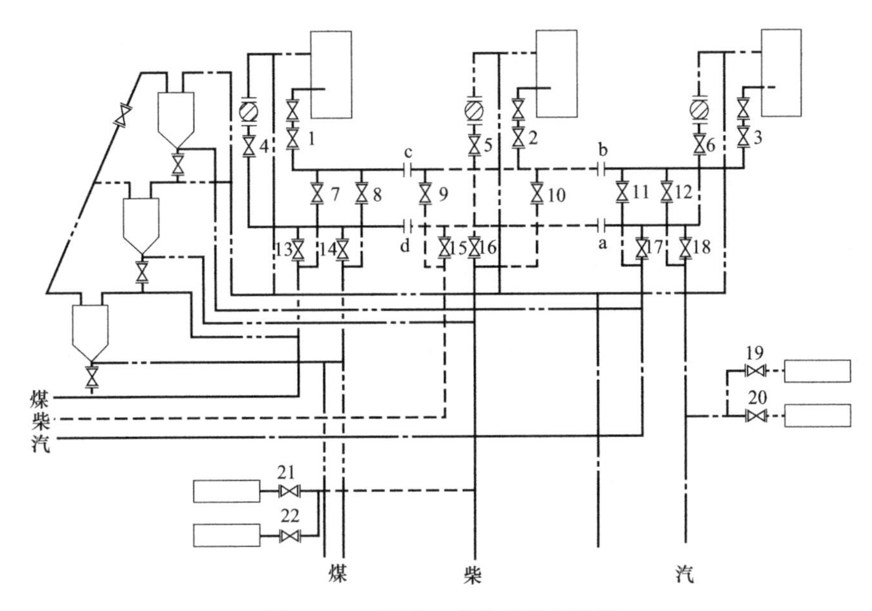

图 6-12　三泵收、发油工艺流程图

① 正常流程。

接卸汽油：打开阀 18、6、3、11，其余全关闭。

接卸柴油：打开阀 16、5、2、9，其余全关闭。

接卸煤油：打开阀 14、4、1、7，其余全关闭。

② 换泵流程。

改用汽油泵卸柴油：打开阀 16，盲板 a，阀 6、3，盲板 b，阀 9，其余全关闭。

改用柴油泵卸汽油：打开阀 18，盲板 a，阀 5、2，盲板 b，阀 11，其余全关闭。

改用柴油泵卸煤油：打开阀 14，盲板 d，阀 5、2，盲板 c，阀 7，其余全关闭。

改用煤油泵卸柴油：打开阀 16，盲板 d，阀 4、1，盲板 c，阀 9，其余全关闭。

5. 容积泵的工艺流程

容积泵的典型工艺流程见图 6-13。

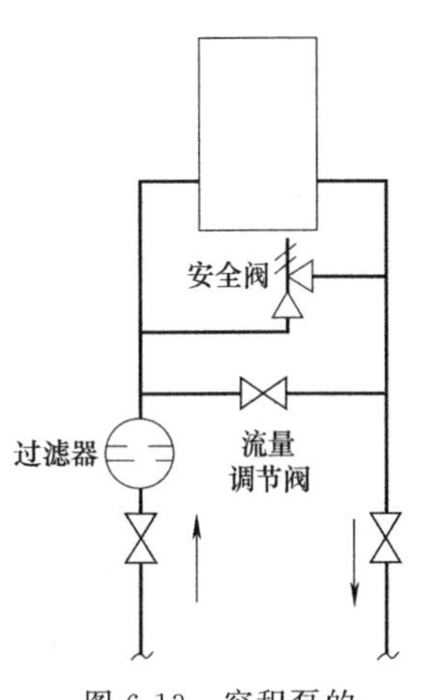

图 6-13　容积泵的典型工艺流程

四、常用泵的选用安全阀

1. 基本参数的确定

(1) 流量确定

泵的流量具体要考虑下列因素：

① 装卸物料用泵的流量要考虑交通运输部门对装卸时间的要求和一次装卸总量。

a. 对于铁路装卸作业，要考虑每种油品的一次装卸车辆数和装卸时间。对大宗油品，每种油品的一次装车量一般可按一列车的辆数考虑；对小宗油品，除了按年出厂量确定每种油品一次装车量以外，还应与铁路方面充分协商以最终确定一次装车的车辆数。一般情况下，每种油品每次的净装油时间为2～3h。

原油卸车（下卸）泵的流量要满足在两次来车的最短时间间隔内，将零位油罐里的原油完全转走的要求。可按在12～16h内转送完1d的卸油量考虑。

b. 对于油船的装卸作业，要考虑泊位净装卸时间和船的吨位。

内河港口装油泵的能力，应根据设计船型舱底母管内油品流速为4.5m/s时的流量最大值来选配。

此外，当某一种产品有可能在几个大小不等泊位上装船时，除了考虑净装油时间要求外，尚应考虑选用流量大小不等的泵来适应不同泊位的要求。

c. 对于汽车装车泵的流量，应根据装同一种产品的车位和每个车位的装车流量来确定。

当一种产品的车位数大于3时，由于装车时不是所有车位上的装油阀全都打开，因此泵的设计流量应比所有装油阀全开的流量小。

② 对多种用途的泵，其流量要考虑主要作业的要求，使泵的主要作业在经济合理的条件下运行。

③ 在某些作业中要求泵在低流量下长期操作，应考虑泵发热的可能性。

④ 要留有一定的余量，一般为10%左右。

(2) 扬程

泵的扬程应满足在输送流量下的管道压力降、位差及静压差等要求。具体要考虑下列因素。

① 要考虑储罐或容器内液位变化和内压变化的不利因素。对于常压储罐，应取满罐时的最高液位。对于压力容器，在装卸或输转作业中，有气相连通管道时，除考虑液相管道的阻力降外，还应考虑气相管道的压力降。在向密闭容器内输送物料时，要考虑容器内气相压缩冷凝引起的压力升高的影响。在最不利的条件下，容器内压力可能达到容器安全阀的泄放压力。

② 要考虑各种安装在管道中的流量计、调节阀等仪表的局部阻力降。

③ 对输送黏性油品的泵，要考虑黏度对扬程的影响。

④ 要考虑在管道阻力降中存在的某些不可预见因素。对扬程的选择要留有一定余量，一般为10%左右。

(3) 泵工作点的确定

当泵的流量和扬程初步确定以后，还需要用泵的工作特性曲线和管道系统的工作特性曲线来确定泵的实际工作点，并由此来核算泵的轴功率和原动机的功率。在输送黏性液体时(运动黏度大于20mm^2/s)，泵的工作特性曲线要作黏度修正。在绘制管道系统的工作特性曲线时，可考虑选择不同的管径来调节泵的工作点，以使其在高效区工作。

连续长期运转的泵，其工作点一定要靠近泵的高效率点。

2. 泵型选择

① 油泵的类型应根据泵的用途、输送介质性质和输送条件来确定。

② 按离心泵在输送油品及其他介质时的效率换算系数划分，该系数大于或等于 0.70 时，应选用离心泵；在 0.45～0.70 之间时，可根据情况选用离心泵、螺杆泵、往复泵或其他容积泵；小于 0.45 时，应选用螺杆泵、往复泵或其他容积泵。

③ 要求泵有较强的抽吸性能时，宜选用往复泵、齿轮泵、螺杆泵、滑片泵、转子泵等容积式泵。

④ 用于离心泵灌泵和抽吸运油容器底油的泵宜选用滑片泵、潜油泵或真空泵配离心泵。

离心泵工作前必须灌泵，以往多采用真空泵给离心泵灌泵。但因为真空泵工作中常常漏水，造成泵站集水，冬天还易冻，而且必须采用真空罐，真空罐是一个危险源；另外，真空泵排出的油气易造成污染、浪费能源，并有可能引发火灾事故，所以不宜采用真空泵。现在有些容积泵（如滑片泵、转子泵）完全可以替代真空泵，且无真空泵的上述缺点，故推荐采用容积泵给离心泵灌泵。

⑤ 输送轻质油品时，在操作条件允许的情况下，宜优先选用离心式管道泵。

⑥ 泵型除按上述方法进行选择外，还可参考《泵、轴封及原动机选用手册》进行选择。

3. 泵的台数和备用泵

（1）泵的台数

正常操作台数流量比较稳定时，一般只设 1 台操作泵；流量变化大的作业，可采用几台泵同时操作；但在任何情况下，均不宜多于 3 台泵。

下列情况，可考虑采用两台泵并联操作。

① 流量大，单台泵不能满足要求。

② 对于需要 1 台备用泵的大型泵，如改用两台较小泵并联操作，则备用泵可变小。

③ 对于某些大型泵可采用两台 70%的流量泵并联操作，不设备用泵。

④ 流量变化大而扬程要求不变时，可选用两台扬程相同的泵并联操作或单台操作。当输送系统需要高扬程而单台泵不能满足要求时，可用两台离心泵串联操作。

（2）泵的备用原则

储运系统用泵情况比较复杂，要求各不相同，应综合考虑各种因素来确定泵的备用。

① 对长时间连续操作的泵，一般应设备用泵。连续输送的油泵是指生产装置或工厂开工周期内不能停用的泵，如炼油厂从油罐区供给工艺装置的原料油泵，长距离输油管路的输油泵，发电厂锅炉的供油泵等。这些油泵在发生故障时，如没有备用泵，则无法保证连续供油，必然造成各种事故或较大的经济损失。所以，规定连续输送的油泵应设备用油泵。

② 对经常操作但非长时间连续运转的泵，不宜专设备用泵，可与输送介质性质相近且性能符合要求的泵互为备用，或共设 1 台备用泵。当输送同一介质的操作泵超过两台时，一般不宜设备用泵。经常操作但不连续运转的油泵，根据生产需要时开时停，作业时间长短不一，石油库的输油泵大多属于此类，如油品装卸和输送等作业所用的泵。这些油泵发生故障时，一般不致造成重大的损失，客观上也有一定的检修时间，因此各种类型的油泵采用互为备用或共设一台备用油泵是可以满足生产需要的。

不经常操作的油泵是指平时操作次数很少，且不属于关键性生产的泵，如油泵房的排污泵、抽罐底残油的泵等。这种泵停运的时间比较长，有足够的时间进行检修，即使在运行时损坏，对生产影响也不大，故这种泵没有必要设备用油泵。

③ 在运转中因故中断而不影响生产的泵，不应设备用泵。

④ 输送剧毒介质和腐蚀性介质的泵，宜设备用泵。

⑤ 输送同一种介质的备用泵不得超过 1 台。

五、油泵站布置

一般要求泵房（棚）的设置应符合下列规定。

① 考虑到发生火灾、爆炸事故时便于操作人员安全疏散，要求泵房应设外开门，且不宜少于两个，其中 1 个应能满足泵房内最大设备进出需要。对于建筑面积小于 $60m^2$ 的油泵房，因泵的台数少，发生事故的机会也少，即使发生事故也易于疏散，故允许设 1 个外开门。

② 泵房和泵棚净空不低于 3.5m，主要考虑设备竖向布置和有利于油气扩散。

③ 为保证特殊油品（如航空喷气燃料等）的质量，规定了专泵专用，且专设备用泵不得与其他油品油泵共用。

④ 没有安全阀的容积泵出口管路上应设置安全阀。某厂调查的十六起油泵房事故中，有五起是容积泵引起的，占油泵房事故的 31%，主要原因是没有安装安全阀。当油泵出口管路堵塞或在操作时没有打开油泵出口管路上的阀门时，泵的出口压力超过了泵体或管路所能承受的压力，把泵盖或管件崩开而喷油，有的遇到明火还发生火灾、爆炸事故，造成人身伤亡及经济损失。为避免这种事故的发生，故作本条规定。

油泵机组的布置应符合下列规定。

① 油泵机组单排布置时，原动机端部至墙（柱）的净距不宜小于 1.5m。

② 相邻油泵机组机座之间的净距，不应小于较大油泵机组机座宽度的 1.5 倍。

在调查中，看到不少石油库油泵房内油泵、阀门和管路布置比较零乱，间距不是过大就是过小。间距过大，占地面积大，不经济；间距过小，既不安全，又影响操作。所以，作了本条规定。

③ 电动机端部至墙壁（柱）这一地带，一般应满足行人、泵和电动机的搬运和安装以及电动机在检修时抽芯的要求，故规定此距离不小于 1.5m。

④ 油泵的间距是从满足操作通行和放置拆卸下来的油泵所需的地方提出的，现在的规定基本上能够适应大泵间距大、小泵间距小的要求。

油品装卸区不设集中油泵站时，油泵可设置于铁路装卸栈桥或汽车油罐车装卸站台之下，但油泵四周应是开敞的，且油泵基础液面不应低于周围地坪。

油泵站可实行集中布置，但由于集中泵站造成管路多、阀门多、油泵吸程大等问题，许多油品装卸区将铁路装卸栈桥或汽车油罐车装卸站台当作泵棚，直接将泵分散布置在栈桥或站台下，以节省建站费用，同时减小了油泵吸程。规定“油泵四周应是开敞的，且油泵基础标高不应低于周围地坪”是为了使油气能迅速扩散，增强安全可靠性。需要注意的是，设置在栈桥或站台下的泵要满足防爆要求和铁路油品装卸区安全限界的要求。

六、泵的配管

1. 泵入口过滤器及其选用

为保证正常操作和维修，在泵的入口管道上应安装过滤器。容积式泵和输送原油或重质油品泵的入口管道上应安装永久性过滤器；输送轻质油品或类似介质泵的入口管道上应安装临时过滤器或Y形（T形）过滤器。

过滤器的过滤面积（过滤网孔的有效通过面积）一般为管子截面积的2～3倍。在输送易凝、黏稠介质时，由于很容易堵塞过滤网孔，因此其过滤面积可以增加到5倍及以上。对于容积式泵，如螺杆泵，由于其装配间隙很小，对输送介质的过滤要求较高。在这种情况下，应结合泵的性能、对介质的要求和确保良好的吸入条件，综合考虑其过滤面积。

过滤网的网孔直径一般为1.5～4mm，当要求介质颗粒极小时，可再减小。过滤器安装在泵入口嘴子和切断阀之间，要便于安装、清理和检修。

2. 泵进、出口管道的设计

① 并联操作的离心泵出口应设置止回阀；单台操作的离心泵出口管道宜设置止回阀。

② 容积式泵的出口管道应设安全阀；当泵自带安全阀时，可不另设。

③ 泵进、出口主管道的管径由计算确定，但口管的直径不得小于泵口嘴子的直径；离心泵入口处的有效汽蚀余量（NPSH），不得低于泵必需的汽蚀余量（NPSH）。当泵出口管道的直径比泵嘴子大时，泵出口切断阀的直径应比泵嘴子大一级。当泵入口管道和泵嘴子直径不同时，泵口切断阀的直径可按表6-5选用。

表6-5　泵入口管直径、泵入口嘴子和泵入口切断阀直径的关系　　mm

泵嘴 *DN*	主管 *DN*										
	15	20	25	40	50	80	100	150	200	250	300
15	15	20	20	25	40						
20		20	25	25	40						
25			25	40	40	50					
32				40	40	50	80				
40				40	50	50	80				
50					50	80	80	100			
65						80	80	100	150		
80						80	100	100	150	200	
100							100	150	150	200	
125								150	150	200	250
150								150	200	200	250
200									200	250	250
250										250	300
300											300

④ 输送易凝介质的泵进、出口管道应有防凝措施。可设置暖泵线、固定式或半固定式扫线接头。用蒸汽或压缩空气扫线时，其扫线介质主管道上应设置切断阀、止回阀和检查阀。

⑤ 泵进口管道的最高点处和泵出口管道上应设置排气阀。液化石油气泵的进出口管道均应设置放空阀。放空阀不能就地排放，应排入放空油气管网。

⑥ 泵的进、出口管道一般采用地上敷设。管道水平安装时，应使其以0.003左右的坡度坡向主管带。

⑦ 离心泵进、出口管道应尽可能缩短，尽量减少拐弯；需要变径时，应选用偏心大小头。安装时，下部吸入时取顶平；上部吸入时取底平，如图 6-14 所示。

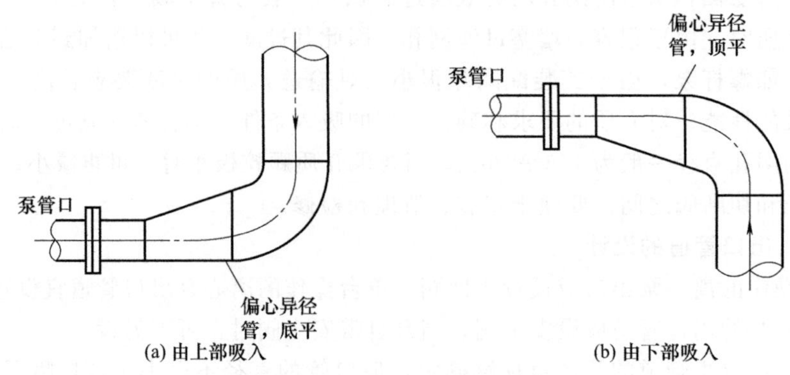

图 6-14　泵进口管道上的异径管

⑧ 泵进、出口管道上的阀门宜将阀杆布置在一条直线上；相邻两个阀门最突出部分的净距不宜小于 120mm。

⑨ 为便于检修，泵进、出口管道距地面的净空一般不宜小于 200mm；架空管道在通道上空距地面的净空不宜小于 2m。

⑩ 泵的进、出口管道应设置支撑，以减少泵嘴子的受力，必要时应进行推力计算。作用于泵嘴子处的力不得超过泵嘴子允许的承受力。

⑪ 容积式泵进、出口管道间一般应设跨线。对装有泵超压报警切断系统（如电接点压力表）的泵，为了泵启动运转的安全平稳，仍应设跨线。

⑫ 为了便于操作，泵房或泵棚中宜设置操作平台。

3. 油泵站油气排放管的设置规定

① 管口应设在泵房（棚）外。

② 管口应高出周围地坪 4m 及以上。

③ 设在泵房（棚）顶面上方的油气排放管，其管口应高出泵房（棚）顶面 1.5m 及以上。

④ 管口与配电间门、窗的水平路径不应小于 5m。

⑤ 管口应装设阻火器。

思　考　题

1. 油罐区的管路工艺有哪几种布置方式？各有何特点？其中最常用的布置方式是什么？
2. 油泵房常用的工艺流程有哪几种？
3. 油库泵房标准流程的特点是什么？
4. 油库工艺流程图如何绘制？又如何阅读？
5. 油库用泵怎样选用？

第七章 油品损耗及其管理

油品在储运与经营过程中，由于自然蒸发损耗和事故损耗造成的损失数量是惊人的。油品损耗不仅直接影响到企业的经济效益，而且还会对环境造成污染。

第一节 油品损耗的原因及其分类

一、油品蒸发损耗概述

在油品储运的整个过程中，油品数量非使用性的减少称为油品损耗。油品损耗可分为自然损耗和事故损耗两大类。事故损耗是指在油品储运的收发、储存过程中，发生跑油、串油、混油、冒罐、沸溢等生产事故时，大量油品被流失或污染造成的损耗。这种损耗多属人为责任心不强、操作失误、技术不过关、生产管理不善、设备检修不及时、施工质量不好等原因造成的。因此事故损耗易为人们所重视，只要采取措施就可以避免。

自然损耗指的是蒸发损耗和残漏损耗的总称。前者是指在气密性良好的容器内按规定的操作规程进行装卸、储存、输转等作业，或按规定的方法零售时，由于石油产品表面汽化而造成数量减少的现象；残漏损耗是指在保管、运输、销售中由于车、船等容器内壁的黏附（黏附损耗），容器内少量余油不能卸净（残留损耗、清罐损耗）和难以避免的滴洒、微量渗漏（滴漏损耗）而造成数量上损失的现象。

油品蒸发损耗属于自然损耗，一定数量范围内的蒸发损耗具有天然的合理性，得到各种油品蒸发损耗定额的认可。而且，这种损耗是以缓慢的形式持续发生的，损耗量的大小常常被产品计量误差所掩盖，因而不易引起人们的注意。但是，典型调查资料表明，油品蒸发损耗的累计数量是十分惊人的。据 1955 年第四届国际石油会议报道，在美国，从井场经炼制加工到成品销售的全部过程中，油品损耗的数量约占原油产量的 3%。1975 年，苏联石油化学工业部所属企业的调查表明，炼厂中的油品损耗量约占原油加工量的 2.47%，其中，纯损耗的 70%是发生于原油罐、调合罐和成品油罐的蒸发损耗。1980 年，我国对 11 个主要油田的测试表明，从井口开始到矿场原油库止，矿场油品损耗量约占采油量的 2%，其中发生于井、站、库的蒸发损耗约占总损耗量的 32%。

1985 年，原中国石油公司在全国范围内经过大量的现场测试或现场模拟测试，并以这些测试结果为依据拟定了国家标准，具体见表 7-1。后经多次修订，现行标准为 GB 11085—1989《散装液态石油产品损耗》。

表 7-1 储存损耗率 %

地区	立式金属罐			隐蔽罐、浮顶罐
	汽油		其他油	不分油品、季节
	春冬季	夏秋季	不分季节	
A类	0.11	0.21	0.01	0.01
B类	0.05	0.12		
C类	0.03	0.09		

注：1. A类地区：江西省、福建省、广东省、海南省、云南省、四川省、湖南省、贵州省、台湾省和广西壮族自治区；B类地区：河北省、山西省、陕西省、山东省、江苏省、浙江省、安徽省、河南省、湖北省、甘肃省、宁夏回族自治区、北京市、天津市、上海；C类地区：辽宁省、吉林省、黑龙江省、青海省、内蒙古自治区、新疆维吾尔自治区、西藏自治区。

2. 季节的划分：A类、B类地区，每年一至三月、十至十二月为春冬季，四至九月为夏秋季；C类地区，每年一至四月、十一至十二月为春冬季，五至十月为夏秋季。

从表 7-1 中也可看出油品损耗数量惊人。

二、油品蒸发损耗的危害

石油及其产品是多种碳氢化合物的混合物，其中的轻组分具有很强的挥发性。在石油的开采、炼制、储运、销售及应用过程中，不可避免地会有一部分较轻的液态组分汽化，排入大气，造成油品的损耗和大气环境的污染，具有较大的危害性。

1. 危及各个石油储运环节的安全

由于轻质油品大部分属于挥发性易燃易爆物质，易聚积，与空气形成爆炸性混合物后沉聚积于洼地或管沟之中，因此遇火极易发生爆炸或火灾事故，造成生命和财产的重大损失。如果烃浓度在1%～7%之间，则处于爆炸范围。对于这种危害，目前人们更多地通过加强管理、增加安全设施投入来防止事故发生。尽管如此，但由于油气爆炸极限范围宽、油气扩散范围广、安全生产影响因素多，因此而引起的火灾爆炸事故时有发生。统计结果表明，在222 例火灾爆炸事故中，由于油气引起的就有 101 起，占 45.5%。成品油库各区的火灾发生率统计结果为，罐区 6.94%、接卸区 27.78%、发油区 36.11%，这三个区占 71%。

2. 产生不同程度的破坏污染环境

油气是气相烃类有毒物质，因密度大于空气而漂浮于地面上，从而加剧了对人及周围环境的影响。一般裂化汽油比直馏汽油毒性大，如汽油中含不饱和烃、芳香烃，则对大气污染就更为严重了。人吸入不同浓度的油气；会引起慢性中毒或急性中毒，其呼吸系统、神经中枢系统受破坏较大，芳香烃含量大还会影响造血系统；油气直接进入呼吸道后，会引起剧烈的呼吸道刺激症状，重患者可出现呼吸困难、寒颤发热、支气管炎、肺炎，甚至水肿、伴渗出性胸膜炎等。油气还会对涂料等有机化工材料起剥蚀作用，从而加速设备的腐蚀速度。油气不仅作为一次污染物而对环境产生直接危害，而且还是产生光化学烟雾的主要反应物，对周围环境造成损害。

3. 浪费能源，造成严重的经济损失

20 世纪 70 年代以前，我国对油气损耗基本未采取控制手段，在采油环节，油气损耗占原油产量的比例高达 0.6%左右。随着技术的不断进步，特别是浮顶罐的推广应用，使油气损耗大幅度降低。资料显示，汽油从炼油厂生产出来到达最终用户手中，一般要经过 4 次装卸，每次装卸都有 1.8%的挥发损失，4 次装卸的损失率即为 7.2%。

4. 降低油品质量，影响油品正常使用

由于损耗的物质主要是油品中较轻的组分，因此油品蒸发损耗不仅造成数量损失，还会造成质量下降。如汽油随着轻馏分的蒸发损耗，汽油的初馏点升高，汽化性能变坏，即汽油的启动性能变差。此外，蒸发损耗还将加速汽油氧化，增加胶质，降低辛烷值。

三、蒸发损耗的分类

蒸发损耗是油品损耗中最大的一种，在整个油品储运损耗中约占70%～80%。由于油品都具有挥发性，无论在什么温度和压力条件下，油品的蒸发时刻都在发生着，只不过是温度越高，蒸发越快，油品损耗越大；压力越高，蒸发越慢，损耗越小而已。油品的蒸发损耗造成了惊人的能源浪费和对大气的污染，既破坏了生态环境，也损害了人体健康。

油品的蒸发损耗与油品的性质、密度、储存条件（液面面积、油面压力、油品温度、罐体空间大小和大气温度）、作业环境、地区位置及生产经营管理等因素有关。油品的蒸发损耗大体上可分为自然通风损耗、“小呼吸”损耗、“大呼吸”损耗三种。

油品灌装中也会有大量油气挥发出来，造成损耗。因此，灌装损耗也可作为蒸发损耗的一种。

1. 按照损耗原因分类

（1）自然通风损耗

自然通风损耗主要是由于储油容器不严密造成的。如果容器顶部有缝隙或孔眼，而且它们又不在同一高度上，则由于容器内混合气的密度大于空气密度，容器内的混合气将由下部孔眼逸入大气，而空气则由上部孔眼进入容器，形成自然通风损耗。如果两孔眼的高差为0.5m，孔眼面积分别为1cm^3，气体空间的油气浓度为5%，那么由于自然通风引起的每昼夜的油品损耗量就约为16kg。在外界有风的情况下，由于容器周围压力分布不均匀、迎风面压力高、背风面压力低，自然通风损耗将更加严重。

自然通风损耗多发生在容器破损，顶板腐蚀穿孔，消防系统泡沫室玻璃破损，呼吸阀未安装阀盘，液压阀未装油封或油封被吹掉，量油口、采光孔漏气等情况。因此，对于一般容器来说，只要加强管理、及时维修、提高设备完好率，自然通风损耗就是完全可以避免的。

（2）“小呼吸”损耗

此种为固定顶油罐的静止储存损耗。油罐未进行收发油作业时，油面处于静止状态，油品蒸气充满油罐气体空间。日出之后，随着大气温度升高和太阳辐射强度增加，罐内气体空间和油面温度上升，气体空间的混合气体积膨胀而且油品加剧蒸发，从而使混合气体的压力增加。当罐内压力增加到呼吸阀的控制压力时，呼吸阀的压力阀盘打开，油蒸气随着混合气呼出罐外。午后，随着大气温度降低和太阳辐射强度减弱，罐内气体空间和油面温度下降，气体空间的混合气体积收缩，甚至伴有部分油气冷凝，气体空间压力降低。当罐内压力低至呼吸阀的控制真空度时，呼吸阀的真空阀盘打开，吸入空气。此时虽然没有油气逸入大气，但由于吸入的空气冲淡了气体空间的油气浓度，因此，促使油品加速蒸发。其结果不仅削弱了温降使罐内压力下降的幅度，同时也使气体空间的油气浓度迅速回升；新蒸发出来的油气又将随着次日的呼出逸入大气。这种在油罐静止储油时，由于罐内气体空间温度和油气浓度的昼夜变化而引起的损耗称为油罐的静止储存损耗，又称油罐的“小呼吸”损耗。“小呼吸”损耗的呼气过程多发生在每天日出后的

1～2h至正午前后。吸气过程多发生在每天日落前后的一段时间内，这段时间正是气体空间温度急剧下降的阶段，此后至次日日出前，尽管气体空间温度仍在不断下降，但由于吸入空气后油品加速蒸发，油气分压的增长抵消了温度降低的影响，因而油罐很少再吸气。一般来说，每天的呼气持续时间比吸气的持续时间长。

除此之外，当大气压力发生变化时，罐内外气体的压力差也随着发生变化，如果内外压差等于呼吸阀的控制压力，也会使压力阀盘打开而呼出混合气体。由此而产生的油品损耗也属于静止储存损耗。但由于昼夜间大气压力变化不大，比起温度变化而造成的损耗小得多，因此在实际计算中很少考虑它的影响。

影响“小呼吸”损耗的因素很多，主要有以下几点。

① 与昼夜温差变化大小有关。昼夜温差变化愈大，“小呼吸”损耗愈大；反之损耗也就小。

② 与油罐所在地的日照时间有关。日照越长，“小呼吸”损耗越多；反之则损耗越少。

③ 与储罐大小有关。储罐越大，截面积越大，蒸发面积也越大，“小呼吸”损耗也越大；反之，储罐小，蒸发面积小，“小呼吸”损耗也小。

④ 与大气有关。大气压越低，“小呼吸”损耗越大；反之则损耗减少。

⑤ 与油罐装满程度有关。油罐装满气体空间容积小，“小呼吸”损耗就少；空间容积大，损耗也大。

除此以外，“小呼吸”损耗也和油品性质（如沸点、蒸气压、组分含量等）及油品管理水平等因素有关。因此，利用公式计算“小呼吸”损耗有很大的局限性，通常还是以计量实测数据作为油罐静止储存损耗量较为准确。

(3)“大呼吸”损耗

油罐在进行收发作业（包括卸油、输转、发油等）时，由于油面的升降变化引起油罐内的气体空间变化，进而带来气体压力的升降变化，使混合油气排出或外界空气吸入，这个过程所造成的损耗叫油罐“大呼吸”损耗，有时也叫油罐动态损耗。

当油罐收油时，随着油面上升，气体空间的混合气受到压缩，压力不断升高，当罐内混合气的压力升到呼吸阀的控制压力时，压力阀盘打开，呼出混合气体。油罐发油时，随着油面下降，气体空间压力降低，当气体空间压力降至呼吸阀的控制真空度时，真空阀盘打开，吸入空气。吸入的空气冲淡了罐内混合气的浓度，加速油品的蒸发，因而发油结束后，罐内气体空间压力迅速回升，直至打开压力阀盘呼出混合气。这种在油品收发作业中由于液面高度变化而造成的油品损耗称为动液面损耗。其中，油罐收油过程中发生的损耗称为收油损耗；发油后由于吸入的空气被饱和而引起的呼出称为回逆呼出。尽管后者发生于液面静止状态，但由于它是发油作业引起的，因而应属于动液面损耗的范畴。通常，油罐收油作业中产生的损耗又称为油罐的“大呼吸”损耗。

与此类似，向敞口容器（如罐车、油桶）灌装易挥发石油产品时发生的油品损耗也属于动液面损耗，习惯上根据所灌装的容器称为罐车损耗、灌桶损耗等。浮顶油罐发油后，由于黏附于罐壁的油品蒸发而造成的油品损耗则称为浮顶罐的黏附损耗。

如果油品是在两个油罐间输转（倒罐或向高架罐输油）的，则发油罐液面不断下降，罐空增加，负压值不断增大，直至吸入空气；而收油罐液面不断上升，罐空减少，压力增大，直至油气排出。因此，在油品输转时，“大呼吸”损耗在两个罐间是同时发生的，通常也可用输转损耗来表示。

影响“大呼吸”损耗的因素也很多，最主要的有以下几点。

① 与油品性质有关。油品密度越小，轻质馏分越多，损耗越大；蒸汽压越高，损耗越小；沸点越低，损耗越大。

② 与收发油快慢有关。进油、出油速度越快，损耗越大；反之，损耗越小。

③ 与罐内压力等级有关。常压敞口罐“大呼吸”损耗最大。

④ 与油罐周转次数有关。油罐收发越频繁，则“大呼吸”损耗越大。

除此以外，“大呼吸”损耗还和油罐所处地理位置、大气温度、风向、风力、湿度及油品管理水平等诸多因素有关。因此，利用公式计算油罐“大呼吸”损耗也有很大的局限性。在生产管理和科研实验中，多以计量实测数据为准。

按照其作业性质，油库中常把这类损耗叫作收油损耗或输转损耗。如在收发汽油时，油罐“大呼吸”损耗为 1.08～1.65kg/(t・次)，最大达 2.4kg/(t・次)

2. 按照作业性质分类

按作业性质划分损耗类型是我国石化销售系统目前使用的方法。按这种办法划分的各类损耗不仅包括蒸发损耗，而且包括石油产品的残漏损耗。所谓残漏损耗是指由于容器、管道微量渗漏，车、船等容器内部黏附，余油不能卸净，不可避免的少量滴洒等原因所造成的油品损失。按照这种划分方法，各类损耗的时间界限分明，便于同产品交接及月、季盘点库存的油品计量结果呼应，便于分项考核企业的生产管理水平和操作技术水平。但由于损耗数量通常以作业前后油品计量结果的差值来度量，因而损耗的实际数量常常为计量误差所掩盖，只有经过长期、多次累计，测量值才能接近实际数值。

根据这种分类方法，我国制定了散装液态石油产品损耗定额标准。这一标准的制定和实施，对于不断提高生产企业的管理水平和操作技术水平具有积极的促进作用，同时也为石油产品交接过程中经常出现的数量差规定了“法定”的范围，为合理解决这类矛盾提供了依据。

按照作业性质划分的损耗类别包括以下几项。

① 储存损耗。储存损耗又称保管损耗，是指油罐静止储油时发生的损耗，相当于“小呼吸”损耗。储存损耗量等于储存期内各个静储阶段损耗量的代数和。每个静储阶段的损耗量可由该罐上次收（发）油后与这次收（发）油前两次检尺计量的油品数量差求得。储存期通常以月计。

② 输转损耗。输转损耗是指油品在油罐与油罐之间通过管道转移过程中发生的损耗。输转损耗量等于发油罐的输出量与收油罐的收入量之差。

③ 装车（船）损耗。装车（船）损耗是将油品从油罐装入车（船）时发生的损耗。损耗量等于油罐发油量与车（船）收油量之差。

④ 卸车（船）损耗。卸车（船）损耗是指将油品从车（船）卸入油罐时发生的损耗。损耗量等于车（船）卸油量与油罐收油量之差。

⑤ 运输损耗。运输损耗是指利用油轮（驳）、铁路油罐车、汽车油罐车散装运进石油产品时，由于运输设备不严密而发生的途中损耗。损耗量等于起运前和到达后车、船装载量的差。

⑥ 灌桶损耗。灌桶损耗是指将油品灌入油桶过程中发生的损耗。损耗量等于油罐输出量与油桶灌装量之差。

如果只考虑上述作业中由于油品汽化而损耗的部分，则所谓的输转损耗、装车（船）损耗、卸车（船）损耗、灌桶损耗即相当于各种作业情况下的“大呼吸”损耗。但是，实际作业中由于容器收发后的检尺计量与收发作业之间的时间间隔不会很长，因而上述损耗一般不包括“大呼吸”损耗中的回逆呼出。这部分损耗量多计于油罐的储存损耗中。

第二节 降低油品损耗的措施

一、液体蒸发损耗过程分析

任何形式的油品蒸发损耗都是在输、储油容器内部传质过程的基础上发生的。这种传质过程包括发生在气、液接触面的相际传质，即油品的蒸发，以及发生在容器气体空间中烃分子的扩散。通过上述传质过程，容器气体空间原有的空气逐渐变为趋于均匀分布的烃蒸气和空气的混合气体。当外界条件变化引起混合气体状态参数改变时，混合气体从容器排入大气，就造成了油品的蒸发损耗。

1. 液体的蒸发

蒸发是液体的表面汽化现象，是气液两相共存体系中相际传质的一种表现形式。一方面，正如分子物理学指出的，组成物质的分子始终处于不停顿的、无规则的运动中。即使在相同的温度下，组成同一种物质的各个分子，其运动速度也不完全相同，有的大些，有的小些，其分布规律可用麦克斯韦分子速度分配函数曲线表示。另一方面，分子间又存在着分子力，分子力的大小和方向与分子间的距离有关。当分子间距离大约等于几埃（Å）（$1Å=10^{-10}m$）时，分子力等于零；分子间距离小于该数值时，分子力表现为斥力；分子间距离大于该数值时，分子力表现为引力。分子间距离大约等于600Å时，分子引力就非常微弱了，可近似地看成等于零。

在气、液两相的共存体系中，由于各个分子运动速度的差异，靠近液体表面的一部分具有较高运动速度的分子，其动能远远超过液体分子的平均平动动能，因而有可能克服其他液体分子对它的引力，穿过相界面，由液相进入气相。逸出的液体分子进入气相后，继续做无规则的热运动，其中一部分逸出的液体分子远离液面，超出液体表层分子的作用范围，不再受液体表层分子的吸引，而另一部分逸出的液体分子，在热运动过程中则可能进入液体表层分子的作用范围，被液体表层分子重新“捕获”回到液相中。在气、液两相界面上，上述两种现象总是同时存在的。在同一时间内，从液相逸入气相的分子数大于从气相返回液相的分子数时，宏观上则表现为液体的蒸发，反之，则表现为蒸气的凝结。如果二者相等，处于动态平衡，则宏观上既没有液体的蒸发，也没有蒸气的凝结，这种状态称为平衡状态，或称饱和状态。

液体分子由液相逸入气相，必然要克服分子引力而做功，即要消耗掉部分本身的能量。就液体主体来说，由于失去了一部分动能较大的分子，剩余液体的分子平动动能就必然相对降低，在宏观上则表现为温度下降。如果系统处于绝热条件，液体不能从外界吸收热量，则随着温度的降低，蒸发速度逐渐减小。在自然界里和工程实践中，完全绝热的条件几乎是不存在的，因此在蒸发过程中总要伴随着液体的吸热，不断补充能量，以维持一定的液体分子的平均平动动能。因此，在敞口容器中的液体，蒸发现象将延续到液体全部蒸发殆尽为止。蒸发只能发生在气、液直接接触的相界面上。如果液体没有同气体直接接触的自由表面，蒸发也就不复存在了。在存在液体自由表面的情况下，因为任何温度下的分子运动速度都是不均衡的，所以总会有一些动能较大的分于逸入气相，因而蒸发就可以在任何温度下进行。这就是蒸发与另一种液体汽化形式——沸腾所不同之处。

影响蒸发速度的因素大致包括以下几个方面。

① 液体的温度。温度是物质分子平均平动动能的宏观量度。一方面，液体温度越高，意味着分子平均平动动能越大，能够克服分子引力面逸出液面的分子数就越多；另一方面，温度越高，液体的比热容越大，分子间的距离越大，引力越小，为克服分子引力做功所需要的能量就越少。因此，液体的温度越高，蒸发速度越大。

② 液体的自由表面。在气、液共存的两相系统中，同气体直接接触的液体表面称为液体的自由表面。显然，液体的自由表面越大，液体分子逸入气相的机会越多，单位时间内由液相进入气相的分子数就越多，即蒸发速度就越大。

③ 气相中液体蒸气的浓度。液体分子进入气相后，气相就变成了原有气体与液体蒸气的混合气。在混合气中，液体蒸气体积占混合气总体积的百分比称为液体蒸气在混合气中的体积浓度，简称浓度。如前所述，在两相共存的体系中，同时存在着液体分子逸入气相和液体蒸气分子由气相返回液相这样两种方向相反的微观现象。当温度一定时，单位时间内由液相进入气相的分子数是不变的，但如果气相中液体蒸气浓度增高，则意味着同体积混合气体中的液体蒸气分子数增加，这些液体蒸气分子撞击液面的频率增加，重新被液体“捕获”的机会增多。因而气相中液体蒸气浓度越高，蒸发速度越低。当系统达到动态平衡状态时，蒸发速度等于零，气、液两相所含物质的质量不再发生变化。

④ 液面上混合气体的总压强。气体的压强是表征气体分子碰撞器壁（包括气液界面）频率和能量的宏观量度，同时也反映了单位容积内气体的分子数，即气体分子的密度。气体压强增大时，不仅气相中液体蒸气分子撞击液面的频率随之增加，单位时间内已汽化的液体分子返回液相的分子数也增加，同时，由于液体受到压缩，液相中液体分子距离减小，引力增加，因而液体分子中只有那些具有更大动能的少数分子才能克服分子引力由液相进入气相。也就是说，在其他条件相同的情况下，液面上混合气的压强越高，蒸发速度越小。

⑤ 液体的种类。不同的液体，由于其内聚力不同，即使在其他条件完全相同的情况下，它们的蒸发速度也各不相同。一般地说，液体的相对密度越小，其内聚力越低，蒸发速度就越大。

2. 气相中油蒸气的传质过程

在储油容器中，如果把油面以上各种纯烃蒸气的混合物看成单一物质，称为油气，那么储油容器气体空间中的气体即为油气和空气的二元混合气。

在气、液两相共存的储油容器中，要使气、液两相之间达到动态平衡，则气相本身必须首先处于平衡状态，也就是说，气体空间各部分的温度、压力及油气浓度必须均匀一致。这是由于任一分子在作不规则运动中朝各个方向运动的概率都相等，因而对于二元混合气体系中大量气体分子的集合来说，只有处于平衡状态时，单位时间由任一空间平面的一侧通过该平面迁移到另一侧的分子数才等于逆向迁移的分子数。也就是说，只有这时气相中才不存在传质现象。

在储油容器的气体空间中，由于油品在容器中静止储存的时间不够长，以及大气温度昼夜变化等因素的影响，气体空间的温度分布和油气浓度分布很难达到均匀一致，因而始终存在着油气的质量传递。根据造成油气迁移的驱动力，质量传递的方式可以表现为分子扩散、热扩散和强迫对流等多种形式。

(1) 分子扩散

在储油容器的气体空间中，由于各部分油气浓度分布不均匀而引起的油气分子自发地从浓度大的地方向浓度小的地方迁移的现象，称为分子扩散。

因为油气比空气的相对密度大，所以在重力作用下由油面逸入气体空间的油气分子具有聚集在油面附近的必然趋势。这样，在气体空间就形成了垂直于油面的浓度梯度，其正方向指向油面，即越靠近油面油气浓度越大，越远离油面油气浓度越小。在这种情况下，由于气体分子的不规则运动，则单位时间沿浓度梯度方向通过垂直于浓度梯度方向上的任一空间平面的分子数必然少于逆向通过的分子数。在宏观上表现为油气分子朝其浓度减小的方向扩散，从而使气体空间各部分的浓度趋于一致，直到正、逆两个方向的分子迁移的速度相等时，分子扩散现象才终止。

(2) 热扩散

由于温度分布不均匀而引起系统中各部分气体的质量迁移称为热扩散。

任何物质的密度都是温度的函数。温度高，则密度小；温度低，则密度大。假如取一定量的高温气体作为隔离体，将其放在低温的同一气体中，那么，由于这部分高温气体的密度小于它周围低温气体的密度，它所受的浮力必然大于它自身的重量。因而，这部分高温气体必将由低处向高处移动，同时与其周围的低温气体产生热交换，直至其温度与周围气体的温度相等时，上浮运动才停止。同理，在二元体系中，如果各部分温度不同时，也会发生类似的现象。这种现象就称为热扩散。

在油罐中，由于存在蒸发源，而且在同一温度下油气密度大于空气密度，油气具有聚集在气体空间下部的趋势。因此，只有气体空间上部温度比下部温度低，即气体空间的纵向温度梯度方向向下时，才有利于油气的热扩散；如果气体空间上部温度比下部温度高，则会抑制油品的蒸发和油气迁移。观测表明，白天气体空间上部温度高于下部，下部温度又高于油面温度，因而白天是油气热扩散的抑制期。此时，油气的热扩散只表现在紧靠罐壁的一层很薄的上升气流边层。这是由于罐壁吸收太阳辐射热后加热边层气体而形成油罐径向温差的结果。夜间，气体空间上部温度低于下部温度，下部温度又低于油面温度，因而夜间是油气热扩散的活跃期。此时，气体空间横截面上中部气体向上运动，边层气体向下移动。可以推断，油罐内油气向上的热扩散通量，夜晚要比白天大得多。

(3) 强迫对流

当气体各部分压强分布不均匀时，在压差的作用下高压区的气体将快速向低压区运动，高压区出现的“空隙”则由其他区域的气体递补，从而产生大量旋涡，并卷携各组分分子迅猛地向各处弥散。由此而产生的质量迁移称为强迫对流。在输、储油容器中，由于强迫对流而引起的质量迁移时有发生。以装车（船）或灌桶作业为例，作业时，油流多以高于 2m/s 的流速注入容器，在油面淹没装油鹤管出口之前，油流周围空间将出现低压，远离油流处的气体将迅速向油流靠拢，并在油流携带下冲向油面。这些气体与油面附近的油气混合后沿壁面返回上部，从而在容器气体空间形成旋涡，油气迅速弥散于整个气体空间。同样，由于气温下降或发油作业而使油罐吸入空气时，也会造成油罐气体空间内气体的强迫对流。因而，油罐大量发油至低液位静止储存时，由于吸入空气而冲淡的油气浓度可以在较短的时间内得以恢复，同空罐进油后低液位静止储存相比，达到类似浓度分布所需要的时间，前者将比后者少得多。

在输、储油容器中，上述三种气相传质方式经常是同时发生的。气体空间任何时刻的浓度分布状况都是相际传质以及气、相三种传质方式共同作用的结果。就其传质强度来说，一般是强迫对流大于热扩散，热扩散大于分子扩散，但任一时刻起主导作用的传质方式将随着储存环境、作业条件等因素而变化。

二、地面油罐内温度与油气浓度分布及变化规律

油罐内的温度分布状况、任一时刻的平均温度及其昼夜间的变化，对油罐的蒸发损耗以及与油罐相联系的装车（船）损耗都有着重要的影响。其中，气体空间温度的昼夜变化是决定混合气体积膨胀量的重要参数；油品表层温度不仅是确定饱和状态下油气浓度的重要参数，而且其昼夜变化还将直接影响到油罐呼吸气体的体积。油品表层温度升高时，为满足在较高温度下的气液动态平衡，油品加剧蒸发，增加油气的呼出体积；温度降低时，气体空间的混合有可能出现过饱和状态，从而促使油气凝结，增加新鲜空气的吸入体积。因此，对罐内温度及其变化规律的研究历来是油品蒸发损耗研究的重要组成部分。正确认识罐内温度的变化规律，确定其数值，对正确估算油品蒸发损耗具有重要意义。这里主要讨论无保温（或隔热）层地上立式钢油罐内的温度变化规律。

1. 气体空间温度分布及其变化的一般规律

油罐气体空间各点的温度分布状况，一天之内变化很大。实验表明，油罐内气体空间温度分布及其在一天 24h 的变化的一般规律如下。

① 夜间，除靠近罐顶和靠近油面附近的一薄层，同一时刻气体空间各点的温度基本相同，径向或纵向最大温差一般不超过 1～2℃，并随大气温度同步变化，直至日出前达到最低值。

② 日出之后，由于罐体钢板，特别是顶板吸收太阳辐射热，并传递给气体空间的气体，因此气体空间各点温度迅速上升，并开始出现明显的分层。在约 15m 直径的径向上，向阳面与背阳面的最大温差一般仅为 3～5℃，而且主要发生在靠近罐壁的边层，沿油罐纵向开始出现自上而下的正温差；其纵向温度梯度上部普遍高于下部。正午前后，气体空间纵向温度趋向出现“折”点，“折”点以上部分的温度梯度显著高于下部；以后，“折”点逐步向下推移，并且越来越模糊，直至日落前后消失。气体空间各点的最高温度一般出现在午后 2～3h。以后，随着大气温度降低和太阳辐射强度减弱，气体空间温度逐渐降低，而且上部气体空间的温降速度明显高于下部，致使入夜后整个气体空间的温度趋于一致，或者靠近罐顶部分的温度略低于其他部分。

③ 任一时刻，气体空间各点的平均温度（以下简称气体空间温度）都近似等于气体空间高度的中点温度。

④ 气体空间不同高度处的昼夜温差与天气状况有密切的关系。晴天时，不同高度处的昼夜温差很大，靠近罐顶处的昼夜温差约等于靠近油面处的 3～4 倍；阴雨天，气体空间的温度分布类似于夜间的情况，不同高度处的昼夜温差比较接近。

⑤ 一天之内，大气温度和气体空间温度随时间的变化规律如图 7-1 所示。图中 t_d、t_k 分别为大气和罐内气体空间的温度。从图中可以看出，昼夜间二者同时出现最低值，且气体空间昼夜最低温度略高于每日大气最低温度，二者相差一般为 1～3℃。大约在午后 2～3h，二者同时达到最高值，气体空间昼夜最高温度显著高于大气日最高温度，二者之差取决于天气状况，可在很宽的范围内变化，一般可达 10～20℃。

从上述气体空间的温度分布及其变化规律出发，并联系油品温度的昼夜变化，不难看

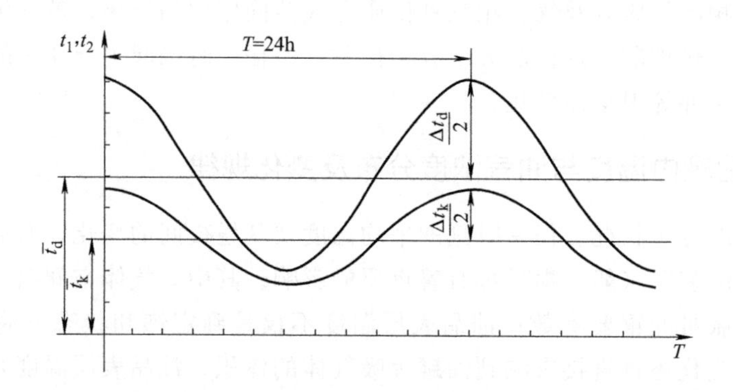

图 7-1　大气温度和气体空间温度随时间的变化规律

出，从日出到日落期间，油罐内部处于蓄热过程，热量的传路线主要是经油罐底板传至气体空间，再传至油品；从日落到翌日日出期间，是油罐内部向大气的放热过程，热量由油品传递给气体空间的气体，再经顶板和壁板传递给大气。

2. 油品温度分布及其变化的一般规律

与气体空间温度类似，油品温度主要取决于当地大气温度、油罐气体空间温度以及与油品接触的罐壁所吸收的太阳辐射热。由于油品的比热容比气体的比热容大得多，而且油品的蒸发和凝结具有使其温度保持不变的趋势，因此一天之内油品平均温度的变化并不大，一般仅为1～3℃，油品的昼夜平均温度大体上等于当地的大气日平均温度。实际观测还表明，油罐中油温的月平均温度，在任何季节都非常接近大气月平均温度，但是油温的年变化略滞后于大气温度的变化。在大气温度逐日上升的季节，油温略低于大气温度，在大气温度逐日下降的季节，油温略高于大气温度。

从油品中的温度分布状况来看，大约 0.5m 范围内的表层油品，由于受气体空间混合气温度的影响，温度分布很不稳定。白天，油面温度高于油品内部的温度；夜晚，油面温度低于油品内部的温度。不同深度处的油品，昼夜间的温度变化幅度随着距油面的深度增加而逐渐减弱。在距油面 0.5m 以下的油品主体部分温度分布均匀，昼夜间的温度变化极小。

3. 罐内混合气的油气浓度分布及其变化的一般规律

罐内混合气的油气浓度分布实测表明，气体空间的油气浓度分布状况是静止储存时间、气体空间高度、油罐结构及外界气候条件等多种因素的复杂函数。对于地上立式圆柱形油罐，一般来说，距油面同高度的横截面上，各点的油气浓度非常接近，最大径向浓度差一般不超过 2%；沿油罐的纵向上，靠近油面处的油气浓度最高，相当于油面温度下的饱和浓度，并且随着油面温度的日变化而周期性的波动，如图 7-2 所示。其他各点，自下而上的油气浓度呈逐渐减小的趋势，而且越往上油气浓度梯度越小。

图 7-3 是根据 2000m^3 地上汽油罐实测的三组数据绘制的，它们分别代表了油品在低、中、高装满程度下静止储存时三种典型的纵向油气浓度分布规律。尽管这三条曲线都符合上述纵向油气浓度分布基本规律，但又有着明显的不同，主要表现在：

① 低液位静止储存时，纵向油气浓度分布曲线有一个比较明显的拐点，也就是说，靠近油面附近有一个浓度较高的大浓度层，大浓度层以上部分油气浓度低，但其分布比较均匀；大浓度层中，油气浓度沿高度的变化异常显著。但中、高液位静止储存时则不存在这种现象，纵向油气浓度梯度自上而下平缓地逐步减小。

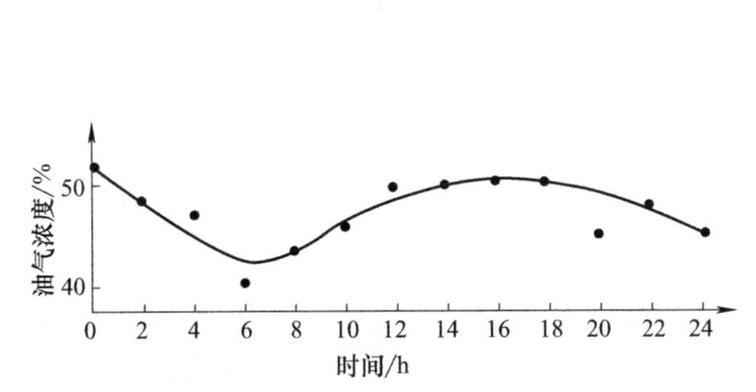

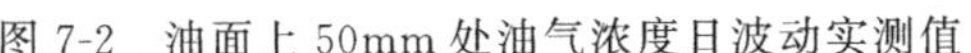

图 7-2 油面上 50mm 处油气浓度日波动实测值

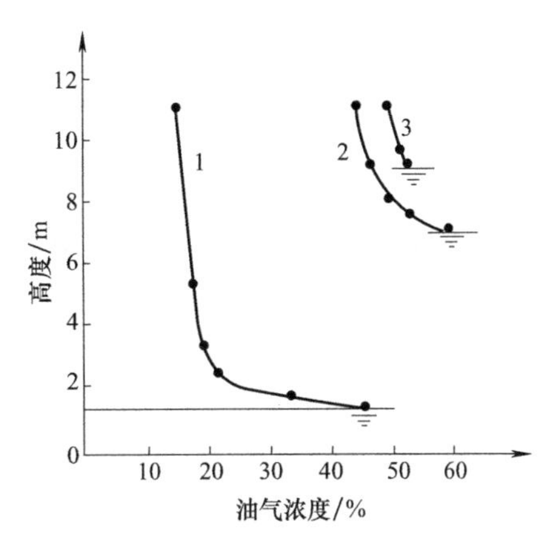

图 7-3 油罐气体空间的纵向油气浓度分布规律

② 随静止储存液位的升高，气体空间的纵向浓度差由大变小，气体空间的平均油气浓度逐渐增大。高液位储存时，气体空间的平均油气浓度接近于饱和浓度。国内外大量实验表明，大油罐一次性大量发油之后，大约静止储存 140h，罐内的油气浓度即可恢复到基本饱和的程度，而且罐内除油面一薄层油气浓度始终较高外，不同高度上的油气浓度十分接近，它们随静止储存时间而升高的速度几乎是同步的。

综合上述分析可以看出，油罐气体空间中的油气浓度经常是处于不均匀状态的，因而罐内的混合气也是经常不饱和的，其饱和程度与油罐的装满程度、收发作业频繁程度、外界气温变化等多种因素有关。如果油罐的装满程度比较高（例如 75％左右）、静止储存时间足够长（例如 110～140h），则罐内的平均油气浓度与饱和浓度还是十分接近的。昼夜间，油面附近的油气浓度随油面温度的日变化而波动，经常处于饱和状态，但远离油面的大部分气体空间的油气浓度对油面温度变化并不十分敏感，如果不考虑油罐吸气对上部混合气的稀释作用，或者该说油面温度最低时气体空间油气浓度的饱和程度最高，而油面温度最高时饱和程度最低。

油罐气体空间上部油气浓度的饱和程度主要是受油罐吸气的影响而周期性地降低。吸气后，恰好油罐气体空间处于对流传质的活跃期，因而上部的油气浓度能够在较短的时间内得以恢复。从以上对罐内油气饱和程度的分析可以认为，在静止储存条件下，昼夜间罐内油气饱和程度的最高值多出现在日出以后到开始呼气的区间。

三、车船装卸损耗

车船装卸损耗主要表现在装油过程中，但实质上却是由卸车（船）损耗和装车（船）损耗两部分组成的。卸车（船）损耗是指卸车（船）过程中为饱和吸入的空气而蒸发出来的油蒸气，以及卸油作业结束后罐（舱）底残存油品和罐（舱）壁黏附油品汽化所形成的油蒸气。这些油品虽然仍留在车（船）内，但必然在下次装油时，或在清洗罐车、油船装压舱水时被排入大气。装车（船）损耗是指装车（船）过程中由于油品附加蒸发而造成的油品损耗。这种油品附加蒸发同装油前车（船）内原有的油气浓度有关。原有油气浓度越接近饱和，附加蒸发损耗量越小。如果装油的车（船）中混合气的油气浓度等于油品温度下的饱和浓度，那么装油时的附加蒸发量将等于零，装油作业只不过是将卸油作业以及此后所形成的油气混合气从车（船）中排挤出去。由此可以看出，卸车（船）损耗和装车（船）损耗是紧密联系在一起的，此消彼长。

车船装卸损耗与操作条件密切相关。以装车时间而论，实践表明白天装车就比夜间装车蒸发损耗少。这种现象可以用气体空间的传质方式解释：如前所述，储罐内，特别是储罐下层，油品的昼夜温度变化是很小的，因而可以认为昼夜间任何时候装入罐车的油品温度都一样，油品本身的汽化能力也相同。但是罐车内气体的昼夜温差却很大。白天，罐车上部气温高于下部，下部气温又高于油温。这种温度分布抑制了气体空间的对流传质，油气分子的运移只能靠油气扩散缓慢地进行。在有限的装车时间内，罐车上部的原有气体还来不及被附加蒸发出来的油气饱和就被挤出去了。因此，开始装油时从罐车内排出气体的油气浓度非常接近罐车内原有的油气浓度，直至罐车的装满程度达到全容积的 2/3 左右，排出气体的油气浓度才骤然增加，并于装油结束时达到油温下的饱和浓度。排出气体中油气浓度随装油时间（即装满程度）的变化规律如图 7-4 曲线 1 所示。由于图中各条曲线是在清洗过的铁路油罐车装汽油时测得的，因而曲线通过坐标原点。夜间，罐车内的温度分布刚好同白天相反，气体空间的温度比较均匀并低于油温，此时油气分子将以扩散和对流两种方式向上运移，运移速度将显著高于白天。因而，在同样装满程度时罐车排出气体的油气浓度，夜间的高于白天的，如图 7-4 曲线 2 所示。由此可以看出，夜间装油时罐车排出气体的平均油气浓度必然大于白天装油排出的平均油气浓度。此外，在罐车内原有油气浓度相同的条件下，排出气体平均油气浓度的差别又意味着夜间装油时从罐车排出的混合气体积大于白天装油排出的混合气体积。因而，在其他条件相同的情况下，夜间装车的蒸发损耗大于白天装车的蒸发损耗。

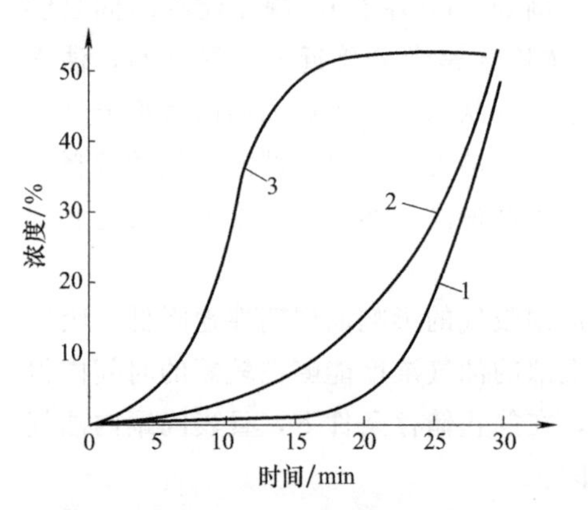

图 7-4 装车过程中排出气体的油气浓度随装车时间的变化

装油鹤管口在罐车内的位置也对车船装卸损耗有很大影响，鹤管口距罐车底距离越大，则装车损耗越大。图 7-4 曲线 3 是装油鹤管口距罐车底 1.0m 时向清洗过的铁路罐车灌装汽油时测得的呼出油气浓度变化曲线。从曲线 3 可以看出，由于油品飞溅以及在油流带动下气体空间所形成的强制对流，罐车排出气体的油气浓度，在开始装油后不久就急剧上升，装油半满时就可接近饱和浓度，因而排出气体的平均油气浓度将显著高于鹤管伸到罐车底部装油时（曲线 1、2）排出气体的平均油气浓度。

从上述分析可以看出，油品装车（船）损耗不同于油罐大呼吸蒸发损耗的特点有：

① 装车（船）过程中，油品温度基本上没有变化，近似等于当地大气的日平均温度。

② 由于油品的附加蒸发，装油过程中从车（船）排出的气体其油气浓度是逐渐增加的，初始油气浓度取决于卸油后车（船）的处理状况，终了油气浓度一般等于油温下的饱和浓度。但是，排出油气浓度的变化规律以及排出气体的平均油气浓度将随着操作条件而变化，而且排出气体的平均油气浓度一般都低于油温下的饱和浓度。

③ 由于油品的附加蒸发，装油时从车（船）排出的混合气体积肯定大于车（船）的装油体积，其差额取决于排出气体的平均油气浓度与灌装前车（船）内原有油气浓度之差。

四、降低蒸发损耗措施

油品易蒸发是石油及其产品的主要特征，从装、储容器等设备排出的混合气体是油品损耗的重要部分，其损耗多少通常取决于混合气中的蒸气浓度 c、排出的气体体积 V 以及油气的密度 ρ，油品蒸发损耗量 G 的简单计算可用 $G=cV\rho$ 表示。

节约能源、减少因损耗对环境的污染一直是石油储运专业人员需要研究和解决的重要课题，由于油气密度由油品内在组分而定，人们无法改变，因而现在已经有了许多成熟经验和可靠措施正在生产上付诸实施，这包括技术上、工艺上采取一定措施，管理上得到加强，操作技术不断提高，设备上得到改进等。

在生产实践中，降低油品损耗是大家共同的目的，但由于分析方法和考虑角度不同，因此方法上有所差异，但归纳起来包括以下几个方面。

1. 加强管理，改进操作措施

① 合理安排油罐使用率，油罐尽量装满，以减少气体空间体积，尽量减少倒罐（输转）次数也可大大减少油罐呼吸损耗。据资料介绍，油罐装满率为 90%，蒸发损耗为 0.3%左右；油罐装满率为 70%，则蒸发损耗可达 1%～1.5%。

② 适时收发油（即温升时发油、温降时收油）。油罐应尽量在降温时收油，在不影响罐车出库的前提下，可安排在傍晚到午夜降温较快的时间收油；尽可能安排发油完毕的油罐先进油，这样可减少大呼吸损耗；收油时应尽量加大流量，使油品来不及大量蒸发而减少损耗（附加蒸发损耗）；发油则相反，在发油结束时应慢些，以免发油终了后出现回逆呼吸现象。

③ 控制装车油温和流速也能起到降低油气挥发、减少损耗作用。因为油温高、易挥发、流速快、压力高、油品喷溅，所以搅动就大，造成损耗也大。

④ 对于现有的拱顶油罐，人工计量尽可能地安排在罐内外压差最小的清晨或傍晚吸气刚结束时。

⑤ 减少中间流通环节，减少中转站的储运蒸发损耗。如减少使用高架罐、中转罐等中转设备，采用管道泵密闭输送等措施。

⑥ 油罐安装呼吸阀挡板，使油罐内部空间油气分层，呼出的气体主要是上层浓度较低的油气，从而减少了蒸发损耗。资料表明，安装有呼吸阀挡板的罐，油品蒸发损耗可减少 20%～30%。

⑦ 加强储、输油设备容器的日常检查、维修和保养，确保设备容器经久耐用、气密性好、状态最佳。

⑧ 不断采用最新的科研成果（如氮气密封技术、密闭取样技术、新型油罐涂料、密闭底部装卸油品等）。

2. 降低油罐内的温度

降低罐内温度及其变化幅度主要是用于降低油品“小呼吸”损耗，而对油品“大呼吸”损耗的降低是有限的。具体有以下几种方法。

① 罐表面涂刷强反光银色漆料。油罐表面涂刷强反光银色漆料不仅具有防腐作用，还可减少油罐接受阳光热量，降低罐内油温，从而减少油罐“小呼吸”蒸发损耗。据资料介绍，涂刷银白色涂料对降低油品蒸发损耗效果最好，铝粉漆次之，和黑色涂料相比，白色涂料吸收热辐射可以减少 40%，罐内油温仅为涂刷黑色油罐的 1/3～1/2，蒸发损耗也比黑色油罐减少 60%。

② 采用轻质油罐、淋水降温，对降低“小呼吸”损耗十分明显。因为地面油罐，阳光辐射热80%是通过罐顶传给油品的，所以夏天从罐顶给轻油罐淋水，冷水沿罐壁流下，使罐顶和罐壁全被流动冷水幕膜所覆盖热量被带走，罐内气体空间温度就会降低，罐内油品昼夜温差变化也会大为缩小，油罐“小呼吸”损耗因而得以降低。

油罐喷淋虽然能取得较好的降耗效果，但需增加一定投资，且耗水量较大（5000m^3汽油罐日耗水约100t）；另外，罐体油漆易受破坏，油罐腐蚀也会加剧，如果下水排卸不畅油，油罐基础也会受影响。为避免淋水带来的不利因素和水的浪费，应当考虑采用循环水设施，以重复利用。

淋水降温效果虽好，但不能时断时续，否则罐内气体空间温差变化更大，不仅不能降耗，反而会增大“小呼吸”损耗。另外，还要掌握好给水时间，通常做法是日出后即开始淋水。

③ 在距罐顶80～90mm处加装20～30mm厚隔热层或反射隔热板，可降低油品蒸发损耗达35%～50%，该方法在气体储罐上应用较为广泛。

④ 建筑地下水封洞库，覆土隐蔽油库，设法保持罐内恒温，都可避免油罐“小呼吸”损耗，同时对“大呼吸”损耗也会有一定的降低。

3. 提高油罐承压能力

油罐承压能力不仅能完全消除“小呼吸”损耗，而且能在一定程度上降低“大呼吸”损耗。目前一些石化企业逐步采用低压罐代替常压罐，在降低蒸发损耗上取得良好效果。

4. 使用具有可变气体空间的油罐或消除油罐中的气体空间

可变气体空间的油罐（如呼吸顶油罐、气囊顶油罐、无力矩顶油罐、套顶油罐等）主要是用来消除或降低“小呼吸”损耗的，同时也可以减小一部分“大呼吸”损耗。由于浮顶罐与内浮顶罐具有诸多优势，因此这些油罐已不再使用。

浮顶罐与内浮顶罐可消除油面上的气体空间，消除蒸发现象赖以存在的自由表面，从而不仅可以消除油罐绝大部分“小呼吸”损耗，还能基本上消除“大呼吸”损耗。浮顶罐的这种特点是其他降耗措施无法比拟的，虽然造价较高，但由于能大量减少油品蒸发排放，投资能很快收回，因而特别适用于收发油作业十分频繁的轻油油库。所以，自从20世纪20年代问世以来，就以其明显的降耗效果而迅速得到推广并不断得到技术完善。20世纪70年代，装配式铝合金浮盘研制开发成功，为原有拱顶罐的技术改造提供了切实可行且有效的解决办法。有关资料表明，内浮顶油罐和拱顶油罐相比，可减少油品蒸发损耗90%～95%左右，而且拱顶罐改建内浮顶罐，投资回收期短，大多在一年内即可回收全部投资。目前，国内外大力推广使用内浮顶油罐，我国新建汽油罐、煤油罐已普遍采用浮顶油罐，老式拱顶油罐也在逐步改造成装配式铝合金内浮顶罐。

5. 使用油面覆盖层

除了采用浮顶罐降耗外，人们还开展采用其他覆盖层来降耗的研究。例如我国曾用过微球以及目前正在研究的用“轻水”作为覆盖层来降低油品蒸发损耗。这种微球由耐油塑胶、酚醛等高分子化合物组成，直径为2～127m，密度为13～140kg/m^3；将其洒在油面上，并保持足够的厚度，则可基本上消除油品蒸发损耗。“轻水”是由微量氟碳活性剂与水混合而成的一种水溶剂，它能在油类表面形成一层表面张力不小于水的氟化合物水溶液薄膜，使油面与空气隔离，制止油品蒸发，还可防止火灾生成。苏联曾开发筛选出一种能形成密封薄膜的化学剂MB（M3/B）型微乳液。美国埃克森（Exxon）研究工程公司研究出一种减少油舱装油时油气逸散的技术，即在装油前，在油舱原油的表面上加上一层水溶性的泡沫，可避免在装油的过程中造成油气逸散时对大气的污染。由于对覆盖层的性能要求相当苛刻，如密度小、流动性能好、化学性能稳定、使用寿命长、不对油品（尤其对航空燃料、产品汽油）产生污染等，因此真正有效并能实际长期使用的油面覆盖层一直在开发之中。

6. 收集排放气及建立集气网络系统

为防止油气挥发进入大气，把储存同类油品的油气罐体空间从罐顶用管线连通，并与一个集气罐相连。当油罐有收、发作业时，各罐油气可以相互交换，集气罐可根据系统的压力自行调整其容积，为油罐排气、吸气起到调节平衡作用。因此，这种油罐就不会吸入空气、排出油气，从而起到防止油品蒸发损耗的作用。

集气罐可以采用活塞式集气罐或螺旋升降的湿式集气罐，尤以前者较为常用。集气罐容积取决于油罐群一天之内的最大呼气量或最大吸气量。

采用集气法需要注意的是，在油罐之间的连通线上和每个油罐相连时，都应安装一个阻火器，以防某罐一旦失火，不会危及其他油罐。

由于集气罐的容积、材质和使用寿命有一定的限制，而且对于车船装卸油作业将出现油气排放净增量（由于油品附加蒸发造成排放混合气体积比进出油体积大），因此一般来说，集气系统是与油气回收处理系统连在一起的，集气罐仅起调节、缓冲、暂存、均衡作用。

7. 采用油气回收技术

这一部分内容较多，将在本章第三节详细讲述。

8. 加强设备维护保养，严格执行操作规程

加强设备维护保养、认真执行技术操作规程是减少油品损耗的重要保证，这要从以下几方面着手。

① 所有油罐、机泵、管道、阀门、鹤管、卸油臂快速接头等连接部位、运转部位和静密封点部位都应连接牢固，做到严密、不渗、不漏、不跑气。

② 油罐上所有附件都应灵活好用严密不漏。量油孔、人孔用后及时盖严；呼吸阀定压合理，做到定期检查、清洗和校验；液压安全阀密封油高度合适，不足添油，脏了及时更换。

③ 所有盛装油品的容器，包括油罐、油船、铁路罐车、油罐汽车、油桶等，设备技术状态应当完好，没有渗漏。发现问题应及时倒装处理。

④ 接卸油品，必须卸净、刮净、倒净，尽量避免容器内油品黏附或残存油过多。

⑤ 油品灌装要做到不超高、不超量、不超压、不跑油、不溢罐。

⑥ 遵章守纪，防止并杜绝一切人为责任事故发生。

9. 采用液下密闭装车技术，降低装车损耗

油品装车时，鹤管伸入车内深浅和油品挥发损耗关系很大。伸入车内越浅，油料对液面冲击越大，油气蒸发越快，损耗越大。近年来，鹤管液下密闭定量装车新技术已在中石化得到普遍应用，大鹤管液下密闭定量装车技术已鉴定成功。液下密闭装车技术能将挥发的油气用柴油吸收予以回收，资料表明油气回收率可达80%～90%，因而油品装车损耗能大幅度降低。

第三节　油气回收技术

汽油等轻质油品在装车等过程中会产生大量的油气蒸气。《散装液态石油产品损耗》

(GB 11085—1989) 规定，汽油通过铁路罐车、汽车罐车和油轮装车（船）的损耗率分别不得大于1.7‰、1.0‰和0.7‰。这意味着 $1m^2$ 汽油通过铁路罐车、汽车罐车和油轮装车时，分别损失1.7L、1.0L和0.7L都是符合国家规定的。根据大庆石化分公司的统计，如果没有油气回收系统，给汽油一次火车装车的油品损失约占装车总量的1.49‰。据文献介绍，装车过程中汽油的平均挥发量为装车量的1.3‰。另据中国石油和中国石化两大石油公司的公司年报，2018年全国汽油生产量为13887.7万吨，按损失率1.3‰计算，如果不采取任何油气回收措施，则2018年全国仅汽油一次装车就挥发损耗掉18.05万吨汽油。实际上，汽油从炼油厂生产出来到最终的用户手中，一般要经过4次装卸。

油品的蒸发不但造成油品损耗、资源浪费、质量下降，而且由于大量油气排入大气，不仅严重污染环境，同时也产生了严重的安全隐患。另外，蒸发的油气对装卸车操作人员的身体危害也非常严重。油气主要成分为丁烷、戊烷、苯、二甲苯、乙基苯等，多属有毒有害物质；油气被紫外线照射以后，会与空气中其他气体发生一系列光化学反应，形成毒性更大的污染物。

一、国家标准对VOCs排放量及油气回收的要求

GB 20950—2007《储油库大气污染物排放标准》明确规定储油库应采用底部装油方式，装油时产生的油气应进行密闭收集和回收处理。油气回收系统和回收处理装置应进行技术评估并出具报告，评估工作主要包括调查分析技术资料；核实应具备的相关认证文件；检测至少连续3个月的运行情况；列出油气回收系统设备清单。油气密闭收集系统（以下简称油气收集系统）任何泄漏点排放的油气体积分数浓度不应超过0.05%，每年至少检测1次；油气回收处理装置（以下简称处理装置）的油气排放浓度不得大于 $25g/m^3$。

GB 31570—2015《石油炼制工业污染物排放标准》和GB 31571—2015《石油化学工业污染物排放标准》也分别对油气储运系统装卸、接驳和储罐油气排放浓度提出了具体要求。标准规定：挥发性有机液体装卸栈桥对铁路罐车、汽车罐车进行装载的设施，挥发性有机液体装卸码头对船（驳）进行装载的设施，以及把挥发性有机液体分装到较小容器的分装设施，应密闭并设置有机废气收集、回收或处理装置，其大气污染物排放应符合去除效率97%的规定。非甲烷总烃排放量被限制到更加严格的 $120mg/m^3$；装车、船应采用顶部浸没式或底部装载方式，顶部浸没式装载出油口距离罐底高度应小于200mm。底部装油结束并断开快接头时，油品滴洒量不应超过10mL，滴洒量取连续3次断开操作的平均值。

GB 50759—2012《油品装载系统油气回收设施设计规范》规定，汽油、石脑油、航空煤油、溶剂油或类似性质油品的装载系统应设置油气回收设施；芳烃装载系统未采取其他油气处理措施时，应设置油气回收设施。汽油、石脑油、航空煤油、溶剂油、芳烃或类似性质油品的装载系统油气回收，可采用膜分离法、冷凝法、吸附法、吸收法等方法或其中若干种方法的组合。排放的尾气中非甲烷总烃的浓度不得高于 $25g/m^3$；排放的尾气中苯的浓度不得高于 $12mg/m^3$，甲苯的浓度不得高于 $40mg/m^3$，二甲苯的浓度不得高于 $70mg/m^3$。

向铁路罐车、汽车罐车、船舶灌装甲B、乙A类液体和Ⅰ、Ⅱ级毒性液体应采用密闭装车方式，并应按现行国家标准GB 50759《油品装卸系统油气回收设施设计规范》的有关规定设置油气回收设施。

油库建立油气回收（vapor recovery）系统，对减小油品蒸发损耗效果也很显著。根据其原理，油气回收方法有循环回收法、吸附（收）法、冷凝法、冷凝吸附法及冷凝压缩法等。

二、油气回收基本方法

1. 循环回收法

在收发油容器之间连接气体回收管线，使收油容器排出的气体返回发油容器，既防止了收油容器中的含油混合气排入大气，又避免了发油容器吸入空气以及此后发生的回逆呼出。目前，国内发展迅速的下装式装车系统就采用了油气循环回收技术，如图 7-5 所示。另外，有些加油站使用的油气回收加油枪就是基于这种想法设计制造的，具体见本节第四部分：加油站油气回收系统。

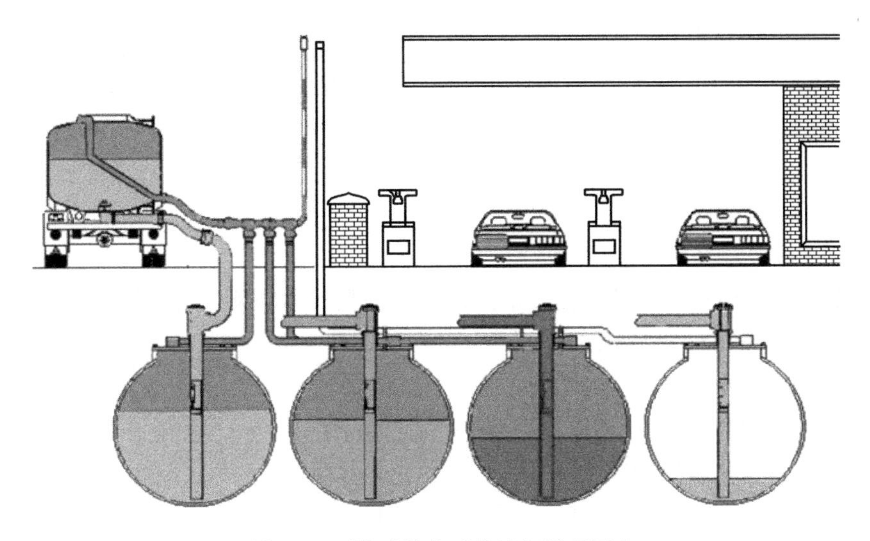

图 7-5 下装式装车系统油气循环回收

2. 冷凝法油气回收工艺

冷凝法基本原理是：降低储油容器排出混合气的温度，使油凝结，以回收油气。考虑到混合气中常含有水分，因而不宜采用间接换热的方式降低混合气温度，以防水分冻结堵塞设备，通常采用低温介质同混合气直接接触的方法使混合气降温。

冷凝法油气回收工艺流程如图 7-6 所示。

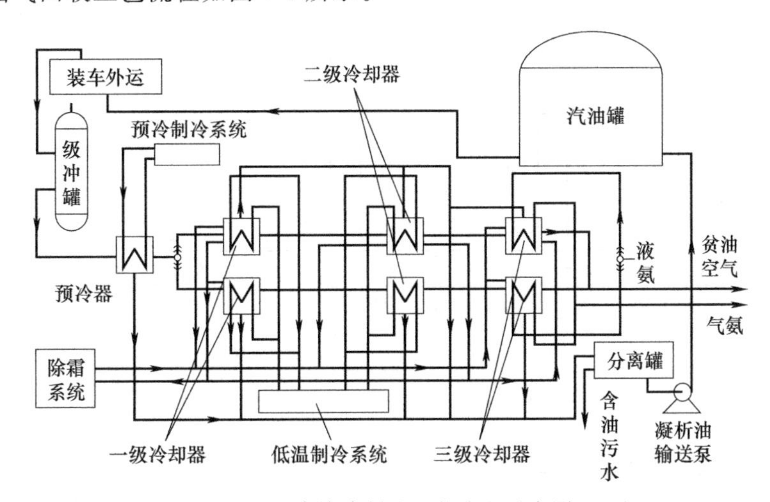

图 7-6 直接冷凝法工艺流程示意图

装车排放气先经过预冷并脱水，再在－80℃以下将轻烃直接冷凝下来送入汽油罐。冷凝法回收油气设施是采用多级连续冷却的方法降低挥发油气的温度，使油气中的轻油成分凝聚为液体而排出洁净空气的一种回收方法。冷凝法回收装置的冷凝温度一般按预冷、机械制冷、液氮制冷等步骤来实现，具有安全性好、油气回收率高、符合环保要求、设备成套装配、安装简单、运行过程自动化、使用维护简便、投资回收期短等特点。

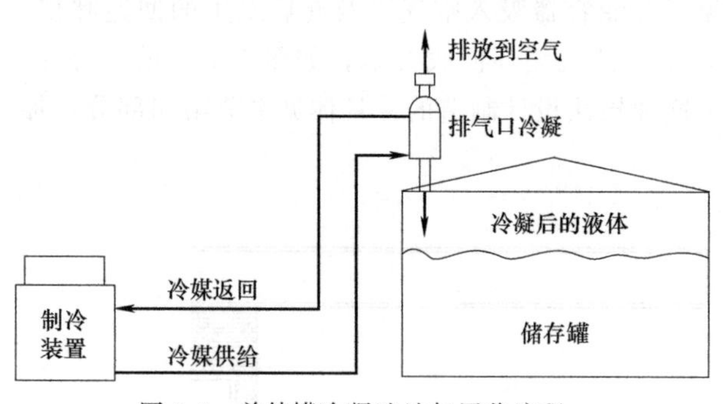

图 7-7 单储罐冷凝法油气回收流程

(1) 单储罐冷凝法油气回收流程

在单个储罐储存条件下，将冷凝器安装在储罐拱顶的进气口，制冷装置安装在储罐附近地面，用管道将冷媒往返送到冷凝器带走热量，使储罐中的挥发气在排气口被冷凝后，在重力作用下流回储罐，其流程见图 7-7。

(2) 多储罐冷凝法油气回收流程

如果多个储罐所储存的油品相同，最经济的办法是将各罐顶排气口用管道连通到一个共同的回收装置中，再将冷凝回收的液体打回储罐，见图 7-8。

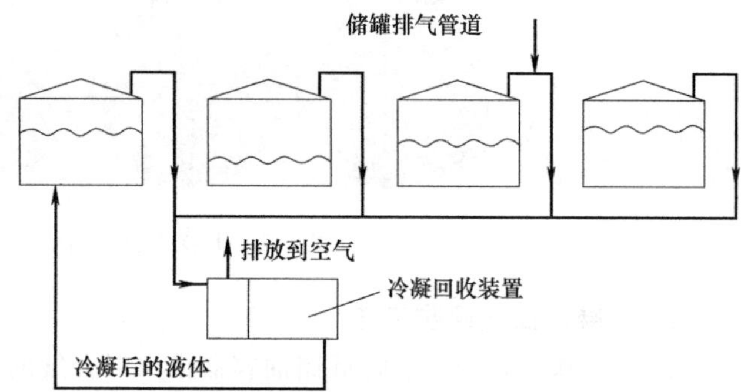

图 7-8 多个储罐同油冷凝法油气回收流程

如果多个储罐所储存的油品各不相同，则要求各自单独冷凝；可在每个储罐上安装一个排气口冷凝器，由同一个制冷装置向各冷凝器供给冷媒制冷，见图 7-9。如果储罐罐顶结构妨碍安装排气口冷凝器，则可将冷凝器制冷装置安装在地面，罐内气体用管道送到冷凝器，冷凝后的液体用泵输回罐内。

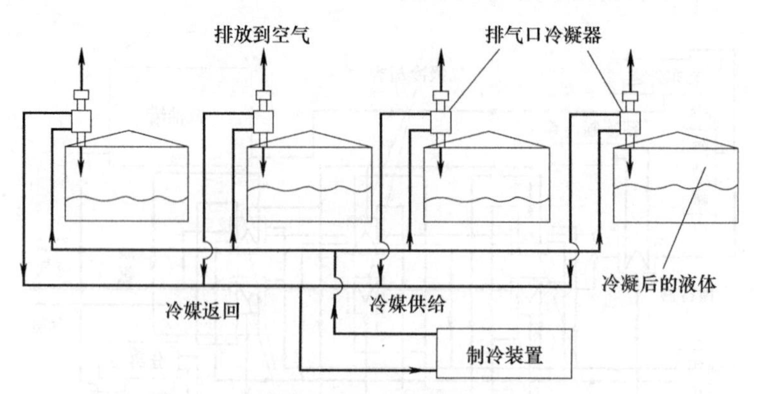

图 7-9 多储罐不同油种冷凝法油气回收流程

(3) 冷凝法回收装置用于油库装车、装船时的流程

油槽车装油的油气回收流程如图 7-10 所示；汽油装船的油气回收流程如图 7-11 所示。

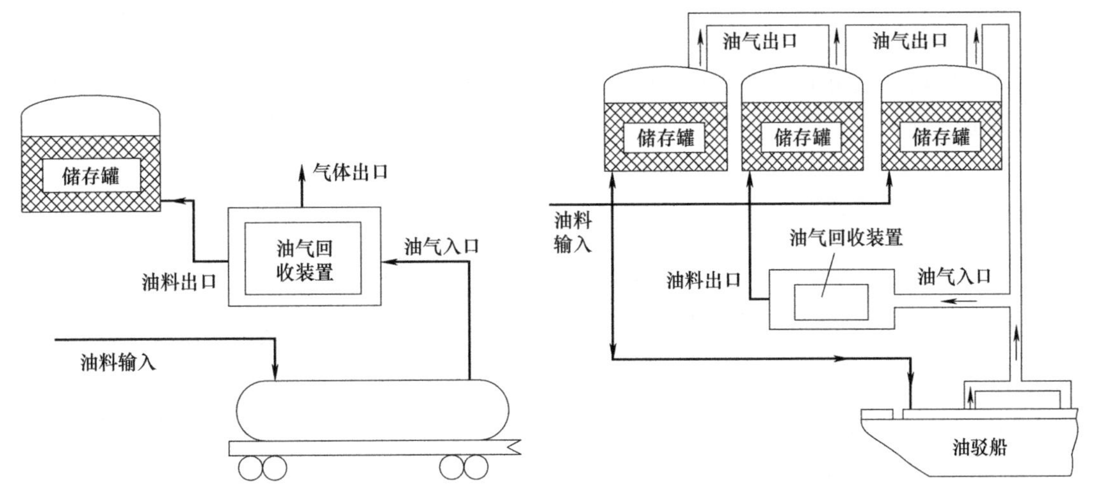

图 7-10　油槽车装油的油气回收流程

图 7-11　汽油装船的油气回收流程

3. 吸收液吸收法油气回收技术

吸收法是一种古老而又重要的混合物分离方法。吸收分离过程是通过体接触，使气体中的一种或几种组分溶解于该液体内形成溶液，不能溶解的组分则保留在气相中，于是混合气体的组分得以分离，常用汽油、煤油系溶剂、轻柴油、冷乙二醇溶液、特别有机溶剂等容易吸收油气的吸收剂，与油品储运系统排放出来的油气-空气温合气接触以回收或除去其中的油气。

目前有两种典型的油气吸收回收方法：常压常温吸收法与常压冷却（低温）吸收法。

(1) 常压冷却（低温）吸收法

装车排放气进入吸收塔，用吸收剂将其中的轻烃吸收，含少量轻烃的尾气排至大气，吸收了轻烃的吸收剂经再生后可循环使用，轻烃通过汽油或其他油品进行吸收。该方法由于采用的吸收剂不同，吸收流程及其回收效果也不同，常用的吸收剂主要有：有机溶测、汽油柴油、煤油及近似上述组成的油品轻烃。

常压常温吸收法油气回收装置原理见图 7-12。

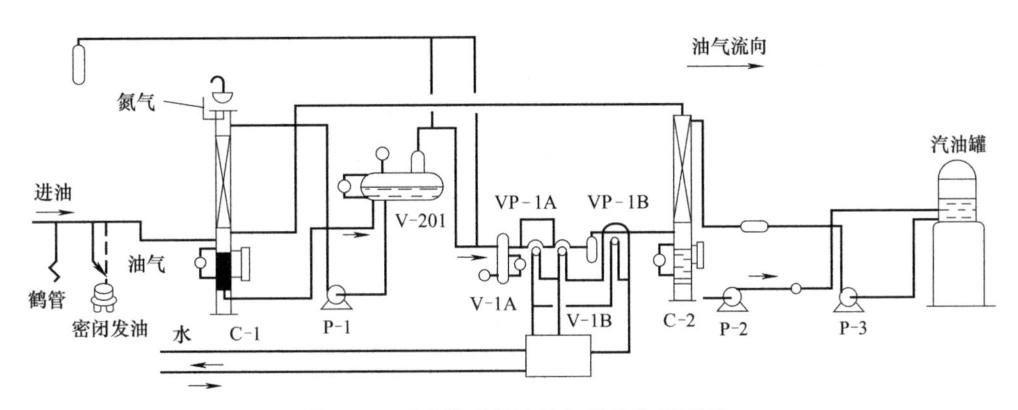

图 7-12　吸收液吸收法油气回收装置原理

当回收油气型鹤管向车内以密闭方式发油时，其置换出的油气混合气体经集气管道送至 C-1 回收液吸收塔，在塔内与由 V-201 真空罐内用 P-1 泵送来的专用吸收液进行接触，油蒸气被吸收液所吸附，压入 VP-1A（B）薄膜闪蒸罐内进行减压解吸，从而完成油气与空气的分离，空气由塔顶排入大气。解吸出来的油气经 VP-1A 和 VP-1B 二级真空泵压送至 C-2 油气吸收塔，在塔内被由 P-3 泵送来的循环汽油喷淋再吸收，达到回收油气的目的；小部分未被吸收的油气则从 C-2 塔顶返回至 C-1 塔作再一次循环；无法吸收的部分余气随空气一起从 C-1 塔顶排放，其排放出的混合气中油的体积分数低于 $50L/m^3$，当 C-1 塔停止工作时，系统自动充氮，确保装置安全。

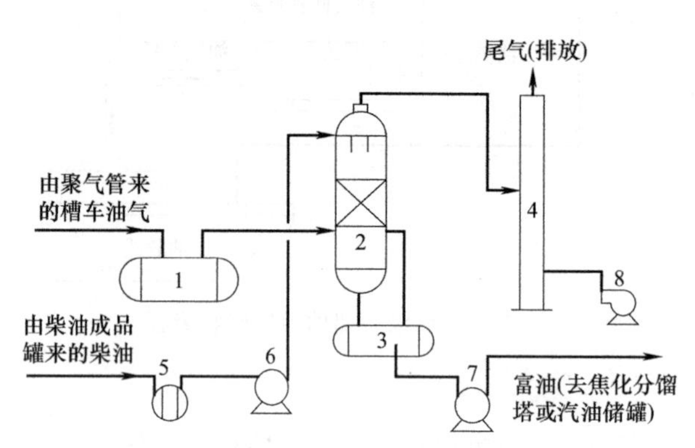

图 7-13 油品装车时蒸发的油气回收工艺流程

1—气液分离罐；2—吸收塔；3—缓冲罐；4—放散管；5—冷却器；6—离心泵；7—富油泵；8—鼓风机

吸收法特点：工艺简单，投资成本低；但回收率太低，一般只能达到 80%左右，单纯依靠吸收法无法达到现行国家标准；设备占地空间大；能耗高；吸收剂消耗较大，需不断补充；压力降太大，达 5000Pa 左右。

装车过程中产生的油气经集气管进入吸收塔 2，大部分油气被从塔顶喷淋下来的吸收液（来自成品罐的柴油通过冷却器 5 由离心泵 6 送至吸收塔 2 顶进行喷淋）吸收，含有少量油气的尾气经鼓风机 8 送来的空气冲稀后直接由放散管 4 排放，其工艺流程见图 7-13。

(2) 低温汽油作吸收剂的常压低温吸收工艺

低温汽油作吸收剂的油气回收装置其实质是冷凝吸收法，采用的工艺流程为：油气随一部分低温盐水进入喷射器内，部分油气冷凝，没有冷凝的部分进入吸收塔内，从塔顶喷入汽油和低温盐水，将油气吸收，不凝气在塔顶稀释后排空。这种油气回收装置轻烃的回收率可达 92%，其工艺流程见图 7-14。

4. 活性炭吸附法油气回收技术

吸附法是利用混合物中各组分与吸附剂之间结合力强弱的差别，即在吸附剂与流体相间分配不同的性质，使混合物中难吸附与易吸附组分实现分离。它的特点是合适的吸附剂对各组分的吸附有很高的选择性。吸附分离技术已在各行业得到广泛的应用和发展，并成为一项重要的气体分离技术。吸附法油气回收技术是利用吸附剂与烃分子的亲和作用吸附油气中的油成分，空气放回大气；吸附达到饱和时，将吸附剂用抽真空（或蒸汽吹扫）方法解吸，解吸出的油气通过吸收剂喷淋吸收或进入低温冷凝器中冷凝液化后送到装置回炼。

装车排放气通过活性炭吸附器将轻烃吸附，被炭吸附的轻烃在高真空度下解吸后送吸收塔用汽油吸收。该方法流程简单，可以间断操作，但装置规模受吸附、解吸容量限制，且存在吸附剂寿命短、废料难以处理、装置操作频繁等问题。其工艺流程见图 7-15，整个装置可以分为吸附解吸系统、液环真空系统和吸收系统。

(1) 吸附解吸系统

吸附解吸系统包括吸附罐、控制阀门、气体流量计等。吸附罐一用一备，里面填充大量的油气回收专用活性炭；控制阀门由零泄漏的蝶阀组成，通过程序控制来开关管道，控制吸附和解吸过程的转换。流量计起到计算流量的作用，同时也是判断床层是否吸附饱和需要解吸的重要依据。来自油罐车的油气通过油气缓冲罐、气体流量计、进口控制阀进入吸附器，油气被活性炭床层吸附，达标气体由放空阀排放到大气中。

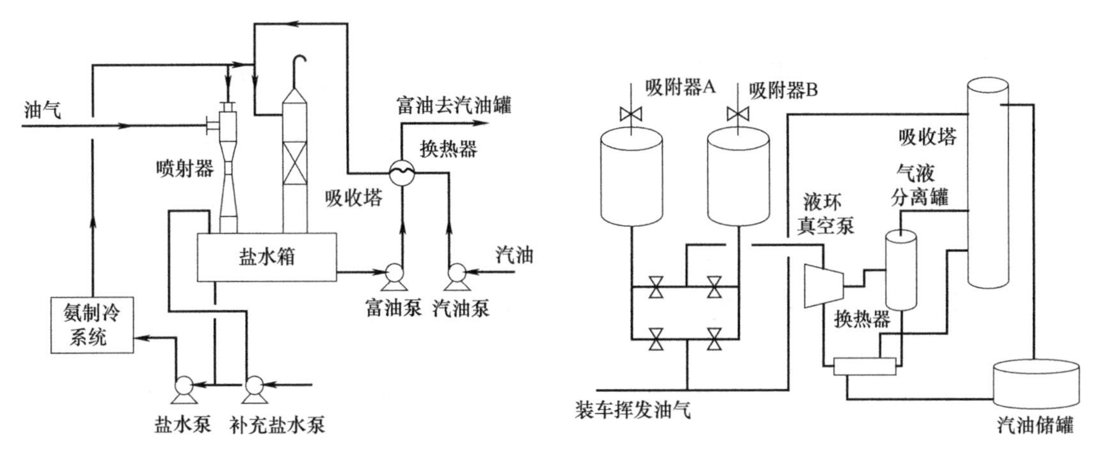

图 7-14 低温汽油作吸收剂的油气回收流程

图 7-15 活性炭吸附法油气回收装置流程

(2) 液环真空系统

液环真空系统包括解吸阀门、液环真空泵、换热器、气液分离罐等。装置对真空泵要求较高，在低气压时仍要求较高的抽气速率。液环真空泵使床层在真空下操作，达到解吸压力后，油气从床层分离出来，未完全解吸的油气经过气体吹扫后获得解吸。液环真空泵出口气体经气液分离罐进行气液分离后进入吸收塔，循环液经管道到达换热器换热后再流回真空泵。

(3) 吸收系统

吸收系统包括吸附塔、液体流量计、循环油泵等。吸附塔内装有填料，被真空系统解吸出来的油气与来自罐区的常温“贫油”在此逆流接触，吸收尾气返回活性炭床层与装车产生的油气混合后进入活性炭床再次被吸附。吸收塔底部正常情况下保持一定的“贫油”液位，保证吸收过程的正常运转。吸附法具有处理效率较高、排放浓度低、可达到很低的值的优点，但同时存在以下缺点，工艺复杂，需要二次处理；吸附床容易产生高温热点，存在安全隐患；三苯易使活性炭失活，活性炭失活后存在二次污染问题；国产活性炭吸附力一般只有7%左右，而且寿命不长，一般两年左右要换一次，换一次活性炭成本很高。

由于吸附法的工艺流程相对简单并且回收效率很高，因此特别适用于汽油油气的回收。目前，以美国乔丹技术（Jordan Technologies）公司和丹麦库索深（Cool Sorption A/S）公司为代表的活性炭吸附装置成为吸附法主流，如图 7-16 所示为美国 Jordan Technologies 公司吸附法油气回收流程示意图。我国也有一些公司从事吸附法油气回收装置的设计和制造，近年来发展迅速。

5. 膜分离法油气回收的工艺

由于油气与空气混合气体中烃分子与空气分子的大小不同，因此在某些薄膜中的渗透速率差异极大。膜分离技术的基本原理就是利用了高分子膜对油气的优先透过性的特点，让油气空气的混合气在一定的压差推动下经膜的“过滤作用”使混合气中的油气优先透过膜得以“脱除”回收，而空气则被选择性地截留。膜片为复合结构，由三层不同的材料构成，表层为致密的硅橡胶层，很薄，厚度小于 1μm，起分离作用。中间层的材料为聚丙烯腈，最下层为无纺布，这两层结构疏松，主要起支撑作用，以增强膜片的机械强度。图 7-17 为膜分离原理及分离膜结构示意图。

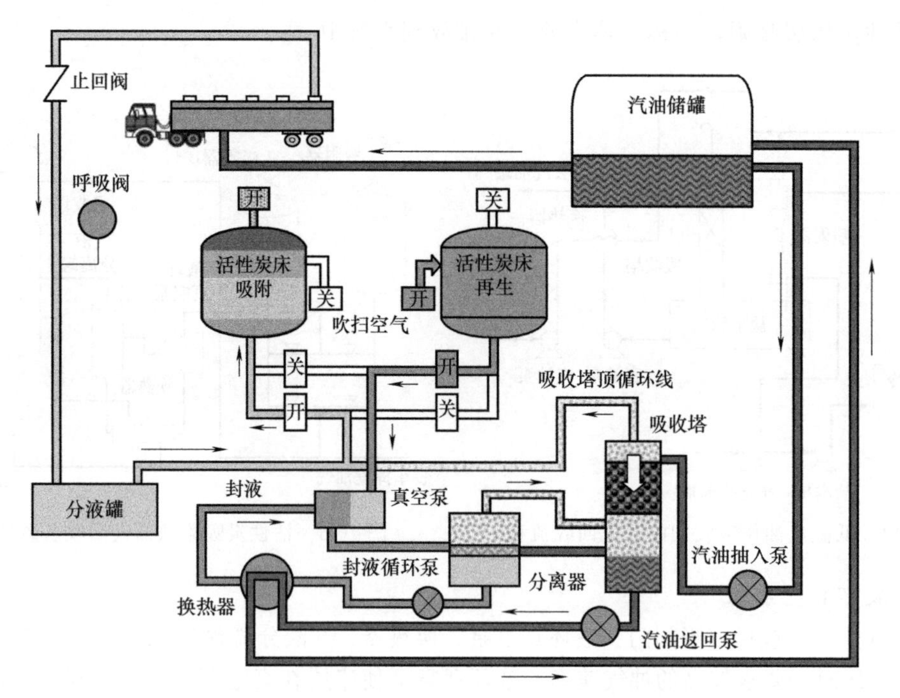

图 7-16 美国 Jordan Technologies 公司油气回收流程示意图

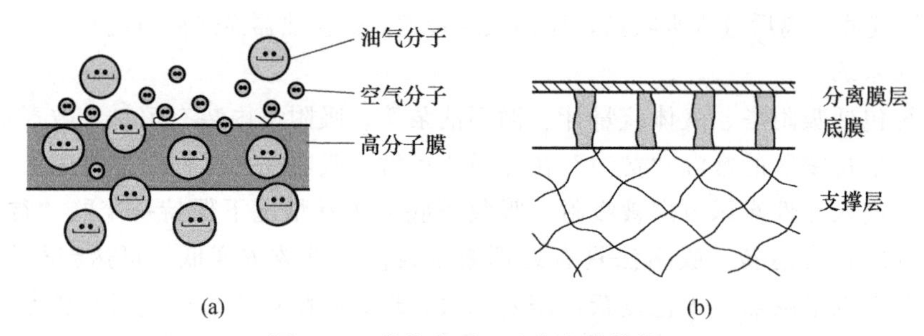

图 7-17 膜分离原理及分离膜结构

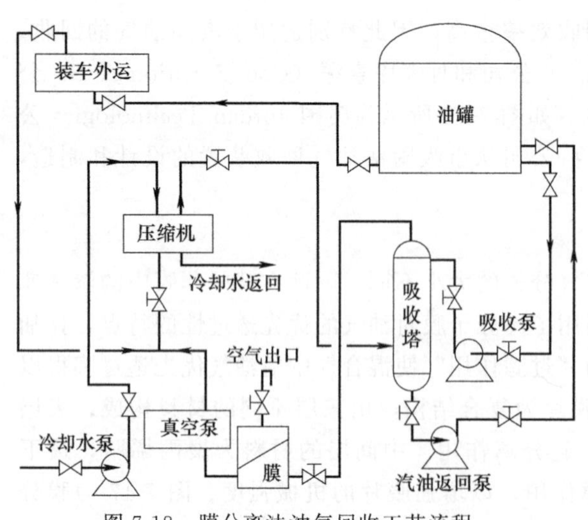

图 7-18 膜分离法油气回收工艺流程

膜分离法油气回收的工艺流程见图 7-18。

生产操作中产生的油气与空气混合气体先经过压缩机压缩至 0.390～0.686MPa，同时经过换热，然后进入吸收塔，进入吸收塔的油气温度在 5～20℃之间，油气在吸收塔内与成品汽油传质，约 70％的烃蒸气在这一过程中被回收。吸收塔的尾气再经过薄膜将烃蒸气与空气分离，分离后的油气返回压缩机入口与装卸产生的油气一起重复上述工艺过程，空气排入大气。膜分离法回收率可达到 95％。

膜分离法的优点在于技术先进，工

艺相对简单；排放浓度低，回收率高。但存在着以下缺点，投资大；分离膜尚未能实现国产化，价格昂贵，而且膜寿命短；膜分离装置要求稳流、稳压气体，操作要求高；膜在油气浓度低、空气量大的情况下，易产生放电层，有安全隐患。

三、油库油气回收系统

1. 油库油气回收系统组成

储油库油气回收系统由三大部分组成：油气回收处理装置、油气收集接口、油气输送管道。

油气回收处理装置是将油气从气相转化为液相的设备，是油气回收系统的末端设备，按照处理工艺分为冷凝法、吸附法、吸收法、膜分离法。实际应用的油气回收处理装置，除了冷凝方法具有单一技术工艺的特点外，其他方法都是两种以上方法组合应用的工艺，如吸附与吸收、膜分离与吸收的组合应用。近来还出现以冷凝加吸附或冷凝加膜分离的复合工艺的技术方案。

油气收集接口是发油鹤位密闭收集油气的设施，在发油时负责收集从火车或汽车油罐车罐体中置换出来的油气，是油气回收系统的前端设备。顶部装车的油气收集接口由密闭收集罩、连接收集罩和输送管道的金属软管及阀门等元件组成。底部装车的鹤位，收集接口由连接油气管道与罐车底部油气排放口的软管和快速接头组成。快速接头带有自动闭合阀芯，以防止快速接头在闲置状态时成为油气的泄漏口。

油气输送管道是连接油气收集接口和油气处理装置的管道，是油气回收系统的中间设备。发油鹤位到油气处理装置之间管道的距离短的有50m，长的可达300m甚至更远；管道的架设方式有高架式也有地埋式；主管道到各个发油鹤管的连接管道形成分支管道。为了防止油气倒流或泄漏，必须限制油气单向流动，因此在主管道与分支管道之间或分支管道与油气收集接口之间安装有受发油控制室发油信号控制而联动联锁的电磁阀、气动阀；也有的油库安装的是单向阀或止回阀；比较差的安装的是手动阀。

油气收集接口和油气输送设施虽然只是油气回收系统中的前端和中间设备，但是对整个油气回收系统正常运行起着至关重要的作用，如果它们发生问题，技术工艺再先进的油气回收处理装置也难为“无米之炊”，收不到油气，只会成为油库的摆设。

2. 对油气收集接口的要求

对油气收集接口最基本的要求是密闭。

底部装车的油气收集接口较好地解决了罐车排出油气快速接口与油气输送管道的密闭连接问题。

国内绝大多数运油罐车灌装油品的方式仍然是从顶部装车。要确保顶部装车对油气的收集，发油鹤管上装设的油气收集罩（圆锥形或瓶盖形）与油罐车的罐口必须紧密结合，达到密闭，不能有油气泄漏。

顶部装车的密闭鹤管遇到的问题主要有三个：第一，是油罐车罐口与密闭鹤管的收集罩尺寸不匹配，通用性差。由于油罐车的罐体规格较多，罐口尺寸不统一，鹤管上油气收集罩的大小与罐车的罐口不对应，不少收集罩与罐口的连接处都有空隙（人们常说漏气）。第二，是鹤管悬臂配套气缸的压力不足，在油罐车罐口对油气收集罩压联力度不够（人们常说压不紧），收集罩很容易被油气的反冲压力顶开而大量泄漏油气。第三，是密闭接口油气输送管道上的控制器件不合理，有的油库使用电磁阀或气动阀控制，情况好一些；但有的油库使用手动阀控制，常常因为驾驶员或押运员操作失误、忘记关闭阀门，造成系统泄漏，情况就很糟糕。

3. 对油气输送管道的要求

对油气输送管道最基本的要求是畅通。

影响畅通的因素有阀门和管道产生的阻力和低位管道的液阻。

油气输送管道的管径、管道上的阀门、过滤器、单向阀等的设计参数要合适，不能对油气传输压力衰减过分或阻碍油气的传输。如果选用止回阀，其启动效果应该经过现场试验，确保油气能顺畅通过止回阀。

油气输送管道有地下埋设方式，也有架空安装方式。油气输送管道容易发生的问题是液堵，油气在相对低温和管壁摩擦的作用下会凝结为油液，这些油液积留在管道最低处就形成液堵。解决液堵的方法是在输送管道最低处设置密闭的集油罐，让凝结油液流入集油罐。在油气处理装置前安装缓冲罐或埋设地下集油罐的，输送管道整体要坡向该油罐，油气经过该罐空间以后再进入油气处理装置。

油气输送管道的管径选择也很重要，在管径大、距离远、流量小的情况下，油气流速慢，如果发油间隔时间长，则不能连贯推送油气，油气也很难到达回收处理装置。

四、加油站油气回收系统

加油站油气回收系统由卸油油气回收系统（即一次油气回收）、加油油气回收系统（即二次油气回收）、三次油气回收处理装置三部分组成，油气回收只针对汽油。该系统的作用是通过相关油气回收工艺，将加油站在卸油、储油和加油过程中产生的油气进行密闭收集、储存和回收处理，抑制油气无控逸散挥发，达到保护环境及顾客、员工身体健康的目的。

1. 卸油油气回收系统

卸油油气回收系统简称一次油气回收系统，主要是将汽油油罐车卸油时产生的油气回收至油罐车里的平衡式密闭油气回收系统。

2. 加油油气回收系统

加油油气回收系统简称二次油气回收系统，主要是将给汽油车辆加油时产生的油气回收至埋地汽油罐的密闭油气回收系统（图 7-19）。加油油气回收系统硬件主要有油气回收型加油枪（图 7-20）、油气回收反向同轴式胶管、拉断阀、油气分离器、气液比调节阀和真空泵。

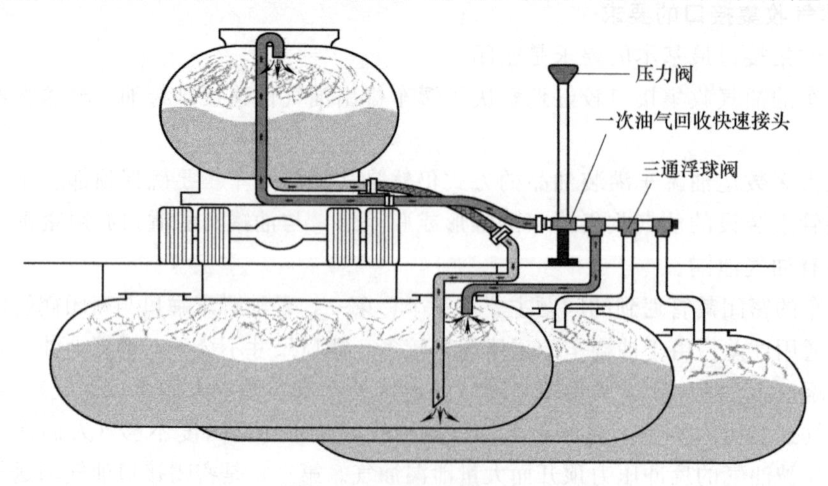

图 7-19　加油站地罐接卸汽油油气回收系统

加油时，油枪封气罩盖住汽车油箱口，油箱中排出的油气在油箱内正气压和真空泵辅助抽吸作用下，进入油枪吸气口，经同轴胶管中心通道与油流反向流动，然后经过油气分离器分离后，流回加油站地罐。

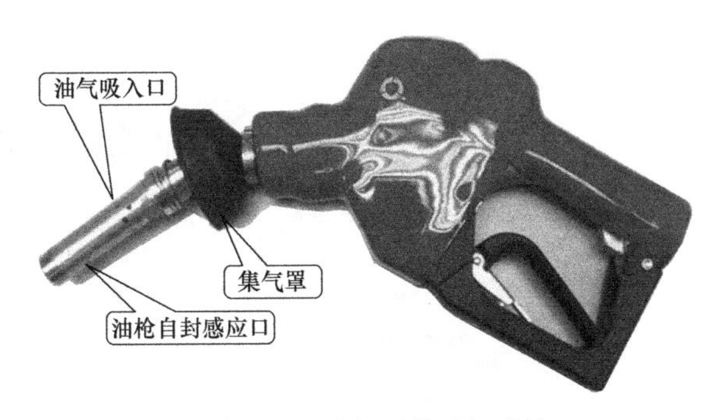

图 7-20　油气回收型加油枪

GB 50156—2012《汽车加油加气站设计与施工规范（2014 年版）》规定，加油站采用加油油气回收系统时，其设计应符合下列规定。

① 应采用真空辅助式油气回收系统。

② 汽油加油机与油罐之间应设油气回收管道，多台汽油加油机可共用 1 根油气回收主管，油气回收主管的公称直径不应小于 50mm。

③ 加油油气回收系统应采取防止油气反向流至加油枪的措施。防止油气反向流的措施一般是在油气回收泵的出口管上安装一个专用的气体单向阀，用于防止罐内空间压力过高时保护回收泵或不使加油枪在油箱口处增加排放。

④ 加油机应具备回收油气功能，其气液比宜设定为 1.0～1.25。在加油机底部与油气回收立管的连接处，应安装一个用于检测液阻和系统密闭性的丝接三通，其旁通短管上应设公称直径为 25mm 的球阀及丝堵。设置检测三通是为了方便检测整体油气回收系统的密闭性和加油机至油罐的油气回收管道内的气体流通阻力是否符合规定的限值。系统不严密会使油气外泄。

所谓真空辅助式油气回收系统是指在加油油气回收系统的主管上增设油气回收泵或在每台加油机内分别增设油气回收泵而组成的系统。增设油气回收泵的主要目的是为了克服油气自加油枪至油罐的阻力，并使油枪回气口形成负压，使加油时油箱口呼出的油气抽回到油罐内。依据真空泵安装位置，可分为分散式和集中式两种加油油气回收系统。

在油气回收主管上增设真空泵的，通常称为集中式二次油气回收系统（图 7-21）。真空泵安装在地下油罐附近，一般都可以支持约 16 条油枪，但集中式泵一旦工作不正常，影响的油枪较多，且更容易引起油泄漏。

在每台加油机内分别增设油气回收泵（一般一泵对一枪）的，通常称为分散式二次油气回收系统（图 7-22）。因为分散式二次油气回收系统单台真空泵所支持油枪数较少，所以一个加油站要安装几个分布式的泵，其费用就会提高很多。

简言之，加油站油气回收的工艺是按照“抽出一升油就补回一升油气”的气液平衡原理，来抑制油槽内油气的进一步挥发的。但一次、二次油气回收总的来说只能达到油气收集的功能，要真正实现油气回收还要进行三次油气回收。

3. 三次油气回收装置

现在，一般加油站的三次油气回收装置都采用比较成熟的“冷凝＋吸附”法。先采用二级冷凝将油气冷凝到－40～－50℃，通过二级冷凝后 85％以上的油气都液化了，未冷凝为液态的浓度较低的油气再通过一个吸附系统，对油气进行富集，使油气浓度大大提高，同时体积大大减小（经过吸附系统分离出来的达标尾气已经排放了），这时富集的油气再进入三级冷凝系统深度冷凝，此时三级冷凝器的功率就大大地减小了。

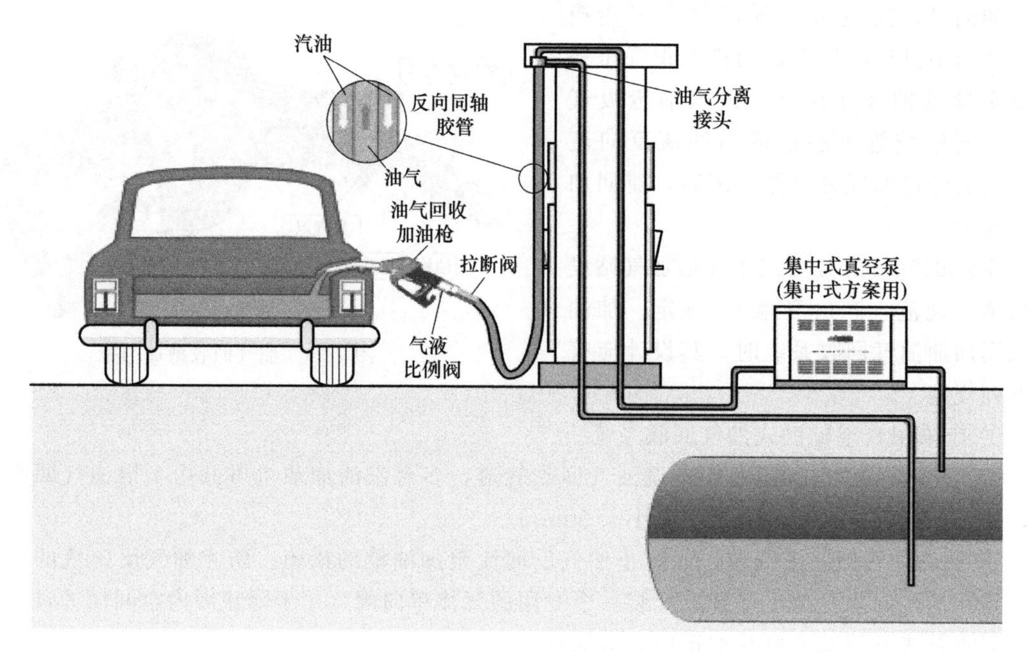

图 7-21　集中式二次油气回收系统

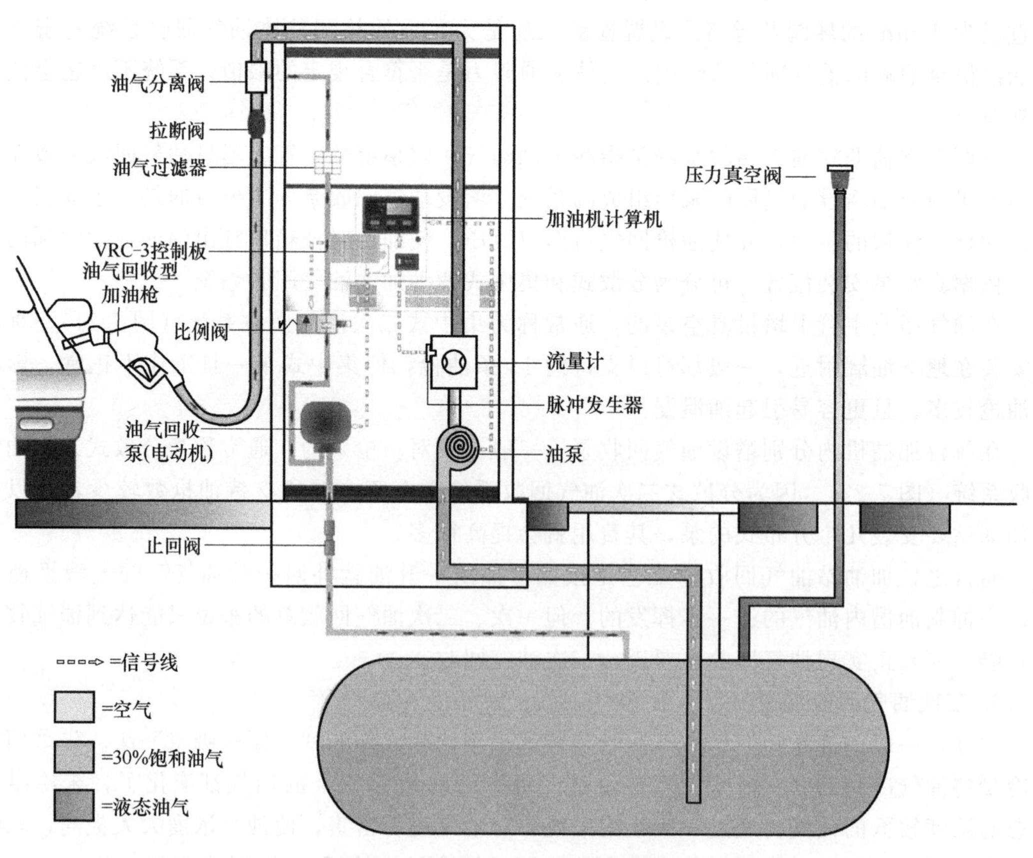

图 7-22　分散式二次油气回收系统

此工艺的优点：①有效地结合了冷凝法和吸附法的优点；②由于用吸附系统对油气进行了富集，因此三级冷凝要处理的油气就大大地降低了，能耗也降低了；③经过二级冷凝的油气是中低温油气，活性炭床不会产生高温热点，吸附系统也克服了安全隐患。

各种油气回收工艺的比较见表7-2。

表7-2　油气回收工艺比较

项目	吸附法	吸收法	冷凝法	膜分离
尾气排放	达标	无法达标	达标	达标
安全性	安全	安全	安全	安全
能耗/(W/m^3 油气)	0.15～0.2	0.9	0.01～0.14	大于0.4
占地/m^2	露天150	露天150～200	露天24	室内200
维护保养	定期更换活性炭	定期更换吸收剂	日常维护	定期换膜
消耗品	活性炭	吸收剂	无	膜
优点	可以达到较高的处理效率;排放浓度低,可达到很低的值	工艺简单,投资成本低	可直观地看到液态的回收油品,安全性高	技术先进,工艺相对简单;排放浓度低,回收率高
缺点	工艺复杂、吸附床层易产生高温热点	回收率太低,一般只能达到80%左右,无法达到现行国家标准,设备占地空间大	一次性投入大,成本高;单一冷凝法要达标需要降到很低的温度,耗电量巨大,不是真正意义上的“节能减排”	投资大,价格昂贵;目前国产化的膜能达到进口膜标准,价格更便宜

五、其他回收技术

1. 集气罐法

为了防止油品蒸气散布于大气中，可将储存相同油品的油罐气体空间用管线接通，并将集气罐与管线相连，构成一个集气系统。作业时可互相交换油蒸气，不致使罐内吸入新鲜空气和排出油气；应在连通每个油罐处安装防火器，防止因某个油罐发生火灾而危及所有被连通的油罐。

2. 直接燃烧法

这种方法是将储运过程中产生的含烃气体直接氧化燃烧，燃烧产生的二氧化碳、水和空气作为处理后的净化气体直接排放。该工艺流程仅作为一种控制油气排放的处理措施，不能回收油品，也没有经济效益。

另外，还有冷凝压缩法。该方法原理为，储油容器排出的含油混合气先经冷凝压缩后生成凝结液，然后返输到储油容器中。这种方法多用于C1～C2较多的原油罐排出气。但从目前调研情况来看，建立回收系统结构复杂、施工困难、操作不便、造价很高、压缩成本高。因此，在实际中一直难以推广。

总之，降低油品损耗不是朝夕之事，是油品储运工作者和油品经营管理者的一项长期艰巨的工作。一方面，既有许多损耗理论需要研究探讨，另一方面，又需在生产实践中多做扎实具体工作。即不但要采取切实、可行、有效的措施，还必须加强油品储运与经营的科学管理，两个方面都不忽视，油品损耗一定会降下来。

思考题

1. 油品蒸发损耗的危害有哪些？
2. 油品蒸发损耗的分类有哪些？
3. 影响蒸发速度的因素有哪些？
4. 油罐气体空间中油蒸气分子的传质过程有哪几种？
5. 降低油品蒸发损耗的措施有哪些？
6. 油气回收技术有哪几种？

习题

1. 储油罐越大，截面积越大，蒸发（　　）也越大，小呼吸损失也越大。

A. 体积　　B. 面积　　C. 容积　　D. 密度

2. 小呼吸损失与油品性质，如沸点、（　　）及油品管理水平等因素有关。

A. 饱和蒸气压、密度、组分含量闪点　　B. 饱和蒸气压、密度

C. 密度　　D. 饱和蒸气压、闪点、组分含量

3. 小呼吸损耗是指油罐内气体空间（　　）变化而产生的损耗。

A. 湿度　　B. 温度　　C. 密度　　D. 黏度

4. 以下 4 种油罐中，（　　）油罐可消除小呼吸损耗，适用于储存挥发性大的油品。

A. 浮顶　　B. 拱顶　　C. 卧式圆柱形　　D. 滴状

5. 常压敞口罐大呼吸损耗最大，（　　），呼吸损耗越小。

A. 油罐耐压越高　　B. 油罐耐压越低

C. 油品密度越大　　D. 进油的速度越快

6. 大呼吸损失和油罐所处的（　　）、风向、风力、湿度及油品管理水平等诸多因素有关。

A. 密度、大气温度　　B. 地理位置、大气温度

C. 地理位置、时间　　D. 密度、时间

7. 油罐的大呼吸是指（　　）。

A. 油罐收发油时的损耗　　B. 油罐因温度变化的呼吸损耗

C. 油罐漏油损耗　　D. 误操作损耗

8. 在轻质油罐上安装呼吸阀挡板可降低（　　）25%左右。

A. 小呼吸损耗　　B. 大呼吸损耗

C. 自然呼吸损耗　　D. 蒸发损耗

9. 油品储运作业环节损耗可分为（　　）损耗、运输损耗、零售损耗。

A. 呼吸　　B. 通风　　C. 残漏　　D. 保管

10. 下列油罐损耗不属于油罐蒸发损耗形式的为（　　）。

A. 大呼吸　　B. 小呼吸　　C. 自然通风　　D. 回逆呼出

11. 保管损耗包括储存损耗、输转损耗、（　　）、装卸损耗。

A. 蒸发损耗　　B. 运输损耗　　C. 灌桶损耗　　D. 零售损耗

12. 损耗标准中对我国损耗按（　　）地区划分。

A. A类　　B. B类　　C. C类　　D. 三类

13. 油气回收技术主要有吸附分离回收法、溶剂吸收法、冷凝压缩法和（　　）。

A. 抽提回收法　　B. 洗涤吸收法　　C. 间接冷凝法　　D. 膜分离法

14.（　　）是利用活性炭（或碳纤维）吸附油气，使油气与空气分离，再用水蒸气吹扫解吸或抽真空解吸，然后将解吸出来的油气冷凝液化，或用汽油喷淋吸收，从而回收油气。

A. 吸附分离回收　　B. 溶剂吸收法　　C. 冷凝压缩法　　D. 膜分离法

15.（　　）是通过冷凝、压缩手段，将油气液化回收。

A. 吸附分离回收　　B. 溶剂吸收法　　C. 冷凝压缩法　　D. 直接冷凝法

16. 活性炭吸附法油气回收装置不包括（　　）。

A. 吸附解吸系统　　B. 循环真空系统　　C. 吸收系统　　D. 分解系统

部分习题答案

第一章

1. B；2. D；3. B；4. B；5. B；6. C；7. A；8. C；9. A；10. B；11. C；12. D；13. A；14. D；15. B；16. B；17. A；18. C；19. D；20. A；21. C；22. D；23. B；24：A

第二章

1. C；2. D；3. B；4. B；5. C；6. D；7. B；8. D；9. C；10. A；11. B；12. C；13. B；14. A；15. D；16. A；17. B；18. C；19. D；20. D；21. D；22. C；23. C；24. D；25. A；26. B；27. D；28. C

第三章

1. C；2. D；3. C；4. B；5. B；6. C；7. C；8. B；9. A；10. D；11. B；12. C；13. C；14. A；15. B；16. B；17. B；18. C；19. D；20. B；21. C；22. A；23. C；24. D；25. A；26. D；27. C；28. C；29. A；30. C；31. C；32. C；33. B；34. B；35. A；36. B；37. D；38. D；39. A；40. A；41. C；42. B；43. C；44. A；45. B；46. D；47. B；48. C；49. B；50. C；51. A；52. B；53. C；54. A

第四章

一、选择题

1. A；2. A；3. B；4. A；5. B；6. A；7. D；8. B；9. A；10. D；11. C；12. A

二、判断题

1. √；2. √；3. ×；4. ×；5. ×；6. √；7. √；8. ×；9. √；10. ×

第五章

1. C；2. A；3. A；4. B；5. C；6. B；7. C；8. B；9. A；10. B；11. C；12. A；13. C；14. A；15. C；16. B；17. A；18. B；19. B；20. A；21. C；22. A；23. C；24. A；25. A；26. C；27. A；28. B；29. B；30. D；31. D；32. C；33. A；34. A；35. C；36. C；37. B；38. A；39. D；40. B；41. B；42. A；43. B；44. C；45. A；46. B；47. C；48. D

第七章

1. B；2. C；3. B；4. D；5. A；6. B；7. A；8. B；9. D；10. D；11. C；12. D；13. D；14. A；15. C；16. D

附　录

本教材所引用国家标准（135 部）

GB 11085—1989 散装液态石油产品损耗

GB 11174—2011 液化石油气

GB 12224—2015 钢制阀门　一般要求

GB/T 12337—2014 钢制球形储罐

GB 146.1—83 标准轨距铁路机车车辆限界

GB 150.1～150.4—2011 压力容器 [合订本]

GB 16808—2008 可燃气体报警控制器

GB 1787—2018 航空活塞式发动机燃料

GB 17914—2013 易燃易爆性商品储存养护技术条件

GB 17930—2016 车用汽油

GB 18434—2001 油船油码头安全作业规程

GB 18564.1—2006 道路运输液体危险货物罐式车辆　第 1 部分：金属常压罐体技术要求

GB 19147—2016 车用柴油

GB 19159—2012 车用液化石油气

GB 20950—2007 储油库大气污染物排放标准

GB 20952—2007 加油站大气污染物排放标准

GB 31570—2015 石油炼制工业污染物排放标准

GB 31571—2015 石油化学工业污染物排放标准

GB 36170—2018 原油

GB 36220—2018 运油车辆和加油车辆安全技术条件

GB 50028—2006 城镇燃气设计规范

GB 50074—2014 石油库设计规范

GB 50156—2012 汽车加油加气站设计与施工规范（2014 年版）

GB 50160—2008 石油化工企业设计防火标准 [2018 年版]

GB 50184—2011 工业金属管道工程施工质量验收规范
GB 50235—2010 工业金属管道施工规范
GB 50253—2014 输油管道工程设计规范
GB 50275—2010 风机、压缩机、泵安装工程施工及验收规范
GB 50316—2000（2008 年版）工业金属管道设计规范
GB 50341—2014 立式圆筒形钢制焊接油罐设计规范
GB 50351—2014 储罐区防火堤设计规范
GB 50493—2009 石油化工可燃气体和有毒气体检测报警设计规范
GB 50507—2010 铁路罐车清洗设施设计规范
GB 50540—2009 石油天然气站内工艺管道工程施工规范（2012 年版）
GB 50737—2011 石油储备库设计规范
GB 50759—2012 油品装载系统油气回收设施设计规范
GB 51019—2014 化工工程管架、管墩设计规范
GB 5908—2005 石油储罐阻火器
GB 6537—2018 3 号喷气燃料
GB 6944—2012 危险货物分类和品名编号
GB 7231—2003 工业管道的基本识别色、识别符号和安全标识
GB 7258—2017 机动车运行安全技术条件
GB/T 1047—2019 管道元件　公称尺寸的定义和选用
GB/T 10478—2017 液化气体铁路罐车
GB/T 1048—2019 管道元件　公称压力的定义和选用
GB/T 12232—2005 通用阀门法兰连接铁制闸阀
GB/T 12233—2006 通用阀门　铁制截止阀与升降式止回阀
GB/T 12234—2019 石油、天然气工业用螺栓连接阀盖的钢制闸阀
GB/T 12235—2007 石油、石化及相关工业用钢制截止阀和升降式止回阀
GB/T 12236—2008 石油、化工及相关工业用的钢制旋启式止回阀
GB/T 12237—2007 石油、石化及相关工业用的钢制球阀
GB/T 12238—2008 法兰和对夹连接弹性密封蝶阀
GB/T 12239—2008 工业阀门　金属隔膜阀
GB/T 12240—2008 铁制旋塞阀
GB/T 12241—2005 安全阀　一般要求
GB/T 12242—2005 压力释放装置　性能试验规范
GB/T 12243—2005 弹簧直接载荷式安全阀
GB/T 12244—2006 减压阀　一般要求
GB/T 12245—2006 减压阀　性能试验方法
GB/T 12246—2006 先导式减压阀
GB/T 12247—2015 蒸汽疏水阀　分类
GB/T 12250—2005 蒸汽疏水　阀术语、标志、结构长度
GB/T 12459—2017 钢制对焊管件　类型与参数
GB/T 13401—2017 钢制对焊管件　技术规范

GB/T 13402 大直径钢制管法兰

GB/T 13403—2008 大直径钢制管法兰用垫片

GB/T 13404—2008 管法兰用非金属聚四氟乙烯包覆垫片

GB/T 13927—2008 通用阀门　压力试验

GB/T 14382—2008 管道用三通过滤器

GB/T 14383—2008 锻制承插焊和螺纹管件

GB/T 15185—2016 法兰连接铁制和铜制球阀

GB/T 16904.1—2006 标准轨距铁路机车车辆限界检查　第1部分：检查方法

GB/T 16904.2—2006 标准轨距铁路机车车辆限界检查　第2部分：限界规

GB/T 17116.1—2018 管道支吊架　第1部分：技术规范

GB/T 17261—2011 钢制球形储罐型式与基本参数

GB/T 17395—2008 无缝钢管尺寸、外形、重量及允许偏差

GB/T 18273—2000 石油和液体石油产品立式罐内油量的直接静态测量法（HTG质量测量法）

GB/T 19459—2004 危险货物及危险货物包装检验标准基本规定

GB/T 20173—2013 石油天然气工业　管道输送系统　管道阀门

GB/T 20368—2012 液化天然气（LNG）生产、储存和装运

GB/T 20801.1—2006 压力管道规范　工业管道　第1部分：总则

GB/T 20801.2—2006 压力管道规范　工业管道　第2部分：材料

GB/T 20801.4—2006 压力管道规范　工业管道　第4部分：制作与安装

GB/T 20801.6—2006 压力管道规范　工业管道　第6部分：安全防护

GB/T 21465—2008 阀门　术语

GB/T 22130—2008 钢制旋塞阀

GB/T 23300—2009 平板闸阀

GB/T 26114—2010 液体过滤用过滤器　通用技术规范

GB/T 26480—2011 阀门的检验和试验

GB/T 29639—2013 生产经营单位生产安全事故应急预案编制导则

GB/T 26978—2011 现场组装立式圆筒平底钢质液化天然气储罐的设计与建造

GB/T 3091—2015 低压流体输送用焊接钢管

GB/T 3215—2007 石油、重化学和天然气工业用离心泵

GB/T 325.1—2018 包装容器　钢桶　第1部分：通用技术要求

GB/T 325.2—2010 包装容器　钢桶　第2部分：最小总容量208L、210L和216.5L全开口钢桶

GB/T 325.3—2010 包装容器　钢桶　第3部分：最小总容量212L、216.5L和230L闭口钢桶

GB/T 325.4—2015 包装容器　钢桶　第4部分：200L及以下全开口钢桶

GB/T 32808—2016 阀门　型号编制方法

GB/T 3730.1—2001 汽车和挂车类型的术语和定义

GB/T 4122.4—2010 包装术语　第4部分：材料与容器

GB/T 4549.2—2004 铁道车辆词汇　第2部分：走行装置

GB/T 4549.5—2004 铁道车辆词汇　第 5 部分：车体

GB/T 4622.1—2009 缠绕式垫片　分类

GB/T 4622.2—2008 缠绕式垫片　管法兰用垫片尺寸

GB/T 50938—2013 石油化工钢制低温储罐技术规范

GB/T 5330—2003 工业用金属丝编织方孔筛网

GB/T 5600—2018 铁道货车通用技术条件

GB/T 6567.1—2008 技术制图　管路系统的图形符号　基本原则

GB/T 6567.2—2008 技术制图　管路系统的图形符号　管路

GB/T 6567.3—2008 技术制图　管路系统的图形符号　管件

GB/T 6567.4—2008 技术制图　管路系统的图形符号　阀门和控制元件

GB/T 6567.5—2008 技术制图　管路系统的图形符号　管路、管件和阀门等图形符号的轴测图画法

GB/T 8163—2018 输送流体用无缝钢管

GB/T 9081—2008 机动车燃油加油机

GB/T 9112—2010 钢制管法兰　类型与参数

GB/T 9113—2010 整体钢制管法兰

GB/T 9114—2010 带颈螺纹钢制管法兰

GB/T 9115—2010 对焊钢制管法兰

GB/T 9116—2010 带颈平焊钢制管法兰

GB/T 9117—2010 带颈承插焊钢制管法兰

GB/T 9118—2010 对焊环带颈松套钢制管法兰

GB/T 9119—2010 板式平焊钢制管法兰

GB/T 9120—2010 对焊环板式松套钢制管法兰

GB/T 9121—2010 平焊环板式松套钢制管法兰

GB/T 9122—2010 翻边环板式松套钢制管法兰

GB/T 9123—2010 钢制管法兰盖

GB/T 9124—2010 钢制管法兰　技术条件

GB/T 9125—2010 管法兰连接用紧固件

GB/T 9126—2008 管法兰用非金属平垫片　尺寸

GB/T 9128—2003 钢制管法兰用金属环垫　尺寸

GB/T 9129—2003 管法兰用非金属平垫片　技术条件

GB/T 9130—2007 钢制管法兰用金属环垫技术条件

GB/T 9711—2017 石油天然气工业管线输送系统用钢管

GB50128—2014 立式圆筒形钢制焊接储罐施工规范

GBZ 230—2010 职业性接触毒物危害程度分级

本教材所引用行业标准（32 部）

SY/T 0511.1—2010 石油储罐附件　第 1 部分：呼吸阀

SY/T 0511.2—2010 石油储罐附件　第 2 部分：液压安全阀

SY/T 0511.3—2010 石油储罐附件　第 3 部分：自动通气阀
SY/T 0511.4—2010 石油储罐附件　第 4 部分：泡沫塑料一次密封装置
SY/T 0511.5—2010 石油储罐附件　第 5 部分：二次密封装置
SY/T 0511.6—2010 石油储罐附件　第 6 部分：浮顶排水管系统
SY/T 0511.7—2010 石油储罐附件　第 7 部分：重锤式刮蜡装置
SY/T 0511.8—2010 石油储罐附件　第 8 部分：钢制孔类附件
SY/T 0511.9—2010 石油储罐附件　第 9 部分：量油孔
SY/T 0607—2006 转运油库和储罐设施的设计、施工、操作、维护与检验
SY/T 5037—2018 普通流体输送管道用埋弧焊钢管
SY/T 5038—2012 普通流体输送管道用直缝高频焊钢管
SY/T 5858—2004 石油工业动火作业安全规程
SY/T 5920—2007 原油及轻烃站（库）运行管理规范
SY/T 5921—2017 立式圆筒形钢制焊接油罐操作维护修理规范
SY/T 6276—1914 石油天然气工业　健康、安全与环境管理体系
SY/T 6344—2017 易燃和可燃液体防火规范
SY/T 6356—2010 液化石油气储运
SY/T 6470—2011 输油管道通用阀门操作维护检修规程
SY/T 6695—2014 成品油管道运行规范
SH 3014—2012 石油化工储运系统泵区设计规范
SH 3046—1992 石油化工立式圆筒形钢制焊接储罐设计规范（附条文说明）
SH 3136—2003 石油化工液化烃球形储罐设计规范
SH 3501—2011 石油化工有毒、可燃介质钢制管道工程施工及验收规范
SH 3530—2011 石油化工立式圆筒形钢制储罐施工技术规程
SH/T 3007—2014 石油化工储运系统罐区设计规范
SH/T 3043—2014 石油化工设备管道钢结构表面色和标志规定
SH/T 3108—2017 石油化工全厂性工艺及热力管道设计规范
SH/T 3405—2017 石油化工钢管尺寸系列
SH/T 3411—2017 石油化工泵用过滤器选用、检验及验收规范
HG 20660—2017 压力容器中化学介质毒性危害和爆炸危险程度分类标准
HG/T 20670—2000 化工、石油化工管架、管墩设计规定

参考文献

[1] 郭光臣，董文兰，张志廉. 油库设计与管理. 东营：中国石油大学出版社，1991.

[2] 田士良. 炼油厂油品储运技术与管理. 北京：中国石化出版社，1995.

[3] 韩居泗，郭德有. 石油库用泵. 哈尔滨：黑龙江科学技术出版社，1990.

[4] 《石油库设计规范》编制组.《石油库设计规范》宣贯辅导教材. 北京：中国计划出版社，2003.

[5] 贺明. 油库阀门选用指南. 长沙：湖南大学出版社，1989.

[6] 龙天渝，童思陈. 流体力学. 重庆：重庆大学出版社，2018.

[7] 邢志鸿. 油品储运工工艺学（初级工）. 哈尔滨：黑龙江科学技术出版社，1992.

[8] 张铭泉，邢志鸿，李玉成. 油品储运工工艺学（中级工）. 哈尔滨：黑龙江科学技术出版社，1991.

[9] 刘世湘. 油品储运工工艺学（高级工）. 哈尔滨：黑龙江科学技术出版社，1992.

[10] 张铭泉. 油品储运工（中级工）. 哈尔滨：黑龙江科学技术出版社，1990.

[11] 潘孝光，邬国庆. 油品计量（中级工）. 哈尔滨：黑龙江科学技术出版社，1991.

[12] 徐帮学. 2004年油库创新设计施工新技术与验收标准实用手册，2004.

[13] 中国石油化工总公司销售公司等. 石油库管理手册. 北京：烃加工出版社，1990.

[14] 何国根. 油库安全技术与管理. 杭州：浙江大学出版社，1992.

[15] 彭国庆. 冷凝法回收油气问题的探讨. 石油化工环境保护，1999（1）：30～33.

[16] 严丹，林亲深，等. 简明管道工手册. 北京：机械工业出版社，1993.

[17] 王式敦. 石油库设备安装与维护. 哈尔滨：黑龙江科学技术出版社，1990.

[18] 中国石化销售企业油库建设标准.

[19] SH-T 3064-2003 石油化工钢制通用阀门选用、检验及验收.

[20] 王绍周. 管道工程设计施工与维护. 北京：中国建材工业出版社，2000.

[21] 吴德荣. 石油化工装置配管工程设计. 上海：华东理工大学出版社，2013.

[22] 于勤农，杨洪斌. 压力管道管理与使用. 昆明：云南科技出版社，2009.

[23] 蒋新生. 工程流体力学. 重庆：重庆大学出版社，2017.